电气工程、自动化专业系列教材

# 供配电技术

## （第4版）

唐志平　邹一琴　主　编

杨胡萍　郭晓丽　副主编

史国栋　主审

电子工业出版社

**Publishing House of Electronics Industry**

北京 · BEIJING

## 内 容 简 介

本书重点介绍供配电系统的基本知识和理论、计算和设计、运行和管理,反映供配电领域的新技术。全书共分 11 章,主要内容有:电力系统概论,负荷计算,短路电流计算,变配电所及其一次系统,电气设备的选择,电力线路,供配电系统的继电保护,变电所二次回路和自动装置,电气安全、防雷和接地,电气照明,供配电系统的运行和管理。每章都配以丰富的例题,附有小结、思考题和习题,书前列有常用文字符号表(包含新、旧符号和中英文对照),便于自学和复习。

本书可作为高等院校电气工程、电气工程及其自动化、自动化等专业的本科生教材,也可作为高职高专、开放大学等电气信息类相关专业的教学参考书,同时可供工厂、企业及城镇从事供配电工作的工程技术人员参考,还可作为注册电气工程师(供配电专业)考试的参考用书。

未经许可,不得以任何方式复制或抄袭本书之部分或全部内容。
版权所有,侵权必究。

**图书在版编目(CIP)数据**

供配电技术/唐志平,邹一琴主编. — 4 版. —北京:电子工业出版社,2019.5
电气工程、自动化专业规划教材
ISBN 978-7-121-36457-0

Ⅰ. ①供… Ⅱ. ①唐… ②邹… Ⅲ. ①供电系统—高等学校—教材②配电系统—高等学校—教材 Ⅳ. ①TM72

中国版本图书馆 CIP 数据核字(2019)第 085392 号

责任编辑:凌　毅
印　　刷:三河市良远印务有限公司
装　　订:三河市良远印务有限公司
出版发行:电子工业出版社
　　　　　北京市海淀区万寿路 173 信箱　邮编 100036
开　　本:787×1 092　1/16　印张:21.5　字数:580 千字
版　　次:2005 年 1 月第 1 版
　　　　　2019 年 5 月第 4 版
印　　次:2024 年 12 月第 15 次印刷
定　　价:49.90 元

凡所购买电子工业出版社图书有缺损问题,请向购买书店调换。若书店售缺,请与本社发行部联系。联系及邮购电话:(010)88254888,88258888。

质量投诉请发邮件至 zlts@phei.com.cn,盗版侵权举报请发邮件至 dbqq@phei.com.cn。

本书咨询联系方式:(010)88254528,lingyi@phei.com.cn。

# 第 4 版前言

《供配电技术》于 2005 年出版,2008 年和 2013 年先后修订出版第 2 版和第 3 版,被全国众多高等院校的相关专业采用,广受读者欢迎。为跟随供配电技术的发展、新设备和新产品的使用以及新标准的采用,作者对本书第 3 版做了修订,出版《供配电技术》(第 4 版)。

全书共分 11 章,主要讲述电力系统概论,负荷计算,短路电流计算,变配电所及其一次系统,电气设备的选择,电力线路,供配电系统的继电保护,变电所二次回路和自动装置,电气安全、防雷和接地,电气照明,供配电系统的运行和管理。全书遵循系统性及理论联系实际的原则,重点介绍 35kV 及以下供配电系统的基本知识和理论、设计和计算、运行和管理,反映供配电领域的新技术、新标准和新产品。全书力求做到系统性好,实践性强,重点突出,例题丰富,文字简洁,好读易懂。每章有小结、思考题和习题,书前列有中英文对照的常用文字符号表,书末附有常用设备的主要技术数据及相关资料。

本书可作为普通高等院校电气工程、电气工程及其自动化、自动化等相关专业的本科生教材,也可作为高职高专、开放大学等电气信息类相关专业的教学参考用书,同时可供工矿企业以及从事供配电工作的工程技术人员参考,还可作为注册电气工程师(供配电专业)考试的参考用书。

本书由唐志平、邹一琴担任主编,杨胡萍、郭晓丽担任副主编。唐志平编写第 1 章、第 3 章、第 7 章和常用文字符号表、附录 A,邹一琴编写第 2 章、第 6 章、第 10 章,杨胡萍编写第 8 章、第 11 章,郭晓丽编写第 4 章、第 5 章、第 9 章。本书的编写先后得到不少院校、企业、单位和个人的大力帮助与支持,在此表示诚挚的谢意。

本书由史国栋教授主审。史国栋教授在审阅中对本书提出了很多宝贵意见,谨在此表示衷心的感谢!

为方便教师授课、读者学习,**本书配有电子课件、习题参考答案等**,可登录华信教育资源网(www.hxedu.com.cn),注册后免费下载。

由于编者水平有限,书中难免有错漏之处,敬请同行、师生和读者批评指正。

编 者

2019 年 4 月

# 常用文字符号表

## 1. 电气设备文字符号表

| 设备名称 | 文字符号 | 英 文 名 | 旧 符 号 |
|---|---|---|---|
| 装备,设备 | A | device, equipment | — |
| 备用电源自动投入装置 | APD | reserve-source auto-put into device | BZT |
| 自动重合闸装置 | ARD | auto-reclosing device | ZCH |
| 照明配电箱 | AL | lighting distribution box | MX |
| 电力配电箱 | AP | power distribution box | DX |
| 电容器 | C | electric capacity, capacitor | C |
| 照明器 | EL | lamping, lighting | ZMQ |
| 避雷器 | F | arrester | BL |
| 熔断器 | FU | fuse | RD |
| 跌开式熔断器 | FD | drop-out fuse | RD |
| 发电机 | G | generator | F |
| 蓄电池 | GB | battery | XDC |
| 电铃 | HA | electric bell | DL |
| 电笛 | HB | electric alarm whistle | DD |
| 高压配电所 | HDS | high voltage distribution substation | GPS |
| 绿色指示灯 | HG | green lamp | LD |
| 总降压变电所 | HSS | head step-down substation | GPS |
| 红色指示灯 | HR | red lamp | HD |
| 白色指示灯 | HW | white lamp | BD |
| 黄色指示灯 | HY | yellow lamp | WD |
| 继电器 | K | relay | J |
| 电流继电器 | KA | current relay | LJ |
| 重合闸继电器 | KAR | auto-reclosing relay | ZCJ |
| 差动继电器 | KD | differential relay | CJ |
| 闪光继电器 | KF | flash-light relay | SGJ |
| 气体继电器 | KG | gas relay | WSJ |
| 热继电器 | KH | thermal electrical relay | RJ |
| 冲击继电器 | KI | impulse relay | CJJ |
| 中间继电器 | KM | auxiliary relay | ZJ |
| 接触器 | KM | contactor | CJ、C |
| 防跳继电器 | KTL | latching trip ralay | TBJ |
| 干簧继电器 | KR | reed relay | GHJ |
| 信号继电器 | KS | signal relay | XJ |
| 接地继电器 | KE | earthing relay | JDJ |

| 设备名称 | 文字符号 | 英 文 名 | 旧 符 号 |
|---|---|---|---|
| 时间继电器 | KT | time-delay relay | SJ |
| 电压继电器 | KV | voltage relay | YJ |
| 电抗器 | L | inductive coil reactor | DK |
| 电动机 | M | motor | D |
| 保护导体 | PE | protective wire | — |
| 保护中性导体 | PEN | protective neutral wire | N |
| 中性导体 | N | neutral wire | N |
| 电流表 | PA | ammeter | A |
| 电能表 | PJ | watt hour meter | WH |
| 功率表 | PP | power meter | W |
| 无功功率表 | PR | reactive power meter | VAR |
| 无功电能表 | PRJ | reactive volt-ampere-hour meter | VARH |
| 电压表 | PV | voltmeter | V |
| 电力开关 | Q | switch | DK |
| 断路器 | QF | circuit breaker | DL |
| 刀开关 | QK | knife switch | DK |
| 低压断路器（自动开关） | QF | low-voltage circuit-breaker | ZK |
| 负荷开关 | QL | load breaking switch | HK |
| 隔离开关 | QS | disconnector | G |
| 电阻器、变阻器 | R | resistor | R |
| 系统 | S | system | S |
| 控制开关 | SA | control switch | KK |
| 选择开关 | SA | selector switch | XK |
| 按钮 | SB | button | YA |
| 位置开关、限位开关 | SQ | limit switch | XK |
| 车间变电所 | STS | shop transformer substation | CBS |
| 变压器 | T | transformer | B |
| 电流互感器 | TA | current transformer | LH |
| 零序电流互感器 | TAZ | zero current transformer | ZLH |
| 有载调压变压器 | TLC | on-load tap-changing transformer | ZTB |
| 电压互感器 | TV | voltage transformer | YH |
| 整流器 | U | rectifier | AL |
| 二极管 | V | diode | D |
| 事故音响母线 | WAS | accident sound signal small busbar | SYM |
| 母线 | WB | busbar | M |
| 控制小母线 | WC | control small busbar | KM |
| 熔断器报警母线 | WF | fuse forecast signal busbar | RBM |
| 预报信号小母线 | WFS | forecast signal busbar | YBM |

| 设备名称 | 文字符号 | 英　文　名 | 旧　符　号 |
|---|---|---|---|
| 闪光信号小母线 | WF | flash light signal busbar | SM |
| 线路 | WL | line, wire | L |
| 合闸小母线 | WO | switch-on busbar | HM |
| 信号小母线 | WS | signal small busbar | XM |
| 掉牌未复归光字牌母线 | WSR | light-word-plate busbar for plate no reset | PM |
| 端子排 | X | terminal block | D |
| 连接片 | XB | link | LP |
| 合闸线圈 | YO | closing operation coil | HQ |
| 跳闸线圈 | YR | release operation coil | TQ |

## 2. 下标文字符号表

| 设备名称 | 文字符号 | 英　文　名 | 旧　符　号 |
|---|---|---|---|
| 年 | a | year, annual | n |
| 有功 | a | active | yg |
| 允许 | al | allowable | yx |
| 平均 | av | average | pj |
| 平衡 | ba | balance | ph |
| 镇流器损耗 | bl | ballast loss | |
| 电容,电容器 | C | electric capacity, capacitor | C |
| 计算 | c | calculate | js |
| 顶棚,天花板 | c | ceiling | P |
| 补偿 | c | compensation | |
| 电缆 | cab | cable | L |
| 额定运行短路分断能力 | cs | operating short-circuit breaking capacity | oc |
| 需要 | d | demand | x |
| 基准 | d | datum | j |
| 差动 | d | differential | C |
| 地,接地 | E | earth, earthing | d, jd |
| 设备 | e | equipment | S |
| 有效的 | e | efficient | yx |
| 经济 | ec | economic | ji, j |
| 等效的 | eq | equivalent | dx |
| 动稳定 | es | electrodynamic stable | dw |
| 熔断器 | FU | fuse | RD |
| 熔体 | FE | fuse element | RL |
| 地面 | f | floor | d |
| 发电机 | G | generator | F |
| 谐波 | h | harmonic | |
| 电流 | i | current | i |
| 投资 | I | investment | t |
| 假想的 | ima | imaginary | jx |
| 偏移 | inc | inclined | py |
| 瞬时 | i | instantaneous | o |

| 设备名称 | 文字符号 | 英 文 名 | 旧 符 号 |
|---|---|---|---|
| 瞬时电流速断 | ioc | instantaneous over current | qb |
| 短路 | K | short-circuit | d |
| 继电器 | KA | relay | J |
| 电感 | L | inductance | L |
| 负荷 | L | load | H |
| 线 | l | line | l |
| 长时间 | lt | long time | cs |
| 维护 | m | maintenance | w |
| 电动机 | M | motor | D |
| 人工的 | man | manual | rg |
| 幅值 | m | peak value | m |
| 最大 | max | maximum | max |
| 最小 | min | minimum | min |
| 额定,标称 | N | rated, nominal | e |
| 自然的 | nat | natural | zr |
| 非周期性的 | np | non-periodic | f-zq |
| 过电流 | oc | over current | gl |
| 架空线路 | oh | over-head line | K |
| 过负荷 | OL | over-load | gh |
| 动作,运行 | op | operating,operation | dz |
| 过电流脱扣器 | OR | over-current release | TQ |
| 有功功率 | p | active power | p |
| 周期性的 | p | periodic | zq |
| 尖峰 | pk | peak | jf |
| 无功功率 | q | reactive power | q |
| 断路器 | QF | circuit-breaker | DL |
| 无功 | r | reactive | wg |
| 可靠(性) | rel | reliability | k |
| 室空间 | RC | room cabin | RC |
| 返回 | re | returning | f |
| 系统 | S | system | XT |
| 短时间 | st | short time | ds |
| 灵敏系数 | s | sensitivity | s |
| 冲击 | sh | shock, impulse | cj,ch |
| 启动 | st | start | q,qd |
| 跨步 | step | step | kp |
| 变压器 | T | transformer | B |
| 时间 | t | time | t |
| 热稳定 | th | thermal stability | |
| 时限电流速断 | tioc | time instantaneous over current | |
| 接触 | tou | touch | jc |
| 热脱扣器 | TR | thermal over-load release | R,RT |

| 设备名称 | 文字符号 | 英 文 名 | 旧 符 号 |
|---|---|---|---|
| 电压 | u | voltage | u |
| 不平衡 | ub | unbalance | bp |
| 利用 | u | utilization | l |
| 接线 | w | wiring | JX |
| 工作 | w | working | gz |
| 墙壁 | w | wall | q |
| 导线,线路 | WL | wire, line | l |
| （触头）接触 | XC | contact | jc |
| 吸收 | $\alpha$ | absorption | a |
| 反射 | $\rho$ | reflection | $\rho$ |
| 温度 | $\theta$ | temperature | $\theta$ |
| 总和 | $\Sigma$ | total, sum | $\Sigma$ |
| 透射 | $\tau$ | transmission | $\tau$ |
| 相 | $\varphi$ | phase | $\Phi$ |
| 零,无,空 | 0 | zero, nothing, empty | 0 |
| 初始的 | 0 | initial | 0 |
| 停止,停歇 | 0 | stopping | 0 |
| 环境 | 0 | environment | 0 |
| 半小时［最大］ | 30 | 30min［maximum］ | 30 |

# 目　　录

# 第1章 电力系统概论

供配电系统是电力系统的电能用户。了解和掌握电力系统和供配电系统的概念、电力系统的额定电压、电力系统中性点的运行方式、电能的质量指标和电力负荷等基本知识,对学习供配电技术是很重要的。

## 1.1 电力系统和供配电系统概述

电能是一种清洁的二次能源。电能不仅便于输送和分配,易于转换为其他的能源,而且便于控制、管理和调度,易于实现自动化。因此,电能已广泛应用于国民经济、社会生产和人民生活的各个方面,已成为现代社会的主要能源。中国电力工业的快速发展为实现四个现代化打下了坚实基础。到 2018 年底,我国发电机装机容量达 189976 万千瓦(kW),全社会用电量达 68449 亿千瓦时(kWh),均居世界第 1 位。建成并投入运行多条交流 1000kV、直流±800kV 及±1100kV 特高压输电线路,累计长度达 33500km。全国已形成了 500kV 为主(西北地区为 330kV)的电网主网架,东北、华北、西北、华中、华东、南方六大区域电网全部实现互联。我国在特高压输电技术研究、装备制造、工程设计、建设和运行领域处于世界领先地位。供配电系统是电力系统的重要组成部分,供配电系统的任务就是向用户和用电设备供应和分配电能。用户所需的电能,绝大多数是由公共电力系统供给的,故在介绍供配电系统之前,先介绍电力系统的知识。

### 1.1.1 电力系统

电力系统是由发电厂、变电站(所)、电力线路和电能用户组成的一个整体。图 1-1 所示为电力系统的示意图。

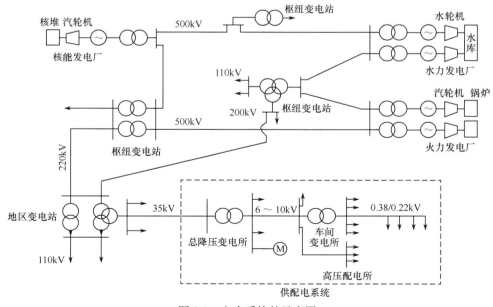

图 1-1 电力系统的示意图

为了充分利用动力资源,降低发电成本,发电厂往往远离城市和电能用户。例如,火力发电厂大多建在靠近一次能源的地区;水力发电厂一般建在水利资源丰富、远离城市的地方;核能发电厂厂址也受种种条件限制。因此,这就需要输送和分配电能,将发电厂发出的电能经过升压、输送、降压和分配,送到用户。

## 1. 发电厂

发电厂将一次能源转换成电能。可用于发电的一次能源分为不可再生能源和可再生能源,不可再生能源主要有煤、石油和天然气等化石能源,可再生能源包括水能、风能、太阳能、生物质能、地热能和海洋能等。根据一次能源的不同,有火力发电厂、水力发电厂和核能发电厂;此外,还有风力、太阳能、地热和海洋发电厂等。

目前,我国火力发电厂的装机容量比重最大,约占总装机容量的60%以上,水力发电厂的装机容量约占20%,其他发电厂的装机容量约占20%。

火力发电厂将煤、天然气、石油的化学能转换为电能。我国火力发电厂燃料以煤炭为主,随着西气东输工程的竣工,将逐步扩大天然气燃料的比例。火力发电的原理是:燃料在锅炉中充分燃烧,将锅炉中的水转换为高温高压蒸汽,蒸汽推动汽轮机转动,带动发电机旋转发出电能。

由于煤、天然气和石油是不可再生能源,且燃烧时会产生大量的 $CO_2$、$SO_2$、氮氧化物、粉尘和废渣等,对环境和大气造成污染。因此,我国正发展超临界火力发电,逐步淘汰小火力发电机组,加快水电站和核电的建设,大力发展绿色能源。

水力发电厂将水的位能转换成电能。水流驱动水轮机转动,带动发电机旋转发电。按提高水位的方法分类,水力发电厂有堤坝式水力发电厂、引水式水力发电厂和混合式水力发电厂3类。

核能发电厂利用原子核的核能产生电能。核燃料在原子反应堆中裂变释放核能,将水转换成高温高压的蒸汽,蒸汽推动汽轮机转动,带动发电机旋转发出电能,其生产过程与火力发电厂基本相同。

风力发电厂将风能转换成电能,建在风力丰富的地方。风能是一种清洁、廉价和可再生能源,但它有随机性和不稳定性。风能因清洁性和再生性受到各国的重视,已成为继火电、水电之后的第三大主力电源。

太阳能发电厂将太阳能直接转换成电能。太阳能发电包括光伏发电、光化学发电、光感应发电和光生物发电4种形式。光伏发电是利用太阳能级半导体电子器件有效地吸收太阳光辐射能,并使之转变成电能的直接发电方式,是当今太阳能发电的主流。太阳能发电具有资源丰富、无公害、不受地域的限制、可在用电处就近发电和能源质量高的优点,但它能量分布密度小和受四季、昼夜及阴晴等气象条件影响。

## 2. 变电站(所)

变电站的功能是接收电能、变换电压和分配电能。为了实现电能的远距离输送和将电能分配到用户,需将发电机电压进行多次电压变换,这个任务由变电站完成。变电站由电力变压器、配电装置和二次装置等构成。按变电站的性质和任务不同,可分为升压变电站和降压变电站;除与发电机相连的变电站为升压变电站外,其余均为降压变电站。按变电站的地位和作用不同,又分为枢纽变电站、地区变电站和用户变电站。

仅用于接收电能和分配电能的场所称为配电所,而用于交流电流与直流电流相互转换的场所称为换流站。

## 3. 电力线路

电力线路将发电厂、变电站和电能用户连接起来,完成输送电能和分配电能的任务。电力线路按作用和电压等级又分为输电线路和配电线路。输电线路通过较高的电压(220kV 及以上)将各发电厂和枢纽变电站、地区变电站连接,构成输电网络。配电线路通过较低的电压(220kV及以下)将电能送到各用户,构成配电网络。交流 1000kV 及以上和直流±800kV 及以上的输电线路称为特高压输电线路,330~750kV 的输电线路称为超高压输电线路。220~110kV 配电线路一般作为城市配电网骨架和特大型企业供电线路,35~6kV 配电线路为城市主要配网和大中型企业的供电线路,380/220V 配电线路一般为城市和企业的低压配电网。

除上述交流输电线路外,还有直流输电线路。直流输电主要用于远距离输电,连接两个不同频率的电网和向大城市供电。它具有线路造价低、损耗小、调节控制迅速简便和无稳定性问题等优点,但换流站造价高。

**4. 电能用户**

电能用户又称电力负荷,所有消耗电能的用电设备或用电单位均称为电能用户。电能用户按行业可分为工业用户、农业用户、市政商业用户和居民用户等。

与电力系统相关联的还有动力系统和电网。火力发电厂的汽轮机和锅炉,水力发电厂的水轮机和水库、核能发电厂的汽轮机和核反应堆等动力设备,与电力系统一起,称为动力系统。电网是指电力系统中除发电厂和电能用户之外的部分。

## 1.1.2 供配电系统

**1. 供配电系统的组成**

供配电系统是电力系统的电能用户,也是电力系统的重要组成部分。电能用户有工业用户、农业用户、商业用户、住宅用户、学校、医院及其他用户。供配电系统由总降压变电所、高压配电所、配电线路、车间变电所或建筑物变电所和用电设备组成。图 1-2 所示为供配电系统的结构示意图。

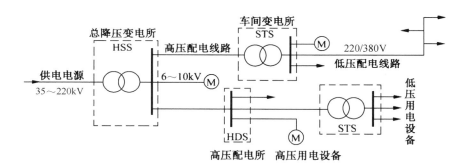

图 1-2　供配电系统的结构示意图

总降压变电所是用户电能供应的枢纽。它将 35~220kV 的外部供电电源电压降为 6~10kV 高压配电电压,供给高压配电所、车间变电所或建筑物变电所和高压用电设备。

高压配电所集中接收 6~10kV 电压,再分配到附近各车间变电所或建筑物变电所和高压用电设备。一般负荷分散、厂区大的大型企业需设置高压配电所。

用户的配电线路分为 6~10kV 高压配电线路和 220/380V 低压配电线路。高压配电线路将总降压变电所与高压配电所、车间变电所或建筑物变电所和高压用电设备连接起来。低压配电线路将车间变电所或建筑物变电所的 220/380V 电能送到各低压用电设备。

车间变电所或建筑物变电所将 6~10kV 电压降为 220/380V 电压,供低压用电设备使用。

用电设备按用途可分为动力用电设备、工艺用电设备、电热用电设备、试验用电设备和照明用电设备等。

应当指出,对于某个具体用户的供配电系统,可能上述各部分都有,也可能只有其中的几个部分,这主要取决于用户电力负荷的大小和区域的大小。不同的供配电系统,不仅组成不完全相同,而且相同部分的构成也会有较大的差异。通常,大型企业都设总降压变电所,中小型企业仅设 6～10kV 变电所,某些特别重要的企业还设自备发电厂作为备用电源。

**2. 对供配电的要求**

做好供配电工作,对于促进工业生产、降低产品成本、实现生产自动化和工业现代化及保障人民生活有着十分重要的意义。对供配电的基本要求是:

- 安全 在电能的供应、分配和使用中,不应发生人身事故和设备事故;
- 可靠 应满足用电设备对供电可靠性的要求;
- 优质 应满足用电设备对电压、频率和波形供电质量的要求;
- 经济 供配电应尽量做到投资少,年运行费低,尽可能减少有色金属消耗量和电能损耗,提高电能利用率。

应当指出,上述要求不但互相关联,而且往往互相制约和互相矛盾。因此,考虑满足上述要求时,必须全面考虑,统筹兼顾。

# 1.2 电力系统的额定电压

电力系统的电压是有等级的,电力系统的额定电压包括电力系统中各种发电、供电、用电设备的额定电压。额定电压是能使电气设备长期运行在经济效果最好的电压,是国家根据国民经济发展的需要、电力工业的水平和发展趋势,经全面技术经济分析后确定的。GB/T156—2017《标准电压》规定了我国三相交流系统的标称电压和高于 1000V 三相交流系统的最高电压。系统标称电压(Normal System Voltage)是系统设计选定的电压,又称额定电压;系统最高电压(Highest Voltage of a System)是指在正常运行条件下,在系统的任何时间和任何点上出现的电压的最高值,不包括电压瞬变,如由于系统的开关操作及暂态的电压波动所出现的电压值。我国三相交流系统的标称电压、最高电压和发电机、电力变压器的额定电压见表 1-1。

表 1-1 我国三相交流系统的标称电压、最高电压和发电机、电力变压器的额定电压 (单位:kV)

| 分 类 | 系统标称电压 | 系统最高电压 | 发电机额定电压 | 电力变压器额定电压 | |
|---|---|---|---|---|---|
| | | | | 一次绕组 | 二次绕组 |
| 低压 | 0.38 | — | 0.4 | 0.22/0.38 | 0.23/0.4 |
| | 0.66 | — | 0.69 | 0.38/0.66 | 0.4/0.69 |
| | 1(1.14) | — | — | — | — |
| 高压 | 3(3.3) | 3.6 | 3.15 | 3,3.15 | 3.15,3.3 |
| | 6 | 7.2 | 6.3 | 6,6.3 | 6.3,6.6 |
| | 10 | 12 | 10.5 | 10,10.5 | 10.5,11 |
| | — | — | 13.8,15.75,18,22,24,26 | 13.8,15.75,18,20,22,24,26 | — |
| | 20 | 24 | 20 | 20 | 21,22 |
| | 35 | 40.5 | — | 35 | 38.5 |
| | 66 | 72.5 | — | 66 | 72.6 |
| | 110 | 126(123) | — | 110 | 121 |

| 分类 | 系统标称电压 | 系统最高电压 | 发电机额定电压 | 电力变压器额定电压 | |
|---|---|---|---|---|---|
| | | | | 一次绕组 | 二次绕组 |
| 高压 | 220 | 252(245) | — | 220 | 242 |
| | 330 | 363 | — | 330 | 363 |
| | 500 | 550 | — | 500 | 550 |
| | 750 | 800 | — | 750 | 820 |
| | 1000 | 1100 | — | 1000 | 1100 |

注：①表中数值为线电压；②表中斜线"/"左边的数值为相电压，右边的数值为线电压；③括号内的数值在用户有要求时使用。

我国电压等级划分为：

● 特低(安全)电压(Extra-Low Voltage, ELV)　6V、12V、24V、36V、42V；

● 低压(Low Voltage, LV)　　　　　　　　　220～660V；

● 高压(High Voltage, HV)　　　　　　　　　3～220kV；

● 超高压(Extra-High Voltage, EHV)　　　　330～750kV；

● 特高压(Ultra-High Voltage, UHV)　　　　1000kV 及以上交流、±800kV 及以上直流。

### 1. 电网(线路)的额定电压

电网(线路)的额定电压只能选用国家规定的系统标称电压。它是确定各类电气设备额定电压的基本依据。

### 2. 用电设备的额定电压

当线路输送电力负荷时,要产生电压损失,沿线路的电压分布通常是首端高于末端,如图1-3所示。因此,沿线各用电设备的端电压将不同,线路的额定电压实际就是线路首、末两端电压的平均值。为使各用电设备的电压偏移差异不大,用电设备的额定电压与同级电网(线路)的额定电压相同。

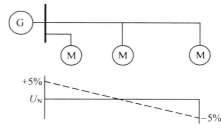

图1-3　用电设备和发电机额定电压说明

### 3. 发电机的额定电压

由于用电设备的电压偏移为±5%,而线路的允许电压损失为10%,这就要求线路首端电压为额定电压的105%,末端电压为额定电压的95%。因此,发电机的额定电压为线路额定电压的105%。

### 4. 电力变压器的额定电压

(1) 变压器一次绕组的额定电压

变压器一次绕组接电源,相当于用电设备。与发电机直接相连的升压变压器的一次绕组的额定电压应与发电机的额定电压相同。连接在线路上的降压变压器相当于用电设备,其一次绕组的额定电压应与线路的额定电压相同,如图1-4所示。

(2) 变压器二次绕组的额定电压

变压器的二次绕组向负荷供电,相当于发电机。二次绕组的额定电压应比线路的额定电压高5%,而变压器二次绕组的额定电压是指空载时的电压,但在额定负荷下,变压器的电压损失为5%。因此,为使正常运行时变压器二次绕组电压较线路的额定电压高5%,当线路较长(如35kV 及以上高压线路)时,变压器二次绕组的额定电压应比相连线路的额定电压高10%;当线路较短(直接向高低压用电设备供电,如10kV 及以下线路)时,二次绕组的额定电压应比相连线路的额定电压高5%,如图1-4所示。

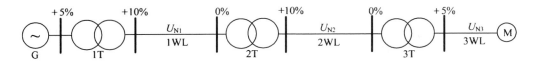

图 1-4　变压器额定电压说明

**例 1-1**　已知如图 1-5 所示系统中线路的额定电压,试求发电机和变压器的额定电压。

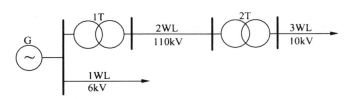

图 1-5　例 1-1 供电系统图

**解**　发电机 G 的额定电压　　$U_{N.G}=1.05U_{N.1WL}=1.05\times6=6.3\text{kV}$

变压器 1T 的额定电压　　$U_{1N.1T}=U_{N.G}=6.3\text{kV}$

　　　　　　　　　　　　$U_{2N.1T}=1.1U_{N.2WL}=1.1\times110=121\text{kV}$

因此,1T 的额定电压为 6.3/121kV。

变压器 2T 的额定电压　　　　$U_{1N.2T}=U_{N.2WL}=110\text{kV}$

　　　　　　　　　　　　　　$U_{2N.2T}=1.05U_{N.3WL}=1.05\times10=10.5\text{kV}$

因此,2T 的额定电压为 110/10.5kV。

# 1.3　电力系统的运行状态和中性点运行方式

## 1.3.1　电力系统的运行状态

电力系统的运行状态由运行参数电压、电流、功率和频率等表征。

电力系统的运行状态有多种,也有不同的分类方法。一种是将电力系统的运行状态分为稳态和暂态。电力系统的稳态是指电力系统正常的、变化相对较慢较小的运行状态;电力系统的暂态是指电力系统非正常的、变化较大的运行状态,以致引起系统从一个稳定运行状态向另一个稳定运行状态过渡的变化过程。稳态和暂态的本质区别为:前者的运行参数与时间无关,其特性可用代数方程来描述;后者的运行参数与时间有关,其特性要用微分方程来描述。如本书讲的负荷计算是供配电系统的稳态,短路计算是供配电系统的暂态。这种分类方法常用在电力系统分析中,分别称为电力系统稳态分析和电力系统暂态分析。

另一种分类方法是将电力系统的运行状态分为正常运行状态、异常运行状态、故障状态和待恢复状态。这 4 种状态之间的关系如图 1-6 所示。电力系统在绝大部分时间里都处于正常运行状态,系统安全。如果系统运行条件恶化,如过负荷、低电压、单相接地等,系统便进入异常运行状态,也称报警状态,系统不安全;系统处于异常运行状态应采取有效措施,恢复正常运行状态,若措施不当或又发生故障,系统便进入故障状态。故障状态又称紧急状态。系统处于故障状态,保护装置或自动装置应快速动作,切除故障设备或线路,系统便进入待恢复状态。采取措施修复故障设备或线路后,系统又恢复正常运行状态。电力系统从正常运行状态到故障状态乃至待恢复状态的过程非常短,通常只有几秒到几分,但系统从待恢复状态回到正常运行状态,则要经历相当长的时间。这种分类方法常用于电力系统安全分析中。

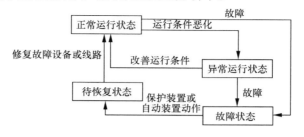

图 1-6　电力系统的运行状态

## 1.3.2　电力系统的中性点运行方式

三相交流电系统的中性点是指星形连接的变压器或发电机的中性点。中性点的运行方式主要分两类:小接地电流系统和大接地电流系统,又称中性点非有效接地系统和中性点有效接地系统。前者又分中性点不接地系统、中性点经消弧线圈接地系统和中性点经电阻接地系统,后者为中性点直接接地系统。中性点的运行方式主要取决于对电气设备的绝缘水平要求及供电可靠性和运行安全性要求。

我国 3~63kV 系统一般采用中性点不接地运行方式;当 3~10kV 系统接地电流大于 30A,20~63kV 系统接地电流大于 10A 时,应采用中性点经消弧线圈接地的运行方式;110kV 及以上系统和 1kV 以下低压系统,采用中性点直接接地的运行方式。

**1. 中性点不接地的电力系统**

图 1-7 所示为中性点不接地的电力系统示意图。三相导体沿线路全长有分布电容,为了方便分析,用一个集中电容 C 表示,并设三相对地电容相等。

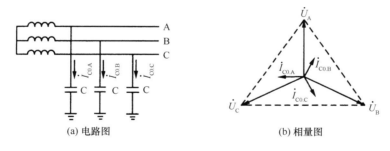

(a) 电路图　　　　　　　　　(b) 相量图

图 1-7　中性点不接地的电力系统示意图

系统正常运行时,线电压对称,各相对地电压对称,等于各相的相电压,中性点对地电压为零,各相对地电容电流也对称,其电容电流的相量和为零,相量图如图 1-7(b)所示。

系统发生单相接地时,如图 1-8(a)所示,接地相(C 相)对地电压为零,非接地相对地电压升高为线电压($\dot{U}'_\mathrm{A} = \dot{U}_\mathrm{A} + (-\dot{U}_\mathrm{C}) = \dot{U}_\mathrm{AC}$,$\dot{U}'_\mathrm{B} = \dot{U}_\mathrm{B} + (-\dot{U}_\mathrm{C}) = \dot{U}_\mathrm{BC}$),即等于相电压的 $\sqrt{3}$ 倍。从而,接地相电容电流为零,非接地相对地电容电流也增大 $\sqrt{3}$ 倍。因此,要求电气设备的绝缘水平也提高,在高电压系统中,绝缘水平的提高将使设备费用大为增加。

C 相接地时,系统的接地电流 $\dot{I}_\mathrm{E}$(流过接地点的电容电流 $i_\mathrm{C}$)应为 A,B 两相对地电容电流之和。取接地电流 $\dot{I}_\mathrm{E}$ 的正方向从相线到大地,如图 1-8(b)所示,因此

$$\dot{I}_E = -(\dot{I}_{C.A} + \dot{I}_{C.B}) \tag{1-1}$$

在数值上,由于 $I_E = \sqrt{3} I_{C.A}$,而 $I_{C.A} = U_A'/X_C = \sqrt{3} U_A/X_C = \sqrt{3} I_{C0}$,因此

$$I_E = 3 I_{C0} \tag{1-2}$$

即单相接地的接地电流为正常运行时每相对地电容电流的 3 倍。

单相接地电流 $I_E$ 也可用下式近似计算

$$I_E = \frac{U_N(L_{oh} + 35 L_{cab})}{350} \tag{1-3}$$

式中,$U_N$ 为系统的额定电压(kV);$L_{oh}$ 为有电的联系的架空线路总长度(km);$L_{cab}$ 为有电的联系的电缆线路总长度(km)。

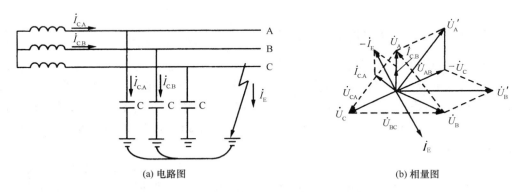

(a) 电路图　　　　　　　　　　(b) 相量图

图 1-8　单相接地时的中性点不接地的电力系统

从图 1-8(b)可以看出,中性点不接地的电力系统发生单相接地时,虽然各相对地电压发生变化,但各相间电压(线电压)仍然对称平衡,因此,三相用电设备仍可继续运行。但为了防止非接地相再有一相发生接地,造成两相短路,所以规定单相接地继续运行时间不得超过 2 小时。

**2. 中性点经消弧线圈接地的电力系统**

如前所述,当中性点不接地系统的单相接地电流超过规定值时,为了避免产生断续电弧,引起过电压和造成短路,减小接地电弧电流使电弧容易熄灭,中性点应经消弧线圈接地。消弧线圈实际上就是电抗线圈。图 1-9 所示为中性点经消弧线圈接地的电力系统的电路图和相量图。

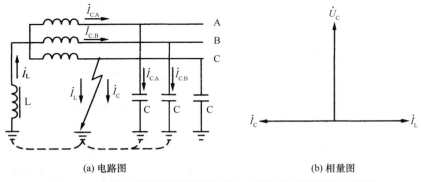

(a) 电路图　　　　　　　　　　(b) 相量图

图 1-9　中性点经消弧线圈接地的电力系统的电路图和相量图

当中性点经消弧线圈接地系统发生单相接地时,流过接地点的电流是接地电容电流 $\dot{I}_C$ 和过消弧线圈的电感电流 $\dot{I}_L$ 的相量和。由于 $\dot{I}_C$ 超前 $\dot{U}_C$ 90°,$\dot{I}_L$ 滞后 $\dot{U}_C$ 90°,两电流相抵后,使流过接地点的电流减小。

消弧线圈对电容电流的补偿有 3 种方式：①全补偿 $I_L = I_c$；②欠补偿 $I_L < I_c$；③过补偿 $I_L > I_c$。实际上都采用过补偿，以防止由于全补偿引起的电流谐振，从而损坏设备或欠补偿由于部分线路断开造成全补偿。

中性点经消弧线圈接地系统发生单相接地时，各相对地电压和对地电容电流的变化情况与中性点不接地系统相同。

**3. 中性点直接接地的电力系统**

中性点直接接地的电力系统发生单相接地时，通过接地中性点形成单相短路，产生很大的短路电流，继电保护动作切除故障线路，使系统的其他部分恢复正常运行。因此，直接接地系统供电安全性较低。图 1-10 所示为发生单相接地时的中性点直接接地的电力系统。

由于中性点直接接地，发生单相接地时，中性点对地电压仍为零，非接地相对地电压也不发生变化。

**4. 中性点经电阻接地的电力系统**

中性点经电阻接地，按接地电流大小又分为经高电阻接地和经低电阻接地。

（1）中性点经高电阻接地的电力系统

高电阻接地方式以限制单相接地电流为目的，电阻值一般为数百至数千欧姆。中性点经高电阻接地系统可以消除

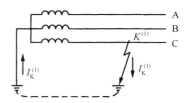

图 1-10　发生单相接地时的中性点直接接地的电力系统

大部分谐振过电压，对单相间隙弧光接地过电压有一定的限制作用，但对系统绝缘水平要求较高，主要用于发电机回路。有些大型发电机的中性点采用经高电阻接地方式，以提高运行的稳定性。

（2）中性点经低电阻接地的电力系统

城市 6～35kV 配电网络主要由电缆线路构成，其单相接地故障电流较大，可达 100～1000A。若采用中性点经消弧线圈接地方式，则无法完全消除接地故障点的电弧和抑制谐振过电压，可采用中性点经低电阻接地方式。该方式具有切除单相接地故障快、过电压水平低的优点。

中性点经低电阻接地方式适用于以电缆线路为主，不容易发生瞬时性单相接地故障且系统电容电流比较大的城市电网、发电厂用电系统及企业配电系统。

# 1.4　电能质量指标

电力系统的电能质量是指电压、频率和波形的质量。电能质量指标主要包括电压偏差、电压波动、闪变以及三相电压不平衡、频率偏差和谐波等。

## 1.4.1　电压质量指标

电压质量以电压偏差、电压波动和闪变以及三相电压不平衡等指标来衡量。

**1. 电压偏差**

电压偏差是实际运行电压对系统标称电压的偏差相对值，以百分数表示，即

$$\Delta U\% = \frac{U - U_N}{U_N} \times 100 \tag{1-4}$$

式中，$\Delta U\%$ 为电压偏差百分数；$U$ 为实际电压；$U_N$ 为系统标称电压（额定电压）。

GB/T12325—2008《电能质量　供电电压偏差》规定了我国供电电压偏差的限值，见表 1-2。供电电压是指供电点处的线电压或相电压。

表 1-2　供电电压偏差的限值（GB/T12325—2008）

| 系统标称电压(kV) | 供电电压偏差的限值（%） |
| --- | --- |
| ≥35 三相(线电压) | 正负偏差绝对值之和≤10 |
| ≤20 三相(线电压) | ±7 |
| 0.220 单相(相电压) | +7,−10 |

注：① 若供电电压偏差均为正偏差或均为负偏差,按较大的偏差绝对值作为衡量依据。

　　② 对供电点短路容量较小,供电距离较长以及供电电压偏差有特殊要求的用户,由双方协商确定。

用电设备端子电压实际值偏离额定值时,其性能将直接受到影响,影响的程度视电压偏差的大小而定。在正常运行情况下,用电设备端子电压偏差限值宜符合表 1-3 要求。

表 1-3　用电设备端子电压偏差的限值（GB50052—2013）

| 名　　称 | 电压偏差的限值(%) |
| --- | --- |
| 电动机 | ±5 |
| 照明： | |
| 　一般工作场所 | ±5 |
| 　远离变电所的小面积一般工作场所 | +5,−10 |
| 　应急照明、道路照明和警卫照明 | +5,−10 |

## 2. 电压波动、电压变动和电压闪变

（1）电压波动（Voltage Fluctuation）

电压波动是指电压均方根值(有效值)一系列的变动或连续的变化。它是波动负荷(生产或运行过程从电网中取用快速变动功率的负荷,如炼钢电弧炉、轧机、电弧焊机等)引起的电压的快速变动。电压波动程度用电压变动和电压变动频度衡量,并规定了电压波动的限值。

（2）电压变动（Relative Voltage Change）

电压变动 $d$ 以电压均方根值变动的时间特性曲线上相邻两个极值电压最大值 $U_{max}$ 与电压最小值 $U_{min}$ 之差,与系统标称电压(额定电压)$U_N$ 比值的百分数表示,即

$$d = \frac{U_{max} - U_{min}}{U_N} \times 100\% \tag{1-5}$$

电压变动频度（Rate of Occurrence of Voltage Changes）$r$ 是指单位时间内电压波动的次数(电压由大到小或由小到大各算一次变动),一般以次/h 作为电压变动频度的单位。同一方向的若干次变动,如间隔时间小于 30ms,则算一次变动。

GB/T12326—2008《电能质量　电压波动和闪变》对电压波动限值作了规定,电力系统公共连接点处(电力系统中一个以上用户的连接处)由波动负荷产生的电压波动限值与电压变动频度和电压等级有关,详见表 1-4。

表 1-4　电压波动限值（GB/T12326—2008）

| $r$(次/h) | $d$(%) | |
| --- | --- | --- |
| | LV($U_N$≤1kV)、MV(1kV<$U_N$≤35kV) | HV(35kV<$U_N$≤220kV) |
| $r$≤1 | 4 | 3 |
| 1<$r$≤10 | 3* | 2.5* |
| 10<$r$≤100 | 2 | 1.5 |
| 100<$r$≤1000 | 1.25 | 1 |

注：① 很小的电压变动频度(每日小于一次),电压波动限值还可以放宽,但不在本标准中规定。

　　② 对于随机性不规则的电压波动,如电弧炉负荷引起的电压波动,表中标有"*"的值为其限值。

　　③ 对于 220kV 以上超高压(EHV)系统的电压波动限值可参照高压(HV)系统执行。

（3）电压闪变（Flicker）

电压闪变是电压波动在一段时间内的累计效果，它通过灯光照度不稳定造成的视觉感受来反映。电压闪变程度主要用短时间闪变值和长时间闪变值来衡量，并规定了闪变的限值。

短时间闪变值（Short Term Severity）$P_{st}$ 是衡量短时间（若干分钟）内闪变强弱的一个统计值，短时间闪变值的基本记录周期为 10min。

长时间闪变值（Long Term Severity）$P_{lt}$ 由短时间闪变值 $P_{st}$ 推算出来，反映长时间（若干小时）闪变强弱的量值，长时间闪变值的基本记录周期为 2h。

GB/T12326—2008《电能质量　电压波动和闪变》对电压闪变限值作了规定：

① 电力系统公共连接点处，在系统正常运行的较小方式下，以一周（168h）为周期，所有的长时间闪变值 $P_{lt}$ 都应满足表 1-5 闪变限值的要求。

② 任何一个波动负荷用户在电力系统公共连接点单独引起的闪变，一般应满足下列要求：LV 和 MV 用户的闪变限值见表 1-6；对于 HV 用户，满足 $(\Delta S/S_{PCC})_{max} < 0.1\%$；单个波动负荷用户，满足 $P_{lt} < 0.25$。

表 1-5　闪变限值（GB/T12326—2008）

| $P_{lt}$ | |
| --- | --- |
| ≤110kV | >110kV |
| 1 | 0.8 |

表 1-6　LV 和 MV 用户的闪变限值（GB/T12326－2008）

| $r$（次/min） | $K = (\Delta S/S_{PCC})_{max}$（%） |
| --- | --- |
| $r < 10$ | 0.4 |
| $10 \leqslant r \leqslant 200$ | 0.2 |
| $200 < r$ | 0.1 |

注：$\Delta S$ 为波动负荷视在功率的变动；$S_{PCC}$ 为电网公共连接点的短路容量。

**3. 三相电压不平衡**

在三相交流系统中，如果三相电压在幅值不等或相位差不为 120°，或兼而有之时，称为三相电压不平衡。不平衡的三相电压，用对称分量法可分解为正序分量、负序分量和零序分量。三相电压不平衡，会引起旋转电机的附加发热和振动，使变压器容量得不到充分利用，对通信系统产生干扰。

三相电压不平衡度，用电压负序基波分量 $U_2$ 或零序基波分量 $U_0$ 与正序基波分量 $U_1$ 的均方根值的百分比表示。

负序电压不平衡度 $\varepsilon_{U_2}$ 为

$$\varepsilon_{U_2}\% = \frac{U_2}{U_1} \times 100 \tag{1-6}$$

零序电压不平衡度 $\varepsilon_{U_0}$ 为

$$\varepsilon_{U_0}\% = \frac{U_0}{U_1} \times 100 \tag{1-7}$$

GB/T15543—2008《电能质量　三相电压不平衡》规定：

① 电力系统的公共连接点电压不平衡度限值为：电网正常运行时，负序电压不平衡度不超过 2%，短时不得超过 4%。低压系统零序电压不平衡度限值暂不作规定，但各相电压必须满足 GB/T12325—2008 的要求。

② 接于公共连接点的每个用户引起该点负序电压不平衡度允许值一般为 1.3%，短时不得超过 2.6%。

## 1.4.2　频率质量指标

目前，世界上的电网的额定频率有两种：50Hz 和 60Hz。欧洲、亚洲等大多数地区采用

50Hz，北美采用 60Hz，我国采用的额定频率为 50Hz。GB/T15945—2008《电能质量　电力系统频率偏差》规定了我国电力系统频率偏差的限值。

① 电力系统正常运行条件下频率偏差限值为±0.2Hz。当系统容量较小时，偏差限值可以放宽到±0.5Hz。

② 冲击负荷引起的系统频率变化为±0.2Hz，根据冲击负荷的性质和大小以及系统的条件也可适当变动，但应保证近区电力网、发电机组和用户的安全、稳定运行及正常供电。

### 1.4.3　波形质量指标

在电力系统中，由于有大量非线性负荷，其电压、电流波形不是正弦波形，而是不同程度畸变的非正弦波。非正弦波通常是周期性交流量，含基波和各次谐波。对周期性交流量进行傅里叶级数分解，得到频率与工频相同的分量称为基波，得到频率为基波频率整数倍的分量称为谐波，得到频率为基波频率非整数倍的分量称为间谐波。

波形质量指标以谐波电压含有率、间谐波电压含有率和电压波形畸变率来衡量。GB/T14549—1993《电能质量　公用电网谐波》规定了我国公用电网谐波电压含有率应不大于表 1-7 限值。

表 1-7　公用电网谐波电压（相电压）限值（GB/T14549—1993）

| 电网额定电压（kV） | 电压总谐波畸变率（%） | 各次谐波电压含有率（%） | |
|---|---|---|---|
| | | 奇次 | 偶次 |
| 0.38 | 5.0 | 4.0 | 2.0 |
| 6、10 | 4.0 | 3.2 | 1.6 |
| 35、66 | 3.0 | 2.4 | 1.2 |
| 110 | 2.0 | 1.6 | 0.8 |

GB/T24337—2009《电能质量　公共电网间谐波》规定了我国 220kV 及以下电力系统公共连接点（PCC）各间谐波电压含有率应不大于表 1-8 限值。

表 1-8　间谐波电压含有率限值（%）（GB/T24337—2009）

| 电压等级 | 频率（Hz） | |
|---|---|---|
| | ＜100 | 100～800 |
| 1000V 及以下 | 0.2 | 0.5 |
| 1000V 以上 | 0.16 | 0.4 |

注：频率 800Hz 以上间谐波电压限值还在研究中。

# 1.5　电力负荷

用户有各种用电设备，它们的工作特征和重要性各不相同，对供电的可靠性和质量要求也不同。因此，应对用电设备或负荷分类，以满足负荷对供电可靠性的要求，保证供电质量，降低供电成本。

### 1.5.1　按对供电可靠性要求的负荷分类

电力负荷应根据对供电可靠性的要求及中断供电对人身生命安全和生产过程、生产装备的安全、经济损失所造成的影响程度进行分级。GB50052—2008《供配电系统设计规范》将我国电力负荷划分为 3 级。

## 1. 一级负荷

一级负荷为中断供电将造成人身伤害的负荷;中断供电将在经济上造成重大损失的负荷,如重大设备损坏、重大产品报废、用重要原料生产的产品大量报废、生产企业的连续性生产过程被打乱而需要长时间恢复等;中断供电将影响重要用电单位正常工作的负荷,如重要的交通枢纽、重要的通信枢纽、重要宾馆、大型体育场馆、大型银行营业厅的照明、一般银行的防盗系统、大型博物馆、展览馆的防盗信号电源、珍贵展品室的照明电源等。

在一级负荷中,当中断供电将造成人员伤亡或重大设备损坏或发生中毒、爆炸和火灾等情况的负荷,以及特别重要场所的不允许中断供电的负荷,应视为一级负荷中特别重要的负荷,如中压及以上的锅炉给水泵、大型压缩机的润滑油泵等。

一级负荷应由双重电源供电。所谓双重电源,就是当一个电源发生故障时,另一个电源不应同时受到损坏。在一级负荷中特别重要负荷的供电,应符合下列要求:① 除应由双重电源供电外,应增设应急电源,并严禁将其他负荷接入应急供电系统;② 设备的供电电源的切换时间,应满足设备允许中断供电的要求。下列电源可作为应急电源:独立于正常电源的发电机组;供电网络中有效地独立于正常电源的专用馈电线路;蓄电池;干电池。

## 2. 二级负荷

二级负荷为中断供电将在经济上造成较大损失的负荷,如主要设备损坏、大量产品报废,连续性生产过程被打乱需较长时间才能恢复,重点企业大量减产等;中断供电系统将影响较重要用电单位正常工作的负荷,如交通枢纽、通信枢纽等用电单位中的重要负荷,大型影剧院、大型商场等较多人员集中的重要公共场所等。

二级负荷宜由两回线路供电。在负荷较小或地区供电条件较差时,二级负荷可由一回 6kV及以上专用的架空线路供电。

## 3. 三级负荷

三级负荷应为不属于一级和二级的负荷。对一些非连续性生产的中小型企业,停电仅影响产量或造成少量产品报废的用电设备,以及一般民用建筑的用电负荷等,均属三级负荷。

三级负荷对供电电源没有特殊要求。

由于各行业的一级负荷、二级负荷很多,规范只能对负荷分级做原则性规定,具体划分需在行业标准中规定,可查阅相关行业的设计规范或手册。例如,机械制造行业的金属冷加工设备中,价格昂贵、作用重大、稀有的大型数控车床,停电会造成损坏的如自动跟踪数控仿形铣床、强力磨床等为一级负荷;价格贵、作用大、数量多的数控车床为二级负荷;其他冷加工设备一般为三级负荷。

### 1.5.2 按工作制的负荷分类

电力负荷按其工作制可分为 3 类。

#### 1. 连续工作制负荷

连续工作制负荷是指长时间连续工作的用电设备,其特点是负荷比较稳定,连续工作发热使其达到热平衡状态,其温度达到稳定温度。用电设备大都属于这类设备,如泵类、通风机、压缩机、电炉、运输设备、照明设备等。

#### 2. 短时工作制负荷

短时工作制负荷是指工作时间短、停歇时间长的用电设备。其运行特点为工作时温度达不到稳定温度,停歇时温度降到环境温度。此负荷在用电设备中所占比例很小,如机床的横梁升降、刀架快速移动电动机、闸门电动机等。

### 3. 反复短时工作制负荷

反复短时工作制负荷是指时而工作、时而停歇、反复运行的设备。其运行特点为工作时温度达不到稳定温度,停歇时也达不到环境温度,如起重机、电梯、电焊机等。

反复短时工作制负荷可用负荷持续率或暂载率 $\varepsilon$ 来表示,即

$$\varepsilon = \frac{t_w}{t_w + t_0} \times 100\% = \frac{t_w}{T} \times 100\% \tag{1-8}$$

式中,$t_w$ 为工作时间,$t_0$ 为停歇时间,$T$ 为工作周期。

# 小　　结

本章介绍了电力系统和供配电系统的概念,讲述了电能的质量指标和电力负荷,重点讨论了电力系统中各种电力设备的额定电压及电力系统中性点的运行方式。

① 电力系统是指由发电厂、变电所、电力线路和用户组成的整体。

② 供配电系统由总降压变电所、配电所、车间变电所或建筑物变电所、配电线路和用电设备所组成。

③ 额定电压是国家根据国民经济发展的需要,经全面技术经济比较后制定的。发电、变电、供电、用电设备的额定电压不尽相同。用电设备的额定电压等于电力线路的额定电压;发电机的额定电压较电力线路的额定电压高 5%;变压器一次绕组的额定电压等于发电机额定电压(升压变压器)或电力线路额定电压(降压变压器),二次绕组额定电压较电力线路额定电压高 10% 或 5%(视线路电压等级或线路长度而定)。

④ 电力系统的运行状态有多种,也有不同的分类方法。一种将电力系统的运行状态分为稳态和暂态;另一种将电力系统的运行状态分为正常运行状态、异常运行状态、故障状态和待恢复状态。

⑤ 电力系统中性点的运行方式有不接地、经消弧线圈接地、经电阻接地和直接接地 4 种,重点掌握中性点不接地的电力系统。

⑥ 供电的电能质量指标有电压、频率和波形 3 项。

⑦ 电力负荷按对供电可靠性的要求分为一级负荷、二级负荷、三级负荷 3 类,其供电要求也各不相同。电力负荷按工作制分为连续工作制负荷、短时工作制负荷和反复短时工作制负荷。

# 思考题和习题

1-1　什么叫电力系统?为什么要建立电力系统?

1-2　供配电系统由哪些部分组成?在什么情况下应设总降压变电所或高压配电所?

1-3　发电机的额定电压、用电设备的额定电压和变压器的额定电压是如何规定的?为什么?

1-4　电能的质量指标有哪些?电压质量、频率质量和波形质量用什么来衡量?

1-5　什么叫电压偏差、电压波动和闪变?如何计算电压偏差和电压波动?

1-6　电力系统的运行状态如何分类?

1-7　电力系统的中性点运行方式有几种?中性点不接地的电力系统和中性点直接接地的电力系统发生单相接地时各有什么特点?

1-8　电力负荷按对供电可靠性要求分几类?对供电各有什么要求?

1-9　电力负荷按其工作制分为几类?其运行特点是什么?

1-10　试确定图 1-11 所示供电系统中发电机 G 及变压器 1T,2T 和 3T 的额定电压。

1-11　试确定图 1-12 所示供电系统中发电机 G、变压器 2T 和 3T、线路 1WL 和 2WL 的额定电压。

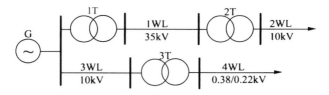

图 1-11　习题 1-10 图

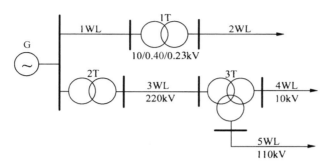

图 1-12　习题 1-11 图

1-12　试查阅相关资料或网上查阅,找出 2018 年我国的发电机装机容量、年发电量和年用电量。

1-13　画出中性点不接地系统 A 相发生单相接地时的相量图。

# 第2章 负荷计算

负荷计算是供配电系统正常运行的计算,是正确选择供配电系统中导线、电缆、开关电器、变压器等的基础,也是保障供配电系统安全可靠运行必不可少的环节。所以,本章内容是分析供配电系统和进行供电设计计算的基础。

## 2.1 负荷曲线

负荷曲线是表征电力负荷随时间变动情况的一种图形,反映了用户用电的特点和规律。负荷曲线绘制在直角坐标系上,纵坐标表示负荷,横坐标表示对应的时间。

负荷曲线按负荷的功率性质不同,分有功负荷曲线和无功负荷曲线;按时间单位的不同,分日负荷曲线和年负荷曲线;按负荷对象不同,分用户、车间或某类设备负荷曲线。

### 2.1.1 日负荷曲线

日负荷曲线表示负荷在一昼夜间(0~24h)的变化情况,如图2-1所示。

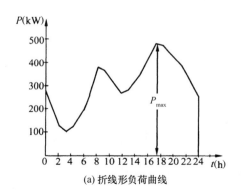
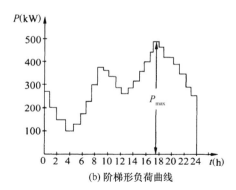

(a) 折线形负荷曲线        (b) 阶梯形负荷曲线

图2-1 日负荷曲线

日负荷曲线可用测量的方法绘制。绘制的方法是:①以某个监测点为参考点,在24h中各个时刻记录有功功率表的读数,逐点绘制而成折线形状,称为折线形负荷曲线,见图2-1(a);② 通过接在供电线路上的电度表,每隔一定的时间间隔(一般为半小时)将其读数记录下来,求出0.5h的平均功率,再依次将这些点画在坐标上,把这些点连成阶梯状的是阶梯形负荷曲线,如图2-1(b)所示。为计算方便,日负荷曲线多绘成阶梯形。其时间间隔取得越短,曲线越能反映日负荷的实际变化情况。日负荷曲线与横坐标所包围的面积代表全日所消耗的电能。

### 2.1.2 年负荷曲线

年负荷曲线反映负荷全年(8760h)的变化情况,如图2-2所示。

年负荷曲线又分为年运行负荷曲线和年持续负荷曲线。年运行负荷曲线可根据全年日负荷曲线间接制成;年持续负荷曲线的绘制,要借助一年中有代表性的冬季日负荷曲线和夏季日负荷曲线。通常用年持续负荷曲线来表示年负荷曲线,绘制方法如图2-2所示。其中,夏季和冬季在全年中占的天数视地理位置和气温情况而定。一般在北方,近似认为冬季 200 天,夏季 165 天;在南方,近似认为冬季 165 天,夏季 200 天。图 2-2 是南方某用户的年负荷曲线,图中 $P_1$ 在年负荷曲线上所占的时间计算为 $T_1 = 200t_1 + 165t_2$。

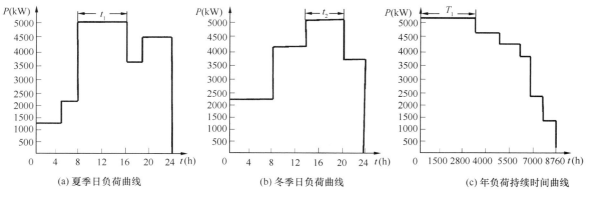

(a) 夏季日负荷曲线　　　　　　(b) 冬季日负荷曲线　　　　　　(c) 年负荷持续时间曲线

图 2-2　年负荷持续时间曲线的绘制

**注意**:日负荷曲线是按时间的先后绘制的,而年负荷持续时间曲线是按负荷的大小和累计时间绘制的。

## 2.1.3　负荷曲线的有关物理量

分析负荷曲线可以了解负荷变化的规律。对供电设计人员来说,可从中获得一些对设计有用的资料;对运行来说,可合理地、有计划地安排用户、车间、班制或大容量设备的用电时间,降低负荷高峰,填补负荷低谷,这种“削峰填谷”的办法可使负荷曲线比较平坦,从而达到节电效果。

从负荷曲线上可求得以下一些参数。

**1. 年最大负荷和年最大负荷利用小时**

(1) 年最大负荷 $P_{max}$

年最大负荷是指全年中负荷最大的工作班内(为防偶然性,这样的工作班至少要在负荷最大的月份出现 2~3 次)30 分钟平均功率的最大值,因此,年最大负荷有时也称为 30 分钟最大负荷 $P_{30}$。

(2) 年最大负荷利用小时 $T_{max}$

年最大负荷利用小时是指负荷以年最大负荷 $P_{max}$ 持续运行一段时间后,消耗的电能恰好等于该电力负荷全年实际消耗的电能,这段时间就是年最大负荷利用小时。如图 2-3 所示,阴影部分即为全年实际消耗的电能。如果以 $W_a$ 表示全年实际消耗的电能,则有

$$T_{max} = \frac{W_a}{P_{max}} \qquad (2-1)$$

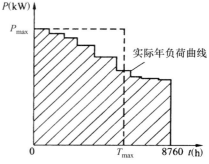

图 2-3　年最大负荷和年最大负荷利用小时

$T_{max}$ 是反映用户负荷是否均匀的一个重要参数。该值越大,则负荷越平稳。如果年最大负荷利用小时为 8760h,说明负荷常年不变(实际不太可能)。$T_{max}$ 与用户的性质和生产班制有关,例如一班制用户,$T_{max}$ 为 1800~3000h;两班制用户,$T_{max}$ 为 3500~4800h;三班制用户,$T_{max}$ 为 5000~7000h;居民用户,$T_{max}$ 为 1200~2800h。

### 2. 平均负荷和负荷系数

（1）平均负荷 $P_{av}$

平均负荷就是指电力负荷在一定时间内消耗的功率的平均值。如在 $t$ 时间内消耗的电能为 $W_t$，则 $t$ 时间内的平均负荷为

$$P_{av} = \frac{W_t}{t} \qquad (2\text{-}2)$$

年平均负荷是指电力负荷在一年内消耗的功率的平均值。如用 $W_a$ 表示全年实际消耗的电能，则年平均负荷为

$$P_{av} = \frac{W_a}{8760} \qquad (2\text{-}3)$$

图 2-4 用以说明年平均负荷，阴影部分表示全年实际消耗的电能 $W_a$，年平均负荷 $P_{av}$ 的横线与两坐标轴所包围的矩形面积恰好与之相等。

（2）负荷系数 $K_L$

负荷系数是指平均负荷与最大负荷的比值，分有功负荷系数 $K_{aL}$ 和无功负荷系数 $K_{rL}$ 两种，即

$$\begin{cases} K_{aL} = \dfrac{P_{av}}{P_{max}} \\[2mm] K_{rL} = \dfrac{Q_{av}}{Q_{max}} \end{cases} \qquad (2\text{-}4)$$

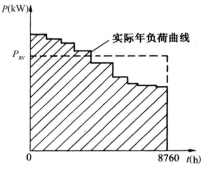

图 2-4　年平均负荷

负荷系数又称负荷率或负荷填充系数，它表征负荷曲线不平坦的程度，负荷系数越接近 1，负荷越平坦。所以用户应尽量提高负荷系数，从而充分发挥供电设备的供电能力，提高供电效率。一般用户 $K_{aL}$ 为 0.7～0.75，$K_{rL}$ 为 0.76～0.82。有时也用 $\alpha$ 表示有功负荷系数，用 $\beta$ 表示无功负荷系数。

对于单个用电设备或用电设备组，负荷系数是指设备的输出功率 $P$ 和额定容量 $P_N$ 之比，即

$$K_L = \frac{P}{P_N} \qquad (2\text{-}5)$$

它表征该设备或设备组的容量是否被充分利用。

# 2.2　用电设备的设备容量

## 2.2.1　设备容量的定义

用电设备的铭牌上都标有额定功率。但是，由于各用电设备的额定工作条件不同，例如，有的是长期工作制，有的是反复短时工作制，铭牌上规定的额定功率就不能直接相加来作为用户的电力负荷。因此，必须首先换算成统一规定的工作制下的额定功率，然后才能进行负荷计算。经过换算至统一规定的工作制下的"额定功率"称为设备容量，用 $P_e$ 表示。

## 2.2.2　设备容量的确定

### 1. 长期工作制和短时工作制的用电设备

长期工作制和短时工作制用电设备的设备容量就是该设备的铭牌额定功率，即

$$P_e = P_N \qquad (2\text{-}6)$$

## 2. 反复短时工作制的用电设备

反复短时工作制用电设备的设备容量是指某负荷持续率下的额定功率换算到统一的负荷持续率下的功率。常用设备的换算要求如下。

（1）电焊机和电焊机组

要求统一换算到 $\varepsilon=100\%$ 时的功率，即

$$P_e=\sqrt{\frac{\varepsilon_N}{\varepsilon_{100\%}}}P_N=\sqrt{\varepsilon_N}S_N\cos\varphi_N \tag{2-7}$$

式中，$P_N$ 为电焊机额定有功功率；$S_N$ 为额定视在功率；$\varepsilon_N$ 为额定负荷持续率（计算中用小数）；$\varepsilon_{100\%}$ 为其值为 100％ 的负荷持续率（计算中用 1）；$\cos\varphi_N$ 为额定功率因数。

（2）起重机（吊车电动机）

要求统一换算到 $\varepsilon=25\%$ 时的额定功率，即

$$P_e=\sqrt{\frac{\varepsilon_N}{\varepsilon_{25\%}}}P_N=2\sqrt{\varepsilon_N}P_N \tag{2-8}$$

式中，$P_N$ 为额定有功功率；$\varepsilon_N$ 为额定负荷持续率（用小数计算）；$\varepsilon_{25\%}$ 为其值为 25％ 的负荷持续率（用 0.25 计算）。

## 3. 照明设备

（1）不用镇流器的照明设备（如白炽灯、碘钨灯）的设备容量就是其额定功率，即

$$P_e=P_N \tag{2-9}$$

（2）用镇流器的照明设备（如荧光灯、高压水银灯）的设备容量要包括镇流器中的功率损失，即

$$P_e=K_{bl}P_N \tag{2-10}$$

式中，$K_{bl}$ 为镇流器功率损耗系数，荧光灯采用普通电感镇流器取 1.25、采用节能型电感镇流器取 1.15～1.17、采用电子镇流器取 1.1，高压钠灯和金属卤化物灯采用普通电感镇流器取 1.14～1.16、采用节能型电感镇流器取 1.09～1.1。

（3）照明设备的设备容量还可按建筑物的单位面积容量法估算，即

$$P_e=\rho S/1000 \tag{2-11}$$

式中，$\rho$ 是建筑物单位面积的照明容量（W/m²）；$S$ 为建筑物的面积（m²）。

# 2.3  负荷计算的方法

为了供配电系统在正常条件下可靠地运行，必须正确选择电力变压器、开关设备及导线、电缆等，这就需要对电力负荷进行计算，即确定计算负荷。

导体中通过一个等效负荷时，导体的最高温升正好和通过实际的变动负荷时其产生的最高温升相等，该等效负荷就称为计算负荷。

导体通过电流达到稳定温升的时间为（3～4）$\tau$，$\tau$ 为发热时间常数。对中小截面（35mm² 以下）的导体，其 $\tau$ 约为 10min，故载流导体约经 30min 后可达到稳定温升值。但是，由于较大截面的导体发热时间常数往往大于 10min，30min 还不能达到稳定温升。由此可见，计算负荷 $P_c$ 实际上与 30min 最大负荷 $P_{30}$（即年最大负荷 $P_{max}$）基本是相当的。因此，有

$$\begin{cases} P_c \overset{\text{def}}{=} P_{\max} \overset{\text{def}}{=} P_{30} \\ Q_c \overset{\text{def}}{=} Q_{\max} \overset{\text{def}}{=} Q_{30} \\ S_c \overset{\text{def}}{=} S_{\max} \overset{\text{def}}{=} S_{30} \\ I_c \overset{\text{def}}{=} I_{\max} \overset{\text{def}}{=} I_{30} \end{cases} \qquad (2\text{-}12)$$

计算负荷是供电设计计算的基本依据。计算负荷的确定是否合理,将直接影响到电气设备和导线、电缆的选择是否经济合理。

因此,工程上依据不同的计算目的,针对不同类型的用户和不同类型的负荷,在实践中总结出了各种负荷的计算方法:估算法、需要系数法、二项式法、利用系数法和单相负荷计算法等。

## 2.3.1 估算法

估算法实为指标法。在做设计任务书或初步设计阶段,尤其当需要进行方案比较缺乏准确的用电负荷资料时,按估算法计算比较方便。

### 1. 单位产品耗电量法

若已知某车间或企业的年产量 $m$ 和每一产品的单位耗电量 $\omega$,则企业全年电能 $W_a$ 为

$$W_a = \omega m$$

有功计算负荷为

$$P_c = \frac{W_a}{T_{\max}} \qquad (2\text{-}13)$$

式中,$T_{\max}$ 为年最大负荷利用小时;$\omega$ 和 $T_{\max}$ 参见有关设计手册。

### 2. 负荷密度法

若已知车间生产面积 $S(\text{m}^2)$ 和负荷密度指标 $\rho(\text{kW/m}^2)$,则车间平均负荷为

$$P_{av} = \rho S \qquad (2\text{-}14)$$

负荷密度指标见表 2-1。

车间计算负荷为

表 2-1  车间负荷密度估算指标

| 车间类别 | 负荷密度<br>（kW/m²） |
|---|---|
| 铸钢车间(不包括电弧炉) | 0.055～0.06 |
| 焊接车间 | 0.04 |
| 铸铁车间 | 0.06 |
| 金工车间 | 0.1 |
| 木工车间 | 0.66 |
| 煤气站 | 0.09～0.13 |
| 锅炉房 | 0.15～0.2 |
| 压缩空气站 | 0.15～0.2 |

$$P_c = \frac{P_{av}}{K_{aL}} \qquad (2\text{-}15)$$

式中,$K_{aL}$ 为有功负荷系数。

## 2.3.2 需要系数法

在进行工程设计或施工设计时,需要对负荷做比较准确的计算,以便正确选择导线、电缆、开关电器和电气设备,计算方法有需要系数法、利用系数法和二项式法,其中使用最为普遍的是需要系数法。下面主要讲述需要系数法。

在所计算的范围内(如一条干线、一段母线或一台变压器),用电设备组的计算负荷并不等于其设备容量,两者之间存在一个比值关系,因此引进需要系数的概念,即

$$P_c = K_d P_e \qquad (2\text{-}16)$$

式中,$K_d$ 为需要系数;$P_c$ 为计算负荷;$P_e$ 为设备容量。

形成该系数的原因有:用电设备的设备容量是指输出容量,它与输入容量之间有一个额定效率 $\eta_N$;用电设备不一定满负荷运行,因此引入负荷系数 $K_L$;配电线路有功率损耗,所以引入一个线路平均效率 $\eta_{wL}$;用电设备组的所有设备不一定同时运行,故引入一个同时系数 $K_\Sigma$。故需要系数可表达为

$$K_d = \frac{K_\Sigma K_L}{\eta_N \eta_{wL}} \tag{2-17}$$

实际上,需要系数还与操作人员的技能及生产过程等多种因素有关,表 A-1-1 中列出了各种用电设备的需要系数值,供计算时参考。一般设备台数多时取较小值,台数少时取较大值。

若进行计算的负荷有多种,则可将用电设备按其设备性质不同分成若干组,每组用电设备选用相应的需要系数,算出各组用电设备的计算负荷,然后由各组计算负荷求总的计算负荷。所以需要系数法一般用来求多台三相用电设备的计算负荷。

下面结合例题介绍按需要系数法确定三相用电设备组的计算负荷的计算方法。

**1. 单组用电设备组的计算负荷**

$$\begin{cases} P_c = K_d P_e \\ Q_c = P_c \tan\varphi \\ S_c = \sqrt{P_c^2 + Q_c^2} \\ I_c = \dfrac{S_c}{\sqrt{3}U_N} \end{cases} \tag{2-18}$$

式中,$K_d$ 为需要系数;$P_e$ 为设备容量;$\tan\varphi$ 为设备功率因数角的正切值。

**例 2-1** 已知某机修车间的金属切削机床组,有电压为 380V 的电动机 30 台,其总设备容量为 120kW。试求其计算负荷。

**解** 查表 A-1-1 中的"小批生产的金属冷加工机床"项,可得 $K_d$ 为 0.12~0.16(取 0.15 计算),$\cos\varphi = 0.5$,$\tan\varphi = 1.73$。根据式(2-18),得

$$P_c = K_d P_e = 0.15 \times 120 = 18\text{kW}$$

$$Q_c = P_c \tan\varphi = 18 \times 1.73 = 31.34\text{kvar}$$

$$S_c = P_c / \cos\varphi = 18 / 0.5 = 36\text{kVA}$$

$$I_c = \frac{S_c}{\sqrt{3}U_N} = \frac{36}{\sqrt{3} \times 0.38} = 54.7\text{A}$$

**2. 多组用电设备组的计算负荷**

应考虑各用电设备组的最大负荷不一定同时出现,需计入各用电设备组的同时系数,即

$$\begin{cases} P_c = K_{\Sigma p} \displaystyle\sum_{i=1}^{n} P_{ci} \\ Q_c = K_{\Sigma q} \displaystyle\sum_{i=1}^{n} Q_{ci} \\ S_c = \sqrt{P_c^2 + Q_c^2} \\ I_c = \dfrac{S_c}{\sqrt{3}U_N} \end{cases} \tag{2-19}$$

式中,$n$ 为用电设备组的组数;$K_{\Sigma p}$,$K_{\Sigma q}$ 分别为有功功率、无功功率的同时系数;$P_{ci}$,$Q_{ci}$ 分别为各用电设备组的计算负荷。

**例 2-2** 一机修车间的 380V 线路上,接有金属切削机床电动机 15kW 1 台,11kW 3 台,

7.5kW 2台,4kW 2台,2.2kW 8台;另接通风机 1.5kW 4台;电阻炉 2kW 1台。试求该线路的计算负荷(设同时系数 $K_{\Sigma p}$,$K_{\Sigma q}$ 均为 0.9)。

**解** 查表 A-1-1 可得

冷加工机床：$K_{d1}=0.15,\cos\varphi_1=0.5,\tan\varphi_1=1.73$

$$P_{c1}=K_{d1}P_{e1}=0.15\times(15+11\times3+7.5\times2+4\times2+2.2\times8)=13.29\text{kW}$$

$$Q_{c1}=P_{c1}\tan\varphi_1=13.29\times1.73=22.99\text{kvar}$$

通风机：$K_{d2}=0.8,\cos\varphi_2=0.8,\tan\varphi_2=0.75$

$$P_{c2}=K_{d2}P_{e2}=0.8\times1.5\times4=4.8\text{kW}$$

$$Q_{c2}=P_{c2}\tan\varphi_2=4.8\times0.75=3.6\text{kvar}$$

电阻炉:因只有 1 台,故其计算负荷等于设备容量

$$P_{c3}=P_{e3}=2\text{kW}$$

$$Q_{c3}=0$$

车间计算负荷为

$$P_c=K_{\Sigma p}\sum_{i=1}^3 P_{ci}=0.9\times(13.29+4.8+2)=18.08\text{kW}$$

$$Q_c=K_{\Sigma q}\sum_{i=1}^3 Q_{ci}=0.9\times(22.99+3.6+0)=23.93\text{kvar}$$

$$S_c=\sqrt{P_c^2+Q_c^2}=\sqrt{18.08^2+23.93^2}=29.99\text{kVA}$$

$$I_c=\frac{S_c}{\sqrt{3}U_N}=\frac{29.99}{\sqrt{3}\times0.38}=45.57\text{A}$$

需要系数值与用电设备的类别、工作状态和设备台数有关,计算时一定要正确判断,否则会造成错误。如机修车间的金属切削机床电动机属于小批生产的冷加工机床;各类锻造设备应属小批生产的热加工机床;起重机、行车或电葫芦等都属于吊车。用电设备台数较多时,取较小值;用电设备台数较少时,取较大值;用电设备只有 2～3 台时,取值为 1,即计算负荷等于其设备容量之和。

用需要系数法来求计算负荷,特点是简单方便,计算结果较符合实际,而且长期使用已积累了各种设备的需要系数。因此,需要系数法是世界各国普遍采用的确定计算负荷的基本方法。但是,把需要系数看作与一组设备中设备的多少及容量是否相差悬殊等都无关的固定值,这就考虑不全面。实际上只有当设备台数较多、没有特大型用电设备时,表中的需要系数值才比较符合实际。所以,需要系数法普遍应用于用户和大型车间变电所的负荷计算(2.5 节将详细介绍其计算方法和过程)。

### 2.3.3 利用系数法和二项式法

利用系数法是以概率论为基础,以此法来求计算负荷。利用系数定义为用电设备组的平均负荷与用电设备组的设备总容量之比。计算时,先将设备总容量乘以利用系数,求出用电设备组在最大负荷的平均负荷,再求平均利用系数和用电设备有效台数,据此确定最大系数,最终求得计算负荷。该方法计算过程较为烦琐,适合计算机计算,尚未得到普遍应用。

二项式法进行负荷计算时,既考虑用电设备组的平均负荷,又考虑几台最大用电设备引起的附加负荷。在确定设备台数较少且容量差别悬殊的分支干线的计算负荷时,比需要系数法合理,

计算也较简便。但其应用局限性较大,仅适用于机械加工车间的负荷计算。

在此,对利用系数法和二项式法不做详细介绍,可参见有关书籍。

### 2.3.4 单相负荷计算法

在用户和企业中,除广泛使用三相用电设备外,还有单相用电设备,如照明、电热、电焊等设备。单相用电设备应均衡分配在三相上,使各相负荷尽量相近、三相负荷尽量平衡。单相负荷的计算原则如下:

● 三相线路中单相用电设备的总容量不超过三相总容量的 15% 时,单相用电设备可按三相负荷平衡计算;

● 三相线路中单相用电设备的总容量超过三相总容量的 15% 时,应把单相用电设备容量换算为等效三相设备容量,再算出三相等效计算负荷。

#### 1. 单相用电设备组的等效三相设备容量

(1) 单相用电设备接于相电压时的等效三相设备容量

其等效三相设备容量为最大负荷相所接的单相用电设备容量 $P_{e.\varphi.m}$ 的 3 倍,即

$$P_e = 3P_{e.\varphi.m} \tag{2-20}$$

(2) 单相用电设备接于线电压时的等效三相设备容量

① 单相用电设备接于同一线电压时的等效三相设备容量为单相设备容量 $P_{e.\varphi}$ 的 $\sqrt{3}$ 倍,即

$$P_e = \sqrt{3}P_{e.\varphi} \tag{2-21}$$

② 单相用电设备接于不同线电压的等效三相设备容量

先将接于线电压的单相设备容量换算为接于相电压的设备容量,再根据式(2-20)计算出等效三相设备容量。相电压的设备容量换算公式为

A 相
$$\begin{cases} P_{e.A} = \dfrac{1}{\sqrt{3}}[S_{AB}\cos(\varphi_{AB}-30°) + S_{CA}\cos(\varphi_{CA}+30°)] \\ Q_{e.A} = \dfrac{1}{\sqrt{3}}[S_{AB}\sin(\varphi_{AB}-30°) + S_{CA}\sin(\varphi_{CA}+30°)] \end{cases} \tag{2-22}$$

B 相
$$\begin{cases} P_{e.B} = \dfrac{1}{\sqrt{3}}[S_{BC}\cos(\varphi_{BC}-30°) + S_{AB}\cos(\varphi_{AB}+30°)] \\ Q_{e.B} = \dfrac{1}{\sqrt{3}}[S_{BC}\sin(\varphi_{BC}-30°) + S_{AB}\sin(\varphi_{AB}+30°)] \end{cases} \tag{2-23}$$

C 相
$$\begin{cases} P_{e.C} = \dfrac{1}{\sqrt{3}}[S_{CA}\cos(\varphi_{CA}-30°) + S_{BC}\cos(\varphi_{BC}+30°)] \\ Q_{e.C} = \dfrac{1}{\sqrt{3}}[S_{CA}\sin(\varphi_{CA}-30°) + S_{BC}\sin(\varphi_{BC}+30°)] \end{cases} \tag{2-24}$$

式中,$S_{AB}$、$S_{BC}$、$S_{CA}$ 分别为接于各线电压的单相设备的视在功率;$\varphi_{AB}$、$\varphi_{BC}$、$\varphi_{CA}$ 分别为接于各线电压的单相设备的功率因数角。

等效三相设备容量为最大负荷相设备容量的 3 倍,即

$$\begin{cases} P_e = 3P_{e.\varphi.m} \\ Q_e = 3Q_{e.\varphi.m} \end{cases} \tag{2-25}$$

(3) 有的单相用电设备接于线电压、有的单相用电设备接于相电压

将接于线电压的单相设备容量换算为接于相电压的设备容量,然后分别计算各相的设备容量,取其中最大相设备容量的 3 倍为三相设备容量,如式(2-25)所示。

## 2. 单相用电设备组的等效三相计算负荷

单相用电设备组的等效三相计算负荷可直接用需要系数法，按式(2-18)进行计算。

**例 2-3** 某 220/380V 三相四线制线路上，装有 220V 单相电热干燥箱 6 台、单相电加热器 2 台和 380V 单相电焊机 6 台。其在线路上的连接情况为：电热干燥箱 2 台 20kW 接于 A 相，1 台 30kW 接于 B 相，3 台 10kW 接于 C 相；电加热器 2 台 20kW 分别接于 B 相和 C 相；电焊机 3 台 21kVA($\varepsilon=100\%$，$\cos\varphi_N=0.7$)接于 AB 相，2 台 28kVA($\varepsilon=100\%$，$\cos\varphi_N=0.8$)接于 BC 相，1 台 46kW($\varepsilon=60\%$，$\cos\varphi_N=0.75$)接于 CA 相。试求该线路的计算负荷。

**解** (1)电热干燥箱及电加热器的各相计算负荷

查表 A-1-1 得，电加热器 $K_d=0.7$，$\cos\varphi=1$，$\tan\varphi=0$，其计算负荷为

A 相
$$P_{c.A1}=K_d P_{eA}=0.7\times20\times2=28\text{kW}$$
$$Q_{c.A1}=0$$

B 相
$$P_{c.B1}=K_d P_{eB}=0.7\times(30\times1+20\times1)=35\text{kW}$$
$$Q_{c.B1}=0$$

C 相
$$P_{c.C1}=K_d P_{eC}=0.7\times(10\times3+20\times1)=35\text{kW}$$
$$Q_{c.C1}=0$$

(2)电焊机的各相计算负荷

① 接于各线电压电焊机的设备容量

将 CA 相电焊机设备容量换算至 $\varepsilon=100\%$ 的设备容量

$$P_{CA}=P_N\sqrt{\varepsilon_N}=46\times\sqrt{0.6}=35.63\text{kW}$$

则 CA 相电焊机换算至 $\varepsilon=100\%$ 的视在功率为

$$S_{CA}=\frac{P_{CA}}{\cos\varphi_N}=\frac{35.63}{0.75}=47.51\text{kVA}$$

AB、BC 相电焊机 $\varepsilon=100\%$ 的视在功率分别为

$$S_{AB}=3\times S_N=3\times21=63\text{kVA}$$

$$S_{BC}=2\times S_N=2\times28=56\text{kVA}$$

② 接于各线电压的电焊机的设备容量换算为接于各相电压的设备容量

接于各线电压的电焊机的功率因数角分别为

$$\varphi_{AB}=\arccos(0.7)=45.57°$$
$$\varphi_{BC}=\arccos(0.8)=36.87°$$
$$\varphi_{CA}=\arccos(0.75)=41.41°$$

A 相设备容量为

$$P_{e.A}=\frac{1}{\sqrt{3}}\left[S_{AB}\cos(45.57°-30°)+S_{CA}\cos(41.41°+30°)\right]$$

$$=\frac{1}{\sqrt{3}}(63\times0.9657+47.51\times0.3203)=43.78\text{kW}$$

$$Q_{e.A}=\frac{1}{\sqrt{3}}\left[S_{AB}\sin(45.57°-30°)+S_{CA}\sin(41.41°+30°)\right]$$

$$=\frac{1}{\sqrt{3}}(63\times0.2784+47.51\times0.9493)=35.76\text{kvar}$$

B 相设备容量为

$$P_{e.B} = \frac{1}{\sqrt{3}}[S_{BC}\cos(36.87° - 30°) + S_{AB}\cos(45.57° + 30°)]$$

$$= \frac{1}{\sqrt{3}}(56 \times 0.9928 + 63 \times 0.2492) = 41.16\text{kW}$$

$$Q_{e.B} = \frac{1}{\sqrt{3}}[S_{BC}\sin(36.87° - 30°) + S_{AB}\sin(45.57° + 30°)]$$

$$= \frac{1}{\sqrt{3}}(56 \times 0.1196 + 63 \times 0.9685) = 39.10\text{kvar}$$

C 相设备容量为

$$P_{e.C} = \frac{1}{\sqrt{3}}[S_{CA}\cos(41.41° - 30°) + S_{BC}\cos(36.87° + 30°)]$$

$$= \frac{1}{\sqrt{3}}(47.51 \times 0.9802 + 56 \times 0.3928) = 39.39\text{kW}$$

$$Q_{e.C} = \frac{1}{\sqrt{3}}[S_{CA}\sin(41.41° - 30°) + S_{BC}\sin(36.87° + 30°)]$$

$$= \frac{1}{\sqrt{3}}(47.51 \times 0.1978 + 56 \times 0.9196) = 35.16\text{kvar}$$

③ 电焊机的各相计算负荷

查表 A-1-1,电焊机 $K_d = 0.35$,其计算负荷为

A 相      $P_{c.A2} = K_d P_{eA} = 0.35 \times 43.78 = 15.32\text{kW}$

           $Q_{c.A2} = K_d Q_{eA} = 0.35 \times 35.76 = 12.52\text{kvar}$

B 相      $P_{c.B2} = K_d P_{eB} = 0.35 \times 41.16 = 14.41\text{kW}$

           $Q_{c.B2} = K_d Q_{eB} = 0.35 \times 39.10 = 13.69\text{kvar}$

C 相      $P_{c.C2} = K_d P_{eC} = 0.35 \times 39.39 = 13.86\text{kW}$

           $Q_{c.C2} = K_d Q_{eC} = 0.35 \times 35.16 = 12.31\text{kvar}$

（3）各相总的计算负荷（取同时系数为 0.95）

A 相      $P_{c.A} = K_\Sigma(P_{c.A1} + P_{c.A2}) = 0.95 \times (28 + 15.32) = 45.6\text{kW}$

           $Q_{c.A} = K_\Sigma(Q_{c.A1} + Q_{c.A2}) = 0.95 \times (0 + 12.52) = 11.89\text{kvar}$

B 相      $P_{c.B} = K_\Sigma(P_{c.B1} + P_{c.B2}) = 0.95 \times (35 + 14.41) = 46.94\text{kW}$

           $Q_{c.B} = K_\Sigma(Q_{c.B1} + Q_{c.B2}) = 0.95 \times (0 + 13.69) = 13.01\text{kvar}$

C 相      $P_{c.C} = K_\Sigma(P_{c.C1} + P_{c.C2}) = 0.95 \times (35 + 13.86) = 46.42\text{kW}$

           $Q_{c.C} = K_\Sigma(Q_{c.C1} + Q_{c.C2}) = 0.95 \times (0 + 12.31) = 11.69\text{kvar}$

（4）总的等效三相计算负荷

因为 B 相的有功计算负荷最大,即

$$P_{c.\varphi.m} = P_{c.B} = 46.94\text{kW}, \quad Q_{c.\varphi.m} = Q_{c.B} = 13.01\text{kvar}$$

总的等效三相计算负荷为

$$P_c = 3P_{c.\varphi.m} = 3 \times 46.94 = 140.82\text{kW}$$

$$Q_c = 3Q_{c.\varphi.m} = 3 \times 13.01 = 39.03\text{kvar}$$

$$S_c = \sqrt{P_c^2 + Q_c^2} = \sqrt{140.82^2 + 39.03^2} = \sqrt{21336.72} = 146.1\text{kVA}$$

$$I_c = \frac{S_c}{\sqrt{3}U_N} = \frac{146.1}{\sqrt{3} \times 0.38} = 220\text{A}$$

# 2.4 功率损耗和年电能损耗

电流流过电力线路和变压器时,势必要引起功率损耗和年电能损耗。因此,在进行用户负荷计算时,应计入这部分损耗。

## 2.4.1 功率损耗

供配电系统的功率损耗主要包括线路功率损耗和变压器功率损耗。功率损耗又分有功功率损耗和无功功率损耗两部分。

### 1. 线路的功率损耗

(1)有功功率损耗

有功功率损耗是电流流过线路电阻所引起的损耗,计算公式为

$$\Delta P_{WL} = 3I_c^2 R_{WL} \times 10^{-3} \text{kW} \tag{2-26}$$

式中,$I_c$ 为线路的计算电流(A);$R_{WL}$ 为线路每相的电阻($\Omega$),$R_{WL} = R_0 L$,$R_0$ 为线路单位长度的电阻($\Omega/\text{km}$),可查表 A-15;$L$ 为线路的计算长度(km)。

(2)无功功率损耗

无功功率损耗是电流流过线路电抗所引起的损耗,计算公式为

$$\Delta Q_{WL} = 3I_c^2 X_{WL} \times 10^{-3} \text{kvar} \tag{2-27}$$

式中,$I_c$ 为线路的计算电流(A);$X_{WL}$ 为线路每相的电抗($\Omega$),$X_{WL} = X_0 L$,$X_0$ 为线路单位长度的电抗($\Omega/\text{km}$),可查表 A-15,一般架空线路为 $0.4\Omega/\text{km}$ 左右,电缆线路为 $0.08\Omega/\text{km}$ 左右;$L$ 为线路的计算长度(km)。

查表 A-15,$X_0$ 所需的几何均距计算公式为

$$d_{av} = \sqrt[3]{d_1 d_2 d_3} \tag{2-28}$$

式中,$d_1$、$d_2$、$d_3$ 为三相线路各导线之间的距离。

### 2. 变压器的功率损耗

变压器的功率损耗分为铁损和铜损。

铁损是变压器主磁通在铁芯中产生的损耗。变压器主磁通只与外加电压有关,当外加电压和频率恒定时,铁损为一常数,与负荷无关,通常用空载损耗表示。空载损耗又分为空载有功功率损耗 $\Delta P_0$ 和空载无功功率损耗 $\Delta Q_0$ 两部分。

铜损是变压器负荷电流在一次和二次绕组中产生的损耗,其值与负荷电流(或功率)的平方成正比,通常用负载损耗表示。负载损耗又分负载有功功率损耗 $\Delta P_L$ 和负载无功功率损耗 $\Delta Q_L$ 两部分。

(1)有功功率损耗

变压器的有功功率损耗由空载有功功率损耗和负载有功功率损耗两部分组成。因此,变压器的有功功率损耗为

$$\Delta P_T = \Delta P_0 + \Delta P_L = \Delta P_0 + \Delta P_N \left( \frac{S_c}{S_N} \right)^2 \tag{2-29}$$

或

$$\Delta P_T = \Delta P_0 + \Delta P_k K_L^2 \tag{2-30}$$

式中,$S_N$ 为变压器的额定容量;$S_c$ 为变压器的计算负荷;$\Delta P_N$ 为变压器额定负荷时的有功功率损耗,也称为变压器的负载损耗 $\Delta P_k$,可查表 A-3;$K_L$ 为变压器的负荷系数。

（2）无功功率损耗

变压器的无功功率损耗由空载无功功率损耗和负载无功功率损耗两部分组成。因此，变压器的无功功率损耗为

$$\Delta Q_T = \Delta Q_0 + \Delta Q_L = \Delta Q_0 + \Delta Q_N \left(\frac{S_c}{S_N}\right)^2 = S_N\left[\frac{I_0\%}{100} + \frac{U_k\%}{100}\left(\frac{S_c}{S_N}\right)^2\right] \tag{2-31}$$

或

$$\Delta Q_T = S_N\left(\frac{I_0\%}{100} + \frac{U_k\%}{100}K_L^2\right) \tag{2-32}$$

式中，$\Delta Q_N$ 为变压器额定负荷时的无功功率损耗；$I_0\%$ 为变压器的空载电流百分值，可查表 A-3；$U_k\%$ 为变压器的短路阻抗百分值，可查表 A-3；$K_L$ 为变压器的负荷系数。

在负荷计算时，因变压器尚未选出，低损耗变压器的功率损耗也可按下式计算

$$\begin{cases}\Delta P_T = 0.015S_c \\ \Delta Q_T = 0.06S_c\end{cases} \tag{2-33}$$

式中，$S_c$ 为变压器二次侧的计算视在功率。

### 2.4.2　年电能损耗

由于变压器和线路是供配电系统中常年运行的设备，每年产生的电能损耗相当可观，应当引起重视。

在供配电系统中，因负荷随时间不断变化，其电能损耗计算困难，通常利用年最大负荷损耗小时 $\tau$ 来近似计算线路和变压器的年有功电能损耗。下面介绍 $\tau$ 的物理含义。

当线路或变压器中以最大负荷电流或计算电流 $I_c$ 流过 $\tau$ 小时后所产生的电能损耗，恰与全年流过实际变化的电流时所产生的电能损耗相等。可见，$\tau$ 是一个假想时间，它与年最大负荷利用小时 $T_{max}$ 和负荷功率因数有一定关系。如图 2-5 所示即为不同功率因数下的 $\tau$ 与 $T_{max}$ 的关系。

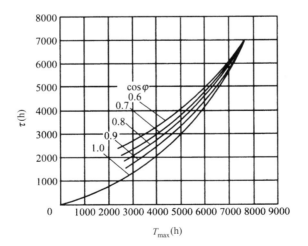

图 2-5　$\tau$-$T_{max}$ 关系曲线

当 $\cos\varphi=1$，且线路电压不变时，有

$$\tau = \frac{T_{max}^2}{8760} \tag{2-34}$$

**1. 线路的年电能损耗**

$$\Delta W_{\mathrm{a.WL}} = 3I_\mathrm{c}^2 R_{\mathrm{WL}}\tau \times 10^{-3}\,\mathrm{kW} \tag{2-35}$$

**2. 变压器的年电能损耗**

① 由于铁损引起的年电能损耗

$$\Delta W_{\mathrm{a1}} = \Delta P_{\mathrm{Fe}} \times 8760 \approx \Delta P_0 \times 8760 \tag{2-36}$$

② 由于铜损引起的年电能损耗

$$\Delta W_{\mathrm{a2}} = \Delta P_{\mathrm{Cu}}\tau = \Delta P_{\mathrm{Cu.N}}K_\mathrm{L}^2\tau \approx \Delta P_\mathrm{k}K_\mathrm{L}^2\tau \tag{2-37}$$

因此,变压器的年电能损耗为

$$\Delta W_{\mathrm{a.T}} = \Delta W_{\mathrm{a1}} + \Delta W_{\mathrm{a2}} \approx \Delta P_0 \times 8760 + \Delta P_\mathrm{k}K_\mathrm{L}^2\tau \tag{2-38}$$

# 2.5　用户负荷计算

确定用户的计算负荷是选择电源进线和一、二次侧设备的基本依据,是供配电系统设计的重要组成部分,也是与电力部门签订用电协议的基本依据。

确定用户计算负荷的方法很多,应根据不同的情况和要求采用不同的方法。在制订计划、初步设计,特别是方案比较时可用较粗略的方法,如 2.3.1 节所述。在技术设计时,应进行详细的负荷计算,如逐级计算法。

按逐级计算法确定用户计算负荷的原则和步骤为:

● 将用电设备分类,采用需要系数法确定各用电设备组的计算负荷;
● 根据用户的供配电系统图,从用电设备朝电源方向逐级确定各级的计算负荷;
● 在配电点处考虑同时系数;
● 在变压器安装处计及变压器损耗;
● 用户的电力线路较短时,可不计电力线路损耗;
● 在并联电容器安装处计及无功功率补偿容量。

某用户的供配电系统如图 2-6 所示,现以此图为例讨论图中各点的负荷计算和用户的计算负荷。

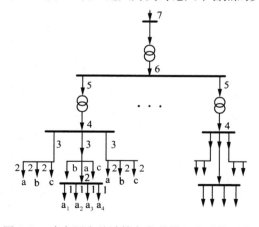

图 2-6　确定用户总计算负荷的供配电系统示意图

**1. 供给单台用电设备的支线的计算负荷确定(如图 2-6 中 1 点处)**

计算目的:用于选择其开关设备和导线截面。

因为是给一台设备供电,故不存在同时系数(即 $K_\Sigma = 1$);又因为线路长度较短,线路效率可视为 1($\eta_{\mathrm{WL}} = 1$);而且设备的最大运行方式一般可能达到额定状态,负荷系数也可取 1($K_\mathrm{L} = 1$),此时

$K_d=1/\eta_N$，则

$$\begin{cases} P_{c1}=\dfrac{P_e}{\eta_N} \\ Q_{c1}=P_{c1}\tan\varphi_N \end{cases} \tag{2-39}$$

式中，$P_e$ 为单台用电设备的容量；$\eta_N$ 为单台用电设备的额定效率；$\tan\varphi_N$ 为单台用电设备的额定功率因数角的正切值。

若该设备确实无法达到额定工作状态，可引入负荷系数计算；若该设备不存在效率问题，则 $\eta_N=1$。

### 2. 用电设备组计算负荷的确定（如图 2-6 中 2 点处）

计算目的：用来选择车间配电干线及干线上的电气设备。

用电设备组是指用电设备性质相同的一组设备（2～3 台以上）。其计算负荷按下式计算

$$\begin{cases} P_{c2}=K_d P_{e\Sigma} \\ Q_{c2}=P_{c2}\tan\varphi \\ S_{c2}=\sqrt{P_{c2}^2+Q_{c2}^2} \\ I_{c2}=\dfrac{S_{c2}}{\sqrt{3}U_N} \end{cases} \tag{2-40}$$

式中，$P_{e\Sigma}$ 为该用电设备组各设备容量之和（kW）；$U_N$ 为用电设备的额定线电压（kV）；$\tan\varphi$ 为该用电设备组的功率因数角的正切值；$K_d$ 为该用电设备组的需要系数。

### 3. 车间干线或多组用电设备组的计算负荷确定（如图 2-6 中 3 点处）

计算目的：以此选择车间变电所低压干线及其上的开关设备。

如果该干线上有多组用电设备，各用电设备组的最大负荷不一定同时出现，所以负荷计算时要计入同时系数，按下式计算

$$\begin{cases} P_{c3}=K_{\Sigma p}\sum P_{c2} \\ Q_{c3}=K_{\Sigma q}\sum Q_{c2} \end{cases} \tag{2-41}$$

式中，$K_{\Sigma p}$ 为有功负荷的同时系数（0.85～0.95）；$K_{\Sigma q}$ 为无功负荷的同时系数（0.9～0.97）；$\sum P_{c2}$ 为各组用电设备的有功计算负荷之和；$\sum Q_{c2}$ 为各组用电设备的无功计算负荷之和。

### 4. 车间变电所或建筑物变电所低压母线的计算负荷的确定（如图 2-6 中 4 点处）

计算目的：以此选择车间变电所或建筑物变电所的变压器容量以及低压母线的截面。

考虑每根干线上的最大负荷不一定同时出现，所以还要引入一个同时系数，计算公式如式（2-41），即

$$\begin{cases} P_{c4}=K_{\Sigma p}\sum P_{c3} \\ Q_{c4}=K_{\Sigma q}\sum Q_{c3} \\ S_{c4}=\sqrt{P_{c4}^2+Q_{c4}^2} \\ I_{c4}=\dfrac{S_{c4}}{\sqrt{3}U_N} \end{cases} \tag{2-42}$$

式中，$K_{\Sigma p}$ 取 0.90～0.95；$K_{\Sigma q}$ 取 0.93～0.97；$\sum P_{c3}$ 为各干线上的有功计算负荷之和；$\sum Q_{c3}$ 为各干线上的无功计算负荷之和。

### 5. 车间变电所或建筑物变电所高压母线的计算负荷的确定（如图 2-6 中 5 点处）

计算目的：以此选择高压配电线及其上的电气设备。

因为用户低压线路不长,功率损耗不大,在负荷计算时往往不考虑,但要考虑变压器的损耗。由此计算负荷为式(2-42)中的计算结果加上变压器损耗即可,即

$$\begin{cases} P_{c5} = P_{c4} + \Delta P_T \\ Q_{c5} = Q_{c4} + \Delta Q_T \end{cases} \tag{2-43}$$

但因为变压器尚未选出,变压器损耗按估算法式(2-33)计算。

### 6. 总降压变电所二次侧的计算负荷确定(如图 2-6 中 6 点处)

总降压变电所二次侧的计算负荷根据其二次侧各出线的计算负荷计算。若总降压变电所到车间或建筑物的距离较长,应考虑线路的功率损耗,其功率损耗 $\Delta P_{WL}$,$\Delta Q_{WL}$ 可按照式(2-26)和式(2-27)计算。

把总降压变电所二次侧各出线的计算负荷(已经考虑了线路损耗的)相加并乘以同时系数(有功、无功负荷的同时系数可取 $0.9\sim0.97$),即得总降压变电所二次侧的计算负荷,即

$$\begin{cases} P_{c6} = K_{\Sigma p} \sum (P_{c5} + \Delta P_{WL}) \\ Q_{c6} = K_{\Sigma q} \sum (Q_{c5} + \Delta Q_{WL}) \end{cases} \tag{2-44}$$

### 7. 总降压变电所高压侧的计算负荷的确定(如图 2-6 中 7 点处)

把总降压变电所低压侧的计算负荷加上变压器的损耗,即为总降压变电所高压侧(用户)的总计算负荷,即

$$\begin{cases} P_{c7} = P_{c6} + \Delta P_T \\ Q_{c7} = Q_{c6} + \Delta Q_T \\ S_{c7} = \sqrt{P_{c7}^2 + Q_{c7}^2} \\ I_{c7} = \dfrac{S_{c7}}{\sqrt{3} U_N} \end{cases} \tag{2-45}$$

**例 2-4** 某企业 35/10kV 的总降压变电所,分别供电给 1♯～4♯ 10kV 车间变电所及 3 台 10kV 空调压缩机,如图 2-7 所示。其中,1♯车间变电所负荷有:机加工车间有冷加工机床功率共 342kW、通风机 18kW、电焊机 81kW(60%)、吊车 87.5kW(40%)、照明 5.4kW(荧光灯,电子镇流器),办公大楼照明(荧光灯,电子镇流器)12.6kW、空调 126kW,科研设计大楼照明(荧光

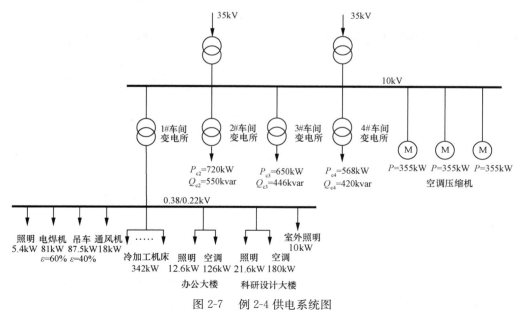

图 2-7 例 2-4 供电系统图

灯,电子镇流器)21.6kW、空调 180kW,室外照明(高压钠灯,节能型电感镇流器)10kW,2♯～4♯车间变电所低压侧的计算负荷分别为:$P_{c2}=720\text{kW}$,$Q_{c2}=550\text{kvar}$;$P_{c3}=650\text{kW}$,$Q_{c3}=446\text{kvar}$;$P_{c4}=568\text{kW}$,$Q_{c4}=420\text{kvar}$。空调压缩机每台容量为 355kW。试计算该用户总计算负荷(忽略线损)。

**解** 用逐级计算法进行计算。

首先用需要系数法计算 1♯ 车间变电所各用电设备组的计算负荷,然后考虑用电设备组的同时系数计算 1♯ 车间变电所低压侧计算负荷,再考虑变压器损耗计算出高压侧计算负荷;同样计算 2♯～4♯ 车间变电所高压侧计算负荷及空调压缩机的计算负荷;再考虑总降压变电所二次侧出线的同时系数和变压器损耗后即得用户总计算负荷。

以 1♯10kV 车间变电所计算负荷为例具体计算如下:

(1) 计算各用电设备组的计算负荷

① 冷加工机床

查表 A-1-1,大批生产冷加工机床 $K_d=0.2$,$\cos\varphi=0.5$,$\tan\varphi=1.73$,则

$$P_{c1.1}=K_d P_{el.1\Sigma}=0.2\times342=68.4\text{kW}$$

$$Q_{c1.1}=P_{c1.1}\tan\varphi=68.4\times1.73=118.3\text{kvar}$$

② 通风机

查表 A-1-1,通风机 $K_d=0.8$,$\cos\varphi=0.8$,$\tan\varphi=0.75$,则

$$P_{c1.2}=K_d P_{el.2\Sigma}=0.8\times18=14.4\text{kW}$$

$$Q_{c1.2}=P_{c1.2}\tan\varphi=14.4\times0.75=10.8\text{kvar}$$

③ 吊车

吊车要求统一换算到 $\varepsilon=25\%$ 时的额定功率,即

$$P_{el.3\Sigma}=2\sqrt{\varepsilon_N}P_N=2\sqrt{40\%}\times87.5=110.8\text{kW}$$

查表 A-1-1,吊车 $K_d=0.25$,$\cos\varphi=0.5$,$\tan\varphi=1.73$,则

$$P_{c1.3}=K_d P_{el.3\Sigma}=0.25\times110.8=27.7\text{kW}$$

$$Q_{c1.3}=P_{c1.3}\times\tan\varphi_2=27.7\times1.73=47.9\text{kvar}$$

④ 电焊机

电焊机要求统一换算到 $\varepsilon=100\%$ 时的功率,即

$$P_{el.4\Sigma}=\sqrt{\varepsilon_N}S_N\cos\varphi_N=\sqrt{60\%}\times81=62.7\text{kW}$$

查表 A-1-1,电焊机 $K_d=0.35$,$\tan\varphi=1.33$,则

$$P_{c1.4}=K_d P_{el.4\Sigma}=0.35\times62.7=21.9\text{kW}$$

$$Q_{c1.4}=P_{c1.4}\tan\varphi=21.9\times1.33=29.1\text{kvar}$$

⑤ 车间照明

荧光灯要考虑镇流器的功率损耗,电子镇流器 $K_{bl}=1.1$,即

$$P_{el.5\Sigma}=K_{bl}P_{N1.5\Sigma}=1.1\times5.4=5.9\text{kW}$$

查表 A-1-2,车间 $K_d=0.9$,查表 A-1-3,荧光灯 $\cos\varphi=0.98$,$\tan\varphi=0.20$,则

$$P_{c1.5}=K_d P_{el.5\Sigma}=0.9\times5.9=5.3\text{kW}$$

$$Q_{c1.5}=P_{c1.5}\tan\varphi=5.3\times0.2=1.1\text{kvar}$$

⑥ 办公大楼照明

荧光灯要考虑镇流器的功率损失,电子镇流器 $K_{bl}=1.1$,即
$$P_{el.6\Sigma}=K_{bl}P_{Nl.6\Sigma}=1.1\times12.6=13.9\text{kW}$$
查表 A-1-2,办公楼 $K_d=0.8$,查表 A-1-3,荧光灯 $\cos\varphi=0.98$,$\tan\varphi=0.20$,则
$$P_{cl.6}=K_dP_{el.6\Sigma}=0.8\times13.9=11.1\text{kW}$$
$$Q_{cl.6}=P_{cl.6}\tan\varphi=11.1\times0.2=2.2\text{kvar}$$

⑦ 办公大楼空调

查表 A-1-1,空调 $K_d=0.8$,$\cos\varphi=0.8$,$\tan\varphi=0.75$,则
$$P_{cl.7}=K_dP_{el.7\Sigma}=0.8\times126=100.8\text{kW}$$
$$Q_{cl.7}=P_{cl.7}\tan\varphi=100.8\times0.75=75.6\text{kvar}$$

⑧ 科研设计大楼照明

荧光灯要考虑镇流器的功率损失,电子镇流器 $K_{bl}=1.1$,即
$$P_{el.8\Sigma}=K_{bl}P_{Nl.8\Sigma}=1.1\times21.6=23.8\text{kW}$$
查表 A-1-2,科研设计楼 $K_d=0.9$,查表 A-1-3,荧光灯 $\cos\varphi=0.98$,$\tan\varphi=0.20$,则
$$P_{cl.8}=K_dP_{el.8\Sigma}=0.9\times23.8=21.4\text{kW}$$
$$Q_{cl.8}=P_{cl.8}\tan\varphi=21.4\times0.2=4.3\text{kvar}$$

⑨ 科研设计大楼空调

查表 A-1-1,空调 $K_d=0.8$,$\cos\varphi=0.8$,$\tan\varphi=0.75$,则
$$P_{cl.9}=K_dP_{el.9\Sigma}=0.8\times180=144\text{kW}$$
$$Q_{cl.9}=P_{cl.9}\tan\varphi=144\times0.75=108\text{kvar}$$

⑩ 室外照明

高压钠灯要考虑镇流器的功率损失,节能型电感镇流器 $K_{bl}=1.1$,即
$$P_{el.10\Sigma}=K_{bl}P_{Nl.10\Sigma}=1.1\times10=11\text{kW}$$
查表 A-1-2,室外照明 $K_d=1.0$,查表 A-1-3,高压钠灯 $\cos\varphi=0.5$,$\tan\varphi=1.73$,则
$$P_{cl.10}=K_dP_{el.10\Sigma}=1.0\times11=11\text{kW}$$
$$Q_{cl.10}=P_{cl.10}\tan\varphi=11\times1.73=19\text{kvar}$$

(2)计算 1#车间变电所低压侧的计算负荷

取同时系数 $K_{\Sigma p}=0.95$,$K_{\Sigma q}=0.97$,则
$$\begin{aligned}P_{cl}&=K_{\Sigma p}\sum_{i=1}^{5}P_{cl.i}\\&=0.95\times(68.4+14.4+27.7+21.9+5.3+11.1+100.8+21.4+144+11)\\&=404.7\text{kW}\end{aligned}$$

$$\begin{aligned}Q_{cl}&=K_{\Sigma q}\sum_{i=1}^{5}Q_{cl.i}\\&=0.97\times(118.3+10.8+47.9+29.1+1.1+2.2+75.6+4.3+108+19)\\&=403.8\text{kvar}\end{aligned}$$

$$S_{cl}=\sqrt{P_{cl}^2+Q_{cl}^2}=\sqrt{404.7^2+403.8^2}=571.7\text{kVA}$$

(3)计算变压器的功率损耗
$$\Delta P_1=0.015S_{cl}=0.015\times571.7=8.6\text{kW}$$
$$\Delta Q_1=0.06S_{cl}=0.06\times571.7=34.3\text{kvar}$$

(4)计算车间变电所高压侧的计算负荷
$$P'_{cl}=P_{cl}+\Delta P_1=404.7+8.6=413.3\text{kW}$$

$$Q'_{c1} = Q_{c1} + \Delta Q_1 = 403.8 + 34.3 = 438.1 \text{kvar}$$

$$S'_{c1} = \sqrt{P_{c1}^2 + Q_{c1}^2} = \sqrt{413.3^2 + 438.1^2} = 602.3 \text{kVA}$$

$$I'_{c1} = \frac{S'_{c1}}{\sqrt{3}U_N} = \frac{602.3}{\sqrt{3} \times 10} = 34.8 \text{A}$$

具体计算数据和结果见负荷计算表 2-2。由表 2-2 可见,各车间变电所和总降压变电所的无功计算负荷都较大,功率因数较低。如果分别在各车间变电所和总降压变电所进行无功功率补偿,可提高功率因数,减小各车间变电所和总降压变电所的计算视在功率,从而减小相应变压器的容量,这将在 2.7 节讲述。

表 2-2　例 2-4 负荷计算表

| 计算内容 | | 设备名称 | 设备容量(kW) | $K_d$ | $\cos\varphi$ | $\tan\varphi$ | $P_c$ (kW) | $Q_c$ (kvar) | $S_c$ (kVA) | $I_c$ (A) |
|---|---|---|---|---|---|---|---|---|---|---|
| 1#车间变电所计算负荷 | 各设备组计算负荷 | 冷加工机床 | 342 | 0.2 | 0.5 | 1.73 | 68.4 | 118.3 | | |
| | | 通风机 | 18 | 0.8 | 0.8 | 0.75 | 14.4 | 10.8 | | |
| | | 吊车($\varepsilon_N = 40\%$) | 87.5 | 0.25 | 0.5 | 1.73 | 27.7 | 47.9 | | |
| | | 电焊机($\varepsilon_N = 60\%$) | 81 | 0.35 | 0.6 | 1.33 | 21.9 | 29.1 | | |
| | | 车间照明 | 5.4 | 0.9 | 0.98 | 0.2 | 5.3 | 1.1 | | |
| | | 办公大楼照明 | 12.6 | 0.9 | 0.98 | 0.2 | 11.1 | 2.2 | | |
| | | 办公大楼空调 | 126 | 0.8 | 0.8 | 0.75 | 100.8 | 75.6 | | |
| | | 科研设计大楼照明 | 21.6 | 0.9 | 0.98 | 0.2 | 21.4 | 4.3 | | |
| | | 科研设计大楼空调 | 180 | 0.8 | 0.8 | 0.75 | 144 | 108 | | |
| | | 室外照明 | 10 | 1.0 | 0.5 | 1.73 | 11 | 19 | | |
| | 变压器 1T 低压侧计算负荷 $K_{\Sigma p}=0.95, K_{\Sigma q}=0.97$ | | | | | | 404.7 | 403.8 | 571.7 | |
| | 变压器 1T 损耗 | | | | | | 8.6 | 34.3 | | |
| | 变压器 1T 高压侧计算负荷 | | | | | | 413.3 | 438.1 | 602.3 | 34.8 |
| 2#车间变电所 | 变压器 2T 低压侧计算负荷 | | | | | | 720 | 550 | 906.04 | |
| | 变压器 2T 损耗 | | | | | | 13.6 | 54.4 | | |
| | 变压器 2T 高压侧计算负荷 | | | | | | 733.6 | 604.4 | 950.5 | 54.9 |
| 3#车间变电所 | 变压器 3T 低压侧计算负荷 | | | | | | 650 | 446 | 788.3 | |
| | 变压器 3T 损耗 | | | | | | 11.8 | 47.3 | | |
| | 变压器 3T 高压侧计算负荷 | | | | | | 661.8 | 493.3 | 825.4 | 47.7 |
| 4#车间变电所 | 变压器 4T 低压侧计算负荷 | | | | | | 568 | 420 | 706.4 | |
| | 变压器 4T 损耗 | | | | | | 10.6 | 42.4 | | |
| | 变压器 4T 高压侧计算负荷 | | | | | | 578.6 | 462.4 | 740.7 | 42.8 |
| 空调压缩机计算负荷 | | | 1065 | 0.8 | 0.8 | 0.75 | 852 | 639 | 1065 | 61.5 |
| 总降压变电所低压侧计算负荷 $K_{\Sigma p}=0.95, K_{\Sigma q}=0.95$ | | | | | | | 3077.3 | 2505.3 | 3968.2 | |
| 总降变压器损耗 | | | | | | | 59.5 | 238.1 | | |
| 企业(总降压变电所高压侧)计算负荷 | | | | | | | 3136.8 | 2743.4 | 4167.2 | 68.7 |

用户的供电系统与负荷的大小和性质等因素有关,因而其供电系统不尽相同。有的用户为

两级降压,有的用户为一级降压,有的用户还有高压配电室。因此,用户的负荷计算应根据其供电系统图按用户计算负荷的原则和步骤进行。

# 2.6 尖峰电流的计算

尖峰电流 $I_{pk}$ 是指单台或多台用电设备持续 $1\sim2s$ 的短时最大负荷电流。尖峰电流是由于电动机启动、电压波动等原因引起的,与计算电流不同,计算电流是指半小时最大电流,因此,尖峰电流比计算电流大得多。

计算尖峰电流的目的是选择熔断器,整定低压断路器和继电保护装置,计算电压波动及检验电动机自启动条件等。

**1. 单台用电设备供电的支线尖峰电流计算**

尖峰电流就是用电设备的启动电流,即

$$I_{pk} = I_{st} = K_{st} I_N \tag{2-46}$$

式中,$I_{st}$ 为用电设备的启动电流;$I_N$ 为用电设备的额定电流;$K_{st}$ 为用电设备的启动电流倍数(可查样本或铭牌,鼠笼型电动机一般为 $5\sim7$,绕线型电动机一般为 $2\sim3$,直流电动机一般为 $1.7$,电焊变压器一般为 $3$ 或稍大)。

**2. 多台用电设备供电的干线尖峰电流计算**

计算多台用电设备供电干线的尖峰电流时,只考虑其中一台用电设备启动,该设备启动电流的增加值最大,而其余用电设备达到最大负荷电流。因此,计算公式为

$$I_{pk} = I_c + (I_{st} - I_N)_{max} \tag{2-47}$$

式中,$I_c$ 为全部设备投入运行时线路的计算电流,$(I_{st} - I_N)_{max}$ 为用电设备组启动电流与额定电流之差中的最大电流。

**例 2-5** 计算某 380V 供电干线的尖峰电流,该干线向 3 台机床供电,已知 3 台机床电动机的额定电流和启动电流倍数分别为 $I_{N1}=5A,K_{st1}=7$;$I_{N2}=4A,K_{st2}=4$;$I_{N3}=10A,K_{st3}=3$。

**解** (1)计算启动电流与额定电流之差

$$(K_{st1}-1) \times I_{N1} = (7-1) \times 5 = 30A$$
$$(K_{st2}-1) \times I_{N2} = (4-1) \times 4 = 12A$$
$$(K_{st3}-1) \times I_{N3} = (3-1) \times 10 = 20A$$

可见,第 1 台用电设备电动机的启动电流与额定电流之差最大。

(2)计算供电干线的尖峰电流(取同时系数为 0.15)

$$I_{pk} = I_c + (I_{st} - I_N)_{max} = K_d \sum I_N + (I_{st} - I_N)_{max}$$
$$= 0.15 \times (5+4+10) + 30 = 32.85A$$

# 2.7 功率因数和无功功率补偿

功率因数是衡量供配电系统是否经济运行的一个重要指标。绝大多数用电设备,如感应电动机、电力变压器、电焊机及交流接触器等,它们都要从电网吸收大量无功电流来产生交变磁场,其功率因数均小于1,需要进行无功功率补偿,以提高功率因数。

## 2.7.1 功率因数的计算

功率因数是随着负荷和电源电压的变动而变动的,因此功率因数有多种分类和相应的计算

方法。

### 1. 瞬时功率因数

瞬时功率因数是指某一时刻的功率因数,可由功率因数表直接测量,也可以用在同一时间有功功率表、电流表和电压表的读数按下式计算

$$\cos\varphi = \frac{P}{\sqrt{3}UI} \qquad (2\text{-}48)$$

式中,$P$ 为功率表测出的三相功率读数(kW);$U$ 为电压表测出的线电压的读数(kV);$I$ 为电流表测出的线电流读数(A)。

瞬时功率因数用于观察功率因数的变化情况,即了解和分析用户或设备在生产过程中无功功率的变化情况,以便采取相应补偿措施。

### 2. 平均功率因数

平均功率因数是指在某一时间内的功率因数,也称加权平均功率因数。

(1)由消耗的电能计算

$$\cos\varphi_{av} = \frac{P_{av}}{\sqrt{P_{av}^2 + Q_{av}^2}} = \frac{\dfrac{W_a}{t}}{\sqrt{\left(\dfrac{W_a}{t}\right)^2 + \left(\dfrac{W_r}{t}\right)^2}} = \frac{W_a}{\sqrt{W_a^2 + W_r^2}} = \frac{1}{\sqrt{1 + \left(\dfrac{W_r}{W_a}\right)^2}} \qquad (2\text{-}49)$$

式中,$W_a$ 为某一时间内消耗的有功电能(kWh,由有功电能表读数求出);$W_r$ 为某一时间内消耗的无功电能(kvarh,由无功电能表读数求出)。

若用户在电费计量点装设感性和容性的无功电能表来分别计量感性无功电能($W_{rL}$)和容性无功电能($W_{rC}$),则可按以下公式计算

$$\cos\varphi_{av} = \frac{W_a}{\sqrt{W_a^2 + (W_{rC} + W_{rL})^2}} \qquad (2\text{-}50)$$

(2)由计算负荷计算

$$\cos\varphi_{av} = \frac{P_{av}}{S_{av}} = \frac{K_{aL}P_c}{\sqrt{(K_{aL}P_c)^2 + (K_{rL}Q_c)^2}} = \frac{1}{\sqrt{1 + \left(\dfrac{K_{rL}Q_c}{K_{aL}P_c}\right)^2}} \qquad (2\text{-}51)$$

式中,$K_{aL}$ 为有功负荷系数(一般为 $0.7 \sim 0.75$);$K_{rL}$ 为无功负荷系数(一般为 $0.76 \sim 0.82$)。

供电部门根据月平均功率因数调整用户的电价。

### 3. 最大负荷时的功率因数

最大负荷时的功率因数是指在年最大负荷(计算负荷)时的功率因数,计算公式为

$$\cos\varphi_c = \frac{P_c}{S_c} \qquad (2\text{-}52)$$

**例 2-6**  某机械加工厂全年用电量为:有功电能 $5 \times 10^6$ kWh,感性无功电能 $2.4 \times 10^6$ kvarh,容性无功电能 $8 \times 10^5$ kvarh,试计算该厂的年平均计算负荷和平均功率因数。

**解**  根据式(2-3)可得该厂年平均负荷为

$$P_{av} = \frac{W_a}{8760} = \frac{5 \times 10^6}{8760} = 570.8\text{kW}$$

根据式(2-50)可得平均功率因数为

$$\cos\varphi_{av} = \frac{W_a}{\sqrt{W_a^2 + (W_{rC} + W_{rL})^2}} = \frac{5\times10^6}{\sqrt{(5\times10^6)^2 + (2.4\times10^6 + 8\times10^5)^2}} = 0.84$$

### 2.7.2 功率因数对供配电系统的影响及提高功率因数的方法

**1. 功率因数对供配电系统的影响**

感性用电设备都需要从供配电系统中吸收无功功率,从而降低功率因数。功率因数太低,将给供配电系统带来电能损耗增加、电压损失增大和供电设备利用率降低等不良影响。所以要求电力用户的功率因数必须达到一定值,低于某一定值时就必须进行补偿。GB/T3485—1998《评价企业合理用电技术导则》中规定:"在企业最大负荷时的功率因数应不低于0.9,凡功率因数未达到上述规定的,应在负荷侧合理装设集中与就地无功功率补偿设备"。为鼓励提高功率因数,供电部门规定,功率因数低于规定值予以罚款,相反,功率因数高于规定值予以奖励,即实行"高奖低罚"的原则。

**2. 提高功率因数的方法**

功率因数不满足要求时,首先应提高自然功率因数,然后进行人工补偿。

(1)提高自然功率因数

自然功率因数是指未装设任何补偿装置的实际功率因数。提高自然功率因数,就是不添置任何补偿设备,采用科学措施减少用电设备的无功功率的需要量,使供配电系统总功率因数提高。主要有以下几种方法。

① 合理选择电动机的规格、型号。鼠笼型电动机的功率因数比绕线型电动机的功率因数高,开启式和封闭式的电动机比密闭式的功率因数高。所以在满足工艺要求的情况下,尽量选用功率因数高的电动机。

异步电动机的功率因数和效率在70%至满载运行时较高,而在空载或轻载运行时的功率因数和效率都较低。所以在选择电动机的容量时,一般选择电动机的额定容量为拖动负载的1.3倍左右。

② 防止电动机长时间空载运行。如果由于工艺要求,电动机在运行中出现长时间空载情况,则必须采取相应的措施解决。如装设空载自停装置,或降压运行(如将电动机的定子绕组由三角形接线改为星形接线;或采用自耦变压器、电抗器、调压器降压)等。

③ 保证电动机的检修质量。电动机的定、转子间气隙的增大和定子线圈的减少都会使励磁电流增加,励磁功率增大从而功率因数降低,因此,检修时要严格保证电动机的结构参数和性能参数。

④ 合理选择变压器的容量。变压器轻载时功率因数会降低,但满载时有功功率损耗会增加。因此,选择变压器的容量时要从经济运行和改善功率因数两方面来考虑,一般选择电力变压器在负荷率为0.6以上运行比较经济。

⑤ 交流接触器的节电运行。用户中存在着大量的交流接触器,其线圈是感性负载,运行时间长,消耗电能。可用大功率晶闸管取代交流接触器,以减少电网的无功功率负担;或将交流接触器改为直流运行或使其无电压运行(在交流接触器合闸后用机械锁扣装置自行锁扣,此时线圈断电不再消耗电能)。

(2)人工补偿功率因数

用户的功率因数仅靠提高自然功率因数一般是不能满足要求的,因此,还必须进行人工补偿。主要有以下几种方法。

① 并联电容器人工补偿。采用并联电力电容器的方法来补偿无功功率是目前用户广泛采

用的一种补偿装置。具有下列优点：

- 有功功率损耗小，为 0.25%～0.5%，而同步调相机为 1.5%～3%；
- 无旋转部分，运行和维护方便；
- 可按系统需要，增加或减少补偿容量；
- 个别电容器损坏不影响整个装置运行。

当然，该补偿方法也存在缺点，如只能有级调节，而不能随无功功率的变化进行平滑的自动调节，当通风不良及运行温度过高时，易发生漏油、鼓肚、爆炸等故障。

② 同步电动机补偿。随着半导体变流技术的发展，同步电动机的励磁装置已比较成熟，因此采用同步电动机补偿是一种比较经济实用的方法。

③ 动态无功功率补偿。动态无功功率补偿是在电力系统中的变电所或电能用户变电所装设无功功率电源，以改变电力系统中无功功率的流动，从而提高电力系统的电压水平，减小网络损耗和改善电力系统的动态性能。在现代工业生产中，一些容量很大的冲击性负荷（如炼钢电炉、黄磷电炉、轧钢机等）使电网电压波动严重，功率因数恶化。一般并联电容器的自动投切装置响应太慢无法满足要求。因此，必须采用大容量、高速的动态无功功率补偿装置。

动态无功功率补偿技术经历了 3 代：第一代为机械式投切的无源补偿装置，属于慢速无功功率补偿装置，在电力系统中应用较早，目前仍在应用；第二代为晶闸管投切的静止无功功率补偿器（SVC），属于无源、快速动态无功功率补偿装置，出现于 20 世纪 70 年代，国外应用普遍，我国目前有一定应用，主要用于配电系统中，输电网中应用很少；第三代为 SVG 全自动动态消谐无功功率补偿装置，采用微处理器控制晶闸管投切调谐电容组，可以准确、快速、无暂态扰动实现动态无功功率补偿，目前该技术的产品性能比较稳定、节电效率高，因此在节能降耗中应用比较多。

## 2.7.3　并联电容器补偿

### 1. 并联电容器的型号

并联电容器的型号由文字和数字两部分组成，表示和含义如下：

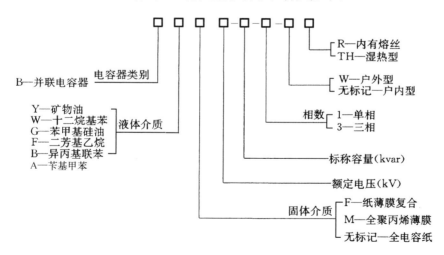

例如，BFM11-50-1W 型为单相户外型液体介质为二芳基乙烷、固体介质为薄膜的并联电容器，额定电压为 11kV、容量为 50kvar。

### 2. 补偿容量和电容器个数的确定

并联电容器的补偿容量和个数根据补偿前的功率因数及补偿要求确定。

（1）采用固定补偿

在变电所 6～10kV 高压母线上进行人工补偿时，一般采用固定补偿，即补偿电容器不随负荷变化投入或切除，其补偿容量按下式计算

$$Q_{c.c} = P_{av}(\tan\varphi_{av1} - \tan\varphi_{av2}) \tag{2-53}$$

式中，$Q_{c.c}$ 为补偿容量；$P_{av}$ 为平均有功负荷，$P_{av} = K_{aL}P_c$ 或 $W_a/t$，$P_c$ 为有功计算负荷，$K_{aL}$ 为有功负荷系数，$W_a$ 为时间 $t$ 内消耗的电能；$\tan\varphi_{av1}$ 为补偿前平均功率因数角的正切值；$\tan\varphi_{av2}$ 为补偿后平均功率因数角的正切值；$\tan\varphi_{av1} - \tan\varphi_{av2}$ 称为补偿率，可用 $\Delta q_c$ 表示。

（2）采用自动补偿

在变电所 0.38kV 母线上进行补偿时，采用自动补偿，即根据 $\cos\varphi$ 测量值按功率因数设定值，自动投入或切除电容器，即

$$Q_{c.c} = P_c(\tan\varphi_1 - \tan\varphi_2) \tag{2-54}$$

在确定并联电容器的容量后，根据产品目录（见表 A-2）就可以选择并联电容器的型号，并确定并联电容器的数量为

$$n = \frac{Q_{c.c}}{Q_{N.C}} \tag{2-55}$$

式中，$Q_{N.C}$ 为单个电容器的额定容量（kvar）。

对于由上式计算所得的数值，应取相近偏大的整数。如果是单相电容器，还应取为 3 的倍数，以便三相均衡分配。实际工程中，都选用成套电容器补偿柜（屏）。

**例 2-7** 某企业的计算负荷为 2400kW，平均功率因数为 0.67。要使其平均功率因数提高到 0.9（在 10kV 侧固定补偿），问需要装设多大容量的并联电容器？如果采用 BWF 10.5-40-1 型电容器，需装设多少个？

**解** $\tan\varphi_{av1} = \tan(\arccos 0.67) = 1.1080$，$\tan\varphi_{av2} = \tan(\arccos 0.9) = 0.4843$

$$Q_{c.c} = P_{av}(\tan\varphi_{av1} - \tan\varphi_{av2}) = K_{aL}P_c(\tan\varphi_{av1} - \tan\varphi_{av2})$$

$$= 0.75 \times 2400 \times (1.1080 - 0.4843) = 1122.66\text{kvar}$$

$$n = Q_{c.c}/Q_{N.C} = 1122.66/40 = 28$$

考虑三相均衡分配，应装设 30 个并联电容器，每相 10 个，实际补偿容量为 $30 \times 40 = 1200\text{kvar}$，补偿后的实际平均功率因数为

$$\cos\varphi_{av} = \frac{P_{av}}{S_{av}} = \frac{P_{av}}{\sqrt{P_{av}^2 + (P_{av}\tan\varphi_{av1} - Q_{c.c})^2}}$$

$$= \frac{0.75 \times 2400}{\sqrt{(0.75 \times 2400)^2 + (0.75 \times 2400 \times 1.108 - 1200)^2}}$$

$$= 0.91$$

满足要求。

### 2.7.4 并联电容器的装设与控制

#### 1. 并联电容器的接线

并联补偿的电容器大多采用三角形接线，低压（0.5kV 以下）并联电容器，厂商已做成三相，其内部已接成三角形，少数大容量高压电容器采用星形接线。

但是，当电容器采用三角形接线时，任一电容器击穿短路，都将造成三相线路的两相短路，短路电流很大，有可能引起电容器爆炸，这对高压电容器特别危险。电容器采用星形接线时，其中

的一相电容器发生击穿短路时,其短路电流仅为正常工作电流的 3 倍,运行相对比较安全。所以 GB50053—2013《20kV 及以下变电所设计规范》规定:高压电容器组应采用中性点不接地的星形接线,低压电容器组可采用三角形接线或星形接线。

### 2. 并联电容器的装设地点

按并联电容器在供配电系统中的装设位置,并联电容器的补偿方式有 3 种,即高压集中补偿、低压集中补偿和单独就地补偿(个别补偿或分散补偿),如图 2-8 所示。

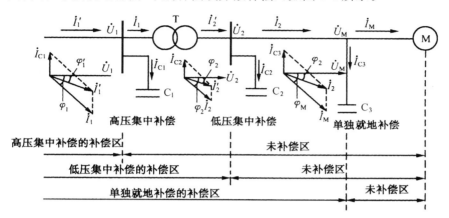

图 2-8　并联电容器在用户供配电系统中的装设位置和补偿效果

补偿方式的合理性主要从补偿范围的大小、利用率的高低以及运行条件和维护管理的方便等来衡量。

(1) 高压集中补偿

高压集中补偿是指将高压电容器组集中装设在总降压变电所的 6～10kV 母线上。

该补偿方式只能补偿总降压变电所 6～10kV 母线之前的供配电系统中的无功功率,而无法补偿企业内部的供配电系统中的无功功率,因此,补偿范围最小,经济效果较后两种补偿方式差。但由于装设集中,运行条件较好,维护管理方便,投资较少,且总降压变电所 6～10kV 母线停电机会少,因此电容器利用率高。这种方式在大中型企业中应用相当普遍。

如图 2-9 所示为接在变电所 6～10kV 母线上的集中补偿的并联电容器的接线图。电容器采用三角形接线,并选用成套的高压电容器柜。FU 用以保护电容器击穿时引起的相间短路。电压互感器 TV 作为电容器的放电装置。

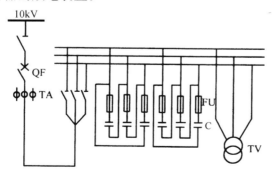

图 2-9　高压集中补偿电容器组的接线

电容器从电网上切除时会有残余电压,其值高达电网电压的峰值,对人身很危险。所以 GB50227—2017《并联电容器装置设计规范》规定:电容器组应装设放电器件,放电线圈的放电容量不应小于其并联的电容器组容量。放电器件应满足断开电源后电容器组两端的电压从$\sqrt{2}$倍的额定电压降至50V所需的时间,高压电容器不应大于5s,低压电容器不应大于3min。高压电容器组利用电压互感器(图2-9中的TV)的一次绕组来放电。电容器组的放电回路中不得装设熔断器或开关,以确保可靠放电,保护人身安全。

(2) 低压集中补偿

低压集中补偿是指将低压电容器集中装设在车间变电所或建筑物变电所的低压母线上。

该补偿方式只能补偿车间变电所或建筑物变电所低压母线前变压器和高压配电线路及电力系统的无功功率,对变电所低压母线后的设备则不起补偿作用。其补偿范围比高压集中补偿要大,而且该补偿方式能使变压器的视在功率减小,从而使变压器的容量可选得较小,因此比较经济。这种低压电容器补偿屏一般可安装在低压配电室内,运行和维护安全方便。该补偿方式在用户中应用得相当普遍。

如图2-10所示为低压集中补偿电容器组的接线。电容器也采用三角形接线,和高压集中补偿不同的是,放电装置为放电电阻或220V,15~25W的白炽灯的灯丝电阻。如果用白炽灯放电的话,白炽灯还可起到指示电容器组是否正常运行的作用。

(3) 单独就地补偿

单独就地补偿是指在个别功率因数较低的设备旁边装设补偿电容器组。

该补偿方式能补偿安装部位以前的所有设备,因此补偿范围最大,效果最好。但投资较大,而且如果被补偿的设备停止运行的话,电容器组也被切除,电容器的利用率较低。同时存在小容量电容器的单位价格、电容器易受到机械震动及其他环境条件影响等缺点。所以这种补偿方式适用于长期稳定运行,无功功率需要较大,或距离电源较远,不便于实现其他补偿的场合。

如图2-11所示为直接接在感应电动机旁的单独就地补偿的低压电容器组的接线,其放电装置通常为该电动机的绕组电阻。

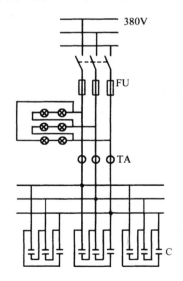
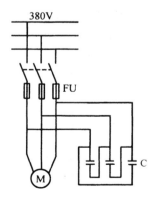

图2-10　低压集中补偿电容器组的接线　　　图2-11　感应电动机旁的单独就地补偿的
低压电容器组的接线

在供电设计中,实际上采用的是这些补偿方式的综合,以求经济合理地提高功率因数。

**3. 并联电容器的控制方式**

并联电容器的控制方式是指控制并联电容器的投入或切除,有固定控制方式和自动控制方式两种。固定控制方式是并联电容器不随负荷的变化而投入或切除。自动控制方式是并联电容器的投入或切除随着负荷的变化而变化,且按某个参量进行分组投入或切除控制,包括:

- 按功率因数进行控制;
- 按负荷电流进行控制;
- 按受电端的无功功率进行控制。

电容器分组采用循环投切(先投先切,后投后切)或编码投切的工作方式。

**4. 并联电容器接入电网的基本要求**

根据 GB50227—2017《并联电容器装置设计规范》要求,并联电容器接入电网时,应遵循以下原则:

- 为减少由于无功功率的传送而引起电网的有功功率损耗,原则上无功功率宜就地平衡补偿;
- 容量较大的电容器宜分组,分组的主要原则是根据电压波动、负荷变化、谐波含量等因素确定,且分组电容器在各种容量组合运行时,不得发生谐振;
- 为抑制谐波和限制涌流,电容器组宜串联适当参数的电抗器;
- 为提高补偿效果,降低损耗,阻止用户向电网倒送无功功率,在高压侧无高压负荷时,不得在高压侧装设并联电容器。

## 2.7.5 补偿后的负荷计算和功率因数计算

**1. 补偿后的负荷计算**

用户、车间或建筑物装设了无功功率补偿装置后,在确定补偿装置装设地点以前的总计算负荷时,应扣除无功功率补偿的容量。

若补偿装置装设地点在变压器一次侧,则补偿后的计算负荷为

$$\begin{cases} P'_c = P_c \\ Q'_c = Q_c - Q_{c.c} \end{cases} \qquad (2\text{-}56)$$

若补偿装置装设地点在变压器二次侧,如图 2-12 所示,则还要考虑变压器的损耗,即

$$\begin{cases} P'_c = P_c + \Delta P'_T \\ Q'_c = Q_c + \Delta Q'_T - Q_{c.c} \end{cases} \qquad (2\text{-}57)$$

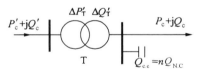

图 2-12　补偿电容器接于变压器
二次侧示意图

式中,$\Delta P'_T$,$\Delta Q'_T$ 为补偿后的变压器的有功功率和无功功率损耗。

补偿后总的视在计算负荷为

$$S'_c = \sqrt{P'^2_c + Q'^2_c} \qquad (2\text{-}58)$$

**2. 补偿后功率因数计算**

(1)固定补偿

一般计算其平均功率因数,补偿后平均功率因数为

$$\cos\varphi'_{av} = \frac{P'_{av}}{S'_{av}} = \frac{P'_{av}}{\sqrt{P'^2_{av} + Q'^2_{av}}} = \frac{K_{aL}P'_c}{\sqrt{(K_{aL}P'_c)^2 + [K_{rL}(Q_c + \Delta Q'_T) - Q_{c.c}]^2}} \qquad (2\text{-}59)$$

(2)自动补偿

一般计算其最大负荷时的功率因数。补偿后最大负荷时的功率因数为

$$\cos\varphi'_c = \frac{P'_c}{S'_c} = \frac{P'_c}{\sqrt{P'^2_c + Q'^2_c}} \qquad (2\text{-}60)$$

由此可以看出,在变电所低压侧装设了无功功率补偿装置后,低压侧总的视在功率减小,变电所变压器的容量也减小,功率因数提高。

**例 2-8** 某企业建一 10/0.4kV 的车间变电所,已知车间变电所低压侧的计算视在功率 $S_{c1}$ 为 800kVA,无功计算负荷 $Q_{c1}$ 为 540kvar,现要求车间变电所高压侧功率因数不低于 0.9,如果在低压侧装设自动补偿电容器,问补偿容量需多少? 补偿后车间总的视在计算负荷(高压侧)降低了多少?

**解** (1) 补偿前的计算负荷和功率因数

低压侧的有功计算负荷为

$$P_{c1}=\sqrt{S_{c1}^2-Q_{c1}^2}=\sqrt{800^2-540^2}=590.25\text{kW}$$

低压侧的功率因数为

$$\cos\varphi_{c1}=\frac{P_{c1}}{S_{c1}}=590.25/800=0.74$$

变压器的功率损耗为

$$\Delta P_T=0.015S_c=0.015\times800=12\text{kW}$$
$$\Delta Q_T=0.06S_c=0.06\times800=48\text{kvar}$$

变电所高压侧总的计算负荷为

$$P_{c2}=P_{c1}+\Delta P_T=590.25+12=602.25\text{kW}$$
$$Q_{c2}=Q_{c1}+\Delta Q_T=540+48=588\text{kvar}$$
$$S_{c2}=\sqrt{P_{c2}^2+Q_{c2}^2}=\sqrt{602.25^2+588^2}=841.7\text{kVA}$$

变电所高压侧的功率因数为

$$\cos\varphi_{c2}=\frac{P_{c2}}{S_{c2}}=602.25/841.7=0.716$$

(2) 确定补偿容量

现要求在高压侧不低于 0.9,而补偿在低压侧进行,所以考虑到变压器损耗,可设低压侧补偿后的功率因数为 0.92 来计算需补偿的容量。

$$Q_{c.c}=P_{c1}(\tan\varphi_1-\tan\varphi_2)=590.25\times[\tan(\arccos0.74)-\tan(\arccos0.92)]=285.03\text{kvar}$$

查表 A-2 选 BZMJ0.4-14-3 型电容器,需要的数量为

$$n=\frac{Q_{c.c}}{Q_{N.C}}=285.03/14=21$$

实际补偿容量为

$$Q_{c.c}=21\times14=294\text{kvar}$$

(3) 补偿后的计算负荷和功率因数

变电所低压侧视在计算负荷为

$$S'_{c1}=\sqrt{P_{c1}^2+(Q_{c1}-nQ_{N.C})^2}=\sqrt{590.25^2+(540-294)^2}=639.5\text{kVA}$$

此时变压器的功率损耗为

$$\Delta P'_T=0.015S'_c=0.015\times639.5=9.6\text{kW}$$
$$\Delta Q'_T=0.06S'_c=0.06\times639.5=38.37\text{kvar}$$

变电所高压侧总的计算负荷为

$$P'_{c2}=P'_{c1}+\Delta P'_T=590.25+9.6=599.85\text{kW}$$
$$Q'_{c2}=Q'_{c1}+\Delta Q'_T=(540-294)+38.37=284.37\text{kvar}$$
$$S'_{c2}=\sqrt{P'^2_{c2}+Q'^2_{c2}}=\sqrt{599.85^2+284.37^2}=663.84\text{kVA}$$
$$\Delta S=841.7-663.84=177.86\text{kVA}$$

变电所高压侧的功率因数为

$$\cos\varphi'_{c2}=\frac{P'_{c2}}{S'_{c2}}=\frac{599.85}{663.84}=0.904$$

符合要求。如果补偿后的功率因数 $\cos\varphi'_{c2}$ 小于 0.9，则需把设定值 0.92 取大一点后重新计算，直至 $\cos\varphi'_{c2}$ 的值满足要求为止。

通过上述计算可得，需补偿的容量为 294kvar，补偿后车间变电所高压侧功率因数达到 0.904，高压侧的总视在功率减少了 177.86kVA。补偿前车间变电所的变压器容量应选 1000kVA，补偿后选 800kVA 即满足要求。

# 小　　结

本章介绍了负荷曲线的基本概念、类别及有关物理量，讲述了用电设备容量的确定方法，重点介绍负荷计算的方法，讨论了功率损耗和年电能损耗，详细论述了负荷计算的步骤，并重点讨论了功率因数对供配电系统的影响及无功功率补偿。

① 负荷曲线是表征电力负荷随时间变动情况的一种图形。按照时间单位的不同，分日负荷曲线和年负荷曲线。日负荷曲线以时间先后绘制，而年持续负荷曲线以负荷的大小为序绘制，要求掌握两者的区别。

② 与负荷曲线有关的物理量有年最大负荷、年最大负荷利用小时、计算负荷、年平均负荷和负荷系数等，年最大负荷利用小时用以反映负荷是否均匀；年平均负荷是指电力负荷在一年内消耗的功率的平均值。要求能分清这些物理量各自的物理含义。

③ 确定负荷计算的方法有多种，本章介绍了估算法、需要系数法和单相负荷计算法，估算法适用于做设计任务书或初步设计阶段；需要系数法适用于求多组三相用电设备的计算负荷和用户的负荷计算；单相负荷计算法也很重要。要求能用这些计算方法进行负荷计算。

④ 在电流流过供配电线路和变压器时，势必要引起功率损耗和年电能损耗。在进行用户负荷计算时，应计入这部分损耗。要求掌握线路及变压器的功率损耗和年电能损耗的计算方法。

⑤ 进行用户负荷计算时，通常采用需要系数法逐级进行计算，重点掌握逐级法。

⑥ 尖峰电流是指单台或多台用电设备持续 1～2s 的短时最大负荷电流。计算尖峰电流的目的是用于选择熔断器和低压断路器、整定继电保护装置、计算电压波动及检验电动机自启动条件等。

⑦ 功率因数太低对电力系统有不良影响，所以要提高功率因数。提高功率因数的方法是首先提高自然功率因数，然后进行人工补偿。其中，人工补偿最常用的是并联电容器补偿。要求能掌握补偿容量的计算、电容器的装设。

# 思考题和习题

2-1　什么叫负荷曲线？有哪几种？与负荷曲线有关的物理量有哪些？

2-2　什么叫年最大负荷利用小时？什么叫年最大负荷和年平均负荷？什么叫负荷系数？

2-3　什么叫计算负荷？为什么计算负荷通常采用 30min 最大负荷？正确确定计算负荷有何意义？

2-4　各工作制用电设备的设备容量如何确定？

2-5　需要系数的含义是什么？

2-6　确定计算负荷的估算法、需要系数法、二项式法和利用系数法各有什么特点？各适用哪些场合？

2-7　在确定多组用电设备总的视在计算负荷和计算电流时，可否将各组的视在计算负荷和计算电流分别直接相加？为什么？应如何正确计算？

2-8 在接有单相用电设备的三相线路中,什么情况下可将单相设备与三相设备综合按三相负荷的计算方法计算确定负荷？而在什么情况下应进行单相负荷计算？

2-9 如何分配单相(220V,380V)用电设备,使计算负荷最小？如何将单相负荷换算为三相负荷？

2-10 电力变压器的有功和无功功率损耗各如何计算？其中哪些损耗与负荷无关？哪些损耗与负荷有关？如何计算？

2-11 什么叫平均功率因数和最大负荷时功率因数？各如何计算？各有何用途？

2-12 进行无功功率补偿,提高功率因数,有什么意义？如何确定无功功率补偿容量？

2-13 提高自然功率因数有哪些常用的方法？它们的基本原理是什么？

2-14 并联电容器补偿的装设有几种？各有何特点？适合于什么场合？

2-15 什么叫尖峰电流？尖峰电流的计算有什么用处？

2-16 某车间 380V 线路供电给下列设备:长期工作的设备有 7.5kW 的电动机 2 台,4kW 的电动机 3 台,3kW 的电动机 10 台;反复短时工作的设备有 42kVA 的电焊机 1 台(额定暂载率为 60%,$\cos\varphi_N = 0.62$,$\eta_N = 0.85$),10t 吊车 1 台(在暂载率为 40% 的条件下,其额定功率为 39.6kW,$\cos\varphi_N = 0.5$)。试确定它们的设备容量。

2-17 某金工车间的生产面积为 60m×32m,试用估算法估算该车间的平均负荷。

2-18 某车间采用一台 10/0.4kV 变压器供电,低压负荷有生产用通风机 5 台共 60kW,电焊机($\varepsilon = 65\%$)3 台共 10.5kW,有连锁的连续运输机械 8 台共 40kW,5.1kW 的起重机($\varepsilon = 15\%$)2 台。试确定该车间变电所低压侧的计算负荷。

2-19 某车间设有小批量生产冷加工机床电动机 40 台,总容量 152kW,卫生用通风机 6 台共 6kW。试用需要系数法求车间的计算负荷。

2-20 某 220/380V 三相四线制线路上接有下列负荷:220V、3kW 电热箱 2 台接于 A 相,6kW 1 台接于 B 相,4.5kW 1 台接于 C 相;380V、20kW($\varepsilon = 65\%$)单头手动电弧焊机 1 台接于 AB 相,6kW($\varepsilon = 100\%$)3 台接于 BC 相,10.5kW($\varepsilon = 50\%$)2 台接于 CA 相。试求该线路的计算负荷。

2-21 某用户 35/6kV 总降压变电所,分别供电给 1#～4# 车间变电所及 6 台冷却水泵用的高压电动机。1#～4# 车间变电所的计算负荷分别为:$P_{c1} = 840$kW,$Q_{c1} = 680$kvar;$P_{c2} = 920$kW,$Q_{c2} = 750$kvar;$P_{c3} = 850$kW,$Q_{c3} = 700$kvar;$P_{c4} = 900$kW,$Q_{c4} = 720$kvar。高压电动机每台容量为 300kW,试计算该总降压变电所总的计算负荷(忽略线损)。

2-22 某机械加工车间变电所供电电压 10kV,低压侧负荷拥有金属切削机床容量共 920kW,通风机容量共 56kW,起重机容量共 76kW($\varepsilon = 15\%$),照明负荷容量 38.16kW(荧光灯,电子镇流器),线路额定电压 380V。试求:

(1) 该车间变电所高压侧(10kV)的计算负荷及功率因数;

(2) 若车间变电所低压侧进行自动补偿,功率因数补偿到 0.95,应装 BZMJ0.4-30-3 型电容器多少个？

(3) 补偿后车间高压侧的计算负荷及功率因数,计算视在功率减小多少？

2-23 某企业 10kV 母线上的有功计算负荷为 2300kW,平均功率因数为 0.67。如果要使平均功率因数提高到 0.9,在 10kV 母线上固定补偿,则需装设 BFM 型并联电容器的总容量是多少？选择电容器的型号和个数。

2-24 某工具厂全年消耗的电能 $W_a$ 为 $2.5 \times 10^7$ kWh,$W_r$ 为 $2.1 \times 10^7$ kvarh,供电电压为 10kV。其平均有功功率和平均功率因数是多少？欲将功率因数提高到 0.9,需装设 BFM11-50-1W 并联电容器多少个？

2-25 某企业 35kV 总降压变电所 10kV 侧计算负荷为:1# 车间 720kW+j510kvar;2# 车间 580kW+j400kvar;3# 车间 630kW+j490kvar;4# 车间 475kW+j335kvar($K_{aL} = 0.76$,$K_{rL} = 0.82$,忽略线损)。试求:

(1) 该企业的计算负荷及平均功率因数。

(2) 功率因数是否满足供用电规程？若不满足,应补偿到多少？

(3) 若在 10kV 侧进行固定补偿,应装 BFM11-50-1W 型电容器多少个？

(4) 补偿后该企业的计算负荷及平均功率因数。

# 第3章　短路电流计算

在供配电系统的设计和运行中,不仅要考虑系统的正常运行状态,还要考虑系统的异常运行状态和故障状态。供配电系统的故障有多种类型,如短路、断线或它们的组合,最严重的故障是短路故障。短路是指不同相之间,相对中线或地线之间的直接金属性连接或经小阻抗连接。本章讨论和计算供配电系统在短路故障情况下的电流(简称短路电流),短路电流计算的目的主要是供母线、电缆、设备等选择和继电保护整定计算之用。

## 3.1 短 路 概 述

### 1. 短路的种类
三相交流系统的短路种类主要有三相短路、两相短路、单相接地短路和两相接地短路。

三相短路是指供配电系统三相导体间的短路,用 $K^{(3)}$ 表示,如图 3-1(a)所示。

两相短路是指三相供配电系统中任意两相导体间的短路,用 $K^{(2)}$ 表示,如图 3-1(b)所示。

单相接地短路(简称单相短路)是指供配电系统中任意相经大地与中性点或与中线发生的短路,用 $K^{(1)}$ 表示,如图 3-1(c)所示。

两相接地短路是指中性点不接地系统中,任意两相发生单相接地而产生的短路,用 $K^{(1,1)}$ 表示,如图 3-1(d)所示。

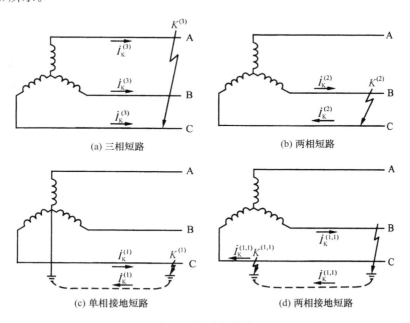

图 3-1　短路的种类

上述各种短路中,两相短路和两相接地短路是两类不同性质的短路,前者无短路电流流入地中,而后者有短路电流流入地中。三相短路时三相电路仍然对称,属对称短路;其他短路时三相电路不对称,属不对称短路。因此,三相短路可用对称三相电路分析,不对称短路可采用对称分量法分析,即把一组不对称的三相量分解成三组对称的正序、负序和零序分量来分析研究。供配电系统的运行经验和统计资料表明,各种短路发生的概率不同,其中单相接地短路发生得最多,三相短路发生得最少。虽然三相短路发生的概率最小,但通常三相短路的短路电流最大,危害也最严重,同时它又是分析不对称短路的基础,所以短路电流计算的重点是三相短路分析和计算。

### 2. 短路的原因

短路发生的主要原因是电力系统中电气设备的载流导体的绝缘损坏。造成绝缘损坏的原因主要有设备绝缘自然老化、操作过电压、大气过电压、污秽和绝缘受到机械损伤等。

运行人员不遵守操作规程发生的误操作,如带负荷拉、合隔离开关、检修后忘记拆除地线合闸等,或者鸟兽跨越在裸露导体上也是引起短路的原因。

### 3. 短路的危害

发生短路时,由于短路回路的阻抗很小,产生的短路电流较正常电流大数十倍,有时可能高达数万甚至数十万安培。同时,系统电压降低,离短路点越近,电压降低越多;三相短路时,短路点的电压可能降到零。短路将造成以下后果:

① 短路产生很大的热量,导体温度升高,使故障元件损坏。

② 短路产生巨大的电动力,使电气设备受到损坏或缩短使用寿命。

③ 短路使系统电压大大降低,电气设备正常工作受到破坏或产生废品。

④ 短路造成停电,给国民经济带来损失,给人民生活带来不便。

⑤ 严重的短路可能影响电力系统运行的稳定性,使并联运行的同步发电机失去同步,造成系统解列,甚至崩溃。

⑥ 不对称短路产生的不平衡磁场,对附近的通信线路和弱电设备产生严重的电磁干扰,影响其正常工作。

可见,短路产生的后果极为严重,须引起高度重视。在供配电系统的设计和运行中采取有效措施,设法消除可能引起短路的一切因素。在短路故障发生后及时采取措施,设法消除可能引起短路的一切因素。还应在短路故障发生后及时采取措施,尽量减少短路造成的损失,如采用继电保护装置将故障隔离、在合适的地点装设电抗器限制短路电流、采用自动重合闸装置消除瞬时故障使系统尽快恢复正常等。这些措施都建立在短路计算的基础上,以便正确地选择和校验各种电气设备,计算和整定保护短路的继电保护装置和选择限制短路电流的电气设备(如电抗器)等。因此,短路电流计算对于供配电系统的设计和安全运行具有十分重要的意义。

## 3.2  无限大功率电源供电系统三相短路分析

### 3.2.1  无限大功率电源的概念

三相短路是电力系统最严重的短路故障,三相短路的分析和计算又是其他短路分析和计算的基础。短路时发电机中发生的电磁暂态变化过程很复杂,从而三相短路的分析和计算也相当复杂。为了简化分析,假设三相短路发生在一个无限大功率电源的系统。所谓"无限大功率电源",是指端电压保持恒定、没有内部阻抗和功率无限大的电源。它是一种理想电源,相当于一个恒压源。实际上并不存在真正的无限大功率电源,任何一个电力系统的每台发电机都有一个确定的功率,即有限功率,并有一定的内部阻抗。

当供配电系统容量较电力系统容量小得多,电力系统阻抗不超过短路回路总阻抗的 $5\%\sim$

10%,或短路点到电源的电气距离足够远,发生短路时系统母线电压降低很小时,此时可将系统看作无限大功率电源,从而使短路电流计算大为简化。供配电系统一般满足上述条件,可视为无限大功率电源供电系统,据此进行短路分析和计算。

### 3.2.2 无限大功率电源供电系统三相短路暂态过程

图 3-2 所示为无限大功率电源供电系统发生三相短路时的系统图和三相电路图。图中,$r_K$,$x_K$ 为短路回路的电阻和电抗,$r_1$,$x_1$ 为负载的电阻和电抗。由于三相电路对称,只需用一相(A相)等效电路图进行分析,如图 3-2(c)所示。

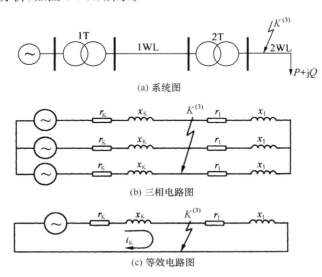

(a) 系统图

(b) 三相电路图

(c) 等效电路图

图 3-2　无限大功率电源供电系统三相短路图

#### 1. 正常运行

设电源相电压为 $u_\varphi = U_{\varphi m}\sin(\omega t + \alpha)$,正常运行电流为

$$i = I_m \sin(\omega t + \alpha - \varphi) \tag{3-1}$$

式中,电流幅值 $I_m = U_{\varphi m}/\sqrt{(r_K + r_1)^2 + (x_K + x_1)^2}$;阻抗角 $\varphi = \arctan(x_K + x_1)/(r_K + r_1)$。

#### 2. 三相短路分析

设 $t=0$ 时,在图 3-2 中,$K$ 点发生三相短路。电路被分为两个独立回路,短路点左侧是一个与电源相连的短路回路,短路点右侧是一个无电源的短路回路。无源回路中的电流由原来的数值衰减到零,因此,不会对电气设备产生危害,一般不予关注。有源回路短路后,由于回路阻抗减少,电流要增大,但由于电路内存在电感,电流不能发生突变,从而产生一个非周期分量电流,非周期分量电流也不断衰减,最终达到稳态短路电流。下面分析有源回路短路电流的变化,短路电流 $i_K$ 应满足微分方程

$$L_K \frac{di_K}{dt} + r_K i_K = U_{\varphi m}\sin(\omega t + \alpha) \tag{3-2}$$

式(3-2)是常系数非齐次一阶线性微分方程,其解为相应齐次方程的通解加一个特解,特解为短路后的稳态解,即

$$i_K = I_{pm}\sin(\omega t + \alpha - \varphi_K) + i_{np0}\,e^{-\frac{t}{\tau}} \tag{3-3}$$

式中,$I_{pm} = U_{\varphi m}/\sqrt{r_K^2 + x_K^2}$ 为短路电流周期分量幅值;$\varphi_K = \arctan(x_K/r_K)$ 为短路回路阻抗角;$\tau = L_K/r_K$ 为短路回路的时间常数;$i_{np0}$ 为短路电流非周期分量初值。

$i_{np0}$由初始条件决定,即在短路瞬间 $t=0$ 时,短路前的工作电流与短路后的短路电流相等,即

$$I_m\sin(\alpha-\varphi)=I_{pm}\sin(\alpha-\varphi_K)+i_{np0} \tag{3-4}$$

$$i_{np0}=I_m\sin(\alpha-\varphi)-I_{pm}\sin(\alpha-\varphi_K) \tag{3-5}$$

将式(3-5)代入式(3-3),得

$$i_K=I_{pm}\sin(\omega t+\alpha-\varphi_K)+[I_m\sin(\alpha-\varphi)-I_{pm}\sin(\alpha-\varphi_K)]e^{-\frac{t}{\tau}}=i_p+i_{np} \tag{3-6}$$

由式(3-6)可见,无限大功率电源供电系统三相短路电流由短路电流周期分量 $i_p$ 和非周期分量 $i_{np}$ 两部分组成。三相短路电流的周期分量,由电源电压和短路回路阻抗决定,在无限大功率电源条件下,其幅值不变,又称为稳态分量。三相短路电流非周期分量的大小与合闸角 $\alpha$ 有关,并按指数规律衰减,最终为零,又称自由分量。

由于三相电路仍然对称,若式(3-6)为 A 相短路电流,用$(\alpha-120°)$和$(\alpha+120°)$分别代入式(3-6),可得 B 相和 C 相短路电流的表达式。

图 3-3 所示为无限大功率电源供电系统发生三相短路时的短路电流波形图。

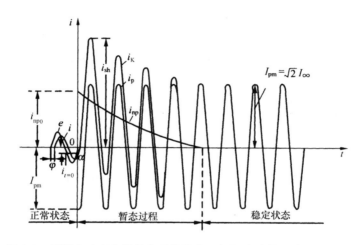

图 3-3　无限大功率电源供电系统发生三相短路时的短路电流波形图

### 3. 最严重三相短路时的短路电流

从工程实际考虑,最重要的是在什么情况下三相短路电流取得最大值及其大小。下面讨论在电路参数确定和短路点一定情况下,发生最严重三相短路时的短路电流(即最大瞬时值)的条件。由图 3-3 可见,短路电流非周期分量初值最大时,短路电流瞬时值也最大。

图 3-4 所示为三相短路时的相量图。图中 $\dot{U}_m$、$\dot{I}_m$、$\dot{I}_{pm}$ 分别表示电源电压幅值、工作电流幅值和短路电流周期分量幅值的相量。短路电流非周期分量的初值等于相量 $\dot{I}_m$ 和 $\dot{I}_{pm}$ 在纵轴上投影之差。

从图 3-4 中可以看出,当 $\dot{U}_m$ 与横轴重合,短路前空载 $\dot{I}_m=0$ 或功率因数等于1,$\dot{I}_m$ 与横轴重合;短路回路阻抗角 $\varphi_K=90°$,$\dot{I}_{pm}$ 与纵轴重合时,短路电流非周期分量初值达到最大,即 $i_{np0}=I_{pm}$。综上所述,发生最严重短路电流的条件为:

● 短路前电路空载或 $\cos\varphi=1$;

● 短路瞬间电压过零,即 $t=0$ 时 $\alpha=0°$ 或 $180°$;

● 短路回路纯电感,即 $\varphi_K=90°$。

将 $I_m = 0, \alpha = 0, \varphi_K = 90°$ 代入式(3-6),得

$$i_K = -I_{pm}\cos\omega t + I_{pm}e^{-\frac{t}{\tau}} = -\sqrt{2}I_p\cos\omega t + \sqrt{2}I_pe^{-\frac{t}{\tau}} \tag{3-7}$$

式中,$I_p$ 为短路电流周期分量有效值。

短路电流非周期分量最大时的短路电流波形如图 3-5 所示。应当指出,最严重三相短路时只有其中一相电流为最大瞬时值,短路电流计算也是计算最严重三相短路时的短路电流。

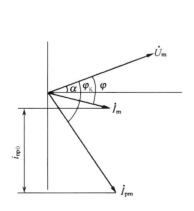

图 3-4　三相短路时的相量图　　　图 3-5　最严重三相短路时的短路电流波形图

### 3.2.3　三相短路的有关物理量

#### 1. 短路电流周期分量有效值

由式(3-3)中短路电流周期分量幅值 $I_{pm}$,可得短路电流周期分量有效值 $I_p$。式中,电源电压取线路额定电压的 1.05 倍,即线路首末两端电压的平均值,称为线路平均额定电压,用 $U_{av}$ 表示,从而短路电流周期分量有效值为

$$I_p = \frac{U_{av}}{\sqrt{3}Z_K} \tag{3-8}$$

式中,$U_{av} \approx 1.05U_N(\mathrm{kV})$,详见表 3-1;$Z_K = \sqrt{r_K^2 + x_K^2}(\Omega)$ 为短路回路总阻抗。

#### 2. 次暂态短路电流

次暂态短路电流是短路电流周期分量在短路后第一个周期的有效值,用 $I''$ 表示。在无限大功率电源系统中,短路电流周期分量不衰减,即

$$I'' = I_p \tag{3-9}$$

#### 3. 短路全电流有效值

由于短路电流含有非周期分量,短路全电流不再是正弦波,短路过程中短路全电流的有效值 $I_{K(t)}$,是指以该时间 $t$ 为中心的一个周期内,短路全电流瞬时值的均方根值,即

$$I_{K(t)} = \sqrt{\frac{1}{T}\int_{t-\frac{T}{2}}^{t+\frac{T}{2}} i_K^2 \mathrm{d}t} = \sqrt{\frac{1}{T}\int_{t-\frac{T}{2}}^{t+\frac{T}{2}} (i_p + i_{np})^2 \mathrm{d}t} \tag{3-10}$$

式中,$i_K$ 为短路全电流瞬时值;$T$ 为短路全电流周期。

为了简化上式计算,假设短路电流非周期分量 $i_{np}$ 在所取周期内恒定不变,即其值等于在该周期中心的瞬时值 $i_{np(t)}$,在该周期内非周期分量的有效值即为该时间 $t$ 时的瞬时值 $i_{np(t)}$;周期分量 $i_p$ 的幅值也为常数,其有效值为 $I_{p(t)}$。

做如上假设后,式(3-10)经运算,短路全电流有效值为

$$I_{K(t)} = \sqrt{I_{p(t)}^2 + i_{np(t)}^2} \tag{3-11}$$

### 4. 短路冲击电流和冲击电流有效值

短路冲击电流 $i_{sh}$ 是短路全电流的最大瞬时值,由图 3-5 可见,短路全电流最大瞬时值出现在短路后半个周期,即 $t = 0.01s$ 时,由式(3-7)得

$$i_{sh} = i_{p(0.01)} + i_{np(0.01)} = \sqrt{2} I_p (1 + e^{-\frac{0.01}{\tau}}) = \sqrt{2} K_{sh} I_p = \sqrt{2} K_{sh} I'' \tag{3-12}$$

式中,$K_{sh} = 1 + e^{-\frac{0.01}{\tau}}$ 为短路电流冲击系数。对于纯电阻性电路,$K_{sh} = 1$;对于纯电感性电路,$K_{sh} = 2$。因此,$1 \leqslant K_{sh} \leqslant 2$。

短路冲击电流主要用于校验电气设备和载流导体的动稳定,以保证电气设备在短路时不致因短路电流产生的电动力而损坏。冲击电流有效值主要用于校验开关电器的开断能力。

短路冲击电流有效值 $I_{sh}$ 是短路后第一个周期的短路全电流有效值。由式(3-11)可得

$$I_{sh} = \sqrt{I_{p(0.01)}^2 + i_{np(0.01)}^2}$$

或

$$I_{sh} = \sqrt{1 + 2(K_{sh}-1)^2} I_p \tag{3-13}$$

为计算方便,在高压系统发生三相短路时,一般可取 $K_{sh} = 1.8$,因此

$$i_{sh} = 2.55 I_p \tag{3-14}$$

$$I_{sh} = 1.51 I_p \tag{3-15}$$

在低压系统发生三相短路时,可取 $K_{sh} = 1.3$,因此

$$i_{sh} = 1.84 I_p \tag{3-16}$$

$$I_{sh} = 1.09 I_p \tag{3-17}$$

### 5. 稳态短路电流有效值

稳态短路电流有效值是指短路电流非周期分量衰减完后的短路电流有效值,用 $I_\infty$ 表示。在无限大功率电源系统中,$I_\infty = I_p$。

因此,无限大功率电源供电系统发生三相短路时,短路电流的周期分量有效值保持不变。在短路电流计算中,通常用 $I_K$ 表示周期分量有效值,简称短路电流,即

$$I'' = I_p = I_\infty = I_K = \frac{U_{av}}{\sqrt{3} Z_K} \tag{3-18}$$

### 6. 三相短路容量

三相短路容量意味电气设备既要承受正常情况下额定电压的作用,又要具备开断短路电流的能力。它由下式定义为

$$S_K = \sqrt{3} U_{av} I_K \tag{3-19}$$

式中,$S_K$ 为三相短路容量(MVA);$U_{av}$ 为短路点所在级的线路平均额定电压(kV);$I_K$ 为短路电流(kA)。

综上所述,无限大功率电源供电系统发生三相短路时,短路电流周期分量有效值是一个非常重要的物理量,短路电流计算也很简单,求出短路电流周期分量有效值,即可求得有关短路的所有物理量。

## 3.3 无限大功率电源供电系统三相短路电流的计算

供配电系统通常具有多个电压等级。用常规的有名制计算短路电流时,必须将所有元件的

阻抗归算到同一电压等级才能进行计算,显得麻烦和不便。因此,通常采用标幺制,以简化计算,便于比较分析。

### 3.3.1　标幺制

用相对值表示元件的物理量的方法,称为标幺制。任意一个物理量的有名值与基准值的比值称为标幺值,标幺值没有单位,即

$$标幺值=\frac{物理量的有名值(MVA,kV,kA,\Omega)}{物理量的基准值(MVA,kV,kA,\Omega)} \tag{3-20}$$

则容量、电压、电流、阻抗的标幺值分别为

$$\begin{cases} S^* = \dfrac{S}{S_d} \\[2mm] U^* = \dfrac{U}{U_d} \\[2mm] I^* = \dfrac{I}{I_d} \\[2mm] Z^* = \dfrac{Z}{Z_d} \end{cases} \tag{3-21}$$

基准容量 $S_d$、基准电压 $U_d$、基准电流 $I_d$ 和基准阻抗 $Z_d$ 也应遵守功率方程 $S_d=\sqrt{3}U_d I_d$ 和电压方程 $U_d=\sqrt{3}I_d Z_d$。因此,4 个基准值中只有两个是独立的,通常选定基准容量和基准电压,按下式求出基准电流和基准阻抗

$$I_d=\frac{S_d}{\sqrt{3}U_d} \tag{3-22}$$

$$Z_d=\frac{U_d^2}{S_d} \tag{3-23}$$

短路电流计算采用标幺制中的近似计算法。标幺制中的近似计算法取各级平均额定电压 $U_{av}$ 为基准电压,即 $U_d=U_{av}\approx 1.05U_N$($U_N$ 为系统标称电压),且认为每一元件的额定电压就等于其相应的平均额定电压。基准容量的选取是任意的,但为了计算方便,通常取基准容量为 100MVA 或 1000MVA。常用系统标称电压和基准值见表 3-1。

表 3-1　常用系统标称电压和基准值($S_d=100$MVA)

| 系统标称电压(kV) | 0.38 | 6 | 10 | 35 | 110 | 220 | 500 |
|---|---|---|---|---|---|---|---|
| 基准电压(kV) | 0.4 | 6.3 | 10.5 | 37 | 115 | 230 | 525 |
| 基准电流(kA) | 144.30 | 9.16 | 5.50 | 1.56 | 0.50 | 0.25 | 0.11 |

基准容量从一个电压等级换算到另一个电压等级时,其数值不变,而基准电压从一个电压等级换算到另一个电压等级时,其数值就是另一个电压等级的基准电压。

下面用如图 3-6 所示的多级电压的供电系统加以说明。短路发生在 4WL,选基准容量为 $S_d$,各级基准电压分别为 $U_{d1}=U_{av1}$,$U_{d2}=U_{av2}$,$U_{d3}=U_{av3}$,$U_{d4}=U_{av4}$,则线路 1WL 的电抗 $X_{1WL}$ 归算到短路点所在电压等级的电抗 $X'_{1WL}$ 为

$$X'_{1WL}=X_{1WL} \cdot \left(\frac{U_{av2}}{U_{av1}}\right)^2 \cdot \left(\frac{U_{av3}}{U_{av2}}\right)^2 \cdot \left(\frac{U_{av4}}{U_{av3}}\right)^2$$

1WL 的标幺值电抗为

$$X^*_{1WL}=\frac{X'_{1WL}}{Z_d}=X'_{1WL}\frac{S_d}{U_{d4}^2}=X_{1WL} \cdot \left(\frac{U_{av2}}{U_{av1}}\right)^2 \cdot \left(\frac{U_{av3}}{U_{av2}}\right)^2 \cdot \left(\frac{U_{av4}}{U_{av3}}\right)^2 \cdot \frac{S_d}{U_{av4}^2}$$

$$= X_{1WL} \frac{S_d}{U_{av1}^2}$$

即

$$X_{1WL}^* = X_{1WL} \frac{S_d}{U_{d1}^2}$$

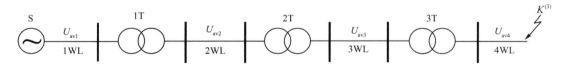

图 3-6　多级电压的供电系统示意图

以上分析表明,用基准容量和元件所在电压等级的基准电压计算的阻抗标幺值,与先将元件的阻抗换算到短路点所在的电压等级,再用基准容量和短路点所在电压等级的基准电压计算的阻抗标幺值相同,即变压器的变比标幺值等于1,从而避免了多级电压系统中阻抗的换算。短路回路总阻抗的标幺值可直接由各元件的阻抗标幺值经简单运算而得。这也是采用标幺制计算短路电流所具有的计算简单、结果清晰和分析方便的优点。

### 3.3.2　短路回路元件的阻抗标幺值

计算短路电流时,需要计算短路回路中各个电气元件的阻抗及短路回路的总阻抗。

**1. 线路的电阻标幺值和电抗标幺值**

线路给出的参数是长度 $l$(km)、单位长度的电阻 $R_0$ 和电抗 $X_0$(Ω/km)。其电阻标幺值和电抗标幺值分别为

$$R_{WL}^* = \frac{R_{WL}}{Z_d} = R_0 l \frac{S_d}{U_d^2} \tag{3-24}$$

$$X_{WL}^* = \frac{X_{WL}}{Z_d} = X_0 l \frac{S_d}{U_d^2} \tag{3-25}$$

式中,$S_d$ 为基准容量(MVA);$U_d$ 为线路所在电压等级的基准电压(kV)。

线路的 $R_0$,$X_0$ 可查阅附录 A-16,$X_0$ 也可采用表 3-2 所列的平均值。

表 3-2　电力线路单位长度的电抗平均值

| 线路名称 | $X_0$(Ω/km) |
| --- | --- |
| 35~220kV 架空线路 | 0.4 |
| 3~10kV 架空线路 | 0.38 |
| 0.38/0.22kV 架空线路 | 0.36 |
| 35kV 电缆线路 | 0.12 |
| 3~10kV 电缆线路 | 0.08 |
| 1kV 以下电缆线路 | 0.06 |

**2. 变压器的电抗标幺值**

变压器给出的参数是额定容量 $S_N$(MVA)和短路阻抗 $U_K\%$,由于变压器绕组的电阻 $R_T$ 较电抗 $X_T$ 小得多,在变压器绕组电阻上的压降可忽略不计,因而其电抗标幺值为

$$X_T^* = \frac{X_T}{Z_d} = \frac{U_K\%}{100} \cdot \frac{U_d^2}{S_N} \Big/ \frac{U_d^2}{S_d} = \frac{U_K\%}{100} \cdot \frac{S_d}{S_N} \tag{3-26}$$

**3. 电抗器的电抗标幺值**

电抗器给出的参数是电抗器的额定电压 $U_{N.L}$、额定电流 $I_{N.L}$ 和电抗百分数 $X_L\%$,其电抗标幺值为

$$X_{\mathrm{L}}^{*}=\frac{X_{\mathrm{L}}}{Z_{\mathrm{d}}}=\frac{X_{\mathrm{L}}\%}{100} \cdot \frac{U_{\mathrm{N.L}}}{\sqrt{3} I_{\mathrm{N.L}}} \Big/ \frac{U_{\mathrm{d}}^{2}}{S_{\mathrm{d}}}=\frac{X_{\mathrm{L}}\%}{100} \cdot \frac{U_{\mathrm{N.L}}}{\sqrt{3} I_{\mathrm{N.L}}} \cdot \frac{S_{\mathrm{d}}}{U_{\mathrm{d}}^{2}} \tag{3-27}$$

式中,$U_{\mathrm{d}}$ 为电抗器安装处的基准电压。

### 4. 电力系统的电抗标幺值

电力系统的电抗相对很小,一般不予考虑,看成无限大功率电源系统。若供电部门提供电力系统的电抗参数,常计及电力系统电抗,再按无限大功率电源系统计算,短路电流更精确。

(1)已知电力系统电抗有名值 $X_{\mathrm{S}}$

系统的电抗标幺值为

$$X_{\mathrm{S}}^{*}=X_{\mathrm{S}} \frac{S_{\mathrm{d}}}{U_{\mathrm{d}}^{2}} \tag{3-28}$$

(2)已知电力系统出口断路器的断流容量 $S_{\mathrm{oc}}$

将系统变电所高压馈线出口断路器的断流容量看作系统短路容量来估算系统电抗,即

$$X_{\mathrm{S}}^{*}=X_{\mathrm{S}} \frac{S_{\mathrm{d}}}{U_{\mathrm{d}}^{2}}=\frac{U_{\mathrm{d}}^{2}}{S_{\mathrm{oc}}} \cdot \frac{S_{\mathrm{d}}}{U_{\mathrm{d}}^{2}}=\frac{S_{\mathrm{d}}}{S_{\mathrm{oc}}} \tag{3-29}$$

(3)已知电力系统出口处的短路容量 $S_{\mathrm{K}}$

系统的电抗标幺值为

$$X_{\mathrm{S}}^{*}=\frac{S_{\mathrm{d}}}{S_{\mathrm{K}}} \tag{3-30}$$

### 5. 短路回路的总阻抗标幺值

短路回路的总阻抗标幺值 $Z_{\mathrm{K}}^{*}$ 由短路回路总电阻标幺值 $R_{\mathrm{K}}^{*}$ 和总电抗标幺值 $X_{\mathrm{K}}^{*}$ 决定,即

$$Z_{\mathrm{K}}^{*}=\sqrt{R_{\mathrm{K}}^{*2}+X_{\mathrm{K}}^{*2}} \tag{3-31}$$

若 $R_{\mathrm{K}}^{*}<\frac{1}{3} X_{\mathrm{K}}^{*}$ 时,可忽略电阻,即 $Z_{\mathrm{K}}^{*} \approx X_{\mathrm{K}}^{*}$。通常高压系统的短路计算中,由于总电抗远大于总电阻,故只计及电抗而忽略电阻;在计算低压系统短路时,需计及电阻。

## 3.3.3 三相短路电流计算

无限大功率电源供电系统发生三相短路时,短路电流周期分量的幅值和有效值保持不变,短路电流的有关物理量 $I''$、$I_{\mathrm{sh}}$、$i_{\mathrm{sh}}$、$I_{\infty}$ 和 $S_{\mathrm{K}}$ 都与短路电流周期分量有关。因此,只要算出短路电流周期分量的有效值,其他各量按前述公式很容易求得。

### 1. 三相短路电流周期分量有效值

$$I_{\mathrm{K}}=\frac{U_{\mathrm{av}}}{\sqrt{3} Z_{\mathrm{K}}}=\frac{U_{\mathrm{d}}}{\sqrt{3} Z_{\mathrm{K}}^{*} Z_{\mathrm{d}}}=\frac{U_{\mathrm{d}}}{\sqrt{3} Z_{\mathrm{K}}^{*}} \cdot \frac{S_{\mathrm{d}}}{U_{\mathrm{d}}^{2}}=\frac{S_{\mathrm{d}}}{\sqrt{3} U_{\mathrm{d}}} \cdot \frac{1}{Z_{\mathrm{K}}^{*}} \tag{3-32}$$

由于 $I_{\mathrm{d}}=S_{\mathrm{d}}/\sqrt{3} U_{\mathrm{d}}$,$I_{\mathrm{K}}=I_{\mathrm{K}}^{*} I_{\mathrm{d}}$,则

$$I_{\mathrm{K}}=I_{\mathrm{d}}/Z_{\mathrm{K}}^{*}=I_{\mathrm{d}} I_{\mathrm{K}}^{*} \tag{3-33}$$

$$I_{\mathrm{K}}^{*}=\frac{1}{Z_{\mathrm{K}}^{*}} \tag{3-34}$$

式(3-34)表示,短路电流周期分量有效值的标幺值等于短路回路总阻抗标幺值的倒数。实际计算时,由短路回路总阻抗标幺值求出短路电流周期分量有效值的标幺值(简称短路电流标幺值),再计算短路电流的有效值。

**2. 冲击短路电流**

由式(3-12)和式(3-13)可得冲击短路电流和冲击短路电流有效值为

$$i_{sh} = \sqrt{2} K_{sh} I_K \tag{3-35}$$

$$I_{sh} = \sqrt{1 + 2(K_{sh} - 1)^2} I_K \tag{3-36}$$

或

$$i_{sh} = 2.55 I_K \qquad I_{sh} = 1.51 I_K \quad （高压系统） \tag{3-37}$$

$$i_{sh} = 1.84 I_K \qquad I_{sh} = 1.09 I_K \quad （低压系统） \tag{3-38}$$

**3. 三相短路容量**

由式(3-19)可得三相短路容量计算如下

$$S_K = \sqrt{3} U_{av} I_K = \sqrt{3} U_d \frac{I_d}{Z_K^*} = S_d I_K^* = S_d S_K^* \tag{3-39}$$

或

$$S_K = \frac{S_d}{Z_K^*} \tag{3-40}$$

式(3-39)和式(3-40)表明,三相短路容量的标幺值等于三相短路电流的标幺值,三相短路容量的有名值等于基准容量与三相短路电流标幺值或三相短路容量标幺值的乘积。

在短路电流具体计算时,首先应根据短路计算要求画出短路电流计算系统图,该系统图应包含所有与短路计算有关的元件,并标出各元件的参数和短路点。

其次,画出计算短路电流的等效电路图,每个元件用一个阻抗表示,电源用一个小圆圈表示,并标出短路点,同时标出元件的序号和阻抗值,一般分子标序号、分母标阻抗值。

然后选取基准容量和基准电压,计算各元件的阻抗标幺值,再将等效电路化简,求出短路回路总阻抗的标幺值。简化时电路的各种简化方法都可以使用,如串联、并联、△-Y 或 Y-△变换、等电位法等。

最后按前述公式,由短路回路总阻抗标幺值计算短路电流标幺值,再计算短路各量,即短路电流、冲击短路电流和三相短路容量。

**例 3-1** 试求如图 3-7 所示的供电系统中,总降压变电所 10kV 母线上的 $K_1$ 点和车间变电所 380V 母线上的 $K_2$ 点发生三相短路时的短路电流和短路容量,以及 $K_2$ 点三相短路流经变压器 3T 一次绕组的短路电流。

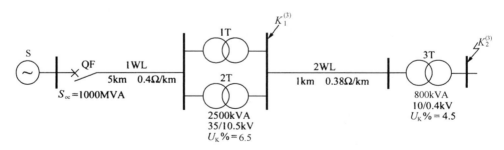

图 3-7 例 3-1 供电系统图

**解** （1）由图 3-7 所示的短路电流计算系统图画出短路电流计算等效电路图,如图 3-8 所示。由系统出口断路器断流容量估算系统电抗,用 $X_1$ 表示。

（2）取基准容量 $S_d = 100$MVA,基准电压 $U_d = U_{av}$,3 个电压等级的基准电压分别为 $U_{d1} = 37$kV,$U_{d2} = 10.5$kV,$U_{d3} = 0.4$kV,相应的基准电流分别为 $I_{d1}$,$I_{d2}$,$I_{d3}$,则各元件电抗标幺值为

系统 S
$$X_1^* = \frac{S_d}{S_{oc}} = \frac{100}{1000} = 0.1$$

线路 1WL    $X_2^* = X_o l_1 \cdot \dfrac{S_d}{U_{d1}^2} = 0.4 \times 5 \times \dfrac{100}{37^2} = 0.146$

变压器 1T 和 2T    $X_3^* = X_4^* = \dfrac{U_K\%}{100} \cdot \dfrac{S_d}{S_N} = \dfrac{6.5}{100} \times \dfrac{100}{2.5} = 2.6$

线路 2WL    $X_5^* = X_o l_2 \cdot \dfrac{S_d}{U_{d2}^2} = 0.38 \times 1 \times \dfrac{100}{10.5^2} = 0.345$

变压器 3T    $X_6^* = \dfrac{U_K\%}{100} \cdot \dfrac{S_d}{S_N} = \dfrac{4.5}{100} \times \dfrac{100}{0.8} = 5.625$

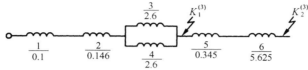

图 3-8　例 3-1 短路计算等效电路图

（3）$K_1$ 点三相短路时的短路电流和容量的计算

① 计算短路回路总阻抗标幺值
$$X_{K1}^* = X_1^* + X_2^* + X_3^* \mathbin{/\!/} X_4^* = 0.1 + 0.146 + 2.6 \div 2 = 1.546$$

② 计算 $K_1$ 点所在电压级的基准电流
$$I_{d2} = \frac{S_d}{\sqrt{3}U_{d2}} = \frac{100}{\sqrt{3} \times 10.5} = 5.5\text{kA}$$

③ 计算 $K_1$ 点短路电流各量
$$I_{K1}^* = \frac{1}{X_{K1}^*} = \frac{1}{1.546} = 0.647$$
$$I_{K1} = I_{d2} I_{K1}^* = 5.5 \times 0.647 = 3.558\text{kA}$$
$$i_{sh.K1} = 2.55 I_{K1} = 2.55 \times 3.558 = 9.071\text{kA}$$
$$S_{K1} = \frac{S_d}{X_{K1}^*} = 100 \times 0.647 = 64.7\text{MVA}$$

（4）计算 $K_2$ 点三相短路时的短路电流

① 计算短路回路总阻抗标幺值。由图 3-8 所示的短路回路的总阻抗标幺值为
$$X_{K2}^* = X_{K1}^* + X_5^* + X_6^* = 1.546 + 0.345 + 5.625 = 7.516$$

② 计算 $K_2$ 点所在电压级的基准电流
$$I_{d3} = \frac{S_d}{\sqrt{3}U_{d3}} = \frac{100}{\sqrt{3} \times 0.4} = 144.3\text{kA}$$

③ 计算 $K_2$ 点三相短路时短路各量
$$I_{K2}^* = \frac{1}{X_{K2}^*} = \frac{1}{7.516} = 0.133$$
$$I_{K2} = I_{d3} I_{K2}^* = 144.3 \times 0.133 = 19.192\text{kA}$$
$$i_{sh.K2} = 1.84 I_{K2} = 1.84 \times 19.192 = 35.313\text{kA}$$
$$S_{K2} = \frac{S_d}{X_{K2}^*} = 100 \times 0.133 = 13.3\text{MVA}$$

（5）计算 $K_2$ 点三相短路流经变压器 3T 一次绕组的短路电流 $I_{K2}'$

$K_2$ 点三相短路流经变压器 3T 一次绕组的短路电流有两种计算方法。

① 方法 1：从短路计算等效电路图 3-8 中可看出，$K_2$ 点短路时流经变压器 3T 一次绕组的三

相短路电流标幺值与短路点 $K_2$ 的短路电流标幺值相同,用变压器 3T 一次绕组所在电压级的基准电流便可求出流经变压器 3T 一次绕组的短路电流,即

$$I'_{K2} = I_{d2} I^*_{K2} = 5.5 \times 0.133 = 0.731 \text{kA}$$

② 方法 2:由图 3-7 可见,将 $K_2$ 点三相短路电流变换到变压器 3T 的一次侧,此时变压器变比应采用平均额定电压即基准电压变比

$$I'_{K2} = I_{K2}/K = I_{K2} \frac{U_{d3}}{U_{d2}} = 19.192 \times \frac{0.40}{10.5} = 0.731 \text{kA}$$

### 3.3.4 电动机对三相短路电流的影响

供配电系统发生三相短路时,从电源到短路点的系统电压下降,严重时短路点的电压可降为零。接在短路点附近运行的电动机的短路瞬间反电动势(又称为次暂态电动势)可能大于电动机所在处系统的残压,此时电动机将和发电机一样,向短路点馈送短路电流。同时电动机迅速受到制动,它所提供的短路电流很快衰减。因此,一般只考虑电动机对冲击短路电流的影响,如图 3-9 所示。

图 3-9  电动机对冲击短路电流的影响示意图

电动机三相短路属于"有限大功率电源"供电系统三相短路,短路电流周期分量在短路过程中不是常数,而是变化的,因此,电动机提供的冲击短路电流可按式(3-12)计算,即

$$i_{\text{sh.M}} = \sqrt{2} K_{\text{sh.M}} \cdot I''_M = \sqrt{2} K_{\text{sh.M}} \cdot \frac{E''^*_M}{X''^*_M} I_{\text{N.M}} \tag{3-41}$$

式中,$K_{\text{sh.M}}$ 为电动机的短路电流冲击系数,低压电动机取 1.0,高压电动机取 1.4～1.6;$I''_M$ 为电动机的次暂态三相短路电流;$E''^*_M$ 为电动机的次暂态电动势标幺值;$X''^*_M$ 为电动机的次暂态电抗标幺值;$E''^*_M / X''^*_M$ 为电动机的次暂态短路电流标幺值;$I_{\text{N.M}}$ 为电动机额定电流。$E''^*_M$ 和 $X''^*_M$ 数值见表 3-3。

表 3-3  电动机有关参数

| 电动机种类 | 同步电动机 | 异步电动机 | 调 相 机 | 综 合 负 载 |
|---|---|---|---|---|
| $E''^*_M$ | 1.1 | 0.9 | 1.2 | 0.8 |
| $X''^*_M$ | 0.2 | 0.2 | 0.16 | 0.35 |

实际计算中,只有当高压电动机单机或总容量大于 1000kW,低压电动机单机或总容量大于 100kW,在靠近电动机引出端附近发生三相短路时,才考虑电动机对冲击短路电流的影响。

因此,考虑电动机的影响后,短路点的冲击短路电流为

$$i_{\text{sh.}\Sigma} = i_{\text{sh}} + i_{\text{sh.M}} \tag{3-42}$$

### 3.3.5 两相短路电流的计算

实际中除了需要计算三相短路电流,还需要计算不对称短路电流,用于继电保护灵敏系数的校验。不对称短路电流的计算一般要采用对称分量法,这里介绍无限大功率电源供电系统两相

短路电流和单相短路电流的实用计算方法。

图 3-10 所示的无限大功率电源供电系统发生两相短路时,其短路电流可由下式求得

$$I_K^{(2)} = \frac{U_{av}}{2Z_K} = \frac{U_d}{2Z_K} \tag{3-43}$$

式中,$U_{av}$ 为短路点的平均额定电压;$U_d$ 为短路点所在电压等级的基准电压;$Z_K$ 为短路回路一相总阻抗。

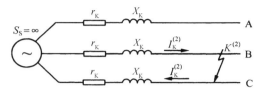

图 3-10   无限大功率电源供电系统发生两相短路

将式(3-43)和式(3-8)三相短路电流计算公式相比,可得两相短路电流与三相短路电流的关系,并同样适用于冲击短路电流,即

$$I_K^{(2)} = \frac{\sqrt{3}}{2} I_K^{(3)} \tag{3-44}$$

$$i_{sh}^{(2)} = \frac{\sqrt{3}}{2} i_{sh}^{(3)} \tag{3-45}$$

$$I_{sh}^{(2)} = \frac{\sqrt{3}}{2} I_{sh}^{(3)} \tag{3-46}$$

因此,无限大功率电源供电系统短路时,两相短路电流较三相短路电流小,计算三相短路电流就可求得两相短路电流。

### 3.3.6   单相短路电流的计算

在工程计算中,大接地电流系统或低压三相四线制系统发生单相短路时,单相短路电流可用下式进行计算

$$I_K^{(1)} = \frac{U_{av}}{\sqrt{3} Z_{\varphi 0}} = \frac{U_d}{\sqrt{3} Z_{\varphi 0}} \tag{3-47}$$

$$Z_{\varphi 0} = \sqrt{(R_\varphi + R_0)^2 + (X_\varphi + X_0)^2} \tag{3-48}$$

式中,$U_{av}$ 为短路点所在电压等级的平均额定电压;$U_d$ 为短路点所在电压等级的基准电压;$Z_{\varphi 0}$ 为单相短路回路相线与大地或中线的阻抗;$R_\varphi$,$X_\varphi$ 为单相短路回路的相电阻和相电抗;$R_0$,$X_0$ 为变压器中性点与大地或中线回路的电阻和电抗。

在无限大功率电源供电系统中或远离发电机处短路时,单相短路电流较三相短路电流小。

对有限功率电源供电系统短路电流的计算,由于作为系统电源的发电机,其端电压在整个短路过程中是变化的。因此,短路电流中不仅非周期分量,而且周期分量的幅值也随时间变化,从而有限功率电源供电系统短路电流的计算就很复杂。本书不详细讲述,具体可参见有关书籍。

## 3.4   短路电流的效应

供配电系统发生短路时,短路电流非常大。短路电流通过导体或电气设备,会产生很大的电动力和很高的温度,称为短路的电动力效应和热效应。电气设备和导体应能承受这两种效应的作用,满足动、热稳定的要求。下面分别分析短路电流的电动力效应和热效应。

### 3.4.1 短路电流的电动力效应

导体通过电流时相互间电磁作用产生的力,称为电动力。正常工作时电流不大,电动力很小。短路时,特别是短路冲击电流流过瞬间,产生的电动力很大,可能造成机械损伤。

**1. 两平行载流导体间的电动力**

由电工基础可知,位于空气中的两平行导体中流过的电流分别为 $i_1$ 和 $i_2$(A)时,$i_1$ 产生的磁场在导体 2 处的磁感应强度为 $B_1$,$i_2$ 产生的磁场在导体 1 处的磁感应强度为 $B_2$,如图 3-11 所示,两导体间由电磁作用产生的电动力的方向由左手定则决定,大小相等,方向相反,其值由下式决定

$$F = 2K_f i_1 i_2 \frac{l}{a} \times 10^{-7} \tag{3-49}$$

式中,$F$ 为两平行载流导体间的电动力(N);$l$ 为导体的两相邻支持点间的距离(cm);$a$ 为两导体轴线间距离(cm);$K_f$ 为形状系数,圆形、管形导体 $K_f = 1$,矩形导体根据 $\frac{a-b}{b+h}$ 和 $m = \frac{b}{h}$ 由图 3-12 所示曲线查得($b$ 和 $h$ 分别为导体的宽和高)。

从图 3-12 中可以看出,形状系数 $K_f$ 在 $0 \sim 1.4$ 之间变化。当矩形导体平放时,$m > 1$,$K_f > 1$;矩形导体竖放时,$m < 1$,$K_f < 1$;正方形导体时,$m = 1$,$K_f \approx 1$。当 $\frac{a-b}{h+b} \geqslant 2$,即两矩形导体之间距离大于等于导体周长时,$K_f \approx 1$,说明此时可不进行导体形状的修正。

**2. 三相平行载流导体间的电动力**

三相平行的导体中流过的电流对称,且分别为 $i_A$,$i_B$,$i_C$,每两导体间由电磁作用产生电动力,A 相导体受到的电动力为 $F_{AB}$、$F_{AC}$,B 相导体受到的电动力为 $F_{BC}$、$F_{BA}$,C 相导体受到的电动力为 $F_{CA}$、$F_{CB}$,如图 3-13 所示。经分析可知,中相导体受到的电动力最大,并可按下式计算

$$F = \sqrt{3} K_f I_m^2 \frac{l}{a} \times 10^{-7} \tag{3-50}$$

式中,$I_m$ 为线电流幅值;$K_f$ 为形状系数。

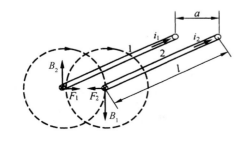

图 3-11 两平行导体间的电动力

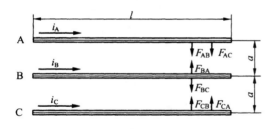

图 3-13 三相平行导体间的电动力

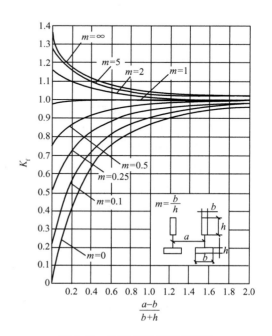

图 3-12 矩形导体的形状系数

### 3. 短路电流的电动力

由式(3-50)计算三相短路产生的最大电动力为

$$F^{(3)} = \sqrt{3}K_{\mathrm{f}} i_{\mathrm{sh}}^{(3)^2} \frac{l}{a} \times 10^{-7} \tag{3-51}$$

由式(3-49)计算两相短路产生的最大电动力为

$$F^{(2)} = 2K_{\mathrm{f}} i_{\mathrm{sh}}^{(2)^2} \frac{l}{a} \times 10^{-7} \tag{3-52}$$

由于两相短路冲击电流与三相短路冲击电流的关系为

$$i_{\mathrm{sh}}^{(2)} = \frac{\sqrt{3}}{2} i_{\mathrm{sh}}^{(3)}$$

因此,两相短路和三相短路产生的最大电动力具有下列关系

$$F^{(2)} = \frac{\sqrt{3}}{2}F^{(3)} \tag{3-53}$$

由此可见,三相短路时导体受到的电动力比两相短路时导体受到的电动力大。因此,校验电气设备或导体的动稳定时,应采用三相短路冲击电流或冲击电流有效值。

## 3.4.2 短路电流的热效应

### 1. 短路发热的特点

导体通过电流,产生电能损耗,转换成热能,使导体温度上升。正常运行时,导体通过负荷电流,产生的热能使导体温度升高,同时向导体周围介质散失热量。当导体内产生的热量等于向介质散失的热量时,导体的温度维持不变。

短路时由于继电保护装置动作切除故障,短路电流的持续时间很短,可近似认为很大的短路电流在很短时间内产生的很大热量全部用来使导体温度升高,不向周围介质散热,即短路发热是一个绝热过程。由于导体温度上升得很快,因而导体的电阻和比热容不是常数,而是随温度的变化而变化的。

如图 3-14 所示反映了短路时导体温度的变化情况。短路前导体正常运行时的温度为 $\theta_{\mathrm{L}}$,在 $t_1$ 发生短路,导体温度迅速上升;在 $t_2$ 保护装置动作,切除短路故障,导体温度达到了 $\theta_{\mathrm{K}}$。短路切除后,导体不再产生热量,只向周围介质散热,导体温度不断下降,最终导体温度等于周围介质温度 $\theta_0$。

短路时电气设备和导体的发热温度不超过短路最高允许温度,则满足短路热稳定要求。短路时最高允许温度见表 3-4。

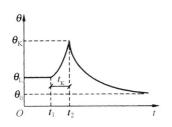

图 3-14　短路时导体温度的变化情况

表 3-4　导体在短路时的最高允许温度

| 导体种类 | 短路最高允许温度(℃) | |
|---|---|---|
| | 铜 | 铝 |
| 母线 | 300 | 200 |
| 交联聚乙烯绝缘电缆 | 250 | 200 |
| 聚氯乙烯绝缘导线和电缆 | 160 | 160 |
| 橡胶绝缘导线和电缆 | 150 | 150 |
| 油浸纸绝缘电缆 | ≤10kV,250 | ≤10kV,200 |
| | 35kV,125 | 35kV,125 |

## 2. 短路热平衡方程

如前所述,短路发热可近似为绝热过程,短路时导体内产生的能量等于导体温度升高吸收的能量,导体的电阻和比热容也随温度而变化,其热平衡方程为

$$0.24\int_{t_1}^{t_2} I_{K(t)}^2 R dt = \int_{\theta_L}^{\theta_K} c m d\theta \tag{3-54}$$

将 $R = \rho_0(1+\alpha\theta)\dfrac{1}{S}$, $c = c_0(1+\beta\theta)$, $m = \gamma l S$ 代入上式,得

$$0.24\int_{t_1}^{t_2} I_{K(t)}^2 \rho_0(1+\alpha\theta)\frac{1}{S} dt = \int_{\theta_L}^{\theta_K} c_0(1+\beta\theta)\gamma l S d\theta \tag{3-55}$$

整理上式后,有

$$\frac{1}{S^2}\int_{t_1}^{t_2} I_{K(t)}^2 dt = \frac{c_0\gamma}{0.24\rho_0}\int_{\theta_L}^{\theta_K}\frac{1+\beta\theta}{1+\alpha\theta}d\theta = \frac{c_0\gamma}{0.24\rho_0}\left[\frac{\alpha-\beta}{\alpha^2}\ln(1+\alpha\theta)+\frac{\beta}{\alpha}\theta\right]\Big|_{\theta_L}^{\theta_K} = A_K - A_L \tag{3-56}$$

式中,$\rho_0$ 是导体0℃时的电阻率($\Omega \cdot mm^2/km$);$\alpha$ 为 $\rho_0$ 的温度系数;$c_0$ 为导体0℃时的比热容;$\beta$ 为 $c_0$ 的温度系数;$\gamma$ 为导体材料的密度;$S$ 为导体的截面($mm^2$);$l$ 为导体的长度(km);$I_{K(t)}$ 为短路全电流的有效值(A);$A_K$ 和 $A_L$ 为短路和正常的发热系数,对某导体材料,$A$ 值仅是温度的函数,即 $A = f(\theta)$。

## 3. 短路产生的热量

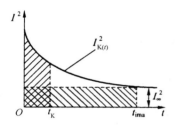

图 3-15　短路发热假想时间

短路电流的幅值和有效值随时间而变化,这就使热平衡方程的计算十分困难和复杂。因此,一般采用等效方法计算,即用稳态短路电流计算实际短路电流产生的热量。由于稳态短路电流不同于短路全电流,需要假定一个时间,称为假想时间 $t_{ima}$。在此时间内,稳态短路电流所产生的热量等于短路电流 $I_{K(t)}$ 在实际短路持续时间内所产生的热量,如图 3-15 所示,短路电流产生的热量可按下式计算

$$\int_0^{t_K} I_{K(t)}^2 dt = I_\infty^2 t_{ima} \tag{3-57}$$

短路发热假想时间可按下式计算

$$t_{ima} = t_K + 0.05\left(\frac{I''}{I_\infty}\right)^2 \tag{3-58}$$

式中,$t_K$ 为短路持续时间,它等于继电保护动作时间 $t_{op}$ 和断路器断路时间 $t_{oc}$ 之和,即

$$t_K = t_{op} + t_{oc} \tag{3-59}$$

断路器的断路时间可查阅有关产品手册,一般对慢速断路器取 0.2s,快速和中速断路器取 0.1s。

在无限大功率电源供电系统中发生短路,由于 $I'' = I_\infty$,式(3-59)变为

$$t_{ima} = t_K + 0.05 \tag{3-60}$$

当 $t_K > 1s$ 时,可以近似认为 $t_{ima} = t_K$。

## 4. 导体短路发热温度

如上所述,为使导体短路发热温度计算简便,工程上一般利用导体发热系数 $A$ 与导体温度 $\theta$ 的关系曲线 $A = f(\theta)$ 来确定短路发热温度 $\theta_K$。

图 3-16 所示为 $A = f(\theta)$ 关系曲线,横坐标表示导体发热系数 $A(A^2 \cdot s/mm^4)$,纵坐标表示导体温度 $\theta$(℃)。

由 $\theta_L$ 求 $\theta_K$ 的步骤如下(参见图 3-17):

① 由导体正常运行时的温度 $\theta_L$ 从 $A=f(\theta)$ 曲线查出导体正常发热系数 $A_L$。

② 计算导体短路发热系数 $A_K$

$$A_K = A_L + \frac{I_\infty^2}{S^2} t_{ima} \qquad (3\text{-}61)$$

式中,$S$ 为导体的截面($mm^2$);$I_\infty$ 为稳态短路电流($A$);$t_{ima}$ 为短路发热假想时间($s$)。

③ 由 $A_K$ 从 $A=f(\theta)$ 曲线查得短路发热温度 $\theta_K$。

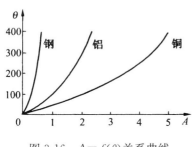

图 3-16　$A=f(\theta)$ 关系曲线

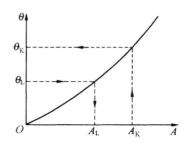

图 3-17　由 $\theta_L$ 求 $\theta_K$ 的步骤

### 5. 短路热稳定最小截面

导体短路发热温度达到短路发热允许温度时的截面,称为导体的短路热稳定最小截面 $S_{th.min}$。

根据导体短路发热允许温度 $\theta_{K.al}$,由 $A=f(\theta)$ 曲线计算导体短路热稳定的最小截面的方法如下:

① 由 $\theta_L$ 和 $\theta_{K.al}$,从 $A=f(\theta)$ 曲线分别查出 $A_L$ 和 $A_{K.al}$。

② 计算短路热稳定最小允许截面 $S_{th.min}$,即

$$S > S_{th.min} = I_\infty^{(3)} \frac{\sqrt{t_{ima}}}{C} \qquad (3\text{-}62)$$

# 小　　结

本章简述了短路的种类、原因和危害,分析了无限大功率电源供电系统三相短路的暂态过程,着重讲述了用标幺制计算短路回路元件阻抗和三相短路电流的方法,讨论了短路电流的电动力效应和热效应。

① 短路的种类有三相短路、两相短路、单相接地短路和两相接地短路 4 种。除三相短路属对称短路外,其他短路均属不对称短路。

② 为简化短路计算,提出无限大功率电源的概念,即电源的容量无限大、电源阻抗为零和电源的端电压在短路过程中维持不变。这是假想的电源,但供配电系统短路时,可将电力系统视为无限大功率电源。

③ 无限大功率电源供电系统发生三相短路时,短路电流由周期分量和非周期分量组成。短路电流周期分量在短路过程中保持不变,从而 $I'' = I_P = I_\infty = I_K = U_{av}/(\sqrt{3}Z_K)$,使短路计算十分简便。应了解次暂态短路电流、稳态短路电流、冲击短路电流、短路全电流和短路容量的物理意义。

④ 采用标幺制计算三相短路电流,避免了多级电压系统中的阻抗变换,计算方便,结果清晰。短路电流的标幺值等于短路阻抗标幺值的倒数,短路容量的标幺值等于短路电流的标幺值,

且等于短路总阻抗标幺值的倒数。应掌握基准值的选取、短路元件阻抗标幺值的计算以及三相短路电流的计算方法和步骤。

⑤ 三相短路电流产生的电动力最大，并出现在三相系统的中相，以此作为校验短路动稳定的依据。短路发热计算复杂，通常采用稳态短路电流和短路假想时间计算短路发热，利用$A = f(\theta)$关系曲线确定短路发热温度，以此作为校验短路热稳定的依据或计算短路热稳定最小截面。

# 思考题和习题

3-1　什么叫短路？短路的类型有哪些？造成短路故障的原因是什么？短路有什么危害？

3-2　什么叫无限大功率电源？它有什么特征？为什么供配电系统短路时，可将电源看作无限大功率电源供电系统？

3-3　无限大功率电源供电系统三相短路时，短路电流如何变化？

3-4　产生最严重三相短路电流的条件是什么？

3-5　什么是次暂态短路电流？什么是冲击短路电流？什么是稳态短路电流？它们与短路电流周期分量有效值有什么关系？

3-6　什么叫标幺制？如何选取基准值？

3-7　如何计算三相短路电流？

3-8　电动机对短路电流有什么影响？

3-9　在无限大功率电源供电系统中，两相短路电流与三相短路电流有什么关系？

3-10　什么叫短路电流的电动力效应？如何计算？

3-11　什么叫短路电流的热效应？如何计算？

3-12　试求图 3-18 所示供电系统中 $K_1$ 和 $K_2$ 点分别发生三相短路时的短路电流、冲击短路电流和短路容量。

3-13　试求图 3-19 所示供电系统中 $K_1$ 和 $K_2$ 点分别发生三相短路时的短路电流、冲击短路电流和短路容量以及 $K_2$ 点三相短路时流经变压器 1T 高压侧的短路电流。

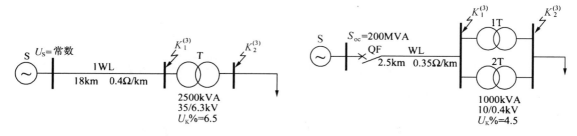

图 3-18　习题 3-12 图　　　　　　　　　　　　图 3-19　习题 3-13 图

3-14　试求图 3-20 所示无限大功率电源供电系统中 K 点发生三相短路时的短路电流、冲击短路电流和短路容量，以及变压器 2T 一次流过的短路电流。各元件参数如下：

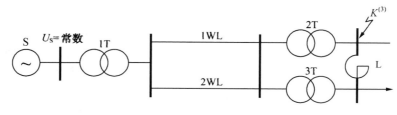

图 3-20　习题 3-14 图

变压器 1T：$S_N = 40\text{MVA}$，$U_K\% = 10.5$，10.5/121kV；

变压器 2T，3T：$S_N = 16\text{MVA}$，$U_K\% = 10.5$，110/6.3kV；

线路 1WL，2WL：$L = 50\text{km}$，$X_0 = 0.4\Omega/\text{km}$；

电抗器 L：$U_{N.L} = 6\text{kV}$，$I_{N.L} = 1.5\text{kA}$，$X_{N.L}\% = 8$。

3-15 试求图 3-21 所示系统中 $K$ 点发生三相短路时的短路电流、冲击短路电流和短路容量。已知线路单位长度电抗 $X_0 = 0.4\Omega/\text{km}$，其余参数见图所示。

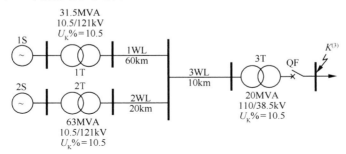

图 3-21 习题 3-15 图

3-16 在习题 3-12 中，若 6kV 的母线接有一台 400kW 的同步电动机，$\cos\varphi = 0.95$，$\eta = 0.94$，试求 $K_2$ 点发生三相短路时的冲击短路电流。

# 第4章 变配电所及其一次系统

变配电所(变电所和配电所的简称)及其一次系统是供配电系统的重要组成部分,是从事供电设计和运行必备的基础知识,也是变配电所设计的重要环节。本章讲述供配电系统的电压选择、变电所位置的确定,介绍变配电所的一次设备,重点讲述变配电所主接线,介绍变电所的布置和结构。

## 4.1 电压的选择

### 4.1.1 供电电压的确定

供电电压是指供配电系统从电力系统所取得的电源电压。究竟采用哪一级供电电压,主要取决于以下 3 个方面的因素。

① 电力部门所能提供的电源电压。如某一中小型企业,可采用 10kV 供电电压,但附近有 35kV 电源线路,而要取得远处的 10kV 供电电压,则投资较大,因此只有采用 35kV 供电电压。

② 企业负荷大小及距离电源线路远近。每级供电电压都有其合理的输送功率和输送距离(见表 4-1),当负荷较大时,相应的供电距离就会减小,如果企业距离供电电源较远,为了减少能量损耗,可采用较高的供电电压。

**表 4-1 各级电压电力线路合理的输送功率和输送距离**

| 线路电压(kV) | 线路结构 | 输送功率(kW) | 输送距离(km) |
| --- | --- | --- | --- |
| 0.22 | 架空线 | ≤50 | ≤0.15 |
| 0.22 | 电缆线 | ≤100 | ≤0.2 |
| 0.38 | 架空线 | ≤100 | ≤0.25 |
| 0.38 | 电缆线 | ≤175 | ≤0.35 |
| 6 | 架空线 | ≤1000 | ≤10 |
| 6 | 电缆线 | ≤3000 | ≤8 |
| 10 | 架空线 | ≤2000 | 5~20 |
| 10 | 电缆线 | ≤5000 | ≤10 |
| 35 | 架空线 | 2000~10000 | 20~50 |
| 66 | 架空线 | 3500~30000 | 30~100 |
| 110 | 架空线 | 10000~50000 | 50~150 |
| 220 | 架空线 | 100000~500000 | 200~300 |

③ 企业大型设备的额定电压决定了企业的供电电压。例如,某些制药厂或化工厂的大型设备,其额定电压为 6kV,则必须采用 6kV 电源电压供电。当然,也可采用 35kV 或 10kV 电源进线,再降为 6kV 厂内配电电压供电。

影响供电电压的因素还有很多,比如导线的截面、负荷的功率因数、电价制度等。在选择供电电压时,必须进行技术、经济比较,才能确定应该采用的供电电压,而这一工作通常由有关设计部门去做。

我国目前用户的供电电压有 220kV,110kV,35kV,10kV,6kV。一般来讲,特大型企业(如石化、钢铁企业)采用 220kV,大中型企业常采用 35~110kV,中小型企业常采用 10kV。

### 4.1.2  配电电压的确定

配电电压是指用户内部向用电设备配电的电压等级。由用户总降压变电所或高压配电所向高压用电设备配电的电压称为高压配电电压,由用户车间变电所或建筑物变电所向低压用电设备配电的电压称为低压配电电压。

#### 1. 高压配电电压

用户内部的高压配电电压通常采用 10kV 或 6kV,一般情况下采用 10kV 高压配电电压。但是随着经济的发展,特别是经济发达地区,现有的 10kV 配电系统容量小、负荷大等问题日益突出,已经很难承受剧烈增长的用电负荷。20kV 电压等级已经被数十个国家和地区使用,并具有成熟的技术和经验,我国已将 20kV 电压等级列入标称电压,并在某些高新技术开发区采用。对于有 6kV 设备的用户,如化工厂、钢铁厂等,若 6kV 设备容量较大,在技术经济上合理时,采用 6kV 高压配电电压;若 6kV 设备容量较小时,高压配电电压采用 10kV。6kV 设备采用 10/6kV 变压器供电。

如果用户环境条件允许,负荷均为低压,小而集中,或用电点多而远离,可采用 35kV 作为高压配电电压深入负荷中心的直配方式,将 35kV 直接降为 380V 供电,这样既简化供配电系统,又节省投资和电能,从而提高电能质量。

#### 2. 低压配电电压

我国规定低压配电电压等级为 380/220V,但在石油、化工及矿山(井)场所可以采用 660V 的配电电压。这主要是考虑到在这些场合变电所距离负荷中心较远,供电距离又较长。

## 4.2  变电所的配置

### 4.2.1  变电所的类型

变电所是接收电能、变换电压、分配电能的环节,是供配电系统的重要组成部分。变电所按其在供配电系统中的地位和作用,分为总降压变电所、10kV 变电所、车间变电所、杆上变电所、建筑物及高层建筑变电所、箱式变电所。

#### 1. 总降压变电所

大中型企业,由于负荷较大,往往采用 35～110kV 电源进线,降压至 10kV 或 6kV,再向各车间变电所和高压用电设备配电,这种降压变电所称为总降压变电所。用户是否要设置总降压变电所,是由地区供电电源的电压等级和用户负荷的大小及分布情况而定的。一般来讲,企业规模不太大,车间或生产厂房布局比较集中,一般设一个总降压变电所,这样既节省投资,又便于运行和维护。但如果企业规模较大,且有两个或两个以上的集中大负荷用电车间群,而彼此之间相距又较远时,可以考虑设立两个或两个以上的总降压变电所。

#### 2. 10kV 变电所

10kV 变电所是指设在中小用户的 10kV 独立变电所,或者设在与车间或建筑物有一定距离的单独的 10(20)/0.4kV 变电所,向用户负荷供电,或者向周围几个车间或建筑物供电,通常是户内式变电所,如图 4-1 所示。设置 10kV 变电所主要是因为用户负荷不太大,建立一个用户 10kV 变电所,向各车间或建筑物供电;或者相邻几个车间负荷大,将变电所建到某一车间不适宜;或者由于车间环境的限制,如制药车间、化工车间之间由于管道较多或有腐蚀性气体、易燃易爆气体等环境限制,必须建立独立的 10kV 变电所。

### 3. 车间变电所

车间变电所是指设在车间的 10/0.4kV 变电所。车间负荷较大(大于 320kVA)时,一般应设车间变电所,还可向邻近负荷较小的车间供电。

车间变电所主要有以下两种类型。

(1)车间附设变电所

附设变电所利用车间的一面或两面墙壁,而其变压器室的大门朝外开,如图 4-2 所示。车间附设变电所又分内附式(见图 4-2 中 1)和外附式(见图 4-2 中 2)。

内附式变电所要占用一定的车间面积,但其在车间内部,故对车间外观没有影响。外附式变电所在车间的外部,不占用车间面积,便于车间设备的布置,而且安全性也比内附式变电所要高一些。外附式变电所通常与车间辅助用房(办公室、材料室、工具室等)统一考虑设置。

(2)车间内变电所

变压器室位于车间内的单独房间内(见图 4-2 中 3),变压器一般采用干式变压器。虽然这种车间内变电所占用了车间内的面积,但它处于负荷的中心,因而可以减少线路的电能损耗和有色金属消耗量。由于设在车间内,其安全性要差一些,故适用于负荷较大的多跨大型厂房内,在大型冶金企业中比较多见。

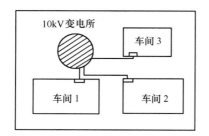

图 4-1　10kV 变电所与车间的位置关系

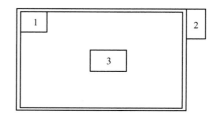

图 4-2　车间变电所类型

### 4. 建筑物及高层建筑变电所

这是民用建筑中经常采用的变电所形式,高层建筑变电所的变压器一律采用干式变压器,高压开关应采用真空断路器,也可采用六氟化硫断路器,但通风条件要好,从防火安全角度考虑,不采用少油断路器。高层建筑变电所为楼内变电所,置于高层建筑的地下室或中间某层;地下室或高层;地下室、中间某层或高层。

### 5. 杆上变电所

变压器安装在室外电杆上,适用于 315kVA 及以下变压器,常用于居民区、用电负荷小的企业。

### 6. 箱式变电所

箱式变电所是工厂制造的 10kV 变电所,由高压室、变压器室和低压室构成,并置于金属外壳内。该变电所安装、维护方便,一般用于居民小区或城市供电。

## 4.2.2　变电所的位置选择

变电所的位置选择应根据选择原则,经技术、经济比较后确定。

### 1. 变电所位置选择的原则

变电所的位置选择原则:①应尽可能接近负荷中心,以降低配电系统的电能损耗、电压损耗和有色金属消耗量;②进出线方便,考虑电源的进线方向,偏向电源侧;③不应妨碍企业的发展,要考虑扩建的可能性;④设备运输方便;⑤尽量避开有腐蚀性气体和污秽的地段,若无法避免,则应位于污染源的上风侧;⑥变电所屋外配电装置与其他建筑物、构筑物之间的防火间距符合规定;⑦变电所建筑物、变压器及屋外配电装置应与附近的冷却塔或喷水池之间的距离符合规定。

**2. 负荷中心确定**

负荷中心可以用负荷指示图、负荷功率矩法或负荷电能矩法近似确定。

（1）负荷指示图确定负荷中心

负荷指示图是将电力负荷按一定比例用负荷圆的形式，标示在企业或车间的平面图上。各车间的负荷圆的圆心位于车间的负荷"重心"（负荷中心）。在负荷均匀分布的车间，负荷中心就是车间的中心，在负荷分布不均匀的车间内，负荷中心应偏向负荷集中的一侧。

负荷圆的半径为 $r$，由车间的计算负荷 $P_c = K\pi r^2$ 推得

$$r = \sqrt{\frac{P_c}{K\pi}} \tag{4-1}$$

式中，$K$ 为负荷圆的比例（$kW/mm^2$）。

如图 4-3 所示为某企业变配电所位置和负荷指示图。由负荷指示图近似确定负荷中心，并结合变电所所址选择的其他条件，最后择其最佳方案，确定变配电所的位置。

（2）负荷功率矩法确定负荷中心

设有负荷 $P_1$，$P_2$，$P_3$，分布如图 4-4 所示。它们在任选的直角坐标系中的坐标分别为 $P_1(x_1, y_1)$，$P_2(x_2, y_2)$，$P_3(x_3, y_3)$。现假设总负荷 $P = \sum P_i = P_1 + P_2 + P_3$ 的负荷中心位于坐标 $P(x, y)$ 处，则负荷中心的坐标为

$$\begin{cases} x = \dfrac{\sum (P_i x_i)}{\sum P_i} \\ y = \dfrac{\sum (P_i y_i)}{\sum P_i} \end{cases} \tag{4-2}$$

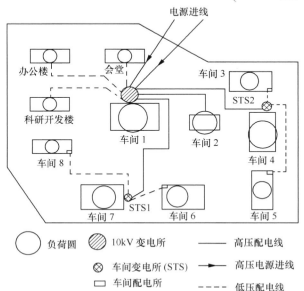

图 4-3　某企业变配电所位置和负荷指示图

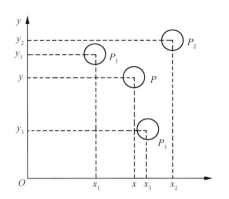

图 4-4　负荷功率矩法确定负荷中心

按负荷功率矩法确定负荷中心，只考虑了各负荷的功率和位置，而未考虑各负荷的工作时间，因而负荷中心被认为是固定不变的。

（3）负荷电能矩法确定负荷中心

事实上，各负荷的工作时间不同，因而负荷中心不可能是固定不变的。负荷中心不只是与各负荷的功率有关，而且还与各负荷的工作时间有关，因而提出了负荷电能矩法来确定负荷中心的方法。

类似负荷功率矩法的公式，按负荷电能矩法确定负荷中心的公式为

$$\begin{cases} x = \dfrac{\sum(P_{ci}T_{\max i}x_i)}{\sum(P_{ci}T_{\max i})} = \dfrac{\sum(W_{ai}x_i)}{\sum W_{ai}} \\[4mm] y = \dfrac{\sum(P_{ci}T_{\max i}y_i)}{\sum(P_{ci}T_{\max i})} = \dfrac{\sum(W_{ai}y_i)}{\sum W_{ai}} \end{cases} \tag{4-3}$$

式中，$P_{ci}$ 为各负荷的有功计算负荷；$W_{ai}$ 为各负荷的年有功电能消耗量；$T_{\max i}$ 为各负荷的年最大负荷利用小时。

### 3. 变电所位置的确定

根据负荷指示图、负荷功率矩法或负荷电能矩法确定的负荷中心位置，综合考虑变电所位置选择的原则，确定变电所的位置，包括总降压变电所、独立变电所、车间变电所或建筑物变电所的位置。

需要指出的是，由于负荷中心原则并不是确定变电所位置的唯一因素，且负荷中心也是会随机变动的，大多数变电所的位置都是靠近负荷中心且偏向电源侧。

# 4.3　变压器的选择

## 4.3.1　变压器型号选择

变压器是变电所中关键的一次设备，其主要功能是升高或降低电压，以利于电能的合理输送、分配和使用。

变压器的分类方法比较多，按功能分有升压变压器和降压变压器；按相数分有单相和三相变压器；按绕组导体的材质分有铜绕组和铝绕组变压器；按冷却方式和绕组绝缘分有油浸式、干式两大类，其中油浸式变压器又有油浸自冷式、油浸风冷式、油浸水冷式和强迫油循环冷却式等，而干式变压器又有浇注式、开启式、充气式（SF₆）等；按用途又可分为普通变压器和特种变压器；按调压方式分为无载调压变压器和有载调压变压器。安装在总降压变电所的变压器通常称为主变压器，6～10(20)kV 变电所的变压器常被称为配电变压器。

变压器的型号表示及含义如下：

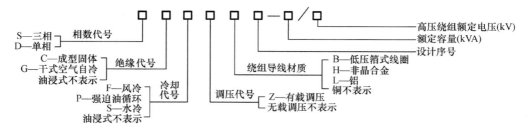

例如，S11-1000/10 表示三相铜绕组油浸式（自冷式）变压器，设计序号为 11，容量为1000kVA，高压绕组额定电压为 10kV。

在选择变压器时，应选用低损耗节能型变压器，如 S10、S11、S11-M 或 S13、S13-M 系列低损

耗节能型变压器,或者 SH15 系列非晶合金铁芯低损耗节能型变压器。高损耗变压器已被淘汰,不允许采用。在多尘或有腐蚀性气体严重影响变压器安全的场所,应选择密闭型变压器或防腐型变压器;供电系统中没有特殊要求和民用建筑独立变电所常采用三相油浸自冷式电力变压器(S10,S11,S11-M,S13,SH15 等);对于高层建筑、地下建筑、发电厂、化工厂等对消防要求较高的场所,宜采用干式电力变压器(SC10,SCB10,SG10,SG11,SGB11 等);对电网电压波动较大的,为改善电能质量应采用有载调压电力变压器(SZ10,SZ11,SFZ10,SSZ10,SCZB10 等)。

### 4.3.2 变压器台数和容量的确定

#### 1. 总降压变电所主变压器台数和容量的确定

(1)变压器台数的确定

① 应满足用电负荷对可靠性的要求。在有一、二级负荷的变电所中,选择两台主变压器,当技术、经济比较合理时,主变压器选择也可多于两台。

② 对季节性负荷或昼夜负荷变化较大的,宜采用经济运行方式的变电所,技术、经济合理时可选择两台主变压器。

③ 三级负荷一般选择一台主变压器,负荷较大时,也可选择两台主变压器。

(2)变压器容量的确定

装单台变压器时,其额定容量 $S_N$ 应能满足全部用电设备的计算负荷 $S_c$,考虑负荷发展应留有一定的容量裕度,并考虑变压器的经济运行,即

$$S_N \geq (1.15 \sim 1.4)S_c \tag{4-4}$$

装有两台主变压器时,其中任意一台主变压器容量 $S_N$ 应同时满足下列两个条件。

① 任一台主变压器单独运行时,应满足总计算负荷 $60\% \sim 70\%$ 的要求,即

$$S_N = (0.6 \sim 0.7)S_c \tag{4-5}$$

② 任一台主变压器单独运行时,应能满足全部一、二级负荷 $S_{c(I+II)}$ 的需要,即

$$S_N \geq S_{c(I+II)} \tag{4-6}$$

一般来讲,变压器容量和台数的确定是与变电所主接线方案一起确定的,在设计主接线方案时,也要考虑到用电单位对变压器台数和容量的要求。

#### 2. 车间变电所变压器台数和容量的确定

车间变电所变压器台数和容量的确定原则及总降压变电所基本相同,即在保证电能质量的要求下,应尽量减少投资、运行费用和有色金属消耗量。

车间变电所变压器台数选择原则,对于二、三级负荷,变电所只设置一台变压器,其容量可根据计算负荷决定。可以考虑从其他车间的低压线路取得备用电源,这不仅在故障下可以对重要的二级负荷供电,而且在负荷极不均匀的轻负荷时,也能使供电系统达到经济运行。对一、二级负荷较大的车间,采用两回独立进线,设置两台变压器,其容量确定和总降压变电所相同。

车间变电所中,单台变压器容量不宜超过 1000kVA,现在我国已能生产大断流容量的新型低压开关电器,因此,如果车间负荷容量较大、负荷集中且运行合理,可选用单台容量为 1250 ~ 2000kVA 的配电变压器。

对装设在二层楼以上的干式变压器,其容量不宜大于 630kVA。

**例 4-1** 某一车间变电所(10kV/0.4kV),总计算负荷为 1350kVA,其中一、二级负荷为 680kVA。试选择变压器的台数和容量。

**解** 根据车间变电所变压器台数及容量选择要求,该车间变电所有一、二级负荷,宜选择两台变压器。

任一台变压器单独运行时,要满足 60%～70% 的负荷,即

$$S_N = (0.6 \sim 0.7) \times 1350 = 810 \sim 945 \text{kVA}$$

且任一台变压器应满足 $S_N \geqslant 680\text{kVA}$。因此,可选两台容量均为 1000kVA 的变压器,具体型号为 S11-1000/10。

### 4.3.3 变压器的实际容量和过负荷能力

#### 1. 变压器的实际容量

电力变压器的额定容量是指它在规定的环境温度条件下,室外安装时,在规定的使用年限内(一般规定为 20 年)连续输出的最大视在功率。如果变压器安装地点的年平均气温 $\theta_{0.av} \neq 20\text{℃}$ 时,则年平均气温每升高 1℃,变压器的容量应相应减小 1%。因此,变压器的实际容量应计入温度校正系数 $K_\theta$。

室外变压器的实际容量为

$$S_T = K_\theta S_{N.T} = \left(1 - \frac{\theta_{0.av} - 20}{100}\right) S_{N.T} \tag{4-7}$$

式中,$S_{N.T}$ 为变压器的额定容量。

对室内变压器,由于散热条件较差,变压器进风口和出风口间大概有 15℃ 的温差,因此,处在室内的变压器环境温度比户外温度大约高 8℃,因此其容量要减小 8%。即

$$S_T = K_\theta S_{N.T} = \left(0.92 - \frac{\theta_{0.av} - 20}{100}\right) S_{N.T} \tag{4-8}$$

#### 2. 变压器的正常过负荷能力

电力变压器在运行中,其负荷是变化的。大部分时间的负荷都低于最大负荷,而变压器容量是按最大负荷选择的。因此,在正常工作时,变压器往往达不到它的额定值。从维持变压器规定的使用年限考虑,变压器在必要时完全可以过负荷运行。变压器的过负荷能力,是指它在较短时间内所能输出的最大容量。

对于油浸式变压器,其允许过负荷包括两个部分。

① 由于昼夜负荷不均匀而考虑的过负荷。如果变压器的日负荷率小于 1,则由日负荷率和最大负荷持续时间确定允许过负荷能力,其过负荷能力可查阅有关手册。

② 由于夏季欠负荷而在冬季考虑的过负荷。夏季每低 1%,可在冬季过负荷 1%,但不得超过 15%。

以上两部分过负荷需同时考虑,室外变压器过负荷不得超过 30%,室内变压器过负荷不得超过 20%。干式变压器一般不考虑正常过负荷。

#### 3. 变压器的事故过负荷能力

一般来讲,变压器在运行时最好不要过负荷,但是,在事故情况下,可以允许短时间较大幅度的过负荷运行,但运行时间不得超过表 4-2 所规定的时间。

表 4-2 电力变压器事故过负荷允许值

| 油浸自冷式变压器 | 过负荷百分数(%) | 30 | 60 | 75 | 100 | 200 |
| | 允许过负荷时间(min) | 120 | 45 | 20 | 10 | 1.5 |
| 干式变压器 | 过负荷百分数(%) | 10 | 20 | 30 | 50 | 60 |
| | 允许过负荷时间(min) | 75 | 60 | 45 | 16 | 5 |

# 4.4 变电所主要电气设备

变电所主要电气设备又称变电所一次设备,即接收和分配电能的设备。一次设备主要包括:
- 变换设备　变压器、电流互感器、电压互感器等;
- 控制设备　断路器、隔离开关等;
- 保护设备　熔断器、避雷器等;
- 补偿设备　并联电容器;
- 成套设备　高压开关柜、低压开关柜等。

变电所一次设备的文字符号和图形符号见表4-3。

表 4-3　变电所一次设备文字符号和图形符号

| 序 号 | 名 称 | 文字符号 | 图形符号 | 序 号 | 名 称 | 文字符号 | 图形符号 | 序 号 | 名 称 | 文字符号 | 图形符号 |
|---|---|---|---|---|---|---|---|---|---|---|---|
| 1 | 高、低压断路器 | QF | | 4 | 高、低压熔断器 | FU | | 7 | 变压器 | T | |
| 2 | 高压隔离开关 | QS | | 5 | 避雷器 | F | | 8 | 电流互感器 | TA | |
| 3 | 高压负荷开关 | QL | | 6 | 低压刀开关 | QS | | 9 | 电压互感器 | TV | |

## 4.4.1 高压断路器

高压断路器是一种专用于断开或接通电路的开关设备,它有完善的灭弧装置。因此,高压断路器不仅能在正常时通断负荷电流,而且能在出现短路故障时在保护装置作用下切断短路电流。

高压断路器按其采用的灭弧介质来划分,主要有六氟化硫(SF₆)断路器、真空断路器、油断路器等。油断路器分为多油和少油两大类,多油断路器油量多一些,其油一方面作为灭弧介质,另一方面又作为绝缘介质;少油断路器油量较少,仅作为灭弧介质。多油断路器因油量多、体积大、断流容量小、运行和维护比较困难,现已淘汰。少油断路器已不再采用,但仍有用户在使用。真空断路器和六氟化硫(SF₆)断路器目前在供配电系统中得到了广泛应用。

高压断路器型号表示和含义如下:

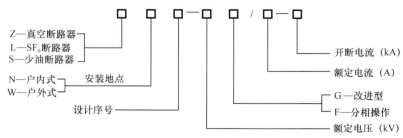

注:额定电压说明详见5.1节。

**1. 真空断路器**

真空断路器利用"真空"作为绝缘和灭弧介质,有落地式、悬挂式、手车式3种形式,它是实现无油化改造的理想设备。真空断路器有户内式和户外式两种类型。

真空断路器主要由真空灭弧室、操动机构(电磁或弹簧操动机构)、绝缘子、传动机构、机架等组成。图 4-5 和图 4-6 分别为 ZN28-12 户内式真空断路器外形图和内部结构剖面图。

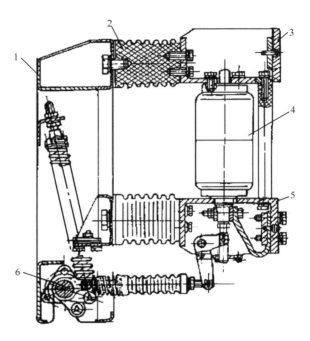

图 4-5　ZN28-12 户内式真空断路器外形图
1—面板　2—真空灭弧室

图 4-6　ZN28-12 户内式真空断路器内部结构剖面图
1—机架　2—绝缘子　3—静支架
4—真空灭弧室　5—动支架　6—传动机构

真空灭弧室是真空断路器中最重要的部件。真空灭弧室由动静触头、屏蔽罩、波纹管、绝缘筒等组成,其结构如图 4-7 所示。真空灭弧室的外壳是由绝缘筒、两端的金属盖板和波纹管所组成的密封容器。真空灭弧室内有一对触头,静触头焊接在静导电杆上,动触头焊接在动导电杆上,动导电杆在中部与波纹管的一个断口焊在一起,波纹管的另一端口与动端盖的中孔焊接,动导电杆从中孔穿出外壳。由于波纹管可以在轴上向上自由伸缩,所以这种结构既能实现在真空灭弧室外带动动触头做分合运动,又能保证真空外壳的密封性。

灭弧原理:在触头刚分离时,由于真空中没有可被游离的气体,只有高电场发射和热电发射使触头间产生真空电弧。电弧的温度很高,使金属触头表面形成金属蒸汽,由于触头设计为特殊形状,在电流通过时产生一个横向磁场,使真空电弧在主触头表面切线方向快速移动,在屏蔽罩内壁上,凝结了部分金属蒸汽,电弧在电流自然过零时暂时熄灭,触头间的介质强度迅速恢复;电流过零后,外加电压虽然恢复,但触头间隙不会再被击穿,真空电弧在电流第一次过零时就能完全熄灭。

ZN28-12、ZN28A-12 系列真空断路器可配用 CD17、CD10A 型直流电磁操动机构和 CT17、CT19 型弹簧储能式操动机构。

## 2. SF₆ 断路器

SF₆ 断路器主要由导电部分、绝缘部分、灭弧部分、操动机构和传动机构等构成。导电部分包括动、静触头和主触头或中间触头，以及各种形式的过渡连接等，其作用是通过工作电流或短路电流；绝缘部分主要包括 SF₆ 气体、瓷套、绝缘拉杆等，其作用是保证导电部分对地之间、不同相之间、同相断口之间具有良好的绝缘状态；灭弧部分主要包括动、静触头、喷嘴以及压气缸等部件，其作用是提高灭弧能力，缩短燃弧时间；操动机构和传动机构的作用是实现对断路器规定的操作程序，并使断路器保持在相应的分合闸位置。

SF₆ 断路器灭弧室的结构形式有压气式、自能灭式（旋弧式、热膨胀式）和混合灭弧式（以上几种灭弧方式的组合，如压气＋旋弧式等）。我国生产的 LN2 型户内式 SF₆ 断路器为压气式灭弧结构，LW3 型户外式 SF₆ 断路器采用旋弧式灭弧结构。

SF₆ 断路器是利用 SF₆ 气体做灭弧和绝缘介质的断路器。SF₆ 是一种无色、无味、有毒（密度比空气大，令人窒息），且不易燃烧的惰性气体，在 150℃ 以下时，其化学性能相当稳定。由于 SF₆ 中不含碳元素，对于灭弧和绝缘介质来说，具有极为优越的特性。SF₆ 也不含氧元素，不存在触头氧化问题。SF₆ 还具有优良的电绝缘性能，在电流过零时，电弧暂时熄灭后，SF₆ 能迅速恢复绝缘强度，从而使电弧很快熄灭，但在电弧的高温作用下，SF₆ 会分解出氟，具有较强的腐蚀性和毒性，且能与触头的金属蒸汽化合为一种具有绝缘性能的白色粉末状氟化物。因此，SF₆ 断路器的触头一般都设计成具有自动净化作用。这些氟化物在电弧熄灭后的极短时间内能自动还原。对残余杂质可用特殊的吸附剂清除，基本上对人体和设备没有危害。

因此，SF₆ 气体中电弧熄灭不仅依靠气流等的压力梯度所形成的等熵冷却作用，更主要是利用 SF₆ 气体的特异的热化学性能和强电负性，使得 SF₆ 气体具有很强的灭弧能力。

SF₆ 断路器的操动机构主要采用弹簧、液压操动机构。

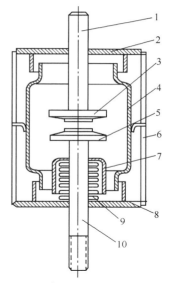

图 4-7　真空断路器灭弧室结构

1—静导电杆　2—静端盖
3—静触头　4—屏蔽罩
5—动触头　6—绝缘筒
7—屏蔽罩　8—动端盖
9—波纹管　10—动导电杆

## 3. SN10-10 型少油断路器

SN10-10 型少油断路器按断流容量分有 Ⅰ、Ⅱ、Ⅲ 型。Ⅰ 型断流容量 $S_{oc}$ 为 300MVA，Ⅱ 型为 500MVA，Ⅲ 型为 750MVA。

少油断路器主要由油箱、传动机构和框架 3 部分组成。油箱是断路器的核心部分，插座式静触头、动触头和灭弧室安装其内，油箱的上部设有油气分离室，其作用是将灭弧过程中产生的油气混合物旋转分离，气体从顶部排气孔排出，而油则沿内壁流回灭弧室。

当断路器跳闸时，产生电弧，在油流的横吹、纵吹以及机械运动引起的油吹的综合作用下，使电弧迅速熄灭。

SN10-10 Ⅰ、Ⅱ、Ⅲ 型断路器可配用 CD10 Ⅰ、Ⅱ、Ⅲ 型电磁操动机构或 CT8 Ⅰ、Ⅱ、Ⅲ 型弹簧机构。

综上所述，真空断路器具有不爆炸、低噪声、体积小、重量轻、寿命长、连续开断次数多、结构简单、无污染、可靠性高等优点，在 6～10kV 电压等级中处于主导地位，价格适中；SF₆ 断路器具有断流能力强、灭弧速度快、电绝缘性能好、检修周期长等优点，适用于需频繁操作及有易燃易爆危险的场所，但要求加工精度高，对其密封性能要求更严，价格较高，主要用于 35kV 及以上电压等级。少油断路器具有重量轻、体积小、节约油和钢材、价格低等优点,但不宜频繁操作,检修复杂,有渗油等缺点,除老用户仍在使用外,目前已不再采用。

### 4.4.2　高压隔离开关

高压隔离开关的主要功能是隔离高压电源,以保证其他设备和线路的安全检修及人身安全。高压隔离开关断开后,具有明显的可见断开间隙,绝缘可靠。高压隔离开关没有灭弧装置,不能带负荷拉、合闸,但可用来通断一定的小电流,如励磁电流不超过 2A 的空载变压器、电容电流不超过 5A 的空载线路以及电压互感器和避雷器电路等。

高压隔离开关按安装地点分为户内式和户外式两大类;按有无接地可分为不接地、单接地、双接地 3 类。

高压隔离开关的型号表示和含义如下:

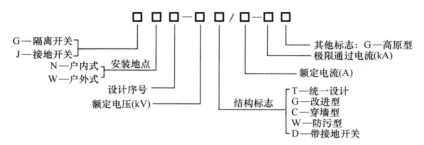

高压隔离开关的型号较多,常用的有 GN19-12,GN30-12,GN27-40.5,GW4-40.5 等系列,如图 4-8 所示为 GN19-12 高压隔离开关的外形结构图。

图 4-8　GN19-12 高压隔离开关的外形结构
1—支柱绝缘子　2—刀闸　3—框架　4—转轴

### 4.4.3　高压负荷开关

高压负荷开关有简单的灭弧装置和明显的断开点,可通断负荷电流和过负荷电流,有隔离开关的作用,但不能断开短路电流。

高压负荷开关常与熔断器一起配合使用,构成负荷开关—熔断器组合电器(简称组合电器)。借助熔断器来切除故障电流,可代替造价较高的断路器,广泛应用于城市电网和农村电网改造。

高压负荷开关主要有产气式、压气式、真空式和 SF$_6$ 等结构类型,按安装地点分为户内式和户外式两类。主要用于 6~10kV 电网。

高压负荷开关型号的表示和含义如下:

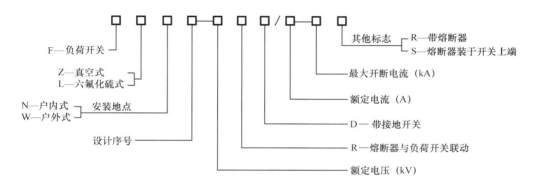

真空负荷开关采用真空灭弧室作为灭弧装置,真空灭弧室简单、灭弧能力强,性能可靠、安全;与直动隔离开关、操动机构一体化,一次完成开断与隔离,并有明显可见断口;操作方便,可手动与电动操作,各功能中都具备可靠联锁,方便开关柜的联锁设计;安装方式灵活,维护方便。

如图4-9所示为FZN21-12DR户内式真空负荷开关结构图,主要由隔离开关(熔断器)、真空灭弧室和接地开关组成,最大的特点是隔离开关与熔断器结合在一起,使组合电器的高度尺寸大大减小。

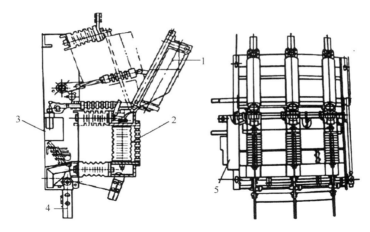

图4-9 FZN21-12DR户内式真空负荷开关结构
1—隔离开关(熔断器) 2—真空灭弧室 3—弹簧机构 4—接地开关 5—操动机构

真空灭弧室和隔离开关串联,灭弧由真空灭弧室完成,主绝缘由隔离开关断口承担,有明显可见断口。采用联锁式结构,将真空灭弧室与隔离开关通过机械进行联锁,保证两元件按正常程序动作。真空灭弧室既能关合、开断各种电流,又能承受绝缘试验电压。隔离开关与接地开关用一个操作手柄联动操作,以保证两者之间的操动联锁。整台真空负荷开关具有两个操作手柄,既可以电动操作,也可以手动操作。

高压负荷开关适用于无油化、不检修、要求频繁操作的场所,可配用CS6-1操动机构,也可配用CJ系列电动操动机构。

### 4.4.4 高压熔断器

高压熔断器是当流过其熔体电流超过一定数值时,熔体自身产生的热量自动地将熔体熔断而断开电路的一种保护设备,其功能主要是对电路及其设备进行短路和过负荷保护。

高压熔断器主要有 XRN 系列户内式熔断器(X 代表限流型)、RN 系列户内式熔断器、RW 系列户外跌开式熔断器、单台并联电容器保护用高压熔断器 BRW 型等。

高压熔断器型号的表示和含义如下:

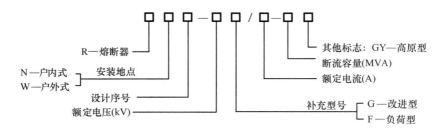

### 1. XRN、RN 系列高压熔断器

XRN、RN 系列高压熔断器是户内式限流熔断器,主要用于 3~35kV 电力变压器、电压互感器和电力电容器的短路保护及过载保护。其中,XRNT1、XRNT2、XRNT3、XRNM1、RN1、RN3、RN5 型用于电力变压器、电力线路过载和短路保护;XRNP1、XRNP2、RN2 和 RN4 型熔断器为保护电压互感器的专用熔断器,额定电流均为 0.5~10A。

图 4-10 和图 4-11 分别给出了 XRNT-12 型高压熔断器的外形和熔管内部结构图。高压熔断器一般包括熔管、接触导电部分、绝缘子和底座等部分,熔管中填充用于灭弧的石英砂细粒。熔体是利用熔点较低的金属材料(如铜)制成的金属丝或金属片(金属丝上焊有小锡球,金属片为变截面的),埋放在石英砂中,串联在被保护电路中。

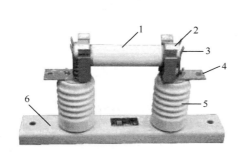

图 4-10　XRNT-12 型高压熔断器外形结构
1—熔管　2—金属管帽　3—弹性触座
4—接线端子　5—绝缘子　6—底座

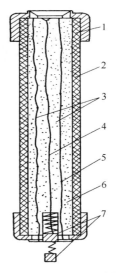

图 4-11　XRNT-12 型熔断器
熔管内部结构图
1—管帽　2—瓷质管　3—工作熔体
4—指示熔体　5—锡球　6—石英砂填料
7—熔断指示器(熔断后弹出状态)

过负荷时,铜丝上的锡球受热熔化,铜锡分子相互渗透形成熔点较低的铜锡合金(冶金效应),使铜熔丝能在较低的温度下熔断,灵敏度高。当短路电流发生时,几根并联铜丝熔断时可将粗弧分细,电弧在石英砂中燃烧(狭沟灭弧)。因此,高压熔断器的灭弧能力很强,能在短路后不

到半个周期即短路电流未达到冲击电流值时就将电弧熄灭。这种高压熔断器称为有限流作用熔断器。

### 2. RW 系列高压跌开式熔断器

RW 系列户外高压跌开式熔断器主要用于配电变压器或电力线路的短路保护和过负荷保护。其结构主要由上静触头、上动触头、熔管、熔丝、下动触头、下静触头、瓷瓶和固定安装板等组成。

如图 4-12 所示为 RW10-12 型跌开式熔断器外形结构,熔管的上动触头借助管内熔丝张力拉紧后,利用绝缘棒,先将下动触头卡入下静触头,再将上动触头推入上静触头内锁紧,接通电路。当线路上发生短路时,短路电流使熔丝熔断而形成电弧,消弧管(内管)由于电弧燃烧而分解出大量的气体,使管内压力剧增,并沿管道向下喷射吹弧(纵吹),使电弧迅速熄灭。同时,由于熔丝熔断使上动触头失去了张力,锁紧机构释放熔管,在触头弹力及自重作用下断开,形成断开间隙。

这种熔断器采用逐级排气结构,熔体上端封闭,可防雨水。当短路电流较小时,电弧所产生的高压气体因压力不足,只能向下排气(下端开口),此为单端排气。当短路电流较大时,管内气体压力较大,使上端封闭薄膜冲开形成两端排气,同时还有助于防止分断大短路电流时熔管爆裂的可能性。

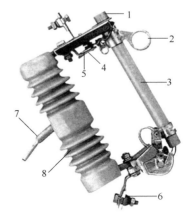

图 4-12　RW10-12 型跌开式
熔断器外形结构

1—管帽　2—操作环　3—熔断器
4—动触头　5—静触头　6—下接线端子
7—固定安装板　8—绝缘瓷瓶

## 4.4.5　互感器

互感器是电流互感器和电压互感器的合称。互感器实质上是一种特殊的变压器,其基本结构和工作原理与变压器基本相同。

互感器主要有以下 3 个功能:

● 将高电压变换为低电压(100V),大电流变换为小电流(5A 或 1A),供测量仪表及继电器的线圈;

● 可使测量仪表、继电器等二次设备与一次主电路隔离,保证测量仪表、继电器和工作人员的安全;

● 可使仪表和继电器标准化。

### 1. 电流互感器

电流互感器简称 CT,是变换电流的设备。

(1)工作原理和极性

电流互感器的基本结构及工作原理如图 4-13 所示,它由铁芯、一次绕组、二次绕组组成。其结构特点是:一次绕组匝数少且粗,有的型号利用穿过其铁芯的一次电路作为一次绕组(相当于 1 匝);二次绕组匝数很多,导体较细。电流互感器的一次绕组串接在一次电路中,二次绕组与仪表、继电器电流线圈串联,形成闭合回路,由于这些电流线圈阻抗很小,工作时电流互感器二次侧回路接近短路状态。

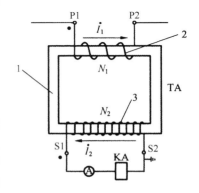

图 4-13　电流互感器基本
结构及工作原理

1—铁芯　2——一次绕组　3—二次绕组

电流互感器的电流比称为电流互感器的变比,用 $K_i$ 表示,即

$$K_i = \frac{I_{1N}}{I_{2N}} \approx \frac{N_2}{N_1} \tag{4-9}$$

式中,$I_{1N}$,$I_{2N}$ 分别为电流互感器一次侧和二次侧的额定电流值;$N_1$,$N_2$ 为其一次和二次绕组匝数。$K_i$ 一般表示成如 100/5A 的形式。

电流互感器的极性指的是某一时刻一次侧极性与二次侧某一端极性相同,即同时为正或同时为负,称此极性为同极性端或同名端,用符号"*"或"·"表示,如图 4-13 所示。极性也可理解为一次侧电流与二次侧电流的方向关系。按照规定,电流互感器一次绕组首端标为 P1,尾端标为 P2;二次绕组的首端标为 S1,尾端标为 S2。在接线中,P1 和 S1 称为同极性端,P2 和 S2 也为同极性端。

电流互感器采用"减极性"标号法,即假设电流互感器的一次侧电流 $\dot{I}_1$ 从首端 P1 流入、从尾端 P2 流出,则二次侧电流 $\dot{I}_2$ 从首端 S1 流出、从尾端 S2 流入;反之称为"加极性"标号法。测定电流互感器的极性通常有两种方法:直流测定法和交流测定法。

① 直流测定法。用 1.5V 干电池接一次绕组,用一高内阻、大量程的直流电压表接二次绕组。当开关闭合时,如直流电压表指针正向偏转,判定 1 和 2 是同极性端(一次绕组接电池正极端为 1,另一端为 3;二次绕组接直流电压表正极端为 2,另一端为 4),如直流电压表指针反向偏转,判定 1 和 2 不是同极性端。

② 交流测定法。若将一、二次绕组的 P2 和 S2(同名端)相连,在匝数较多绕组上通以 1～5V 的交流电压,用小量程交流电压表测量另一侧的两个端子间的电压。如为两绕组上的电压差,则为"减极性";反之为两绕组上的电压和,则为"加极性"。

(2)接线方式

电流互感器的接线方式有一相式接线、两相式接线、两相电流差接线和三相星形接线 4 种,如图 4-14 所示。

① 一相式接线。通常在 B 相装一只电流互感器,可以测量一相电流,用于三相负荷平衡系统,供测量电流或过负荷保护用,如图 4-14(a)所示。

② 两相式接线。这种接线又叫不完全星形接线,如图 4-14(b)所示。它能测量 3 个相电流,公共线上的电流为 $\dot{I}_a + \dot{I}_c = -\dot{I}_b$,广泛用于中性点不接地系统,供测量三相电流、电能及过电流保护用。

③ 两相电流差接线。这种接线又叫两相一继电器式接线,如图 4-14(c)所示。流过电流继电器绕组的电流为两相电流之差 $\dot{I}_a - \dot{I}_c$,其量值是相电流的 $\sqrt{3}$ 倍。这种接线适用于中性点不接地系统,供过电流保护用。

④ 三相星形接线。由于每相均装有电流互感器,故能反映各相电流,广泛用于三相不平衡高压或低压系统中,供三相电流、电能测量及过电流保护用,如图 4-14(d)所示。

(3)电流互感器种类和型号

电流互感器的种类很多,按一次电压分有高压和低压两大类;按一次绕组匝数分有单匝(包括母线式、芯柱式、套管式)和多匝式(包括线圈式、绕环式、串级式);按用途分有测量用和保护用两大类;按绝缘介质类型分有油浸式、环氧树脂浇注式、干式、$SF_6$ 气体绝缘式等。在高压系统中还采用电压电流组合式互感器。

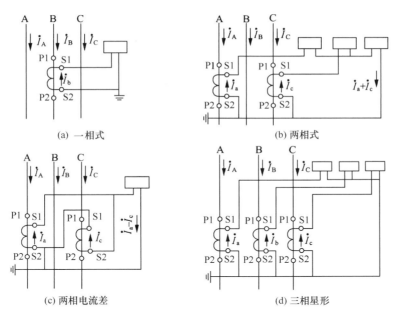

(a) 一相式  (b) 两相式

(c) 两相电流差  (d) 三相星形

图 4-14  电流互感器接线方式

电流互感器型号的表示和含义如下：

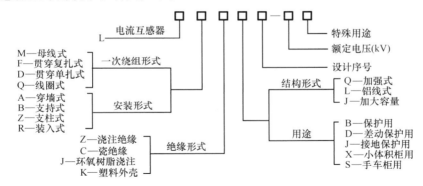

如图 4-15 和图 4-16 所示分别为 LZZBJ9-12 型和 LMZJ1-0.5 型电流互感器的外形图。

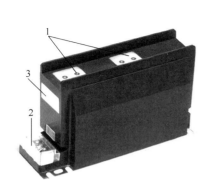

图 4-15  LZZBJ9-12 型电流互感器外形结构
1—一次出线端  2—二次出线端  3—铭牌

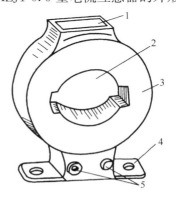

图 4-16  LMZJ1-0.5 型电流互感器外形结构
1—铭牌  2—一次母线穿孔
3—铁芯，外绕二次绕组，环氧树脂浇注
4—安装板  5—二次接线端子

（4）电流互感器的主要性能

① 准确级。电流互感器测量线圈的准确级设为 0.1、0.2、0.5、1、3、5 这 6 个级别（数值越小越精确），保护用的电流互感器或线圈的准确级一般为 5P 和 10P 级两种。准确级的含义是：在额定频率下，二次负荷为额定负荷的 25%～100%，功率因数为 0.8 时，各准确级的电流误差和相位误差不超过规定的限值。在上述条件下，0.1 级电流误差为 0.1%，保护用电流互感器 5P、10P 级的电流误差分别为 1% 和 3%，其复合误差分别为 5% 和 10%。

② 线圈铁芯特性。测量用的电流互感器的铁芯在一次侧电路短路时易于饱和，以限制二次侧电流的增长倍数，保护仪表。保护用的电流互感器铁芯则在一次侧电流短路时不应饱和，二次侧电流与一次侧电流成比例增长，以保证灵敏度要求。

③ 电流比与二次侧额定负荷。电流互感器一次侧的额定电流有多种规格可供用户选择。二次绕组都规定了额定负荷，二次绕组回路所带负荷不应超过额定负荷值，否则会影响精确度。

（5）电流互感器使用注意事项

① 电流互感器在工作时二次侧不得开路。由于电流互感器二次侧阻抗很小，正常工作时，二次侧接近于短路状态。根据磁势平衡方程式 $\dot{I}_1 N_1 - \dot{I}_2 N_2 = \dot{I}_0 N_1$，励磁电流 $I_0$ 的值是很小的，即 $I_0 N_1$ 很小。当二次侧开路时，$I_2 = 0$，则 $I_1 N_1 = I_0 N_1$，使 $I_0$ 突然增大几十倍，将会产生以下两种严重后果：

● 电流互感器铁芯由于磁通剧增而产生过热，从而产生剩磁，降低电流互感器的准确度；

● 由于电流互感器二次侧匝数较多，可能会感应出较高的电压，危及人身和设备安全。

因此，电流互感器二次侧不允许开路，二次侧回路接线必须可靠、牢固，不允许在二次侧回路中接入开关或熔断器。

② 电流互感器二次侧有一端必须接地。为防止一、二次绕组间绝缘击穿时，一次侧高压会窜入二次侧，危及二次侧设备和人身安全，通常选 S2 端（公共端）接地。

③ 电流互感器在接线时，必须注意其端子的极性。在由两个或三个电流互感器所组成的接线方案中，如两相 V 形接线，通常使一次侧电流从 P1 端流向 P2 端，二次绕组的 S1 端接电流继电器等设备，各电流互感器的 S2 端作公共端连接。如果二次侧的接线错误，没有按接线的要求连接，如将其中一个电流互感器的二次绕组接反，则公共线流过的电流就不是 B 相电流，可能使继电保护误动作，甚至会使电流表烧坏。

## 2. 电压互感器

电压互感器简称 PT，是变换电压的设备。

（1）工作原理

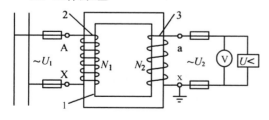

图 4-17 电压互感器基本结构及工作原理
1—铁芯　2——次绕组　3—二次绕组

电压互感器的基本结构及工作原理如图 4-17 所示，它由一次绕组、二次绕组和铁芯组成。一次绕组并联在一次侧电路上，二次绕组与仪表、继电器的电压线圈并联，由于电压线圈的阻抗很大，工作时二次绕组近似于开路状态。

电压互感器的电压比用 $K_u$ 表示

$$K_u = \frac{U_{1N}}{U_{2N}} \approx \frac{N_1}{N_2} \qquad (4-10)$$

式中，$U_{1N}$，$U_{2N}$ 分别为电压互感器一次绕组和二次绕组的额定电压；$N_1$，$N_2$ 为一次绕组和二次绕组的匝数。$K_u$ 通常表示成如 10/0.1kV 的形式。

（2）接线方式

电压互感器的接线方式如图 4-18 所示。

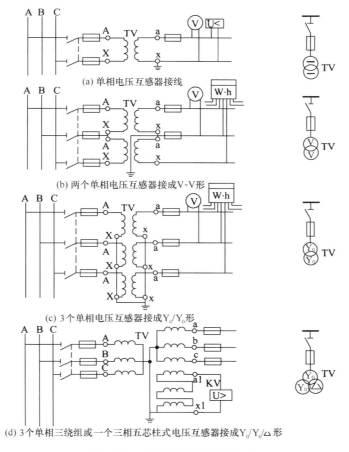

图 4-18　电压互感器的接线方式

① 一相式接线。采用一个单相电压互感器如图 4-18(a)所示。供仪表和继电器测量一个线电压,用于备用线路的电压监视。

② 两相式接线。又叫 V-V 形接线,采用两个单相电压互感器如图 4-18(b)所示。供仪表和继电器测量 3 个线电压。

③ $Y_0/Y_0$ 形接线。采用 3 个单相电压互感器如图 4-18(c)所示。供仪表和继电器测量 3 个线电压和相电压。在小电流接地系统中,这种接线方式中测量相电压的电压表应按线电压选择。

④ 采用 3 个单相三绕组或一个三相五芯柱式电压互感器接成 $Y_0/Y_0/\triangle$ 形,如图 4-18(d)所示。其中一次绕组和一组二次绕组接成 $Y_0$,供测量 3 个线电压和 3 个相电压;另一组二次绕组(又称剩余电压绕组)头尾相连,接成开口三角形,测量接地故障状态下产生的剩余电压(零序电压),接电压继电器。当线路正常工作时,开口三角两端的剩余电压接近于零,而当线路上发生单相接地故障时,开口三角两端的剩余电压接近 100V,使电压继电器动作,发出信号。

(3) 电压互感器的种类和型号

电压互感器按绝缘介质分为油浸式、环氧树脂浇注式两类;按使用场所分为户内式和户外式;按相数分为三相和单相两类。在高压系统中,还有电容式电压互感器、气体电压互感器、电流电压组合互感器等。

电压互感器型号表示和含义如下:

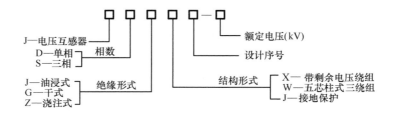

如图 4-19 和图 4-20 所示分别给出了 JDZX9-35 型和 JDZ10-10 型电压互感器的外形结构。

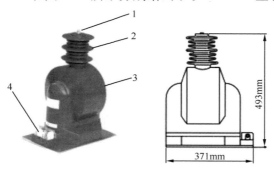

图 4-19　JDZX9-35 型电压互感器外形结构和尺寸
1——一次绕组接线端子　2—高压绝缘套管
3——一、二次绕组、补偿电压绕组,环氧树脂浇注　4—二次绕组接线端子

图 4-20　JDZ10-10 型电压
互感器外形结构

（4）电压互感器的主要性能

① 准确级。电压互感器二次绕组的准确级规定为 0.1、0.2、0.5、1、3 这 5 个级别,保护用的电压互感器规定为 3P 和 6P 级,用于小电流接地系统电压互感器（如三相五芯柱式）的剩余电压绕组准确级规定为 6P 级。

② 电压比与二次额定负荷。电压互感器的一次侧额定电压有线电压和相电压之分,二次绕组都规定了额定负荷。

（5）电压互感器使用注意事项

① 电压互感器在工作时,其一、二次侧不得短路。电压互感器一次侧短路时会造成供电线路短路,二次侧回路中,由于阻抗较大近于开路状态,发生短路时有可能造成电压互感器烧毁。因此,电压互感器一、二次侧都必须装设熔断器进行短路保护。

② 电压互感器二次侧有一端必须接地。为防止一、二次绕组绝缘击穿时,一次侧的高压窜入二次侧回路中,危及设备及人身安全。通常将公共端接地。

③ 电压互感器在接线时,必须注意其端子的极性。电压互感器一次绕组（三相）两端分别标成 A,X,B,Y,C,Z,对应的二次绕组同名端分别为 a,x,b,y,c,z;单相电压互感器只标 A,X 和 a,x（或 1a,1x 等）。在接线时,若将其中的一相绕组接反,二次侧回路中的线电压将发生变化,会造成测量误差和保护的动作（或误信号）。

## 4.4.6　避雷器

避雷器是用于保护电力系统中电气设备的绝缘免受沿线路传来的雷电过电压或由操作引起的内部过电压的损害的设备,是电力系统中重要的保护设备之一。

避雷器有保护间隙、管型避雷器、阀型避雷器（有普通阀型避雷器 FS、FZ 型和瓷吹阀型避雷器 FCD）、氧化锌避雷器,目前主要采用氧化锌避雷器。

氧化锌避雷器型号表示和含义如下:

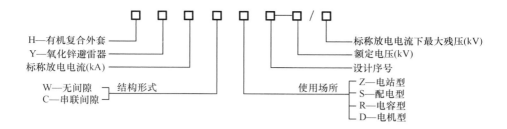

## 4.4.7 高压开关柜

高压开关柜是一种高压成套设备,它按一定的线路方案将有关一次设备和二次设备组装在柜内,从而可以节约空间,方便安装,可靠供电,美化环境。

高压开关柜按结构形式可分为固定式、移开式两大类型,主要有 KGN、XGN 系列金属封闭固定式开关柜和 KYN 系列金属封闭户内移开式开关柜。GG-1A 系列固定式开关柜已基本淘汰。

按功能作用划分,主要有馈线柜、电压互感器柜、高压电容器柜(GR-1 型)、电能计量柜(PJ 系列)、高压环网柜(HXGN 型)等。

表 4-4 中列出了主要高压开关柜型号及外形尺寸。

**表 4-4 主要高压开关柜型号及外形尺寸**

| 型 号 | 名 称 | 额定电压(kV) | 宽×深×高($b×a×h$)(单位均为 mm) |
|---|---|---|---|
| KYN-12 | 金属封闭户内移开式开关柜 | 12 | 800×1500×2300 |
| XGN-12 | 金属封闭户内箱型固定式开关柜 | 12 | 1100×1200×2650 |
| XGN80-12 | 气体绝缘全封闭户内箱型固定式开关柜 | 12 | 600×1450×2400 |
| SKY-12 | 矿用一般型双层移开式高压真空开关柜 | 12 | 800×1150×2200 |
| KGS-12 | 手车式单层高压真空开关柜 | 12 | 800×1500×1700 |
| KCY1-12 | 侧装金属封闭移开式开关柜 | 12 | 650×1100×2000 |
| KYN-40.5 | 气体绝缘全封闭户内箱型固定式开关柜 | 40.5 | 1400×2800×2800 |
| XGN80-40.5 | 全绝缘全封闭充气柜 | 40.5 | 800×1450×2400 |
| KGN-40.5 | 金属封闭户内固定式开关柜 | 40.5 | 1818×3100×3200 |

高压开关柜在结构设计上具有"五防"措施,所谓"五防"即防止误跳、合断路器,防止带负荷拉、合隔离开关,防止带电挂接地线,防止带接地线合上隔离开关,防止人员误入带电间隔。

### 1. KYN 系列金属封闭户内移开式开关柜

KYN 系列开关柜由固定的柜体和可抽出式部件(简称手车)两大部分组成。开关柜由接地的钢板分隔成手车室、母线室、电缆室、低压室等高压小室。各高压小室均设有通向柜顶的排气通道。

断路器等一次设备安装在手车上,手车置于手车室内,手车可在手车室中抽出或插入。手车在手车室有 3 种位置:①工作位置,一次、二次回路都接通;②试验位置,一次回路断开,二次回路仍接通;③断开位置,一次、二次回路都断开。因为有"五防"联锁,只有当断路器处于断开位置时,手车才能抽出或插入。断路器与接地开关有机械联锁,只有断路器处于断开位置和手车抽出时,接地开关才能合闸。当接地开关在合闸位置时,手车只能推到试验位置,有效防止带接地线合闸。当设备损坏或检修时,可以随时拉出手车,再推入同类型备用手车,即可恢复供电,因此具有检修方便、安全、供电可靠性高等优点。

## 2. XGN 系列金属封闭户内箱型固定式开关柜

XGN 系列开关柜采用拼装搭接式结构,柜内低压室、母线室、断路器室、电缆室分隔封闭,采用真空断路器和旋转式隔离开关,设计新颖、结构合理、性能可靠、运行操作及检修维护方便。在柜与柜之间加装了母线隔离套管,避免一柜故障波及邻柜。

## 4.4.8 低压电气设备

低压电气设备是指在 1000V 或 1200V 及以下的设备,这些设备在供配电系统中一般都安装在低压开关柜内或配电箱内。低压电气设备的新旧更替比较快,主要向小型化、高性能、环保、美化环境方向发展。低压电气设备主要有低压开关柜、动力配电箱、照明配电箱、低压刀开关、低压熔断器、低压断路器、接触器、热继电器等。本节简要介绍低压开关柜及柜内主要设备,如熔断器、低压断路器等。

### 1. 低压开关柜

低压开关柜又叫低压配电屏,是按一定的线路方案将有关低压设备组装在一起的成套配电装置。

低压开关柜按结构形式可分为固定式、抽屉(出)式两大类型。固定式开关柜主要有 GGD、GLL、GBD 等系列;抽屉(出)式开关柜主要有 GCL、GCS、GCK 等系列。还有引进国外先进技术生产的 OMINO、MNS 系列低压开关柜等。表 4-5 列出了主要低压开关柜型号及外形尺寸。

表 4-5 主要低压开关柜型号及外形尺寸

| 型号 | 名 称 | 额定电压(kV) | 宽×深×高($b×a×h$)(单位均为 mm) |
|---|---|---|---|
| GGD | 低压固定式配电柜(电力用) | 0.4 | 600(800、1000、1200)×600(800)×2200 |
| GLL | 低压固定式配电柜(电力用) | 0.4 | 400(600、800、1000、1200)×800(1000)×2200 |
| GCL | 低压抽出式开关柜(动力用) | 0.4 | 800×800×2200 |
| GCS | 低压抽出式开关柜(开关配电装置) | 0.4 | 400(600、800、1000、1200)×800(1000)×2200 |
| GCK | 低压抽出式开关柜(动力及控制用) | 0.4 | 400(600、800、1000、1200)×800(1000)×2200 |
| CGZ1 | 现场总线型智能低压抽出式开关柜 | 0.4 | 400(600、800、1000、1200)×1000×2200 |
| MNS | 低压抽出式开关柜(动力及控制用) | 0.38/0.66 | 400(600、800、1000、1200)×800(1000)×2200 |
| MCS | 智能型低压抽出式开关柜(动力及控制用) | 0.38/0.66 | 400(600、800、1000)×600(1000)×2200 |
| MHS | 低压抽出式开关柜(电力用) | 0.38/0.66 | 400(600、1000)×400(600、1000)×2200 |

### 2. 低压熔断器

低压熔断器主要用于低压系统中设备及线路的过载和短路保护,主要有 RL、RT 系列有填料封闭管式熔断器、RS 系列快速熔断器和 R2 系列自复式熔断器。

低压熔断器型号的表示和含义如下:

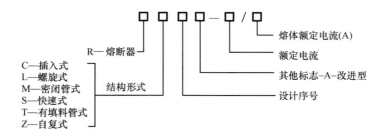

(1) RL 系列熔断器

RL 系列熔断器是一种实用新型的具有断相保护的有填料封闭管式熔断器,其结构主要由载熔件(瓷帽)、熔断体(芯子)、底座以及微动开关组成。熔断体内装有熔体并填有石英砂,熔断体端面有明显的熔断指示。当熔体熔断时,熔断指示器弹出,通过载熔件上的观察孔(玻璃)可观察到。微动开关动作后,其触头去切断控制电路的电源。熔体熔断后,不能再用,需重新更换。

（2）RT 系列有填料封闭管式熔断器

RT 系列熔断器主要由瓷熔管、熔体(栅状)和底座 3 部分组成。瓷熔管由高强度陶瓷制成,内装优质石英砂。熔体为栅状铜熔体,具有变截面小孔和引燃栅。变截面小孔可使熔体在短路电流通过时熔断,将长弧分割为多段短弧,引燃栅具有等电位作用,使粗弧分细,电弧电流在石英砂中燃烧,形成狭沟灭弧。这种熔断器具有较强的灭弧能力,因而有限流作用(在 $i_{sh}$ 到来前就熔断)。熔体还具有"锡桥",利用"冶金效应"可使熔体在较小的短路电流和过负荷时熔断。熔体熔断后,其熔断指示器(红色)弹出,以示提醒。熔断后的熔体不能再用,需重新更换,更换时采用载熔件(操作手柄)进行操作。RT 系列有限流特性的熔断器如 RT16、RT17、RT20,一般用于要求较高的导线和电缆以及电气设备的过载和短路保护。

（3）RS 系列快速熔断器

RS 系列快速熔断器是引进德国 AEG 公司制造技术生产的一种新型快速熔断器。该系列快速熔断器由熔管、熔体和底座组成,外形结构与 RT16 有填料封闭管式熔断器有些相似,熔管为高强度陶瓷管,内装优质石英砂,熔体采用优质材料制成。主要特点为体积小、重量轻、动作快、功耗小、分断能力强,有较强限流作用和快速动作性,一般用于半导体整流元件的保护。

RS 系列快速熔断器有 RS0、RS3 系列。RS0 适用于 750V、480A 以下线路晶闸管及成套装置的短路保护;RS3 适用于 1000V、700A 以下线路晶闸管及成套装置的短路保护。

（4）RZ 系列自复式熔断器

一般熔断器的熔体熔断后,必须更换熔体才能恢复供电。自复式熔断器克服了这一缺点,无须更换熔体。

自复式熔断器的熔体是由高分子材料添加导电粒子制成的。在工作电流下,熔体产生的热量和散发的热量达到平衡,电流可以正常通过,当过大电流通过时,熔体产生大量的热量不能及时地散发出去,导致高分子材料温度上升。当温度达到材料结晶熔化温度时,高分子材料急剧膨胀,阻断由导电粒子组成的导电通路,导致电阻迅速上升,限制了大电流通过,从而起到过流保护作用。当故障排除后,高分子材料的温度自动下降,又恢复到低阻状态。常用的 RZ1 型熔断器需与断路器配合使用。

**3. 低压断路器**

低压断路器(文字符号和图形符号与高压断路器相同)是一种能带负荷通断电路,又能在短路、过负荷、欠压或失压的情况下自动跳闸的一种开关设备。其原理示意图如图 4-21 所示,它由触头、灭弧装置、转动机构和脱扣器等部分组成。

脱扣器有以下几种。

① 热脱扣器,用于线路或设备长时间过载保护,当线路电流出现较长时间过载时,金属片受热变形,使断路器跳闸。

② 过流脱扣器,用于短路、过负荷保护,当电流大于动作电流时自动断开断路器。过流脱机器的动作特性有瞬时、短延时和长延时 3 种,根据要求,其保护特性可构成瞬时动作式(见图 4-22(a))、两段保护式(见图 4-22(b))和三段保护式(见图 4-22(c))。

③ 分励脱扣器,用于远距离跳闸。远距离合闸操作可采用电磁铁或电动储能合闸。

④ 欠压或失压脱扣器,用于欠压或失压(零压)保护。当电源电压低于定值时自动断开断路器。

断路器的种类很多,按灭弧介质分为空气断路器和真空断路器;按用途分为配电、电动机保

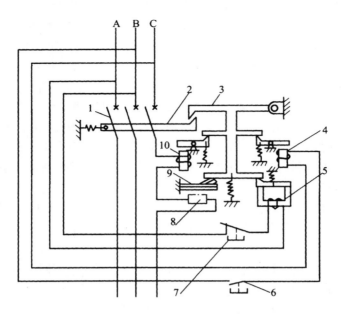

图 4-21　低压断路器原理示意图

1—触头　2—跳钩　3—锁扣　4—分励脱扣器　5—失压脱扣器　6,7—脱扣按钮

8—加热电阻丝　9—热脱扣器　10—过流脱扣器

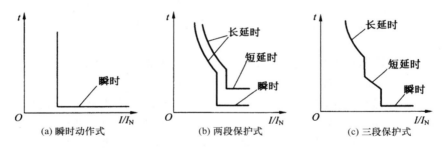

图 4-22　低压断路器保护特性曲线

护、照明、漏电保护等几类；按结构形式分为开启式或万能式（框架式）和塑料外壳式或模压外壳式（塑壳式）两大类；按保护性能分为非选择型和选择型两种。

随着科技的发展，新型低压断路器日新月异，如高性能低压断路器和智能型低压断路器。低压断路器型号和含义基本由厂家自己命名，如 CM、CW 系列断路器，C 代表常熟开关制造有限公司，M 代表塑料外壳式低压断路器，W 代表万能式断路器。DZ 系列塑壳式断路器和 DW 系列万能式断路器已基本淘汰。表 4-6 为主要低压断路器的型号及生产厂家。

（1）塑料外壳式低压断路器

塑料外壳式断路器的所有机构及导电部分都装在塑料壳内，在塑料外壳正面中央有操作手柄及分合位置指示。操作手柄有 3 个位置：

●合闸位置，手柄位于向上位置，断路器处于合闸状态；

●自由脱扣位置，位于中间位置，只有断路器因故障跳闸后，手柄才会置于中间位置；

●分闸和再扣位置，位于向下位置，当分闸操作时，手柄被扳到分闸位置，如果断路器因故障使手柄置于中间位置，需将手柄扳到分闸位置（这时叫再扣位置）时，断路器才能进行合闸操作。

**表 4-6　主要低压断路器型号、额定电流及生产厂家**

| 名　称 | 型　号 | 壳架等级额定电流 / 断路器额定电流（A） | 生产厂家 |
|---|---|---|---|
| 塑料外壳式低压断路器 | CM1、CM2、CM3 | 63 /(6)、10、16、20、25、32、40、50、63<br>125/32、40、50、63、80、100<br>225/125、140、160、180、200、225<br>400/225、250、315、350、400<br>630/400、500、630<br>800/630、700、800 | 常熟开关制造有限公司 |
| | RMM1 | | 上海人民电器开关厂 |
| | CZM1 | | 遵义长征电器开关设备有限公司 |
| | GM8 | | 北京人民电器厂 |
| | 3VL | | 西门子电气公司 |
| | NF | | 施耐德电气公司 |
| 万能式低压断路器 | CW1、CW2、CW3 | 1600/200、400、630、800、1000、125、1600<br>2000/630、800、1000、1250、1600、2000<br>2500/630、800、1000、1250、1600、2000、2500<br>4000/1600、2000、2500、2900、3200、3600、4000<br>6300/4000、5000、6300 | 常熟开关制造有限公司 |
| | SRW45 | | 上海人民电器开关厂 |
| | CZW1 | | 遵义长征电器开关设备有限公司 |
| | GW3 | | 北京人民电器厂 |
| | 3WN6 | | 西门子电气公司 |
| | WS | | 施耐德电气公司 |

注：低压断路器的技术数据见生产厂家资料。

（2）万能式低压断路器

万能式断路器的内部结构主要有机械操作和脱扣系统、触头及灭弧系统、过电流保护装置 3 大部分。万能式断路器的操作方式有手柄操作、电动机操作、电磁操作等。

目前，塑料外壳式和万能式低压断路器都有智能型断路器，它将微处理器和计算机技术用于低压断路器，使断路器具有过电流保护、负荷监控、显示和测量、报警及指示、故障记忆、自诊断、谐波分析和通信等功能。如 CM2Z 系列智能型塑料外壳式低压断路器，CW1、CW2、CW3 系列智能型万能式低压断路器，具有在线参数检测、动作值整定、故障记忆及通信功能等。

此外，低压断路器还有微型断路器，简称 MCB（Micro Circuit Breaker），又称小型断路器。它是建筑电气终端配电装置中使用最广泛的一种终端保护电器，有单极（1P）、2 极（2P）、3 极（3P）、4 极（4P）4 种，用于 220/380V 单相/三相的短路、过载、过压等保护。常用的有 C45、C65、S250、CH1 等系列微型断路器。

# 4.5　变配电所主接线

## 4.5.1　变配电所主接线概述

变配电所由一次回路和二次回路构成。

（1）一次回路

供配电系统中承担输送和分配电能任务的电路，称为一次回路，也称为主电路或主接线。一次电路中所有的电气设备称为一次设备，如电力变压器、断路器、互感器等。

（2）二次回路

凡用来控制、指示、监测和保护一次设备运行的电路，称为二次回路，也称二次接线。二次回路中所有电气设备都称为二次设备或二次元件，如仪表、继电器、操作电源等。

变配电所的主接线是表示电能输送和分配的电路图，又称一次电路图。在变配电所主接线中，将各种开关电器、电力变压器、母线、导线和电力电缆、并联电容器等电气设备用其图形符号表示，并以一定次序连接，通常以单线来表示三相系统。

变配电所的主接线有两种表示形式：

① 系统式主接线，该主接线仅表示电能输送和分配的次序和相互的连接，不反映相互位置，主要用于主接线的原理图中；

② 配置式主接线，该主接线按高压开关柜或低压开关柜的相互连接和部署位置绘制，常用于变配电所的施工图中。

确定变配电所主接线应满足以下基本要求：

① 安全，主接线的设计应符合国家标准有关技术规范的要求，充分保证人身和设备的安全；

② 可靠，应满足用电单位对供电可靠性的要求；

③ 灵活，能适应各种不同的运行方式，操作检修方便；

④ 经济，在满足以上要求的前提下，主接线设计应简单，投资少，运行管理费用低，一般情况下，应考虑节约电能和有色金属消耗量。

### 4.5.2 变电所常用主接线

供配电系统变电所常用的主接线基本形式有线路—变压器组接线、单母线接线和桥式接线3种类型。

#### 1. 线路—变压器组接线

当只有一路电源供电线路和一台变压器时，可采用线路—变压器组接线，如图 4-23 所示。

根据变压器高压侧情况的不同，可以选择如图 4-23 所示 4 种开关电器。当总降压变电所出线继电保护装置能保护变压器且灵敏度满足要求时，变压器高压侧可只装设隔离开关①；当变压器高压侧短路容量不超过高压熔断器断流容量，而又允许采用高压熔断器保护变压器时，变压器高压侧可装设跌开式熔断器(FD)②或负荷开关—熔断器③；一般情况下，在变压器高压侧装设隔离开关和断路器④。

当高压侧装负荷开关时，变压器容量不大于 1250kVA；高压侧装设隔离开关或跌开式熔断器时，变压器容量一般不大于 630kVA。

优点：接线简单，所用电气设备少，配电装置简单，节约投资。

缺点：该单元中任一设备发生故障或检修时，变电所全部停电，可靠性不高。

适用范围：车间变电所、小容量三级负荷、小型企业或非生产性用户。

#### 2. 单母线接线

母线又称汇流排，用于汇集和分配电能。单母线接线又可分为单母线不分段和单母线分段两种。

(1) 单母线不分段接线

当只有一路电源进线时，常用这种接线，如图 4-24(a)所示，每路进线和出线装设一只隔离开关和断路器。靠近线路的隔离开关称为线路隔离开关，靠近母线的隔离开关称为母线隔离开关。

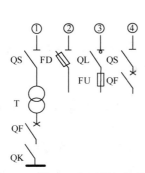

图 4-23　线路—变压器组接线图

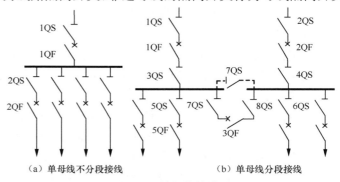

(a) 单母线不分段接线　　　(b) 单母线分段接线

图 4-24　单母线接线图

优点:接线简单清晰,使用设备少,经济性比较好。由于接线简单,操作人员发生误操作的可能性就小。

缺点:可靠性和灵活性差。当电源线路、母线或母线隔离开关发生故障或进行检修时,全部用户供电中断。

适用范围:可用于对供电连续性要求不高的三级负荷用户,或者有备用电源的二级负荷用户。

（2）单母线分段接线

当有双电源供电时,常采用单母线分段接线,如图 4-24（b）所示,可采用隔离开关或断路器分段,隔离开关分断因操作不便,目前已不采用。单母线分段接线可以分段单独运行,也可以并列同时运行。

采用分段单独运行时,各段相当于单母线不分段接线的运行状态,各段母线的电气系统互不影响。当任一段母线发生故障或检修时,仅停止对该段母线所带负荷的供电。当任一电源线路故障或检修时,若另一电源能负担全部引出线的负荷时,则可经倒闸操作恢复该段母线所带负荷的供电,否则由该电源所带的负荷仍应部分停止运行。

倒闸操作的原则:接通电路时先闭合隔离开关,后闭合断路器;切断电路时先断开断路器,后断开隔离开关。这是因为带负荷操作过程中要产生电弧,而隔离开关没有灭弧功能,所以隔离开关不能带负荷操作。

采用并列运行时,3QF、7QS、8QS 处于闭合状态。根据系统运行要求,若线路一用一备时,冷备用情况下 3QF、7QS、8QS 全部断开,热备用情况下 3QF 断开。若遇电源检修,无须母线停电,只需断开电源的断路器及其隔离开关,调整另外电源的负荷就行。但是当母线故障或检修时,就会引起正常母线的短时停电。

当某段母线发生故障时,分段断路器与电源进线断路器将同时切断故障,非故障部分继续供电。当对某段母线检修时,操作分段断路器和相应的电源进线断路器、隔离开关,而不影响其他段母线的正常运行。

优点:供电可靠性较高,操作灵活,除母线故障或检修外,可对用户连续供电。

缺点:母线故障或检修时,仍有 50% 左右的用户停电。

适用范围:在具有两路电源进线时,采用单母线分段接线,可对一、二级负荷供电,特别是装设了备用电源自动投入装置后,更加提高了用断路器分段单母线接线的供电可靠性。

### 3. 桥式接线

桥式接线是指在两线路—变压器组接线的高压侧间连接一个断路器,如"桥"一样跨接在两线路之间。按跨接断路器的位置不同,桥式接线有内桥式接线和外桥式接线两种。

（1）内桥式接线

断路器跨接在进线断路器的内侧,靠近变压器,称为内桥式接线,如图 4-25（a）所示。线路 1WL、2WL 来自两个独立电源,经过断路器 1QF、2QF 分别接至变压器 1T、2T 的高压侧,向变电所供电,变压器回路仅装隔离开关 3QS、6QS。内桥式接线对电源进线的操作很方便,但对变压器回路的操作不便。例如,当线路 1WL 发生故障或检修时,断路器 1QF 断开,变压器 1T 由线路 2WL 经桥接断路器 3QF 继续供电。同理,当 2WL 发生故障或检修时,变压器 2T 可由线路 1WL 继续供电。因此,内桥式接线大大提高了供电的可靠性和灵活性。但当变压器检修或发生故障时,须进行倒闸操作,才能恢复供电。例如,当变压器 1T 发生故障或检修时,须断开 1QF、3QF 和 4QF,打开 3QS,再合上 1QF 和 3QF,才能恢复 1WL 线路的供电。

因此,内桥式接线适用于电源进线线路较长,负荷比较平稳,变压器不需要经常操作,没有穿越功率的终端总降压变电所。所谓穿越功率,是指某一功率由一条线路流入并穿越横跨桥又经另一线路流出的功率。

（2）外桥式接线

断路器跨接在进线断路器的外侧,靠近电源侧,称为外桥式接线,如图 4-25（b）所示。线路回路仅装隔离开关 1QS、3QS,不装断路器。外桥式接线对变压器回路的操作很方便,但对电源进线的操作不便。例如,当线路 1WL 发生故障或检修时,需断开 1QF 和 3QF,打开 1QS,再合上 1QF 和 3QF,才能恢复变压器 1T 的正常供电。但当变压器 1T 发生故障或检修时,只需断开 1QF 和 4QF,打开其两侧隔离开关即可;合上 3QF 两侧隔离开关,再合上 3QF,可使两路电源进线恢复并列运行。

因此,外桥式接线适用于电源进线线路较短,负荷变化大,变压器操作频繁,有穿越功率流经的中间变电所。

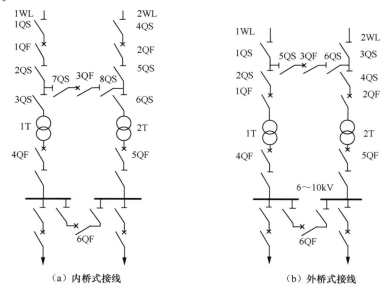

（a）内桥式接线　　　　　　　　　（b）外桥式接线

图 4-25　桥式接线图

综上所述,桥式接线具有如下特点:

① 接线简单,高压侧无母线,没有多余设备;

② 经济,4 个回路仅用 3 只断路器,节约了投资;

③ 可靠性高,进线和变压器回路发生故障或检修时,均可经倒闸操作切除该回路,恢复供电;

④ 安全,每只断路器两侧均装有隔离开关,以保证设备安全检修;

⑤ 灵活,操作灵活,能适应多种运行方式。

例如,将断路器 3QF 和二次侧分段断路器 6QF 闭合或断开,可使两台变压器并列或分列运行,实现单电源双回路或双电源供电。

因此,桥式接线适用于对供电可靠性要求高的一、二级负荷供电。

### 4.5.3　总降压变电所主接线

一般大中型企业采用 35~110kV 电源进线时都设置总降压变电所,将电压降至 6~10kV 后分配给各车间变电所和高压用电设备。总降压变电所主接线一般有线路—变压器组、单母线、桥式等几种接线形式。下面按单电源进线和双电源进线两种情况,介绍总降压变电所常用的主接线。

**1. 单电源进线的总降压变电所主接线**

（1）一次侧线路—变压器组、二次侧单母线不分段主接线

总降压变电所为单电源进线和一台变压器时，主接线采用一次侧线路—变压器组、二次侧单母线不分段接线，又称一次侧无母线、二次侧单母线不分段主接线，如图 4-26 所示，进线开关也可采用隔离开关和跌开式熔断器。这种主接线经济简单，可靠性不高，适用于负荷不大的三级负荷情况。

（2）一次侧单母线不分段、二次侧单母线分段主接线

总降压变电所为单电源进线和两台变压器时，主接线采用一次侧单母线不分段、二次侧单母线分段接线，如图 4-27 所示。轻负荷时可停用一台，当其中一台变压器因故障或需停运检修时，接于该段母线上的负荷，可通过闭合母线联络（分段）开关 6QF 来获得电源，提高了供电可靠性，但单电源供电的可靠性不高，因此，这种接线只适用于三级负荷及部分二级负荷。

**2. 双电源进线总降压变电所主接线**

总降压变电所为双电源进线和两台主变压器时，主接线一般采用单母线分段或桥式接线。

（1）单母线分段主接线

该主接线如图 4-28 所示，由于进线开关和母线分段开关均采用了断路器控制，操作十分灵活，供电可靠性高，适用于大中型企业的一、二级负荷供电。

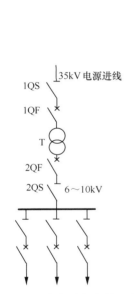

图 4-26 总降压变电所一次侧
无母线，二次侧单母
线不分段主接线图

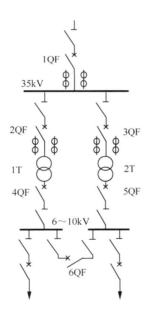

图 4-27 总降压变电所一次侧
单母线不分段，二次侧
单母线分段主接线图

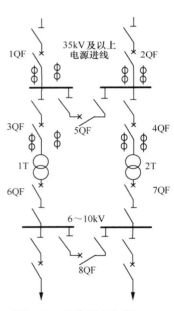

图 4-28 总降压变电所一、二
次侧均采用单母线的
双电源进线主接线图

（2）桥式主接线

该主接线如图 4-25 所示。供电可靠性较高，操作灵活，适用于大中型企业的一、二级负荷供电。若供电线路长，负荷比较平稳，变压器不需要经常操作，没有穿越功率，总降压变电所采用内桥式主接线，反之采用外桥式主接线。

## 4.5.4　10kV 变电所主接线

10kV 变电所的主接线有单电源进线和双电源进线两种情况。

### 1. 单电源进线的 10kV 变电所主接线

对于三级负荷且负荷不太大的变电所常采用单电源进线。

（1）一次侧单母线不分段、二次侧单母线分段主接线

当 10kV 变电所装两台变压器时，采用一次侧单母线不分段、二次侧单母线分段主接线，如图 4-29 所示。这种接线可靠性不高，适用于三级负荷。

（2）一次侧线路—变压器组接线、二次侧单母线不分段主接线

当 10kV 变电所只有一台变压器时，采用一次侧线路—变压器组接线、二次侧单母线不分段主接线，如图 4-30 所示。这种接线比较简单，可靠性不高，适用于三级负荷的小型变电所。

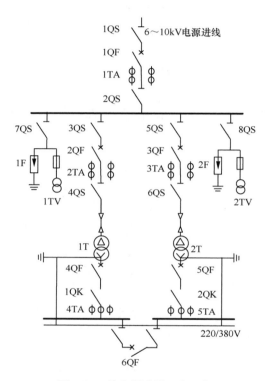

图 4-29　单电源进线 10kV 变电所有母线主接线图

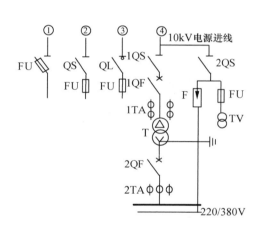

图 4-30　单电源进线 10kV 变电所无母线主接线图

### 2. 双电源进线 10kV 变电所主接线

双电源进线 10kV 变电所的主接线一般采用一、二次侧单母线分段接线，如图 4-31 所示。这种接线适用于有一、二级负荷的企业，变电所有两台或两台以上变压器。

双电源进线高压侧采用单母线分段后，供电可靠性高，操作灵活方便，当电源进线采用一工作一备用时，装备用电源自动投入装置，可提高供电可靠性。

## 4.5.5　车间变电所主接线

车间变电所的主接线一般比较简单，图 4-32 和图 4-33所示分别为电缆进线和架空进线的车间变电所的主接线图。一次侧为线路—变压器组接线，二次侧为单母线不分段接线。从主接线图中可以看到，采用电缆进线时高压侧不装避雷器，采用架空进线时要装设避雷器，且避雷器的接地线应与变压器低压绕组中性点以及外壳相连后接地。总降压变电所的继电保护装置能够保护变压器且灵敏度满足要求时，变压器高压侧可只装设隔离开关。

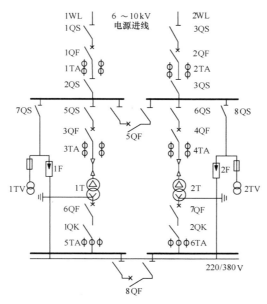

图 4-31　双电源进线 10kV 变电所单母线分段主接线图

车间变电所为双回路进线且有两台变压器时,采用一次侧双线路—变压器组接线、二次侧单母线分段接线,如图 4-34 所示。

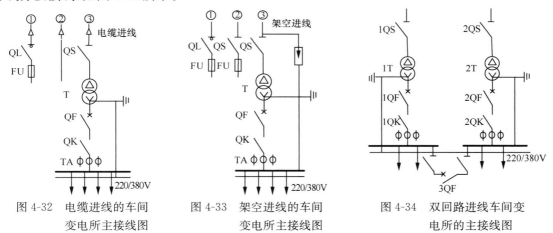

图 4-32　电缆进线的车间变电所主接线图　　图 4-33　架空进线的车间变电所主接线图　　图 4-34　双回路进线车间变电所的主接线图

## 4.5.6　配电所主接线

在大中型企业中设置配电所,起接收和分配电能的作用,其位置应尽量靠近负荷中心。每个配电所的馈电线路一般不少于 4～5 回,配电所一般为单母线制,根据负荷的类型及进出线数目可考虑将母线分段。如图 4-35 所示为双回路进线配电所单母线分段主接线。如果总降压变电所以放射式向配电所供电,则配电所进线开关可以考虑利用负荷开关或隔离开关,以减少继电保护动作时间级差配合上的困难。配电所的引出线可根据用户类型采用熔断器、熔断器加负荷开关、断路器。

## 4.5.7　主接线实例

### 1. 10kV 变电所主接线实例

某企业 10/0.4kV 变电所主接线如图 4-36 所示,该变电所一路电源电缆进线,装两台 S11-630kVA 10/0.4kV 变压器,一次侧采用单母线不分段主接线,选用 KYN28-12 型金属移开式开关柜

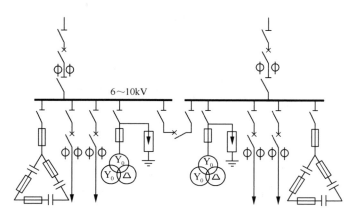

图 4-35　双回路进线配电所单母线分段主接线图

5 台,其中进线柜、计量柜、避雷器柜各 1 台,馈线柜 2 台。低压侧采用单母线分段主接线,选用 GGD2-28 型固定式低压开关柜 11 台,其中进线柜、电容补偿柜各 2 台,馈线柜 6 台,联络柜 1 台。

**2. 35kV 变电所主接线实例**

如图 4-37 所示是某企业 35/10kV 总降压变电所主接线,该变电所两路电源架空进线,两台变压器,一、二次侧均采用单母线分段主接线,35kV 和 10kV 主接线选用移开式开关柜,图中也标明了开关柜的型号及柜内设备的型号和规格。

# 4.6　变电所的布置和结构

## 4.6.1　变电所的布置

### 1. 变电所布置方案

变电所的布置形式有户内、户外和混合式 3 种。户内式变电所将变压器、配电装置安装于室内,工作条件好,运行管理方便;户外式变电所将变压器、配电装置全部安装于室外;混合式则部分安装于室内、部分安装于室外。变电所一般采用户内式。户内式又分为单层布置和双层布置,视投资和土地情况而定。35kV 户内变电所宜采用双层布置,6～10kV 变电所宜采用单层布置。变电所主要由变压器室、高压配电室、低压配电室、高压电容器室、控制室(值班室)、休息室、工具间等组成,变电所常用的几种平面布置方案如图 4-38 所示。

### 2. 对变电所布置的要求

① 室内布置应紧凑合理,便于值班人员操作、检修、试验、巡视和搬运,配电装置安放位置应满足最小允许通道宽度,考虑今后发展和扩建的可能。

② 合理布置变电所各室位置,高压电容器室与高压配电室、低压配电室与变压器室应相邻,高、低压配电室的位置应便于进出线,控制室(值班室)的位置应便于运行人员工作和管理。

③ 变压器室和高压电容器室应避免日晒,控制室(值班室)应尽量朝南向,尽可能利用自然采光和通风。

④ 配电室的设置应符合安全和防火要求,对电气设备载流部分应采用金属网板隔离。

⑤ 高、低压配电室、变压器室、高压电容器室的门应向外开,相邻的配电室的门应双向开启。

⑥ 变电所内不允许采用可燃材料装修,不允许热力管道、可燃气体管道等从变电所内经过。

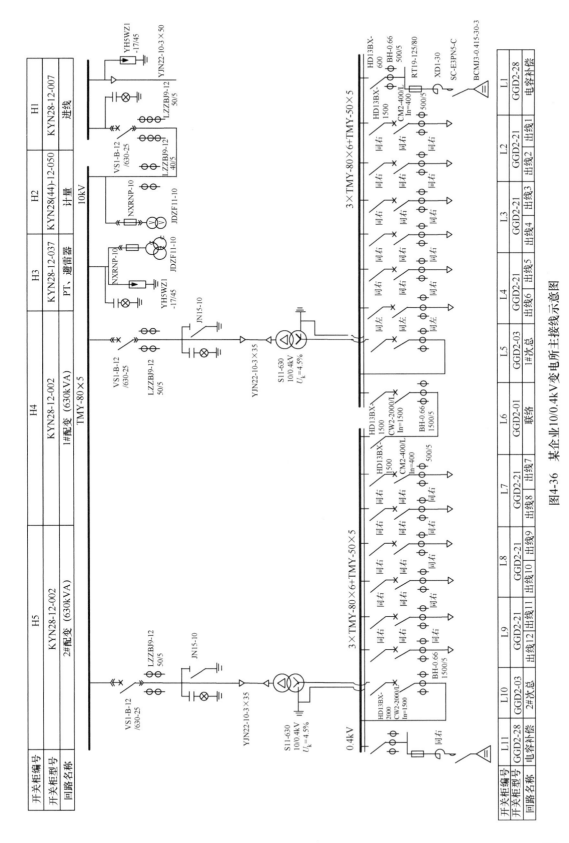

| 开关柜编号 | H5 | H4 | H3 | H2 | H1 |
|---|---|---|---|---|---|
| 开关柜型号 | KYN28-12-002 | KYN28-12-002 | KYN28-12-037 | KYN28(44)-12-050 | KYN28-12-007 |
| 回路名称 | 2#配变 (630kVA) | 1#配变 (630kVA) | PT、避雷器 | 计量 | 进线 |

| 开关柜编号 | L11 | L10 | L9 | L8 | L7 | L6 | L5 | L4 | L3 | L2 | L1 |
|---|---|---|---|---|---|---|---|---|---|---|---|
| 开关柜型号 | GGD2-28 | GGD2-03 | GGD2-21 | GGD2-21 | GGD2-21 | GGD2-01 | GGD2-03 | GGD2-21 | GGD2-21 | GGD2-21 | GGD2-28 |
| 回路名称 | 电容补偿 | 2#次总 | 出线12 出线11 | 出线10 出线9 | 出线8 出线7 | 联络 | 1#次总 | 出线6 出线5 | 出线4 出线3 | 出线2 出线1 | 电容补偿 |

图4-36 某企业10/0.4kV变电所主接线示意图

• 95

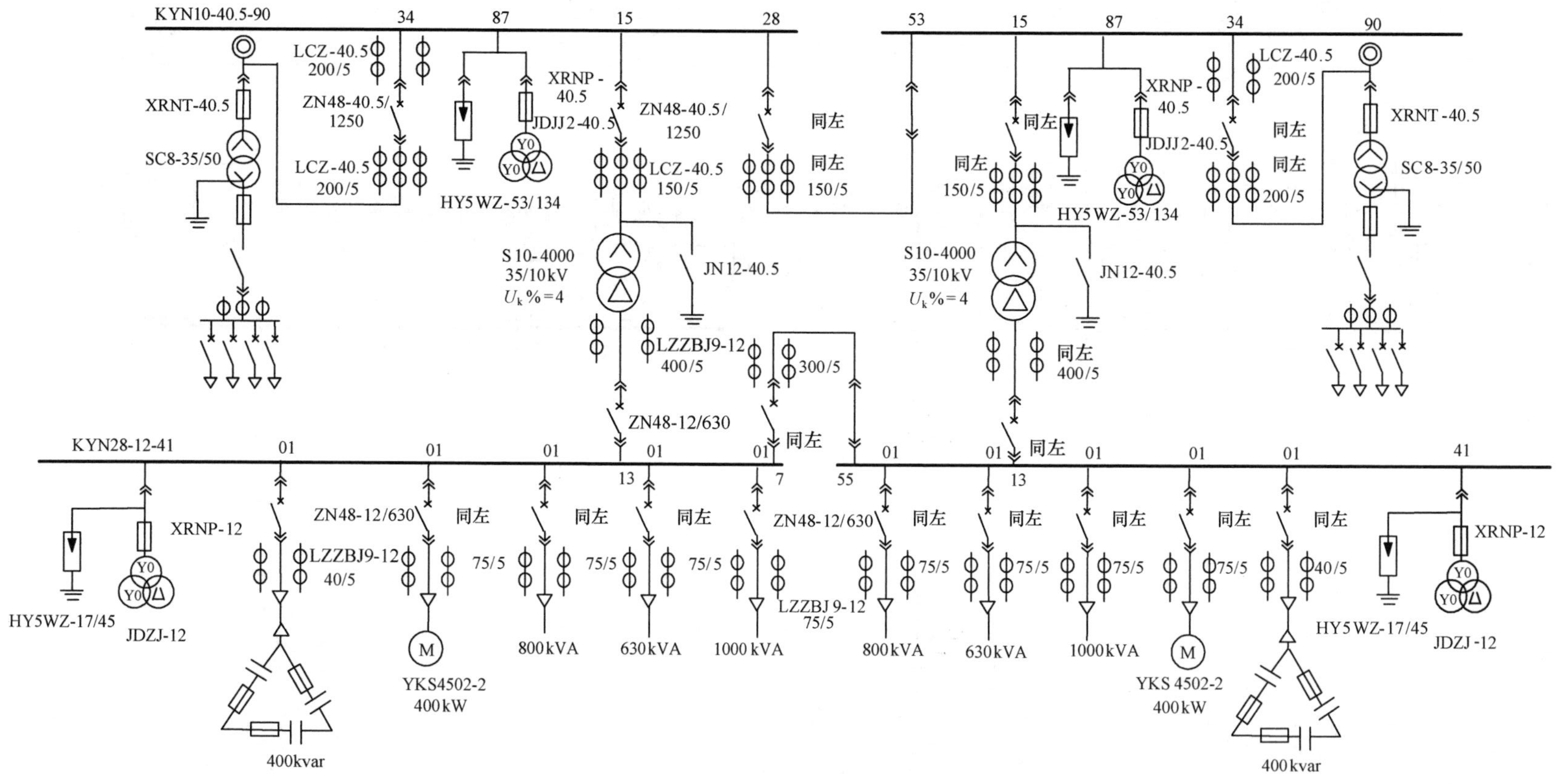

图4-37 某企业35/10kV总降压变电所主接线示意图

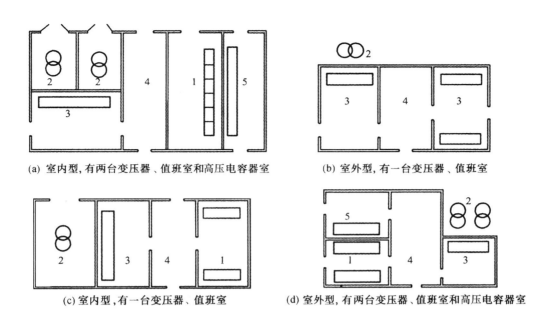

(a) 室内型，有两台变压器、值班室和高压电容器室

(b) 室外型，有一台变压器、值班室

(c) 室内型，有一台变压器、值班室

(d) 室外型，有两台变压器、值班室和高压电容器室

图 4-38　变电所布置方案示例

1—高压配电室　2—变压器室　3—低压配电室　4—值班室　5—高压电容器室

## 4.6.2　变电所的结构

### 1. 变压器室

变压器室的结构设计要考虑变压器的安装方式（地平抬高方式或不抬高方式）、变压器的推进方式（宽面推进或窄面推进）、进线方式（架空进线或电缆进线）、进线方向、高压侧进线开关、通风、防火和安全以及变压器的容量和外形尺寸等。

（1）变压器外轮廓与墙壁的净距

干式变压器外轮廓与四周墙壁的净距不小于 0.6m，油浸式变压器外轮廓与四周墙壁的最小净距见表 4-7。

表 4-7　油浸式变压器外轮廓与变压器室墙壁和门的最小净距

| 变压器容量（kVA） | ≤1000 | ≥1250 |
| --- | --- | --- |
| 变压器外轮廓与后壁、侧壁净距（mm） | 600 | 800 |
| 变压器外轮廓与门的距离（mm） | 800 | 1000 |

（2）变压器室的通风

变压器室一般采用自然通风，只设通风窗（不设采光窗）。进风窗设在变压器室的下方，出风窗设在变压器室的上方，并应有防止雨、雪及蛇、鼠、虫等从门、窗及电缆沟进入室内的设施。通风窗的面积根据变压器的容量、进风温度及变压器中心标高至出风窗中心标高的距离等因素确定。按通风要求，变压器室的地坪有抬高和不抬高两种形式。

（3）储油池

选用油浸式变压器时，应设置容量为 100% 变压器油量的储油池，通常的做法是在变压器油坑内设置厚度大于 250mm 的卵石层，卵石层底下设置储油池。在储油池中，砌有两道高出池面的放置变压器的基础。

（4）变压器的推进面

变压器的推进面有宽面推进和窄面推进两种。宽面推进时，变压器低压侧宜朝外；窄面推进时，变压器的油枕宜向外。一般变压器室的门比变压器的推进宽度宽 0.5m,变压器室门朝外开。

（5）变压器的防火

设置储油池或挡油设施是防火措施之一。可燃油油浸式变压器室的耐火等级应为一级，非燃或难燃介质的电力变压器室的耐火等级不应低于二级。此外，变压器室内的其他设施如通风窗材料等应使用非燃材料。

变压器室布置如图 4-39 所示。

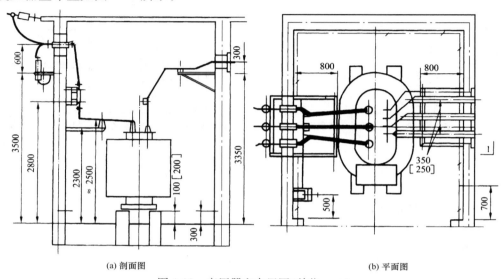

(a) 剖面图    (b) 平面图

图 4-39　变压器室布置图（单位：mm）

**2. 高压配电室的结构**

高压配电室的结构主要取决于高压开关柜的数量、布置方式（单列或双列）、安装方式（靠墙或离墙）等因素，为了操作和维护的方便与安全，应留有足够的操作通道和维护通道，考虑到发展还应留适当数量的备用开关柜或备用位置。高压配电室内各种通道的最小宽度见表 4-8。

表 4-8　高压配电室内各种通道的最小宽度（净距）　　　　　　　　　　单位：mm

| 开关柜布置方式 | 柜前操作通道 | | 柜后维护通道 | 屏侧通道 |
| --- | --- | --- | --- | --- |
| | 固定式柜(L1) | 移开式柜(L2) | | |
| 设备单列布置 | 1500 | 单车长度＋1200 | 1000 | 1000 |
| 设备双列布置 | 2000 | 双车长度＋900 | 1000 | 1000 |

高压配电室高度与开关柜形式、进出线情况及变压器室有关。采用架空进出线时高度为 4.5～5.0m;采用电缆进出线时，高压开关室高度为 3.5～4m;与变压器室相邻时，高度同变压器室。开关柜下方宜设电缆沟，柜前或柜后也宜设电缆沟，便于进出线电缆与柜设备的连接和二次回路敷设。

高压配电室的门应设置为向外开启的防火门，并应装弹簧锁，相邻配电室之间有门时，应能双向开启，长度超过 7m 时应设两个门，不得设置门槛。高压配电室宜设不能开启的自然采光窗，并应设置防止雨水、雪和蛇、鼠、虫等从采光窗、通风窗、门、电缆沟等进入室内的设施。

高压配电室的耐火等级不应低于二级。

高压配电室布置如图 4-40 所示。

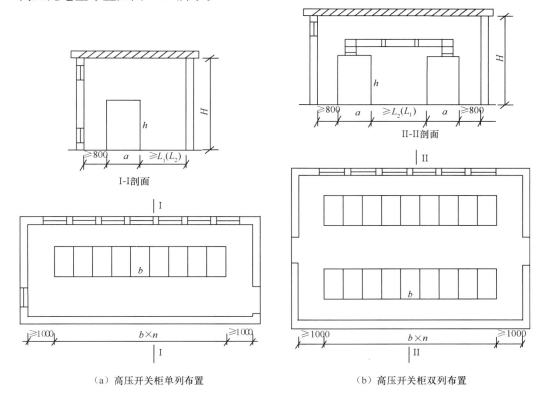

（a）高压开关柜单列布置　　（b）高压开关柜双列布置

图 4-40　高压配电室布置图（单位：mm）

### 3. 低压配电室

低压配电室的结构主要取决于低压开关柜的数量、尺寸、布置方式（单列或双列）、安装方式（靠墙或离墙）等因素。

低压配电室内各种通道的最小宽度不应小于表 4-9 所列值。

表 4-9　低压配电室内各种通道的最小宽度（净距）　　　　单位：mm

| 开关柜布置方式 | 柜前通道 | | 柜后通道 | | 屏侧通道 |
|---|---|---|---|---|---|
| | 固定式 | 抽屉式 | 维护 | 操作 | |
| 设备单列布置 | 1500 | 1800 | 1000 | 1200 | 1000 |
| 设备双列布置 | 2000 | 2300 | 1000 | 1200 | 1000 |

低压配电室兼作值班室时，配电屏正面距墙壁不宜小于 3m。低压配电室的高度一般可参考下列尺寸：

① 与抬高地坪变压器室相邻时，其高度为 4～4.5m；

② 与不抬高地坪变压器室相邻时，其高度为 3.5～4m；

③ 配电室为电缆进线时，其高度为 3.5m。

低压配电室长度超过 8m 时，两端各设置一个门，门向外开，长度超过 15m 时还应增加一个出口。低压开关柜下方宜和柜前或柜后一样设电缆沟，便于馈线电缆敷设。

低压配电室可设能开启的自然采光窗，但临街的一面不宜开窗，并应有防止雨、雪和蛇、鼠、虫等进入室内的设施。

低压配电室的防火等级不应低于三级。

低压配电室布置如图 4-41 所示。

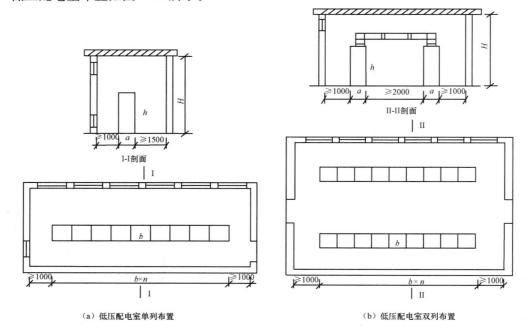

（a）低压配电室单列布置　　　　　　（b）低压配电室双列布置

图 4-41　低压配电室布置图（单位：mm）

### 4. 高压电容器室

高压电容器一般都装在电容器柜内，装设在高压电容器室。高压电容器室的结构主要取决于电容器柜的数量、布置方式（双列或单列）、安装方式（靠墙或离墙）等因素。

高压电容器柜单列布置时，柜正面与墙面之间的距离不小于 1.5m；双列布置时，柜面之间的距离不应小于 2.0m。

高压电容器室应有良好的自然通风，长度大于 7m 的高压电容器室应设两个出口，并宜设在两端，高压电容器室的门应向外开。电容器室也应设置防止雨、雪和蛇、鼠、虫等从采光窗、通风窗、门、电缆沟等进入室内的设施。

高压电容器室的耐火等级不应低于二级。

高压电容器室布置如图 4-42 所示。

### 5. 控制室（值班室）

控制室通常与值班室合在一起，控制屏、中央信号屏、继电器屏、直流电源屏、所用电屏安装在控制室。控制室位置的设置宜朝南，且应有良好的自然采光，室内布置应满足控制操作的方便及运行人员进出的方便，并应设两个可向外的出口，门应向外开。控制室与高压配电室宜直通或经过通道相通。

控制室内还应考虑通信（如电话）、照明等问题。

## 4.6.3　变电所布置和结构实例

### 1. 10kV 变电所平面布置及结构剖面图

某企业 10kV 变电所平面布置及结构剖面图如图 4-43 所示。该变电所采用户内单层布置，主要由变压器室、高压配电室、低压配电、控制室等组成。

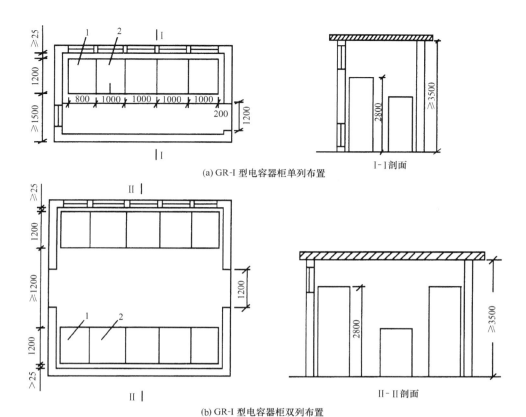

(a) GR-I 型电容器柜单列布置

I-I 剖面

(b) GR-I 型电容器柜双列布置

II-II 剖面

图 4-42　高压电容器室布置图(单位:mm)

1—电压互感器柜　2—高压电容器柜

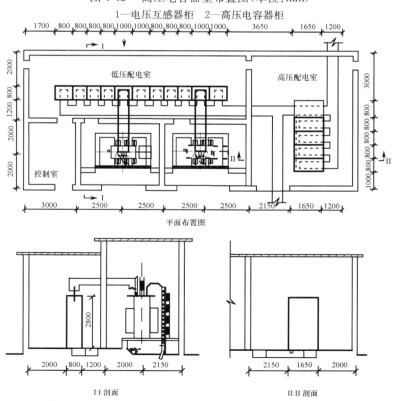

低压配电室　　　高压配电室

控制室

平面布置图

I:I 剖面　　　　II:II 剖面

图 4-43　10kV 变电所平面布置图及结构剖面图(单位:mm)

## 2. 35kV 变电所平面布置及结构剖面图

某企业 35kV 变电所平面布置及结构剖面图如图 4-44 所示。该变电所采用户内双层布置（局部单层），35kV 高压配电室和控制室位于二层，变压器室、10kV 高压配电室、电容器室、休息室、工具室、维修间等位于一层。

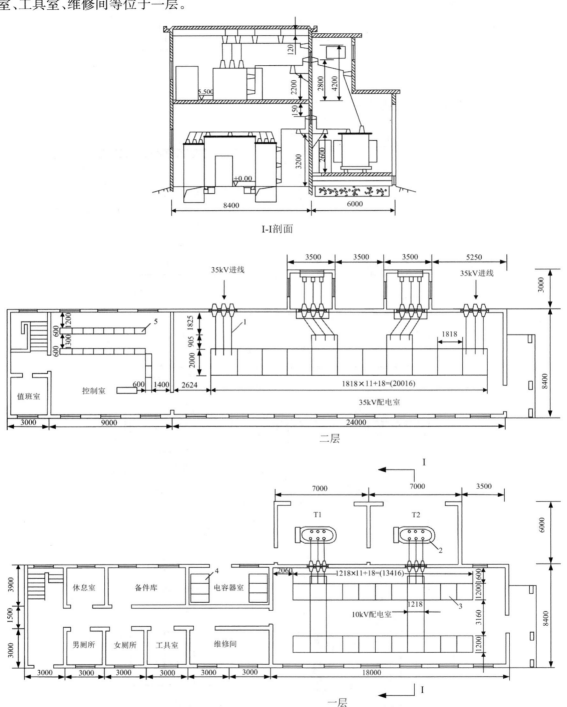

图 4-44　某企业 35kV 变电所平面布置以及结构剖面图（单位：mm）
1—GBC-35A(F)型开关柜　2—SL7-6300/35 型变压器　3—XGN2-12 型开关柜
4—GR-1 型 10kV 电容器柜　5—PK-1 型控制柜

# 小　　结

本章主要介绍了变电所常用高低压电气设备、变电所的布置和结构,讲述了供配电系统电压的选择、变电所的位置确定、变压器选择,重点讨论了变电所主接线。

① 供电电压一般为 35kV 或 6～10kV,高压配电电压为 6～10kV,低压配电电压为 220/380V。

② 变电所的位置主要从安全、经济、方便和环境要求等方面考虑,选址应尽量靠近负荷中心是供电设计的一项基本原则,同时要考虑进出线的方便,不能设在有腐蚀气体、剧烈振动、低洼、有爆炸危险的场所。

③ 高压电气设备主要有高压断路器、高压隔离开关、高压负荷开关、高压熔断器、互感器、高压开关柜、避雷器等,要熟悉电气设备的符号、型号、作用等。

④ 互感器的作用是使二次设备与一次电路隔离和扩大仪表、继电器的使用范围。电流互感器二次侧的额定电流一般为 5A,电流互感器串联于线路中,有 4 种接线方式。在使用时要注意:二次侧不得开路,不允许装设开关或熔断器;二次侧有一端必须接地;注意端子的极性。电压互感器二次侧电压一般为 100V,常用的电压互感器有单相和三相(五芯柱式)两类。电压互感器并联在线路中,通常接在母线上,有 4 种接线方式。电压互感器在使用时要注意:一、二次侧均不得短路;二次侧有一端必须接地;注意端子的极性。

⑤ 低压设备主要有低压断路器、低压熔断器、低压开关柜等。

⑥ 主接线的基本要求是安全、可靠、灵活、经济。变电所常用的主接线基本形式有线路—变压器组、单母线、桥式 3 种。根据负荷性质、电源进线和变压器台数,确定变电所的主接线。

⑦ 变电所的布置主要介绍了户内变电所的布置方案,变压器室与低压配电室靠在一起是为了出线方便、减少低压配电距离,高压电容器室宜与高压配电室靠在一起,值班室一般布置在中间,运行和维护都非常方便。对变电所的结构要了解设备之间或设备与墙之间的最小净距,以及对各室门的具体要求。

# 思考题和习题

4-1　用户供配电电压等级有哪些? 如何确定用户的供配电电压?

4-2　确定用户变电所变压器容量和台数的原则是什么?

4-3　高压断路器有哪些作用? 常用的 10kV 高压断路器有哪几种? 各写出一种型号并解释型号的含义。

4-4　高压少油断路器和高压真空断路器各自的灭弧介质是什么? 比较其灭弧性能,各适用于什么场合?

4-5　高压隔离开关的作用是什么? 为什么不能带负荷操作?

4-6　高压负荷开关有哪些功能? 能否实施短路保护?

4-7　试画出高压断路器、高压隔离开关、高压负荷开关的图形和文字符号。

4-8　熔断器的作用是什么? 常用的高压熔断器户内和户外的型号有哪些? 各适用于哪些场合?

4-9　互感器的作用是什么? 电流互感器和电压互感器在结构上各有什么特点?

4-10　互感器在使用时有哪些注意事项?

4-11　电流互感器有两个二次绕组时,各有何用途? 在主接线图中,它的图形符号怎样表示?

4-12　避雷器的作用是什么? 图形符号怎样表示?

4-13　常用的高压开关柜型号主要有哪些?

4-14　常用的低压设备有哪些? 并写出它们的图形符号。

4-15　低压断路器有哪些功能? 按结构形式分有哪两大类? 请分别列举其中的几个。

4-16 主接线设计的基本要求是什么？什么是内桥式接线和外桥式接线？各适用于什么场合？

4-17 供配电系统常用的主接线有哪几种类型？各有何特点？

4-18 主接线中母线在什么情况下分段？分段的目的是什么？

4-19 倒闸操作的原则是什么？

4-20 变电所的总体布置应考虑哪些要求？

4-21 某企业总计算负荷为 6000kVA，约 45％为二级负荷，其余的为三级负荷，拟采用两台变压器供电。可从附近取得双 35kV 电源，假定变压器采用并联运行方式，试确定变压器的型号和容量以及主接线，并画出主接线方案草图。

# 第 5 章  电气设备的选择

电气设备的选择是供配电系统设计的重要内容,其选择得恰当与否将影响到整个系统能否安全可靠地运行,故必须遵循一定的选择原则。本章讲述高低压断路器、高压隔离开关、互感器、母线、绝缘子、高低压熔断器以及成套配电装置(高压开关柜)等的选择方法,为合理、正确地使用电气设备提供了依据。

## 5.1  电气设备选择的一般原则

供配电系统中的电气设备是在一定的电压、电流、频率和工作环境条件下工作的,电气设备的选择,除了应满足在正常工作时能安全可靠运行,适应所处的位置(户内或户外)、环境温度、海拔高度,以及防尘、防火、防腐、防爆等要求,还应满足在短路故障时不致损坏,开关电器还必须具有足够的断流能力。

电气设备的选择应遵循以下 4 个原则。

(1) 按工作要求和环境条件选择电气设备的型号

(2) 按正常工作条件选择电气设备的额定电压和额定电流

GB/T11022—2011《高压开关设备和控制设备标准的共用技术要求》规定:额定电压等于开关设备和控制设备所在系统的最高电压。它表示设备用于电网的"系统最高电压"的最大值,见表 5-1。

表 5-1  高压电气设备的额定电压(kV)

| 系统标称电压 | 3 | 6 | 10 | 35 | 110 | 220 | 330 | 500 | 750 | 1000 |
|---|---|---|---|---|---|---|---|---|---|---|
| 设备额定电压 | 3.6 | 7.2 | 12 | 40.5 | 126 | 252 | 363 | 550 | 800 | 1100 |

电气设备的额定电流是指电气设备在规定的使用条件和性能条件下能持续通过的电流有效值。

① 按工作电压选择电气设备的额定电压。电气设备的额定电压 $U_N$ 应不低于设备所在的系统标称电压 $U_{N.s}$,即

$$U_N \geqslant U_{N.s} \tag{5-1}$$

例如,在 10kV 系统中,应选择额定电压为 12kV(10kV)的电气设备,在 380V 系统中,应选择额定电压为 380V 或 500V 的电气设备。

② 按最大负荷电流选择电气设备的额定电流。电气设备的额定电流应不小于实际通过它的最大负荷电流 $I_{max}$(或计算电流 $I_c$),即

$$I_N \geqslant I_{max}$$

或
$$I_N \geqslant I_c \tag{5-2}$$

(3) 按短路条件校验电气设备的动稳定和热稳定

为了保证电气设备在短路故障时不致损坏,必须按最大短路电流校验电气设备的动稳定和热稳定。动稳定是指电气设备在冲击短路电流所产生的电动力作用下,电气设备不致损坏。热稳定是指电气设备的载流导体在稳态短路电流作用下,其发热温度不超过载流导体短时的允许发热温度。

(4) 开关电器断流能力校验

断路器和熔断器等电气设备担负着切断短路电流的任务,必须可靠地切断通过的最大短路电流,因此,开关电器还必须校验其断流能力,其额定短路开断电流不小于安装处的最大三相短路电流。

随着工业自动化程度的提高,电气设备对环境的影响也不容忽视。电气设备对环境的影响主要有电磁污染、无线电干扰、电压高次谐波、电流高次谐波、空气污染、噪声污染、事故及检修对环境的污染以及腐蚀污染等。其中,电磁污染已成为公认的继大气污染、水质污染、噪声污染之后的第四大污染,应在设计时采取相应防护措施。

## 5.2 高压开关电器的选择

高压开关电器主要指高压断路器、高压熔断器、高压隔离开关和高压负荷开关。高压电气设备的选择和校验项目见表5-2。

表 5-2 高压电气设备的选择和校验项目

| 电气设备名称 | 额定电压(kV) | 额定电流(A) | 短 路 校 验 | | |
|---|---|---|---|---|---|
| | | | 动稳定 | 热稳定 | 断流能力(kA) |
| 高压断路器 | √ | √ | √ | √ | √ |
| 高压隔离开关 | √ | √ | √ | √ | — |
| 高压负荷开关 | √ | √ | √ | √ | √(附熔断器) |
| 高压熔断器 | √ | √ | — | — | √ |
| 电流互感器 | √ | √ | √ | √ | — |
| 电压互感器 | √ | — | — | — | — |
| 支柱绝缘子 | √ | — | √ | — | — |
| 套管绝缘子 | √ | √ | √ | √ | — |
| 母线(硬) | — | √ | √ | √ | — |
| 电缆 | √ | √ | — | √ | — |

注:表中"√"表示必须校验,"—"表示不要校验。

高压断路器、高压隔离开关和高压负荷开关的具体选择原则如下:

① 根据使用环境和安装条件来选择设备的型号。

② 在正常条件下,按式(5-1)和式(5-2)分别选择设备的额定电压和额定电流。

③ 短路校验:

● 动稳定校验

电气设备的额定峰值耐受电流 $i_{max}$ 应不小于设备安装处的最大冲击短路电流 $i_{sh}^{(3)}$,即

$$i_{max} \geqslant i_{sh}^{(3)} \tag{5-3}$$

额定峰值耐受电流是指在规定的使用和性能条件下,开关设备在合闸位置能够承载的额定短时耐受电流第一个大半波的电流峰值。

● 热稳定校验

电气设备允许的短时发热应不小于设备安装处的最大短路发热,即

$$I_{th}^2 t_{th} \geqslant I_{\infty}^{(3)^2} t_{ima} \tag{5-4}$$

式中,$I_{th}$ 为电气设备在 $t_{th}$ 内允许通过的额定短时耐受电流有效值;$t_{th}$ 为电气设备的额定短路持续时间。

额定短时耐受电流有效值是指在规定的使用和性能条件下,在规定的短时间内,开关设备在合闸位置能够承载的电流的有效值。额定短路持续时间是指开关设备在合闸位置能承载额定短时耐受电流的时间间隔。额定短路持续时间的标准值为2s,推荐值为0.5s,1s,3s 和 4s。

④ 开关电器断流能力校验：对具有断流能力的开关电器需校验其断流能力。其额定短路分断电流（有效值）$I_{cs}$ 应不小于安装处的最大三相短路电流 $I_{K.\,max}^{(3)}$，即

$$I_{cs} \geqslant I_{K.\,max}^{(3)} \tag{5-5}$$

## 5.2.1 高压断路器的选择

高压断路器是供电系统中最重要的设备之一。采用成套配电装置，断路器选择户内型；如果是户外型变电所，则应选择户外型断路器。35kV 及以下电压等级的断路器宜选用真空断路器或 $SF_6$ 断路器，66kV 和 110kV 电压等级的断路器宜选用 $SF_6$ 断路器。

**例 5-1** 试选择某 35kV 户内型变电所主变压器二次侧高压开关柜的高压断路器，已知变压器 35/10.5kV，5000kVA，安装处的三相最大短路电流为 3.35kA，冲击短路电流为 8.54kA，三相短路容量为 60.9MVA，继电保护动作时间为 1.1s。

**解** 因为是户内型变电所，故选择户内真空断路器。根据变压器二次侧的额定电流来选择断路器的额定电流为

$$I_{2N} = \frac{S_N}{\sqrt{3}U_N} = \frac{5000}{\sqrt{3} \times 10.5} = 275A$$

查表 A-4，选择 ZN28-12/630 型真空断路器，有关技术参数及安装处的电气条件和计算选择结果列于表 5-3 中，从中可以看出断路器的参数均大于安装处的电气条件，故所选断路器合格。

**表 5-3　例 5-1 高压断路器选择校验表**

| 序 号 | ZN28-12/630 | | 选择要求 | 安装处的电气条件 | | 结论 |
|---|---|---|---|---|---|---|
| | 项目 | 数据 | | 项目 | 数据 | |
| 1 | $U_N$ | 12kV | $\geqslant$ | $U_{N.\,s}$ | 10kV | 合格 |
| 2 | $I_N$ | 630A | $\geqslant$ | $I_c$ | 275A | 合格 |
| 3 | $i_{max}$ | 63kA | $\geqslant$ | $i_{sh}^{(3)}$ | 8.54kA | 合格 |
| 4 | $I_{th}^2 t_{th}$ | $25^2 \times 4 = 2500 kA^2 s$ | $\geqslant$ | $I_\infty^{(3)2} t_{ima}$ | $3.35^2 \times (1.1+0.1) = 13.5 kA^2 s$ | 合格 |
| 5 | $I_{cs}$ | 25kA | $\geqslant$ | $I_{K.\,max}^{(3)}$ | 3.35kA | 合格 |

## 5.2.2 高压隔离开关的选择

高压隔离开关主要用于电气隔离而不能分断正常负荷电流和短路电流，因此，只需要选择额定电压和额定电流，校验动稳定和热稳定。成套开关柜生产厂商一般都提供开关柜的方案号以及柜内设备型号供用户选择，用户也可以自己指定设备型号。开关柜柜内高压隔离开关有的带接地刀，有的不带接地刀。

**例 5-2** 按例 5-1 所给的电气条件，选择变压器二次侧柜内高压隔离开关。

**解** 查表 A-5，选择 GN19-12/630 型高压隔离开关，选择计算结果列于表 5-4。

**表 5-4　例 5-2 高压隔离开关选择校验表**

| 序 号 | GN19-12 | | 选择要求 | 安装处的电气条件 | | 结论 |
|---|---|---|---|---|---|---|
| | 项目 | 数据 | | 项目 | 数据 | |
| 1 | $U_N$ | 12kV | $\geqslant$ | $U_{N.\,s}$ | 10kV | 合格 |
| 2 | $I_N$ | 630A | $\geqslant$ | $I_c$ | 275A | 合格 |
| 3 | $i_{max}$ | 50kA | $\geqslant$ | $i_{sh}^{(3)}$ | 8.54kA | 合格 |
| 4 | $I_{th}^2 t_{th}$ | $20^2 \times 4 = 1600 kA^2 s$ | $\geqslant$ | $I_\infty^{(3)2} t_{ima}$ | $3.35^2 \times (1.1+0.1) = 13.5 kA^2 s$ | 合格 |

### 5.2.3　高压熔断器的选择

熔断器没有触头，而且分断短路电流后熔体熔断，故不必校验动稳定和热稳定，仅需校验断流能力。

高压熔断器在选择时，要注意以下几点：

● 户内型熔断器 XRNT、RN1 用于线路和变压器的短路保护，而 XRNP、RN2 用于电压互感器的短路保护；

● 户外型跌开式熔断器需校验断流能力上、下限值，应使被保护线路的三相短路的冲击电流小于其上限值，而两相短路电流大于其下限值；

● 高压熔断器除了选择熔断器的额定电流，还要选择熔体的额定电流。

**1. 保护线路的熔断器的选择**

（1）熔断器的额定电压 $U_{\text{N.FU}}$ 应不低于其所在系统的额定电压 $U_{\text{N.S}}$，即

$$U_{\text{N.FU}} \geqslant U_{\text{N.S}} \tag{5-6}$$

（2）熔体的额定电流 $I_{\text{N.FE}}$ 不小于线路的计算电流 $I_c$，即

$$I_{\text{N.FE}} \geqslant I_c \tag{5-7}$$

（3）熔断器的额定电流 $I_{\text{N.FU}}$ 不小于熔体的额定电流 $I_{\text{N.FE}}$，即

$$I_{\text{N.FU}} \geqslant I_{\text{N.FE}} \tag{5-8}$$

（4）熔断器断流能力校验

① 对限流式熔断器（如 RN1），断开的短路电流是 $I''^{(3)}$，其额定短路分断电流（有效值）$I_{cs}$ 应满足

$$I_{cs} \geqslant I''^{(3)} \tag{5-9}$$

式中，$I''^{(3)}$ 为熔断器安装处的三相次暂态短路电流的有效值，无限大容量系统中 $I''^{(3)} = I_\infty^{(3)}$。

② 对非限流式熔断器（如 RW 系列跌开式熔断器），可能断开的短路电流是短路冲击电流，其额定短路分断电流上限值 $I_{cs.\max}$ 应不小于三相短路冲击电流有效值 $I_{sh}^{(3)}$，即

$$I_{cs.\max} \geqslant I_{sh}^{(3)} \tag{5-10}$$

熔断器额定短路分断电流下限值应不大于线路末端两相短路电流 $I_K^{(2)}$，即

$$I_{cs.\min} \leqslant I_K^{(2)} \tag{5-11}$$

**2. 保护电力变压器（高压侧）的熔断器熔体额定电流的选择**

考虑到变压器的正常过负荷能力（20% 左右）、变压器低压侧尖峰电流以及变压器空载合闸时的励磁涌流，熔断器熔体额定电流应满足

$$I_{\text{N.FE}} \geqslant (1.5 \sim 2.0) I_{1\text{N.T}} \tag{5-12}$$

式中，$I_{\text{N.FE}}$ 为熔断器熔体额定电流；$I_{1\text{N.T}}$ 为变压器一次侧的额定电流。

**3. 保护电压互感器的熔断器熔体额定电流的选择**

因为电压互感器二次侧电流很小，故选择 XRNP、RN2 专用熔断器做电压互感器短路保护，其熔体额定电流为 0.5A。

# 5.3　互感器的选择

### 5.3.1　电流互感器的选择

高压电流互感器二次侧线圈一般有一至数个不等，其中一个二次侧线圈用于测量，其他二次侧线圈用于保护。

## 1. 电流互感器的选择与校验

（1）电流互感器型号的选择

根据安装地点和工作要求选择电流互感器的型号。

（2）电流互感器额定电压的选择

电流互感器额定电压应不低于装设处系统的额定电压。

（3）电流互感器变比的选择

电流互感器一次侧的额定电流有 20,30,40,50,75,100,150,200,300,400,600,800,1000, 1200,1500,2000（A）等多种规格，二次侧的额定电流为 5A 或 1A。一般情况下，计量和测量用电流互感器变比的选择应使其一次侧的额定电流 $I_{1N}$ 不小于线路的计算电流 $I_c$。保护用电流互感器为保证其准确度要求，可以将变比选得大一些。

（4）电流互感器准确度的选择及校验

准确度选择的原则：计量用的电流互感器的准确度应选 0.2 ~ 0.5 级，测量用的电流互感器的准确度应选 0.5 ~ 1.0 级。为了保证准确度误差不超过规定值，电流互感器二次负荷 $S_2(Z_2)$ 应不大于二次额定负荷 $S_{2N}(Z_{2N})$，所选准确度才能得到保证。准确度校验公式为

$$S_2 \leqslant S_{2N} \text{ 或 } Z_2 \leqslant Z_{2N} \tag{5-13}$$

二次回路的负荷 $S_2$ 取决于二次负荷阻抗 $Z_2$ 的值，即

$$S_2 = I_{2N}^2 \mid Z_2 \mid \approx I_{2N}^2 (\sum \mid Z_i \mid + R_{WL} + R_{XC})$$

或

$$S_2 \approx \sum S_i + I_{2N}^2 (R_{WL} + R_{XC}) \tag{5-14}$$

式中，$S_i$，$Z_i$ 为二次回路中的仪表、继电器线圈的额定负荷（VA）和阻抗（Ω）；$R_{XC}$ 为二次回路中所有接头、触点的接触电阻，一般取 0.1Ω；$R_{WL}$ 为二次回路导线电阻，计算公式为

$$R_{WL} = \frac{L_c}{\gamma S} \tag{5-15}$$

式中，$\gamma$ 为导线的电导率，铜线 $\gamma = 53 \text{m}/(\Omega \cdot \text{mm}^2)$，铝线 $\gamma = 32 \text{m}/(\Omega \cdot \text{mm}^2)$；$S$ 为导线截面（$\text{mm}^2$）；$L_c$ 为导线的计算长度（m）。设电流互感器到仪表的单向长度为 $l_1$，则

$$L_c = \begin{cases} l_1 & \text{星形接线} \\ \sqrt{3}l_1 & \text{两相 V 形接线} \\ 2l_1 & \text{一相式接线} \end{cases} \tag{5-16}$$

差动保护用电流互感器的准确度应选 5P 级（P 表示保护），过电流保护用电流互感器的准确度应选 5P 级或 10P 级，5P 级复合误差限值为 5%，10P 级复合误差限值为 10%。为了正确反映一次侧短路电流的大小，二次侧电流与一次侧电流成线性关系，也需要校验二次侧负荷。为保证在短路时电流互感器变比误差不超过 10%，一般生产厂家都提供一次侧电流对其额定电流的倍数 $K_1(I_1/I_{1N})$ 与最大允许二次负荷 $Z_{2.al}$ 的关系曲线，简称 10% 误差曲线，如图 5-1 所示。通常是按电流互感器接入位置的最大三相短路电流来确定 $I_1/I_{1N}$ 的值，从相应互感器的 10% 误差曲线中找出横坐标上允许的二次负荷 $Z_{2.al}$，使接入二次侧的总阻抗 $Z_2$ 不超过 $Z_{2.al}$，则电流互感器的电流误差保证在 10% 以内。

电流互感器 10% 误差曲线校验步骤如下：

① 计算流过电流互感器的一次侧电流倍数 $K_1 = I_{K.max}^{(3)}/I_{1N}$；

② 根据电流互感器的型号、变比和一次侧电流倍数，在 10% 误差曲线上确定电流互感器的允许二次负荷 $Z_{2.al}$；

③ 计算电流互感器的实际二次负荷 $Z_2$；

④ 校验二次负荷,若 $Z_2 \leqslant Z_{2.al}$,满足准确度要求;若 $Z_2 > Z_{2.al}$,则应采取下述措施,使其满足 10% 误差:

- 增大连接导线截面或缩短连接导线长度,以减小实际二次负荷;
- 选择变比较大的电流互感器,减小一次侧电流倍数,增大允许的二次负荷。

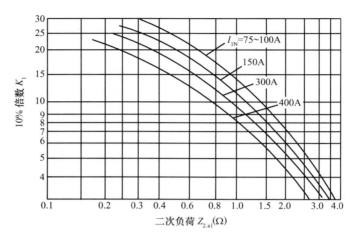

图 5-1　电流互感器 10% 误差曲线

### 2. 电流互感器的动稳定和热稳定校验

厂家的产品技术参数中,都给出了电流互感器额定峰值耐受电流 $i_{max}$、额定短时耐受电流有效值 $I_{th}$ 和额定短路持续时间 $t_{th}$,因此,按下列公式分别校验动稳定和热稳定即可。

（1）动稳定校验

$$i_{max} \geqslant i_{sh}^{(3)} \tag{5-17}$$

（2）热稳定校验

$$I_{th}^2 t_{th} \geqslant I_{\infty}^{(3)2} t_{ima} \tag{5-18}$$

有关电流互感器的参数可查表 A-7 或其他有关产品手册。

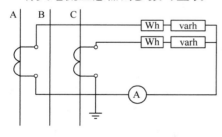

图 5-2　例 5-3 电流互感器和
测量仪器的接线图

**例 5-3**　按例 5-1 的电气条件,选择主变压器二次侧高压开关柜内的电流互感器。已知电流互感器采用两相式接线,如图 5-2 所示,其中 0.5 级二次绕组用于测量,接有三相有功电能表和三相无功电能表各一只,每一电流线圈消耗功率 0.5VA,电流表一只,消耗功率 3VA。电流互感器二次回路采用 BV-500-1×2.5mm² 的铜芯塑料线,电流互感器距仪表的单向长度为 2m。

**解**　根据变压器二次侧额定电压 10kV,额定电流 275A,查表 A-7,选额定电压为 12kV、变比为 400/5A 的 LZZBJ9-12 型电流互感器,$i_{max} = 112.5\text{kA}$,$I_{th} = 45\text{kA}$,$t_{th} = 1\text{s}$,$S_{2N} = 10\text{VA}$。

（1）准确度校验

$$S_2 \approx \sum S_i + I_{2N}^2 (R_{WL} + R_{XC})$$
$$= (0.5 + 0.5 + 3/2) + 5^2 \times \left[ \sqrt{3} \times 2/(53 \times 2.5) + 0.1 \right]$$
$$= 5.65\text{VA} < S_{2N} = 10\text{VA}$$

满足准确度要求。

（2）动稳定校验

$$i_{\max} = 112.5\text{kA} > i_{\text{sh}}^{(3)} = 8.54\text{kA}$$

满足动稳定要求。

（3）热稳定校验

$$I_{\text{th}}^2 t_{\text{th}} = 45^2 \times 1 = 2025\text{kA}^2\text{s} > I_{\infty}^{(3)2} t_{\text{ima}} = 3.35^2 \times (1.1 + 0.1) = 13.5\text{kA}^2\text{s}$$

满足热稳定要求。

所以选择 LZZBJ9-12 400/5A 型电流互感器满足要求。

### 5.3.2 电压互感器的选择

电压互感器的一、二次侧均有熔断器保护，所以不需要校验短路动稳定和热稳定。电压互感器的选择如下：

- 按装设处环境及工作要求选择电压互感器型号；
- 电压互感器的额定电压应不低于装设处系统的额定电压；
- 按测量、计量仪表对电压互感器准确度要求选择并校验准确度。

计量用的电压互感器的准确度应选 $0.2 \sim 0.5$ 级，测量用的准确度应选 $0.5 \sim 1.0$ 级，保护用的准确度应选 3 级。

为了保证准确度的误差在规定范围内，二次侧负荷 $S_2$ 应不大于电压互感器二次侧额定容量 $S_N$。电压互感器在不同接线时，二次侧负荷可按 2.3.3 节单相负荷的计算将线电压负荷换算成相负荷。

$$S_2 \leqslant S_{2N} \tag{5-19}$$

$$S_2 = \sqrt{\left(\sum P_i\right)^2 + \left(\sum Q_i\right)^2} \tag{5-20}$$

式中，$\sum P_i = \sum (S_i\cos\varphi_i)$ 和 $\sum Q_i = \sum (S_i\sin\varphi_i)$ 分别为仪表、继电器电压线圈消耗的总有功功率和总无功功率。

**例 5-4** 例 5-1 总降压变电所 10kV 母线配置 3 只单相三绕组电压互感器，采用 $Y_0 / Y_0 / \triangle$ 接法，用于母线电压、各回路有功电能和无功电能测量及母线绝缘监视用。电压互感器和测量仪表的接线如图 5-3 所示。该母线共有 4 路出线，每路出线装设三相有功电能表和三相无功电能表及功率表各一只，每个电压线圈消耗的功率为 1.5VA；母线设 4 只电压表，其中 3 只分别接于各相，用作绝缘监视，另一只电压表用于测量各线电压，每只电压表消耗的功率均为 4.5VA。电压互感器 $\triangle$ 侧电压继电器线圈消耗功率为 2.0VA。试选择电压互感器，校验其二次负荷是否满足准确度要求。

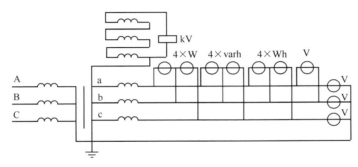

图 5-3　电压互感器和测量仪表的接线图

**解** 根据要求查表 A-8，选 3 只 JDZX-10Q 型电压互感器电压比为 $10/\sqrt{3}:0.1/\sqrt{3}:0.1/3\text{kV}$，0.5 级二次绕组（单相）额定负荷为 90VA。

3 只电压表分别接于相电压，1 只电压表接于开口三角形，电能表接于 ab 和 bc 线电压，应将线电压负荷换算成相负荷，显然 b 相的负荷最大。若不考虑电压线圈的功率因数，接于线电压的电能表负荷按式(2-23)换算成的 b 相负荷为

$$S_{b\phi} = \frac{1}{\sqrt{3}}[S_{bc}\cos(\varphi_{bc} - 30°) + S_{ab}\cos(\varphi_{ab} + 30°)]$$

$$= \frac{1}{\sqrt{3}}[S_{ab}\cos(0° + 30°) + S_{bc}\cos(-120° - 30°)] = \frac{1}{2}S_{ab} + \frac{1}{2}S_{bc}$$

b 相的总负荷为

$$S_{b\Sigma} = S_v + S_{b\phi} + \frac{S_{kv}}{3} = S_v + \frac{1}{2}S_{ab} + \frac{1}{2}S_{bc} + \frac{S_{kv}}{3}$$

$$= S_v + \frac{1}{2}[(S_w + S_{wh} + S_{varh}) \times 4 + S_v] + \frac{1}{2}(S_w + S_{wh} + S_{varh}) \times 4 + \frac{S_{kv}}{3}$$

$$= 4.5 + \frac{1}{2} \times [(1.5 + 1.5 + 1.5) \times 4 + 4.5] + \frac{1}{2} \times (1.5 + 1.5 + 1.5) \times 4 + \frac{2}{3}$$

$$= 25.42\text{VA} < S_{2N} = 90\text{VA}$$

故二次负荷满足准确度要求。

# 5.4　母线、支柱绝缘子和穿墙套管的选择

## 5.4.1　母线的选择

母线都用支柱绝缘子固定在开关柜上，因而无电压要求，其选择条件如下。

### 1. 型号选择

母线的种类有矩形母线和管形母线，母线的材料有铜、铝、铝合金和复合导体，如铜包铝或钢铝复合材料。目前变电所的母线除大电流采用铜母线外，一般尽量采用铝母线。变配电所高压开关柜上的高压母线，通常选用硬铝矩形母线（LMY）。

### 2. 母线截面选择

（1）按允许载流量选择母线截面

$$I_c \leqslant I_{al} \tag{5-21}$$

式中，$I_{al}$ 为母线允许的载流量（A）；$I_c$ 为汇集到母线上的计算电流（A）。

（2）年平均负荷、传输容量较大时，宜按经济电流密度选择母线截面

$$S_{ec} = \frac{I_c}{j_{ec}} \tag{5-22}$$

式中，$j_{ec}$ 为经济电流密度；$S_{ec}$ 为母线经济截面。

### 3. 硬母线动稳定校验

短路时母线承受很大的电动力，因此，必须根据母线的机械强度校验其动稳定。即

$$\sigma_{al} \geqslant \sigma_c \tag{5-23}$$

式中，$\sigma_{al}$ 为母线材料最大允许应力（Pa），硬铝母线为 70MPa，硬铜母线为 140MPa；$\sigma_c$ 为母线短路时冲击电流 $i_{sh}^{(3)}$ 产生的最大计算应力。计算公式为

$$\sigma_c = \frac{M}{W} \tag{5-24}$$

式中,$M$ 为母线通过 $i_{sh}^{(3)}$ 时受到的弯曲力矩;$W$ 为母线截面系数。

$$M = \frac{F_c^{(3)} l}{K} \tag{5-25}$$

式中,$F_c^{(3)}$ 为三相短路时,中间相(水平放置或垂直放置,如图 5-4 所示)受到的最大计算电动力(N);$l$ 为挡距(m);$K$ 为系数,当母线挡数为 $1 \sim 2$ 时,$K = 8$,当母线挡数大于 2 时,$K = 10$。

$$W = \frac{b^2 h}{6} \tag{5-26}$$

式中,$b$ 为母线截面水平宽度(m);$h$ 为母线截面垂直高度(m)。

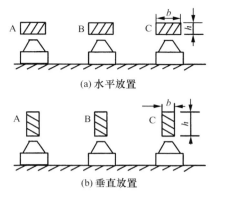

图 5-4 水平放置和垂直放置的母线

#### 4. 母线热稳定校验

母线截面应不小于热稳定最小允许截面 $S_{th.\,min}$,即

$$S > S_{th.\,min} = I_{\infty}^{(3)} \frac{\sqrt{t_{ima}}}{C} \tag{5-27}$$

式中,$I_{\infty}^{(3)}$ 为三相短路稳态电流(A);$t_{ima}$ 为假想时间(s);$C$ 为导体的热稳定系数(A·$s^{\frac{1}{2}}$/mm²),铝母线 $C = 87$,铜母线 $C = 171$。

当母线实际截面大于最小允许截面时,满足热稳定要求。

### 5.4.2 支柱绝缘子的选择

支柱绝缘子主要用来固定导线或母线,并使导线或母线与设备或基础绝缘。支柱绝缘子有户内和户外型两大类,户内支柱绝缘子(代号 Z)按金属附件的胶装方式有外胶装(代号 W)、内胶装(代号 N)、联合胶装(代号 L)3 种。表 5-5 列出了部分户内支柱绝缘子的有关参数。

表 5-5 部分户内支柱绝缘子的有关参数

| 产品型号 | 额定电压<br>(kV) | 机械破坏负荷(kN)<br>(不小于) | | 总高度<br>$H$(mm) | 瓷件最大公称<br>直径(mm) | 胶装方式 |
| --- | --- | --- | --- | --- | --- | --- |
| | | 弯曲 | 拉伸 | | | |
| ZNA-10MM<br>ZN-10/8 | 10 | 3.75 | 3.75 | 120 | 82 | N 表示内胶装,MM 表示上下附件为特殊螺母 |
| ZA-10Y<br>ZB-10T<br>ZC-10F | 10 | 3.75 | 3.75 | 190 | 90 | 外胶装(不表示)<br>A,B,C,D 表示机械破坏负荷等级<br>Y,T,F 表示圆、椭圆、方形底座 |
| ZL-10/16<br>ZL-35/8 | 10<br>35 | 16<br>8 | 16<br>8 | 185<br>400 | 120<br>120 | L 表示联合胶装 |

支柱绝缘子的选择应符合下列几个条件:

① 按使用场所(户内、户外)选择型号;

② 按工作电压选择额定电压;

③ 校验动稳定

$$F_c^{(3)} \leqslant KF_{al} \tag{5-28}$$

式中，$F_{al}$ 为支柱绝缘子最大允许机械破坏负荷（见表 5-5）；按弯曲破坏负荷计算时，$K=0.6$，按拉伸破坏负荷计算时，$K=1$；$F_c^{(3)}$ 为短路时冲击电流作用在支柱绝缘子上的计算电动力，母线水平放置时，按 $F_c^{(3)} = F^{(3)}$ 计算，母线垂直放置时，则 $F_c^{(3)} = 1.4\,F^{(3)}$。

### 5.4.3 穿墙套管的选择

穿墙套管主要用于导线或母线穿过墙壁、楼板及封闭配电装置时，做绝缘支持与外部导线间连接之用。按其使用场所划分为户内普通型、户外—户内普通型、户外—户内耐污型、户外—户内高原型及户外—户内高原耐污型 5 类；按结构形式划分为铜导体、铝导体和不带导体（母线式）套管；按电压等级划分为 6，10，20 及 35kV 等电压等级。

穿墙套管的型号及有关参数见表 5-6。

表 5-6　穿墙套管的型号及有关参数

| 产品型号 | 额定电压 (kV) | 额定电流 (A) | 抗弯破坏负荷(kN) | 总长 $L$ (mm) | 安装处直径 $D$(mm) | 5s 额定短时耐受电流有效值(kA) | 说　明 |
|---|---|---|---|---|---|---|---|
| CA-6/200 | 6 | 200 | 3.75 | 375 | 70 | 3.8 | C 表示瓷套管； |
| CB-10/600 | 10 | 600 | 7.5 | 450 | 100 | 12 | A、B、C、D 表示抗弯破坏负荷等级； |
| CWB-35/400 | 35 | 400 | 7.5 | 980 | 220 | 7.2 | 铜导体不表示，L 表示铝导体； |
| CWL-10/600 | 10 | 600 | 7.5 | 560 | 114 | 12 | 第 1 个 W 表示户外—户内型，第 2 个 W 表示耐污型 |
| CWWL-10/400 | 10 | 400 | 7.5 | 520 | 115 | 7.2 | |

穿墙套管应按下列几个条件选择：

① 按使用场所选择型号；

② 按工作电压选择额定电压；

③ 按计算电流选择额定电流；

④ 动稳定校验

$$F_c^{(3)} \leqslant 0.6F_{al} \tag{5-29}$$

$$F_c^{(3)} = \frac{K(l_1 + l_2)}{a} i_{sh}^{(3)^2} \times 10^{-7} \tag{5-30}$$

式中，$F_c^{(3)}$ 为三相短路冲击电流作用于穿墙套管上的计算电动力（N）；$F_{al}$ 为穿墙套管允许的最大抗弯破坏负荷（N）；$l_1$ 为穿墙套管与最近一个支柱绝缘子间的距离（m）；$l_2$ 为套管本身的长度（m）；$a$ 为相间距离；$K=0.866$。

⑤ 热稳定校验

$$I_{th}^2 t_{th} \geqslant I_\infty^{(3)^2} t_{ima} \tag{5-31}$$

式中，$I_{th}$ 为额定短时耐受电流有效值；$t_{th}$ 为额定短路持续时间。

**例 5-5**　选择例 5-1 总降压变电所 10kV 室内母线，已知铝母线的经济电流密度为 1.15A/mm²，假想时间为 1.2s，母线水平放置在支柱绝缘子上，型号为 ZA-10Y，跨距为 1.1m，母线中心距为 0.3m，变压器 10kV 套管引入配电室，穿墙套管型号为 CWL-10/600，相间距离为 0.22m，与最近一个支柱绝缘子间的距离为 1.8m，试选择母线、校验母线、支柱绝缘子、穿墙套管的动稳定和热稳定。

**解**　(1) 按经济截面选择 LMY 硬铝母线

$$S_{ec} = \frac{I_{2N}}{j_{ec}} = \frac{275}{1.15} = 239 \text{mm}^2$$

查表 A-11-2,选择 LMY-50×5。

(2) 母线动稳定和热稳定校验

① 母线动稳定校验。三相短路电动力

$$F_c^{(3)} = \sqrt{3} K_f i_{sh}^{(3)2} \frac{l}{a} \times 10^{-7} = 1.732 \times 1 \times (8.54 \times 10^3)^2 \times \frac{1.1}{0.3} \times 10^{-7}$$
$$= 46.4 \text{N}$$

弯曲力矩按大于 2 挡计算,即

$$M = \frac{F_c^{(3)} l}{10} = \frac{46.4 \times 1.1}{10} = 5.1 \text{Nm}$$

$$W = \frac{b^2 h}{6} = \frac{0.05^2 \times 0.005}{6} = 2.08 \times 10^{-6} \text{m}^3$$

计算应力为　$\sigma_c = \dfrac{M}{W} = \dfrac{5.1}{2.08 \times 10^{-6}} = 2.45 \times 10^6 \text{Pa} = 2.45 \text{MPa}$

$$\sigma_{al} = 70 \text{MPa} > \sigma_c$$

故母线满足动稳定要求。

② 母线热稳定校验。按式(5-27),有

$$S_{th.min} = I_\infty^{(3)} \frac{\sqrt{t_{ima}}}{C} = 3.35 \times 10^3 \times \frac{\sqrt{1.2}}{87} = 42.2 \text{mm}^2$$

母线实际截面为

$$S = 50 \times 5 = 250 \text{mm}^2 > S_{th.min} = 42.2 \text{mm}^2$$

故母线也满足热稳定要求。

(3) 支柱绝缘子动稳定校验

查表 5-5 可得,支柱绝缘子最大允许机械破坏负荷(弯曲) 为 3.75kN,则

$$KF_{al} = 0.6 \times 3.75 \times 10^3 = 2250 \text{N} > F_c^{(3)} = 46.4 \text{N}$$

故支柱绝缘子满足动稳定要求。

(4) 穿墙套管动稳定和热稳定校验

① 动稳定校验。查表 5-6 得,$F_{al} = 7.5 \text{kN}$,$l_2 = 0.56 \text{m}$,$l_1 = 1.8 \text{m}$,$a = 0.22 \text{m}$,按式(5-30),则有

$$F_c^{(3)} = \frac{K(l_1 + l_2)}{a} i_{sh}^{(3)2} \times 10^{-7} = \frac{0.866 \times (1.8 + 0.56)}{0.22} \times (8.54 \times 10^3)^2 \times 10^{-7}$$
$$= 67.8 \text{N}$$

$$0.6 F_{al} = 0.6 \times 7.5 \times 10^3 = 4500 \text{N} > F_c^{(3)} = 67.8 \text{ N}$$

故穿墙套管满足动稳定要求。

② 热稳定校验。查表 5-6,CWL-10/600 穿墙套管 5s 额定短时耐受电流有效值为 12kA,根据式(5-31),有

$$I_{th}^2 t_{th} = 12^2 \times 5 = 720 \text{kA}^2 \text{s} > I_\infty^{(3)2} t_{ima} = 3.35^2 \times (1.1 + 0.1) = 13.5 \text{kA}^2 \text{s}$$

故穿墙套管满足热稳定要求。

# 5.5　高压开关柜的选择

高压开关柜是成套设备,柜内有断路器、隔离开关、互感器等设备。高压开关柜主要选择开关

柜的型号和回路方案号。开关柜的回路方案号应按主接线方案选择，并保持一致。对柜内设备的选择，应按装设地点的电气条件来选择，具体方法如前所述。开关柜生产商会提供开关柜型号、方案号、技术参数、柜内设备的配置。柜内设备的具体规格由用户向生产商提出订货要求。

### 1. 选择高压开关柜的型号

高压开关柜型号主要依据负荷等级选择，一、二级负荷应选择金属封闭户内移开式开关柜，如 KYN-12、KYN-40.5 等系列开关柜，三级负荷可选用金属封闭户内固定式开关柜，如 KGN-12、XGN-12 等系列开关柜，也可选择移开式开关柜。

### 2. 选择高压开关柜回路方案号

每种型号的开关柜，其回路方案号有数十种，用户可以根据主接线方案，选择与主接线方案一致的开关柜回路方案号，然后选择柜内设备型号规格。每种型号的开关柜主要有电缆进出线柜、架空线进出线柜、母线联络柜、计量柜、电压互感器以及避雷器柜、所用变柜等，但各型号开关柜的方案号可能不同。例如，图 4-36 某企业 10/0.4kV 变电所 10kV 回路选用 KYN28-12 系列金属封闭户内移开式开关柜，其进线柜回路方案号为 007、馈线柜回路方案号为 002、电压互感器以及避雷器柜回路方案号为 037、计量柜回路方案号为 050。

# 5.6  低压熔断器的选择

### 1. 低压熔断器的选择

① 根据工作环境条件要求选择熔断器的型号；

② 熔断器额定电压应不低于保护线路的额定电压；

③ 熔断器的额定电流应不小于其熔体的额定电流，即

$$I_{\mathrm{N.FU}} \geqslant I_{\mathrm{N.FE}} \tag{5-32}$$

### 2. 熔体额定电流的选择

熔体额定电流应同时满足下列 3 个条件。

① 熔断器熔体额定电流 $I_{\mathrm{N.FE}}$ 应不小于线路的计算电流 $I_{\mathrm{c}}$，使熔体在线路正常工作时不致熔断，即

$$I_{\mathrm{N.FE}} \geqslant I_{\mathrm{c}} \tag{5-33}$$

② 熔体额定电流还应躲过线路的尖峰电流 $I_{\mathrm{pk}}$，由于尖峰电流持续时间很短，而熔体发热熔断需要一定的时间，因此，熔体额定电流应满足

$$I_{\mathrm{N.FE}} \geqslant KI_{\mathrm{pk}} \tag{5-34}$$

式中，$K$ 为小于 1 的计算系数，当熔断器用于单台电动机保护时，$K$ 的取值与熔断器特性及电动机启动情况有关，$K$ 的取值范围见表 5-7。

表 5-7　系数 $K$ 的取值范围

| 线路情况 | 启动时间 | $K$ 值 |
|---|---|---|
| 单台电动机 | 3s 以下 | 0.25～0.35 |
| | 3～8s(重载启动) | 0.35～0.5 |
| | 8s 以上及频繁启动、反接制动 | 0.5～0.6 |
| 多台电动机 | 按最大一台电动机启动情况 | 0.5～1 |
| | $I_{\mathrm{c}}$ 与 $I_{\mathrm{pk}}$ 较接近时 | 1 |

③ 熔断器保护还应考虑与被保护线路配合，在被保护线路过负荷或短路时能得到可靠的保护，还应满足

$$I_{\mathrm{N.FE}} \leqslant K_{\mathrm{OL}} I_{\mathrm{al}} \tag{5-35}$$

式中，$I_{\mathrm{al}}$ 为绝缘导线和电缆的允许载流量；$K_{\mathrm{OL}}$ 为绝缘导线和电缆的允许短时过负荷系数。当熔断器做短路保护时，绝缘导线和电缆的过负荷系数取 2.5，明敷导线取 1.5；当熔断器做过负荷保护时，各类导线的过负荷系数取 0.8～1，对有爆炸危险场所的导线过负荷系数取下限值 0.8。

**3. 熔断器断流能力校验**

熔断器的额定短路分断电流 $I_{\mathrm{cs}}$ 应不小于线路的最大短路电流。

① 对限流式熔断器（如 RT 系列），其额定短路分断电流 $I_{\mathrm{cs}}$ 应不小于三相次暂态短路电流的有效值 $I''^{(3)}$（无限大功率电源系统中，$I''^{(3)} = I_{\mathrm{K.max}}^{(3)}$），即

$$I_{\mathrm{cs}} \geqslant I''^{(3)} \tag{5-36}$$

② 对非限流式熔断器，其额定短路分断电流 $I_{\mathrm{cs}}$ 应不小于三相短路冲击电流有效值 $I_{\mathrm{sh}}^{(3)}$，即

$$I_{\mathrm{cs}} \geqslant I_{\mathrm{sh}}^{(3)} \tag{5-37}$$

**4. 前后级熔断器选择性配合**

低压线路中，熔断器较多，前后级间的熔断器在选择性上必须配合，以使靠近故障点的熔断器最先熔断。

如图 5-5（a）所示的 1FU（前级）与 2FU（后级），当 K 点发生短路时，2FU 应先熔断，但由于熔断器的特性误差较大，一般为 ±30%～±50%，当 1FU 为负误差（提前动作）、2FU 为正误差（滞后动作）时，如图 5-5（b）所示，则 1FU 可能先动作，从而失去选择性。为保证选择性配合，要求

$$t_1' \geqslant 3t_2' \tag{5-38}$$

式中，$t_1'$ 为 1FU 的实际熔断时间；$t_2'$ 为 2FU 的实际熔断时间。

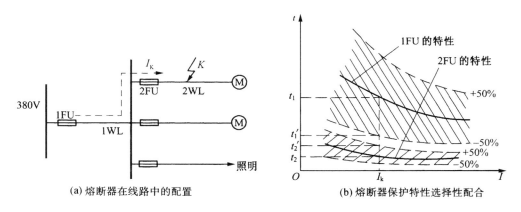

(a) 熔断器在线路中的配置　　(b) 熔断器保护特性选择性配合

图 5-5　前后级熔断器选择性配合

一般前级熔断器的熔体额定电流应比后级熔断器的熔体额定电流大 2～3 级。

**例 5-6**　有一台电动机，$U_{\mathrm{N}} = 380\mathrm{V}$，$P_{\mathrm{N}} = 17\mathrm{kW}$，$I_{\mathrm{c}} = 42.3\mathrm{A}$，属重载启动，启动电流为 188A，启动时间为 3～8s。采用 BV 型截面为 $10\mathrm{mm}^2$ 导线穿钢管敷设。该电动机采用 RT19 型熔断器做短路保护，线路最大短路电流为 21kA。选择熔断器及熔体的额定电流，并进行校验。

**解**　(1) 选择熔体及熔断器额定电流

① $I_{\mathrm{N.FE}} \geqslant I_{\mathrm{c}} = 42.3\mathrm{A}$

② $I_{\mathrm{N.FE}} \geqslant K I_{\mathrm{pk}} = 0.4 \times 188 = 75.2\mathrm{A}$

根据以上计算结果查表 A-10，选 $I_{\mathrm{N.FE}} = 80\mathrm{A}$。

熔断器的额定电流应不小于其熔体的额定电流，查表 A-10 选 RT19-125 型熔断器，熔断器额

定电流为 125A，其熔体额定电流为 80A，额定短路分断电流为 50kA。

（2）校验熔断器分断能力

$$I_{cs} = 50\text{kA} > I''^{(3)} = I_{K.\,max}^{(3)} = 21\text{kA}$$

分断能力满足要求。

（3）导线与熔断器的配合校验

熔断器做短路保护，导线为绝缘铜导线时：$K_{OL} = 2.5$；查表 A-12-2（30℃ 三根单芯线）得 $I_{al} = 50\text{A}$。则

$$I_{N.\,FE} = 80\text{A} < 2.5 \times 50 = 125\text{A}$$

所选熔断器 RT19-125/80 满足要求。

## 5.7 低压断路器的选择

### 5.7.1 低压断路器选择的一般原则

在选择低压断路器时，应满足下列条件：

① 低压断路器的型号及操作机构形式应符合工作环境、保护性能等方面的要求；

② 低压断路器的额定电压应不低于装设地点线路的额定电压；

③ 低压断路器脱扣器的选择和整定应满足保护要求；

④ 低压断路器的壳架等级额定电流应不小于脱扣器的额定电流，即

$$I_{N.\,QF} \geqslant I_{N.\,OR} \tag{5-39}$$

壳架等级额定电流 $I_{N.\,QF}$ 是指框架或塑料外壳中所能装的最大脱扣器额定电流，是表明断路器的框架或塑料外壳通流能力的参数，主要由主触头的通流能力决定。过电流脱扣器额定电流又称低压断路器额定电流。

⑤ 低压断路器的额定短路分断电流 $I_{cs}$ 应不小于其安装处的最大短路电流。

对万能式低压断路器，其分断时间在 0.02s 以上时，按下式校验

$$I_{cs} \geqslant I_{K.\,max}^{(3)} \tag{5-40}$$

对塑料外壳式低压断路器，其分断时间在 0.02s 以下时，按下式校验

$$I_{cs} \geqslant I_{sh}^{(3)} \tag{5-41}$$

### 5.7.2 低压断路器脱扣器的选择和整定

低压断路器脱扣器主要有过电流（电磁）脱扣器、热脱扣器、欠电压脱扣器、分励脱扣器等。过电流脱扣器又分长延时过电流脱扣器（又称反时限脱扣器）、短延时过电流脱扣器（又称定时限脱扣器）和瞬时过电流脱扣器。脱扣器动作电流整定有的可调，有的不可调，如过电流脱扣器可级差调整，智能型断路器的控制器可连续调整，热脱扣器有不可调整和可级差调整。一般是先选脱扣器的形式，然后选择其额定电流（或额定电压），再整定脱扣器的动作电流和动作时间。

#### 1. 过电流脱扣器的选择和整定

（1）过电流脱扣器额定电流的选择

过电流脱扣器额定电流 $I_{N.\,OR}$ 应不小于线路的计算电流 $I_c$，即

$$I_{N.\,OR} \geqslant I_c \tag{5-42}$$

（2）过电流脱扣器动作电流的整定

① 瞬时过电流脱扣器动作电流的整定。瞬时过电流脱扣器动作电流 $I_{op(i)}$ 应躲过线路的尖峰电流 $I_{pk}$，即

$$I_{op(i)} \geqslant K_{rel} I_{pk} \tag{5-43}$$

式中，$K_{rel}$ 为可靠系数。对动作时间在 0.02s 以上的万能式断路器，$K_{rel} = 1.35$；对动作时间在 0.02s 以下的塑料外壳式断路器，$K_{rel} = 2 \sim 2.5$。

② 短延时过电流脱扣器动作电流和动作时间的整定。短延时过电流脱扣器动作电流 $I_{op(s)}$ 也应躲过线路的尖峰电流 $I_{pk}$，即

$$I_{op(s)} \geqslant K_{rel} I_{pk} \tag{5-44}$$

式中，$K_{rel}$ 为可靠系数，可取 1.2。

短延时脱扣器动作时间一段不超过 1s，通常分为 0.2s，0.4s，0.6s 这 3 级。但是，目前一些新产品中，短延时的时间也有所不同，如 CW2 型断路器，其定时限特性为 0.1s，0.2s，0.3s，0.4s 这 4 级。ME 系列断路器采用半导体过电流脱扣器时，其短延时范围为 30 ~ 270ms，分级式，每级 30ms 或 60ms，可根据保护要求确定动作时间。

③ 长延时过电流脱扣器动作电流和动作时间的整定。长延时过电流脱扣器动作电流 $I_{op(1)}$ 只需躲过线路的计算电流 $I_c$，即

$$I_{op(1)} \geqslant K_{rel} I_c \tag{5-45}$$

式中，$K_{rel}$ 取 1.1。

长延时过电流脱扣器用于过负荷保护，动作时间为反时限特性。一般动作时间为 1 ~ 2h。

过电流脱扣器的动作电流，按照其额定电流的倍数来整定，即选择过电流脱扣器的整定倍数 $K$。过电流脱扣器动作电流应不大于整定倍数与过电流脱扣器的额定电流的乘积，即 $KI_{N.OR} \geqslant I_{op}$。各种型号断路器的脱扣器动作电流整定倍数不一样。不同类型的过电流脱扣器如瞬时、短延时、长延时脱扣器，其动作电流倍数也不一样。有些型号断路器动作电流倍数分挡设定，而有些型号断路器动作电流倍数可连续调节，详见产品技术参数。

④ 过电流脱扣器与配电线路的配合要求。低压断路器还需考虑与配电线路的配合，防止被保护线路因过负荷或短路故障引起导线或电缆过热，其配合条件为

$$I_{op} \leqslant K_{OL} I_{al} \tag{5-46}$$

式中，$I_{al}$ 为绝缘导线或电缆的允许载流量；$K_{OL}$ 为导线或电缆允许的短时过负荷系数。对瞬时和短延时过电流脱扣器，$K_{OL} = 4.5$；对长延时过电流脱扣器，$K_{OL} = 1$；对有爆炸气体区域内的配电线路过电流脱扣器，$K_{OL} = 0.8$。

当上述配合要求得不到满足时，可改选脱扣器动作电流，或增大配电线路导线截面。

**2. 热脱扣器的选择和整定**

① 热脱扣器的额定电流应不小于线路的计算电流 $I_c$，即

$$I_{N.TR} \geqslant I_c \tag{5-47}$$

② 可调热脱扣器的动作电流整定，应按线路的计算电流来整定，即

$$I_{op(TR)} = KI_{N.TR} \geqslant K_{rel} I_c \tag{5-48}$$

式中，$K$ 为热脱扣器的整定倍数，并应在实际运行时调试；$K_{rel}$ 取 1.1。

**3. 欠电压脱扣器和分励脱扣器选择**

欠电压脱扣器主要用于欠压或失压（零压）保护，当电压下降低于 $(0.35 \sim 0.7)U_N$ 时便能动作。分励脱扣器主要用于断路器的分闸操作，在 $(0.85 \sim 1.1)U_N$ 时便能可靠动作。

欠电压和分励脱扣器的额定电压应等于线路的额定电压，并按直流或交流的类型以及操作要求进行选择。

### 5.7.3　前后级低压断路器选择性的配合

为了保证前后级断路器选择性要求,在动作电流选择性配合时,前一级动作电流大于后一级动作电流的 1.2 倍,即

$$I_{\mathrm{op.(1)}} \geqslant 1.2 I_{\mathrm{op.(2)}} \tag{5-49}$$

在动作时间选择性配合时,如果后一级(靠近负载)采用瞬时过电流脱扣器,则前一级(靠近电源)要求采用短延时过电流脱扣器;如果前后级都采用短延时脱扣器,则前一级短延时时间应至少比后一级短延时时间大一级。由于低压断路器保护特性时间误差为 $\pm 20\% \sim \pm 30\%$,为防止误动作,应把前一级动作时间计入负误差(提前动作),后一级动作时间计入正误差(滞后动作)。在这种情况下,仍要保证前一级动作时间大于后一级动作时间,才能保证前后级断路器选择性配合。

### 5.7.4　低压断路器灵敏系数的校验

低压断路器短路保护灵敏系数应满足下式条件

$$K_{\mathrm{s}} = \frac{I_{\mathrm{K.min}}}{I_{\mathrm{op}}} \geqslant 1.3 \tag{5-50}$$

式中,$K_{\mathrm{s}}$ 为灵敏系数;$I_{\mathrm{op}}$ 为瞬时或短延时过电流脱扣器的动作电流整定值;$I_{\mathrm{K.min}}$ 为保护线路末端在最小运行方式下的短路电流,对 TN 和 TT 系统 $I_{\mathrm{K.min}}$ 应为单相短路电流,对 IT 系统则为两相短路电流。

**例 5-7**　某 0.38kV 动力线路,采用低压断路器保护,线路计算电流为 125A,尖峰电流为 390A,线路首端最大三相短路电流为 7.6kA,末端最小两相短路电流为 2.5kA,冲击短路电流有效值为 8.28kA,线路允许载流量为 239A(BV 三芯绝缘导线穿塑料管,30℃ 时),试选择低压断路器。

**解**　低压断路器用于配电线路保护,选择 CM2 系列塑料外壳式断路器,查表 A-9-1,确定配置瞬时脱扣器和热脱扣器。

(1) 瞬时脱扣器额定电流选择及动作电流整定

① 瞬时脱扣器额定电流选择

$$I_{\mathrm{N.OR}} \geqslant I_{\mathrm{c}} = 125A$$

查表 A-9-1,选取瞬时脱扣器额定电流 160A。

② 瞬时脱扣器动作电流整定

$$I_{\mathrm{op(i)}} \geqslant K_{\mathrm{rel}} I_{\mathrm{pk}} = 2 \times 390A = 780A$$

查表 A-9-1 瞬时脱扣器整定倍数为(5-6-7-8-9-10)$I_{\mathrm{N.OR}}$,选择 6 倍整定倍数,其动作电流整定为

$$I_{\mathrm{op(i)}} = 160A \times 6 = 960A > 780A$$

瞬时脱扣器动作电流整定满足要求。

③ 与保护线路的配合

$$I_{\mathrm{op(i)}} = 960A \leqslant 4.5 I_{\mathrm{al}} = 4.5 \times 239A = 1075A$$

与保护线路的配合满足要求。

(2) 热脱扣器额定电流选择及动作电流整定

① 热脱扣器额定电流选择

$$I_{\mathrm{N.TR}} \geqslant I_{\mathrm{c}} = 125A$$

查表 A-9-1,选取热脱扣器额定电流 160A。

② 热脱扣器动作电流整定

$$I_{op(TR)} \geqslant K_{rel}I_c = 1.1 \times 125 = 137.5A$$

查表 A-9-1,热脱扣器整定倍数为 $(0.8\text{-}0.9\text{-}1.0)I_{N.TR}$,选择 0.9 倍整定倍数,其动作电流整定为

$$I_{op(TR)} = 160A \times 0.9 = 144A > 137.5A$$

热脱扣器动作电流整定满足要求。

（3）断路器壳架等级额定电流选择

$$I_{N.QF} \geqslant I_{N.OR} = 160A$$

查表 A-9-1,选壳架等级额定电流 225A,断路器为 CM2-225L 型。

（4）断流能力校验

查表 A-9-1,CM2-225L 型断路器的额定短路开断电流 $I_{cs}$ 为 50kA。

$$I_{cs} = 50kA > I_{sh}^{(3)} = 8.28kA$$

断路器断流能力满足要求。

（5）灵敏系数校验

$$K_s = \frac{I_{K.min}}{I_{op}} = \frac{2.5 \times 10^3}{960} = 2.6 > 1.3$$

灵敏系数满足要求。

所以,选 CM2-225L 型低压断路器满足要求。

# 小　　结

本章重点讲述了变电所常用高压电气设备选择、校验的一般原则及具体选择方法,对低压电气设备则主要讲述了低压熔断器和低压断路器的选择。除了掌握电气设备选择的一般原则和方法,还应掌握各设备选择的特殊性。

① 根据工作要求和环境条件来进行电气设备的型号选择。

② 电气设备的额定电压应不低于所在系统的额定电压,电气设备的额定电流应不小于线路计算电流。

③ 按短路条件校验电气设备的动稳定和热稳定,如隔离开关、电流互感器、穿墙套管、母线（硬）等。但电缆只需校验热稳定而不需要校验动稳定。电压互感器则不必校验动稳定和热稳定,支柱绝缘子不需要校验热稳定,而需要校验动稳定。

④ 分断短路电流的开关设备,如断路器、熔断器均需校验断流能力。

⑤ 电流互感器还需要选择变比、准确度,并且要校验其二次负荷是否符合准确度要求。计量用的电流互感器的准确度应选 0.2～0.5 级,测量用的电流互感器的准确度应选 0.5～1.0 级,差动保护用的电流互感器的准确度应选 5P 级,过电流保护用的电流互感器的准确度应选 5P 级或 10P 级。电压互感器的一次侧额定电压必须与所在系统的额定电压相同,计量用的电压互感器的准确度应选 0.2～0.5 级,测量用的电压互感器的准确度应选 0.5～1.0 级,保护用的电压互感器的准确度为 3 级,并且要校验其二次负荷是否符合准确度要求。

⑥ 低压熔断器和低压断路器的保护特性误差较大,在进行选择性配合时,要将误差计入,前一级计入负误差（提前动作）,后一级计入正误差（滞后动作）,并保证选择性配合。

⑦ 高压开关柜的选择主要有型号选择、回路方案号选择以及柜内设备选择。

# 思考题和习题

5-1 电气设备选择的一般原则是什么?

5-2 高压断路器如何选择?

5-3 跌开式熔断器如何校验其断流能力?

5-4 电压互感器为什么不校验动稳定和热稳定,而电流互感器却要校验?

5-5 电流互感器按哪些条件选择? 变比又如何选择? 二次绕组的负荷怎样计算?

5-6 电压互感器应按哪些条件选择? 准确度如何选用?

5-7 室内母线有哪两种型号? 如何选择它的截面?

5-8 支柱绝缘子的作用是什么? 按什么条件选择? 为什么需要校验稳定而不需要校验热稳定?

5-9 穿墙套管按哪些条件选择?

5-10 为什么移开式开关柜内没有隔离开关,而固定式开关柜内有隔离开关?

5-11 低压线路中,前后级熔断器间在选择性方面如何进行配合?

5-12 低压断路器选择的一般原则是什么?

5-13 某 10kV 线路的计算电流为 150A,三相短路电流为 9kA,冲击短路电流为 23kA,假想时间为 1.4s,试选择隔离开关、断路器。

5-14 某 10kV 车间变电所,变压器容量为 630kVA,高压侧短路容量为 100MVA,若用 XRNT1 型高压熔断器做高压侧短路保护,试选择 XRNT1 型熔断器的规格并校验其断流能力。

5-15 在习题 5-13 的条件下,若在该线路出线开关柜配置两只 LZZBJ9-12 型电流互感器,分别装在 A、C 相,采用两相式接线,电流互感器 0.5 级二次绕组用于电能测量,装三相有功及无功电能表各一只,每个电流线圈消耗负荷 0.5VA,有功功率表一只,每个电流线圈负荷为 1.5VA,中性线上装一只电流表,电流线圈负荷为 3VA(A、C 相各分担 3VA 的一半)。电流互感器至仪表、继电器的单向长度为 2.5m,导线采用 BV-500-1 × 2.5mm$^2$ 的铜芯塑料线。试选择电流互感器的变比,并校验其动稳定、热稳定和各二次绕组的负荷是否符合准确度的要求。

5-16 某 35kV 总降变电所 10kV 母线上配置 3 只单相三绕组电压互感器,采用 Y$_0$/Y$_0$/△ 接法,用于母线电压、各回路有功电能和无功电能测量及母线绝缘监视。电压互感器和测量仪器的接线如图 5-3 所示。该母线共有 5 路出线,每路出线装设三相有功电能表和三相无功电能表以及有功功率表各一只,每个电压线圈消耗的功率为 1.5VA;母线装设 4 只电压表,其中三只分别接于各相,用于相电压监视,另一只电压表用于测量各线电压,电压线圈的负荷均为 4.5VA。电压互感器△侧电压继电器的线圈消耗功率为 2.0VA。试选择电压互感器,校验其二次负荷是否满足准确度要求(提示:单相电压互感器所给的二次负荷为单相负荷,将接于相电压、线电压的负荷换算成等效三相负荷)。

5-17 按习题 5-13 的条件,选择 10kV 母线上电压互感器高压侧熔断器的规格并校验熔断器的断流能力。

5-18 变压器室内有一台容量为 1000kVA(10/0.4kV) 的变压器,最大负荷利用时间 5600h,低压侧母线采用 TMY 型,水平安放,试选择低压母线的截面(提示:按经济电流密度选择)。

5-19 某高压配电室采用 TMY-80×10 硬铜母线,平放在 ZA-10Y 支柱绝缘子上,母线中心距为 0.3m,支柱绝缘子间跨距为 1.1m,与 CWL-10/600 型穿墙套管间跨距为 1.5m,穿墙套管间距为 0.25m。最大短路冲击电流为 30kA,试对母线、支柱绝缘子和穿墙套管的动稳定进行校验。

5-20 某 380V 动力线路,有一台 15kW 电动机,功率因数为 0.8,效率为 0.88,启动倍数为 7,启动时间为 3 ~ 8s,塑料绝缘铜芯导线截面为 10mm$^2$,穿钢管敷设,三相短路电流为 16.7 kA,采用熔断器做短路保护并与线路配合。试选择 RT19 型熔断器以及熔体额定电流(环境温度按 ＋35℃ 计)。

5-21 某 380V 低压干线上,计算电流为 250A,尖峰电流为 400A,安装处的三相短路冲击电流有效值为 30kA,末端最小两相短路电流为 5.28kA,线路允许载流量为 372A(环境温度按 ＋35℃ 计),试选择 CM2 型低压塑料外壳式断路器的规格(带瞬时脱扣器和热脱扣器),并校验断路器的断流能力。

# 第6章 电力线路

电力线路是供配电系统的重要组成部分,担负着输送和分配电能的重要任务,在整个供配电系统中有着重要的作用。

## 6.1 电力线路的接线方式

对电力线路的基本要求是:供电安全可靠,操作方便,运行灵活、经济和有利于发展。

电力线路按电压高低分,有1kV以上的高压线路和1kV以下的低压线路;按结构形式分,有架空线路、电缆线路及室内(车间)线路等。

电力线路的接线方式是指由电源端(变配电所)向负荷端(电能用户或用电设备)输送电能时采用的网络形式。常用的接线方式有:放射式、树干式和环形3种。

### 6.1.1 放射式接线

放射式接线是指变配电所母线上引出的一线路直接向一个车间变电所或高、低压用电设备供电,沿线不支接其他负荷。图6-1、图6-2分别为高压和低压放射式接线。高压放射式接线有单回路放射式、双回路放射式、公共备用接线放射式和带低压联络线放射式4种,适用于对供电可靠性要求不同的场合。

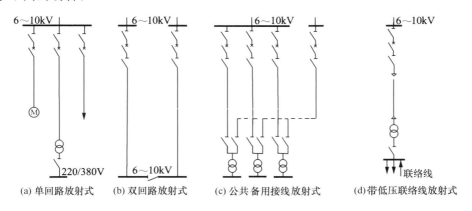

(a) 单回路放射式　(b) 双回路放射式　(c) 公共备用接线放射式　(d) 带低压联络线放射式

图 6-1　高压放射式接线

放射式接线具有接线简单,操作维护方便,引出线发生故障时互不影响,供电可靠性高等优点,但该接线立式使变配电所的引出线多,采用的开关设备多,有色金属消耗量也较多,投资较大,用于重要负荷和大型用电设备的供电。

### 6.1.2 树干式接线

树干式接线是指由变配电所母线上引出的配电干线上,沿线支接了几个车间变电所或用电设备的接线方式。图6-3、图6-4分别为高压和低压树干式接线。高压树干式接线有单电源树干式接线、双树干式接线和两电源单树干式接线3种,其供电可靠性也各有不同。低压树干式接线有放射树干式、干线树干式和链式等几种。低压链式接线适用于用电设备距离近,容量小(总容量不超过 10kW),台数 3 ~ 5 台,配电箱不超过 3 台的情况。

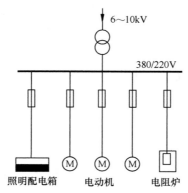

图 6-2　低压放射式接线

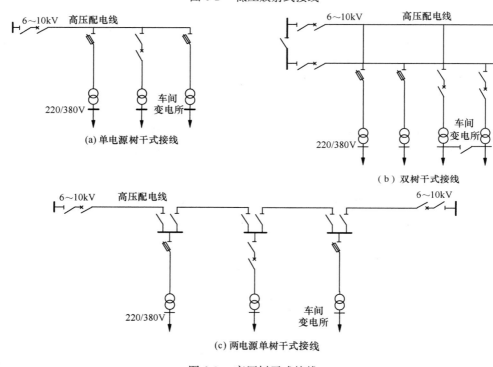

(a) 单电源树干式接线

（b）双树干式接线

(c) 两电源单树干式接线

图 6-3　高压树干式接线

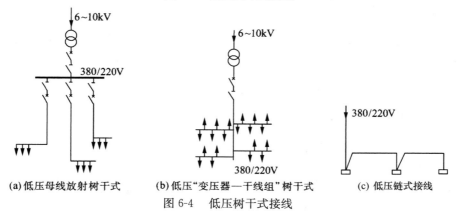

(a)低压母线放射树干式　　(b)低压"变压器—干线组"树干式　　(c)低压链式接线

图 6-4　低压树干式接线

树干式接线与放射式接线相反,引出线少,有色金属消耗量少,投资节约,但供电可靠性较差,适用于不重要负荷、小型用电设备或容量较小且分布均匀的用电设备的供电。

### 6.1.3 环形接线

环形接线是树干式接线的改进,两路树干式接线连接起来就构成了环形接线,如图6-5、图6-6所示。

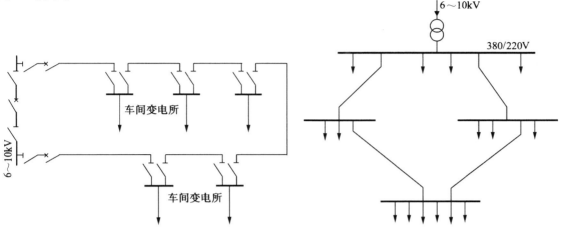

图6-5 高压环形接线　　　　图6-6 低压环形接线

环形接线运行灵活,供电可靠性较高。环形接线有"闭环"和"开环"两种运行方式。"闭环"运行时继电保护整定复杂。为避免环形线路上发生故障时影响整个环网,环形接线常采用"开环"运行方式,即环形接线中某一开关断开,正常时成为两个树干式接线运行。在现代化城市配电网中,这种接线应用较广。

配电系统的接线实际上往往是几种接线方式的组合,究竟采用什么接线方式,应根据具体情况及对供电可靠性的要求,经技术、经济综合比较后才能确定。一般来说,配电系统宜优先考虑采用放射式接线,对于供电可靠性要求不高的辅助生产区和生活住宅区,可考虑采用树干式或环形接线。

# 6.2 导体和电缆选择的一般原则

导体(导线)和电缆的选择是供配电设计中的重要内容之一。导体和电缆是分配电能的主要器件,选择得合理与否,直接影响到有色金属的消耗量与线路投资,以及电力网的安全、经济运行。提倡选用铜导体,以减少损耗,节约电能,特别在易爆炸、腐蚀严重的场所,以及用于移动设备、检测仪表、配电盘的二次接线等,必须采用铜导体。

导体和电缆的选择,必须满足用电设备对供电安全可靠和电能质量的要求,尽量节省投资,降低年运行费,布局合理,维修方便。

导体和电缆的选择包括两方面内容:① 型号选择;② 截面选择。

### 6.2.1 导体和电缆型号的选择原则

导体和电缆型号的选择应根据其使用环境、工作条件等因素来确定。

**1. 常用架空线路导体型号及选择**

户外架空线路6kV及以上电压等级一般采用裸导体,380V电压等级一般采用绝缘导体。裸导体常用的型号及适用范围为:

（1）铝绞线（LJ）

铝绞线导电性能较好，重量轻，对风雨作用的抵抗力较强，但对化学腐蚀作用的抵抗力较差。多用于 6～10kV 的线路，其受力不大，杆距不超过 100～125m。

（2）钢芯铝绞线（LGJ）

钢芯铝绞线的外围为铝线，芯子采用钢线，这就解决了铝绞线机械强度差的问题。由于交流电的趋肤效应，电流通过导线时，实际只从铝线经过，钢芯铝绞线的截面就是其中铝线的截面。在机械强度要求较高的场合和 35kV 及以上的架空线路上多被采用。

（3）铜绞线（TJ）

铜绞线导电性能好，机械强度好，对风雨和化学腐蚀作用的抵抗力都较强，但价格较高，是否选用应根据实际需要而定。

（4）防腐钢芯铝绞线（LGJF）

防腐钢芯铝绞线既具有钢芯铝绞线的特点，同时防腐性能好，一般用在沿海地区、咸水湖及化工工业地区等周围有腐蚀性物质的高压和超高压架空线路上。

**2. 常用电力电缆型号及选择原则**

（1）电缆型号

电缆型号由拼音及数字组成，其表示和含义如下：

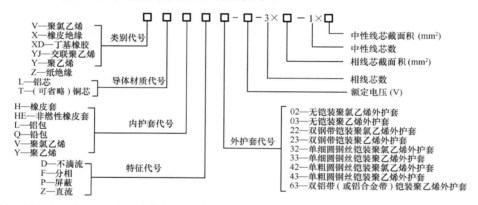

注：① 控制电缆在型号前加 K，信号电缆在型号前加 P。

② ZR— 阻燃电缆、ZF— 耐火电缆，一般标注在型号前面。

例如，YJV22 表示铜芯交联聚乙烯绝缘聚氯乙烯外护套双钢带铠装电力电缆，ZR-KVV 表示铜芯聚氯乙烯绝缘聚氯乙烯护套阻燃控制电缆。

（2）常用型号及选择原则

① 塑料绝缘电力电缆。该电力电缆结构简单，重量轻，抗酸碱，耐腐蚀，敷设安装方便，并可敷设在较大高落差或垂直、倾斜的环境中，有逐步取代油浸纸绝缘电缆的趋势。常用的有两种：聚氯乙烯绝缘及护套电缆（已达 10kV 电压等级）和交联聚乙烯绝缘聚氯乙烯外护套电缆（已达 110kV 电压等级）。交联聚氯乙烯绝缘电缆允许发热温度高，允许载流大。

② 油浸纸滴干绝缘铅包电力电缆。该电缆可用于垂直或高落差处，敷设在室内、电缆沟、隧道或土壤中，能承受机械压力，但不能承受大的拉力。

③ 阻燃电缆。重要的高层建筑、公共建筑、人员密集场所应选用阻燃电缆；敷设在吊顶内、电缆隧道内及电缆桥架内的电缆，宜选用阻燃电缆，同一通道敷设的电缆应采用同一阻燃等级；建筑物内火灾自动报警保护对象分级为二级、消防用电供电负荷等级为二级的消防设备供电干线及支线，应采用阻燃电缆。

④ 耐火电缆。建筑物内火灾自动报警保护对象分级为一级、消防用电供电负荷等级为一级的消防设备供电干线及支线，应采用耐火电缆。

⑤ 电缆导体的类型应按敷设方式及环境条件选择，一般选用铜导体。工业与民用建筑工程宜采用铜芯电缆，下列场所应选用铜芯电缆：

- 易燃、易爆、腐蚀性强、潮湿等环境恶劣的场所；
- 重要的资料室、计算机房、库房等；
- 居民建筑、大型商场、影剧院、医院、娱乐场所等人员集中的地方；
- 移动设备或剧烈震动的场所；
- 需要确保长期运行、可靠连接的重要回路；
- 应急系统及消防回路；
- 电机励磁回路、二次回路。

**3. 常用绝缘导体型号及选择**

建筑物或车间内采用的配电线路及从电杆上引进户内的线路一般采用绝缘导体。绝缘导体的线芯材料有铝芯和铜芯两种。绝缘导体外皮的绝缘材料有塑料绝缘和橡胶绝缘。塑料绝缘导体的绝缘性能良好，价格低，可节约橡胶和棉纱，在室内敷设可取代橡胶绝缘导体。橡胶绝缘导体现已不使用，塑料绝缘导体不宜在户外使用，以免高温时软化，低温时变硬变脆。

常用塑料绝缘导体型号有：BLV(BV)、BLVV(BVV)、BVR。型号中 B 表示布导体，V 表示聚氯乙烯，R 表示软导体，L 表示铝芯，铜芯不表示。例如，BV 表示铜芯聚氯乙烯绝缘导体，BVR 表示铜芯聚氯乙烯绝缘软导体，BVV 表示铜芯聚氯乙烯护套聚氯乙烯绝缘导体。

## 6.2.2 导体和电缆截面的选择原则

导体和电缆截面的选择必须满足安全、可靠和经济的条件。

（1）按允许载流量选择导体和电缆截面

在导体和电缆（包括母线）通过正常最大负荷电流（即计算电流）时，其发热温度不应超过正常运行时的最高允许温度，以防止导体和电缆因过热而引起绝缘损坏或老化。这就要求通过导体和电缆的最大负荷电流不应大于其允许载流量。

（2）按允许电压损失选择导体和电缆截面

在导体和电缆（包括母线）通过正常最大负荷电流（即计算电流）时，线路上产生的电压损失不应超过正常运行时允许的电压损失，以保证供电质量。这就要求按允许电压损失选择导体和电缆截面。

（3）按经济电流密度选择导体和电缆截面

经济电流是指线路的初始投资与使用寿命期间的运行费用的总支出最小时的电流，相应的电流密度称为经济电流密度。按经济电流或经济电流密度选择的导体截面称为经济截面。对35kV 及以上的高压线路及电压在 35kV 以下但距离长、电流大和年最大负荷利用小时大的线路，10kV 及以下的电缆线路宜按经济电流或经济电流密度选择。

（4）按机械强度选择导体和电缆截面

这是对架空线路而言的，要求所选的截面不小于其最小允许截面（见表 A-14）。对电缆不必校验其机械强度。

（5）满足短路稳定的条件

架空线路因其散热性较好，可不做短路稳定校验，电缆应进行热稳定校验，其截面不应小于短路热稳定最小截面 $S_{th, min}$。这部分内容见 5.4 节。

实际设计中，一般根据经验按其中一个原则选择，再校验其他原则。对于 35kV 及 110kV 高压供电线路,其截面主要按照经济电流密度来选择,按其他条件校验;对 10kV 及以下高压线路和低压线路,通常按允许载流量选择截面,再校验电压损失和机械强度;对低压照明线路,因其对电压要求较高,所以通常先按允许电压损失选择截面,再校验其他条件。

选择导体和电缆截面时,要求在满足上述 5 个原则的基础上选择其中最大的截面。

# 6.3 按允许载流量选择导体和电缆截面

## 6.3.1 三相系统相导体(相线)截面的选择

导体和电缆通过电流时会发热,导体和电缆温度过高时,可使绝缘损坏,或者引起火灾。因此,导体和电缆的正常发热温度不得超过额定负荷时的最高允许温度,通过相导体的计算电流 $I_c$ 不超过其允许载流量 $I_{al}$,即

$$I_c \leqslant I_{al} \tag{6-1}$$

导体和电缆的允许载流量是指在参考环境温度及敷设方式条件下,导体和电缆能连续承受而不使其稳定温度超过允许值的最大电流。参考环境温度是指导体和电缆无负荷时周围介质环境温度。

① 导体和电缆的环境温度及敷设方式与参考环境温度及敷设方式不一致时,通过相线的计算电流 $I_c$ 应不大于其实际允许载流量 $I'_{al}$,即

$$I_c \leqslant I'_{al} \tag{6-2}$$

② 实际环境温度与参考环境温度不一致时,允许载流量须乘上温度修正系数 $K_\theta$,以求出实际的允许载流量。

$$I'_{al} = K_\theta I_{al} \tag{6-3}$$

式中,$K_\theta = \sqrt{\dfrac{\theta_{al} - \theta'_0}{\theta_{al} - \theta_0}}$,$\theta_{al}$ 为导体和电缆的正常发热最高允许温度;$\theta_0$ 为导体和电缆允许载流量的参考环境温度;$\theta'_0$ 为导体和电缆敷设处的实际环境温度,土中直埋敷设为埋深处的最热月平均温度,户外空气中或电缆沟敷设为最热月的日最高温度平均值,一般厂房及建筑物为最热月的日最高温度平均值,户内电缆沟敷设为最热月的日最高温度平均值另加 5℃。

③ 电缆直埋敷设时,因土壤热阻系数不同,散热条件也不同,其允许载流量应乘上土壤热阻系数 $K_S$ 校正,见表 A-13-5。

④ 电缆多根并列时,其散热条件较单根敷设时差,允许载流量将降低,应乘上并列校正系数 $K_P$ 进行校正,见表 A-13-6 ～ 表 A-13-8。

⑤ 计算电流 $I_c$ 的选取:对降压变压器高压侧的导体,取变压器一次额定电流;对电容器的引入线,考虑电容器充电时有较大涌流,高压电容器的引入线取电容器额定电流的 1.35 倍,低压电容器的引入线取电容器额定电流的 1.5 倍。

## 6.3.2 中性导体和保护导体截面的选择

### 1. 中性导体(中性线、N 线)截面的选择

三相四线制线路的中性导体截面的选择,要考虑不平衡电流、零序电流及谐波电流的影响。

① 单相两线制线路及铜相导体截面 $\leqslant 16\text{mm}^2$ 或铝相导体截面 $\leqslant 25\text{mm}^2$ 的三相四线制线路,中性导体截面 $S_0$ 应与相导体截面 $S_\varphi$ 相同,即

$$S_0 = S_\varphi \tag{6-4}$$

② 符合下列情况之一的线路,中性导体截面可小于相导体截面,但不应小于相导体截面的50%,即

$$S_0 \geqslant 0.5S_\varphi \tag{6-5}$$

●铜相导体截面 > 16mm² 或铝相导体截面 > 25mm²;

●铜中性导体截面 ≥ 16mm² 或铝中性导体截面 ≥ 25mm²;

●在正常工作时,包括谐波电流在内的中性导体预期最大电流不超过中性导体的允许载流量;

●中性导体已进行了过电流保护。

③ 在三相四线制线路中有谐波电流时,计算中性导体电流应计入谐波电流。当中性导体电流大于相导体电流,应按中性导体电流选择截面。当三相平衡系统中有谐波电流时,4芯或5芯电缆内中性导体截面与相导体截面相等,电缆载流量的降低系数按表 6-1 确定。

表 6-1　电缆载流量的降低系数

| 相电流中三次谐波电流（%） | 降 低 系 数 | |
| --- | --- | --- |
| | 按相电流选择截面 | 按中性导体电流选择截面 |
| 0 ~ 15 | 1.0 | — |
| > 15 且 ≤ 33 | 0.86 | 0.86 |
| > 45 | — | 1.0 |

### 2. 保护导体(保护线、PE 线) 截面的选择

保护导体截面 $S_{PE}$ 应满足短路热稳定度的要求,并满足下列规定:

(1) 当 $S_\varphi \leqslant 16mm^2$ 时

$$S_{PE} \geqslant S_\varphi \tag{6-6}$$

(2) 当 $16mm^2 < S_\varphi \leqslant 35mm^2$ 时

$$S_{PE} \geqslant 16mm^2 \tag{6-7}$$

(3) 当 $S_\varphi \geqslant 35mm^2$ 时

$$S_{PE} \geqslant 0.5S_\varphi \tag{6-8}$$

### 3. 保护接地中性导体(保护接地线、PEN 线) 截面的选择

保护接地中性导体具有保护导体和中性导体的双重功能,其截面按两者的最大值选取。在配电线路中固定敷设的铜保护接地中性导体的截面不应小于 10mm²,铝保护中性导体的截面不应小于 16mm²。

**例 6-1**　有一条 220/380V 的三相四线制线路,采用 BV 型铜芯塑料线穿钢管埋地敷设,当地最热月平均最高气温为 15℃。该线路供电给一台 40kW 的电动机,其功率因数为 0.8,效率为0.85,试按允许载流量选择导体截面。

**解**　(1) 线路中电流的计算

$$P_c = \frac{P_e}{\eta} = \frac{40}{0.85} = 47kW$$

$$I_c = \frac{P_c}{\sqrt{3}U_N\cos\varphi} = \frac{47}{\sqrt{3} \times 0.38 \times 0.8} = 89A$$

(2) 相导体截面的选择

因为是三相四线制线路,所以查 4 根单芯线穿钢管的参数,查表 A-12-2 得,4 根单芯线穿钢管敷设的每相芯线截面为 25mm² 的 BV 型导体,在环境温度为 25℃ 时的允许载流量 $I_{al} = 85A$,其正常最高允许温度为 70℃。

温度校正系数为

$$K_\theta = \sqrt{\frac{\theta_{al} - \theta_0'}{\theta_{al} - \theta_0}} = \sqrt{\frac{70 - 15}{70 - 25}} = 1.10$$

导体的实际允许载流量为
$$I'_{al} = K_\theta I_{al} = 1.10 \times 85 = 93.5A > I_c = 89A$$
所以，所选相导体截面 $S_\varphi = 25mm^2$ 满足允许载流量的要求。

（3）中性导体 $S_0$ 的选择

按 $S_0 \geqslant 0.5S_\varphi$ 要求，选 $S_0 = 16mm^2$。

所以选导体 BV-500-3$\times$25+1$\times$16。

# 6.4　按允许电压损失选择导体和电缆截面

由于线路有阻抗，所以在负荷电流通过线路时有一定的电压损失。电压损失越大，用电设备端子上的电压偏移就越大，当电压偏移超过允许值时将严重影响电气设备的正常运行。所以按规范要求，线路的电压损失不宜超过规定值，如高压配电线路的电压损失，一般不超过线路额定电压的5%；从变压器低压侧母线到用电设备受电端的低压配电线路的电压损失，一般也不超过用电设备额定电压的5%（以满足用电设备要求为准）；对视觉要求较高的照明电路，则为2%～3%。如果线路电压损失超过了允许值，应适当加大导线截面，使之小于允许电压损失。

## 6.4.1　线路电压损失的计算

### 1. 线路末端有一个集中负荷时三相线路电压损失的计算

如图 6-7 所示，线路末端有一个集中负荷 $S = p + jq$，线路额定电压为 $U_N$，线路电阻为 $R$，电抗为 $X$。

设线路首端线电压为 $\dot{U}_1$，末端线电压为 $\dot{U}_2$；线路首末两端线电压的相量差称为线路电压降，用 $\Delta\dot{U}$ 表示；线路首末两端线电压的代数差称为线路电压损失，用 $\Delta U$ 表示。

下面计算线路电压损失。

设每相电流为 $\dot{I}$，负荷的功率因数为 $\cos\varphi_2$，线路首端和末端的相电压分别为 $\dot{U}_{\varphi1}$，$\dot{U}_{\varphi2}$，以末端电压 $\dot{U}_{\varphi2}$ 为参考轴作出一相的电压相量图，如图 6-8 所示。

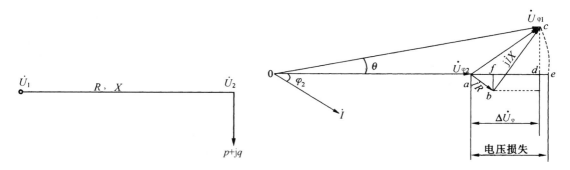

图 6-7　末端接有一个集中负荷的三相线路　　图 6-8　末端接有一个集中负荷时三相线路其中一相的电压相量图

由相量图可以看出，线路相电压损失为
$$\Delta\dot{U}_\varphi = \dot{U}_{\varphi1} - \dot{U}_{\varphi2} = ae$$
$ae$ 段的准确计算比较复杂，由于 $\theta$ 角很小，所以在工程计算中，常以 $ad$ 段代替 $ae$ 段，其误差不超过实际电压损失的5%，所以每相的电压损失为

$$\Delta U_\varphi = ad = af + fd = IR\cos\varphi_2 + IX\sin\varphi_2 = I(R\cos\varphi_2 + X\sin\varphi_2)$$

换算成线电压损失，则

$$\Delta U = \sqrt{3}\Delta U_\varphi = \sqrt{3}I(R\cos\varphi_2 + X\sin\varphi_2) \tag{6-9}$$

因为 $I = \dfrac{p}{\sqrt{3}U_2\cos\varphi_2}$，所以

$$\Delta U = \frac{pR + qX}{U_2}$$

在实际计算中，常采用线路的额定电压 $U_N$ 来代替 $U_2$，误差极小，所以有

$$\Delta U = \frac{pR + qX}{U_N} \tag{6-10}$$

式中，$p$、$q$ 为负荷的三相有功功率和无功功率。线路电压损失一般用百分值来表示，即

$$\Delta U\% = \frac{\Delta U}{1000U_N} \times 100 = \frac{\Delta U}{10U_N} \tag{6-11}$$

或

$$\Delta U\% = \frac{pR + qX}{10U_N^2} \tag{6-12}$$

**注意**：$U_N$ 的单位是 kV，$\Delta U$ 的单位是 V，需要把 $U_N$ 的单位转化为 V，所以才会在上面两式中出现系数 10。

**2. 线路上有多个集中负荷时线路电压损失的计算**

以接有 3 个集中负荷的三相线路为例，如图 6-9 所示。图中 $P_1$、$Q_1$、$P_2$、$Q_2$、$P_3$、$Q_3$ 为通过各段干线的有功功率和无功功率；$p_1$、$q_1$、$p_2$、$q_2$、$p_3$、$q_3$ 为各支线的有功功率和无功功率；$r_1$、$x_1$、$r_2$、$x_2$、$r_3$、$x_3$ 为各段干线的电阻和电抗；$R_1$、$X_1$、$R_2$、$X_2$、$R_3$、$X_3$ 为从电源到各支线负荷线路的电阻和电抗；$l_1$、$l_2$、$l_3$ 为各干线的长度；$L_1$、$L_2$、$L_3$ 为从电源到各支线负荷的长度；$I_1$、$I_2$、$I_3$ 为各段干线的电流。

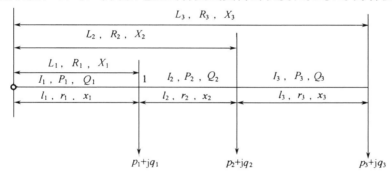

图 6-9　接有 3 个集中负荷的三相线路

因为供电线路一般较短，所以线路上的功率损耗可略去不计。线路上每段干线的负荷分别为

$$P_1 = p_1 + p_2 + p_3 \qquad Q_1 = q_1 + q_2 + q_3$$
$$P_2 = p_2 + p_3 \qquad\qquad Q_2 = q_2 + q_3$$
$$P_3 = p_3 \qquad\qquad\qquad Q_3 = q_3$$

线路上每段干线的电压损失分别为

$$\Delta U_1\% = \frac{P_1}{10U_N^2}r_1 + \frac{Q_1}{10U_N^2}x_1$$

$$\Delta U_2\% = \frac{P_2}{10U_N^2}r_2 + \frac{Q_2}{10U_N^2}x_2$$

$$\Delta U_3\% = \frac{P_3}{10U_N^2}r_3 + \frac{Q_3}{10U_N^2}x_3$$

线路上总的电压损失为

$$\Delta U\% = \Delta U_1\% + \Delta U_2\% + \Delta U_3\%$$

$$= \frac{P_1}{10U_N^2}r_1 + \frac{Q_1}{10U_N^2}x_1 + \frac{P_2}{10U_N^2}r_2 + \frac{Q_2}{10U_N^2}x_2 + \frac{P_3}{10U_N^2}r_3 + \frac{Q_3}{10U_N^2}x_3$$

$$= \sum_{i=1}^{3}\frac{P_i r_i + Q_i x_i}{10U_N^2}$$

推广到线路上有 $n$ 个集中负荷时的情况，用干线负荷及各干线的电阻和电抗计算，线路电压损失的计算公式为

$$\Delta U\% = \frac{\sum_{i=1}^{n}(P_i r_i + Q_i x_i)}{10U_N^2} \tag{6-13}$$

若用支线负荷及电源到支线的电阻和电抗表示，则有

$$\Delta U\% = \frac{\sum_{i=1}^{n}(p_i R_i + q_i X_i)}{10U_N^2} \tag{6-14}$$

如果各段干线使用的导体截面和结构相同，以上两式可简化为

$$\Delta U\% = \frac{R_0\sum_{i=1}^{n}P_i l_i + X_0\sum_{i=1}^{n}Q_i l_i}{10U_N^2} = \frac{R_0\sum_{i=1}^{n}p_i L_i + X_0\sum_{i=1}^{n}q_i L_i}{10U_N^2} \tag{6-15}$$

对于线路电抗可略去不计或线路的功率因数接近 1 的"无感"线路（如照明线路），电压损失的计算公式可简化为

$$\Delta U\% = \frac{\sum_{i=1}^{n}P_i r_i}{10U_N^2} \tag{6-16}$$

对于全线的导体型号和规格一致的"无感"线路（均一无感线路），电压损失计算公式为

$$\Delta U = \frac{\sum_{i=1}^{n}P_i l_i}{\gamma S U_N} = \frac{\sum_{i=1}^{n}p_i L_i}{\gamma S U_N} = \frac{\sum_{i=1}^{n}M_i}{\gamma S U_N} \tag{6-17}$$

式中，$\gamma$ 为导体的电导率；$S$ 为导体的截面；$M_i$ 为各负荷的功率矩。

**例 6-2**　试计算如图 6-10 所示的 10kV 供电系统的电压损失。已知线路 1WL 导体型号为 LJ-95，$R_0 = 0.34\Omega/\text{km}$，$X_0 = 0.36\Omega/\text{km}$，线路 2WL、3WL 导体型号为 LJ-70，$R_0 = 0.46\Omega/\text{km}$，$X_0 = 0.369\Omega/\text{km}$。

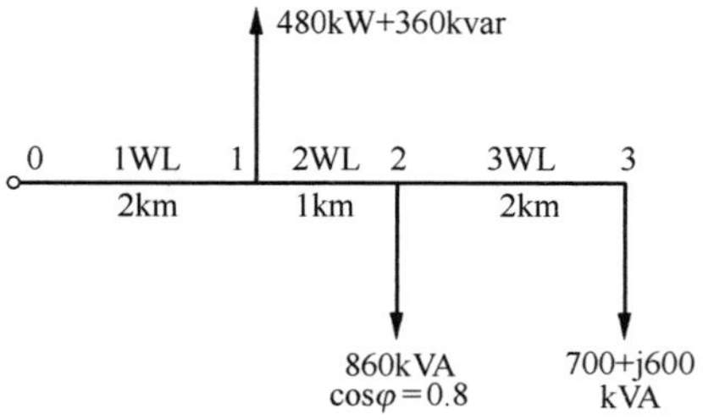

**解**　用干线法求 10kV 供电系统的电压损失。

(1) 计算每段干线的计算负荷

$$P_1 = p_1 + p_2 + p_3 = 480 + 860 \times 0.8 + 700 = 1868\text{kW}$$

$$P_2 = p_2 + p_3 = 860 \times 0.8 + 700 = 1388\text{kW}$$

$$P_3 = p_3 = 700\text{kW}$$

$$Q_1 = q_1 + q_2 + q_3 = 360 + 860 \times \sin(\arccos 0.8) + 600 = 1476\text{kvar}$$

$$Q_2 = q_2 + q_3 = 860 \times \sin(\arccos 0.8) + 600 = 1116\text{kvar}$$

$$Q_3 = q_3 = 600\text{kvar}$$

图 6-10　例 6-2 线路图

（2）计算各干线的电阻和电抗

$$r_1 = R_{01}l_1 = 0.34 \times 2 = 0.68\Omega \qquad x_1 = X_{01}l_1 = 0.36 \times 2 = 0.72\Omega$$

$$r_2 = R_{02}l_2 = 0.46 \times 1 = 0.46\Omega \qquad x_2 = X_{02}l_2 = 0.369 \times 1 = 0.369\Omega$$

$$r_3 = R_{03}l_3 = 0.46 \times 2 = 0.92\Omega \qquad x_3 = X_{03}l_3 = 0.369 \times 2 = 0.74\Omega$$

（3）计算 10kV 供电系统的电压损失

$$\Delta U\% = \sum \frac{P_i r_i + Q_i x_i}{10U_N^2}$$

$$= \frac{1868 \times 0.68 + 1388 \times 0.46 + 700 \times 0.92 + 1476 \times 0.72 + 1116 \times 0.369 + 600 \times 0.74}{10 \times 10^2}$$

$$= 4.47$$

#### 3. 负荷均匀分布线路的电压损失计算

如图 6-11 所示，设线段 $L_2$ 的单位长度线路上的负荷电流为 $i_0$，则微小线段 $\mathrm{d}l$ 的负荷电流为 $i_0\mathrm{d}l$。这个负荷电流 $i_0\mathrm{d}l$ 流过线路（长度为 $l$，电阻为 $R_0l$，电抗为 $X_0l$）所产生的电压损失为

$$\mathrm{d}(\Delta U) = \sqrt{3}i_0\mathrm{d}l(R_0l\cos\varphi_2 + X_0l\sin\varphi_2) = \sqrt{3}i_0(R_0\cos\varphi_2 + X_0\sin\varphi_2)l\mathrm{d}l$$

因此，整个线路由分布负荷产生的电压损失为

$$\Delta U = \int_{L_1}^{L_1+L_2} \mathrm{d}(\Delta U) = \sqrt{3}i_0L_2(R_0\cos\varphi_2 + X_0\sin\varphi_2)\left(L_1 + \frac{L_2}{2}\right)$$

令 $i_0L_2 = I$ 为均匀分布负荷的等效集中负荷，则有

$$\Delta U = \sqrt{3}I(R_0\cos\varphi_2 + X_0\sin\varphi_2)\left(L_1 + \frac{L_2}{2}\right) \tag{6-18}$$

上式表明，带有均匀分布负荷的线路，在计算其电压损失时，可将分布负荷集中于分布线段的中点，按集中负荷来计算。

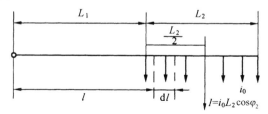

图 6-11　负荷均匀分布的线路

## 6.4.2　按允许电压损失选择导体和电缆截面

由于企业内电力线路往往不长，为避免不必要的接头并减少导体、电缆的品种和规格，电力线路上的各段干线常采用同一截面的导体或电缆。这里只讨论各段干线截面相同时按允许电压损失选择导体截面，对各段干线截面不同的情况，限于篇幅，本书不做讨论，请参见有关书籍。

把 $R_i = R_0L_i$，$X_i = X_0L_i$ 代入式（6-14），得

$$\Delta U\% = \frac{R_0}{10U_N^2}\sum_{i=1}^{n}p_iL_i + \frac{X_0}{10U_N^2}\sum_{i=1}^{n}q_iL_i = \Delta U_a\% + \Delta U_r\% \leqslant \Delta U_{al}\% \tag{6-19}$$

式中，$\Delta U_{al}\%$ 为线路的允许电压损失。

式（6-19）可分为两部分，第一部分为由有功负荷在电阻上引起的电压损失 $\Delta U_a\%$，第二部分为由无功负荷在电抗上引起的电压损失 $\Delta U_r\%$。其中

$$U_a\% = \frac{R_0}{10U_N^2}\sum_{i=1}^{n}p_iL_i = \frac{1}{10\gamma SU_N^2}\sum_{i=1}^{n}p_iL_i \tag{6-20}$$

式中，$\gamma$ 为导体的导电系数，铜导体 $\gamma = 0.053 \mathrm{km}/(\Omega \cdot \mathrm{mm}^2)$，铝导体 $\gamma = 0.032 \mathrm{km}/(\Omega \cdot \mathrm{mm}^2)$；$S$ 为所求的导体截面。因此，有

$$\Delta U\% = \frac{1}{10\gamma S U_{\mathrm{N}}^2}\sum_{i=1}^{n}p_i L_i + \Delta U_{\mathrm{r}}\% \leqslant \Delta U_{\mathrm{al}}\% \tag{6-21}$$

式(6-19)和式(6-21)中，有两个未知数 $S$ 和 $X_0$，但 $X_0$ 一般变化不大，可以采用逐步试求法，即先假设一个 $X_0$，求出相应的截面 $S$，再校验 $\Delta U\%$。截面 $S$ 由下式计算

$$S = \frac{\sum_{i=1}^{n}p_i L_i}{10\gamma U_{\mathrm{N}}^2(\Delta U_{\mathrm{al}}\% - \Delta U_{\mathrm{r}}\%)} = \frac{\sum_{i=1}^{n}p_i L_i}{10\gamma U_{\mathrm{N}}^2 \Delta U_{\mathrm{a}}\%} \tag{6-22}$$

逐步试求法的具体计算步骤为：

① 先取导体或电缆的电抗平均值(对于架空线路，可取 $0.35 \sim 0.40\Omega/\mathrm{km}$，低压取偏低值；对于电缆线路，可取 $0.08\Omega/\mathrm{km}$)，求出 $\Delta U_{\mathrm{r}}\%$；

② 根据 $\Delta U_{\mathrm{a}}\% = \Delta U_{\mathrm{al}}\% - \Delta U_{\mathrm{r}}\%$，求出 $\Delta U_{\mathrm{a}}\%$；

③ 根据式(6-22)求出导体或电缆截面 $S$，并根据此值选出相应的标准截面；

④ 校验。根据所选的标准截面及敷设方式，查出 $R_0$ 和 $X_0$，按式(6-19)计算线路实际的电压损失，与允许电压损失比较，如不大于允许电压损失则满足要求，否则重取电抗平均值，回到第 ① 步重新计算，直到所选截面满足允许电压损失的要求为止。

对均一无感线路，因为不计线路电抗，所以 $\Delta U_{\mathrm{r}}\% = 0$，导体截面按下式计算

$$S = \frac{\sum_{i=1}^{n}p_i L_i}{10\gamma U_{\mathrm{N}}^2 \Delta U\%} \tag{6-23}$$

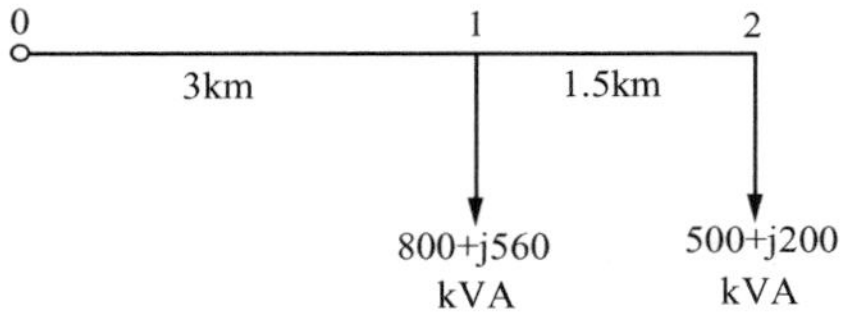

图 6-12 例 6-3 线路图

**例 6-3** 某变电所架设一条 10kV 的架空线路，向用户 1 和用户 2 供电，如图 6-12 所示。已知导体采用 LJ 型铝绞线，全线导体截面相同，三相导体布置成正三角形，线间距为 1m。干线 01 的长度为 3km，干线 12 的长度为 1.5km。用户 1 的负荷为有功功率 800kW，无功功率 560kvar，用户 2 的负荷为有功功率 500kW，无功功率 200kvar。允许电压损失为 5%，环境温度为 25℃，按允许电压损失选择导体截面，并校验其发热情况和机械强度。

**解** (1)按允许电压损失选择导体截面

因为是 10kV 架空线路，所以初设 $X_0 = 0.38\Omega/\mathrm{km}$，则

$$\Delta U_{\mathrm{r}}\% = \frac{X_0}{10 U_{\mathrm{N}}^2}\sum_{i=1}^{2}q_i L_i = \frac{0.38}{10\times10^2}\times[560\times3 + 200\times(3+1.5)] = 0.98$$

$$\Delta U_{\mathrm{a}}\% = \Delta U_{\mathrm{al}}\% - \Delta U_{\mathrm{r}}\% = 5 - 0.98 = 4.02$$

$$S = \frac{\sum_{i=1}^{2}p_i L_i}{10\gamma U_{\mathrm{N}}^2 \Delta U_{\mathrm{a}}\%} = \frac{800\times3 + 500\times(3+1.5)}{10\times0.032\times10^2\times4.02} = 36.15\mathrm{mm}^2$$

选 LJ-50，查表 A-15-1，得几何均距为 1000mm，截面为 $50\mathrm{mm}^2$ 的 LJ 型铝绞线的 $X_0 = 0.355\Omega/\mathrm{km}$，$R_0 = 0.64\Omega/\mathrm{km}$，实际的电压损失为

$$\Delta U\% = \frac{R_0}{10 U_{\mathrm{N}}^2}\sum_{i=1}^{2}p_i L_i + \frac{X_0}{10 U_{\mathrm{N}}^2}\sum_{i=1}^{2}q_i L_i$$

$$= \frac{0.64}{10 \times 10^2} \times (800 \times 3 + 500 \times 4.5) + \frac{0.355}{10 \times 10^2} \times (560 \times 3 + 200 \times 4.5)$$
$$= 3.9 < 5$$

故所选导体 LJ-50 满足允许电压损失的要求。

（2）校验发热情况

查表 A-11-1 可知，LJ-50 在室外温度为 25℃ 时的允许载流量为 $I_{al} = 215A$。

线路中最大负荷（在 01 段）为

$$P = p_1 + p_2 = 800 + 500 = 1300 \text{kW}$$
$$Q = q_1 + q_2 = 560 + 200 = 760 \text{kvar}$$
$$S = \sqrt{P^2 + Q^2} = \sqrt{1300^2 + 760^2} = 1505.9 \text{kVA}$$
$$I = \frac{S}{\sqrt{3} U_N} = \frac{1505.9}{\sqrt{3} \times 10} = 86.9 \text{A} < I_{al} = 215 \text{A}$$

显然发热情况也满足要求。

（3）校验机械强度

查表 A-14-1 可知，高压架空裸铝绞线的最小允许截面为 35mm²，所以，所选的截面 50mm² 可满足机械强度的要求。

# 6.5  按经济电流密度选择导体和电缆截面

选择导体和电缆截面除了要满足技术条件，还要满足经济条件。导体和电缆截面的大小直接影响到线路的投资和年运行费用。因此从经济方面考虑，导体和电缆应选择一个比较合理的截面。其选择原则从两方面考虑：

① 选择截面越大，电能损耗就越小，但线路投资、有色金属消耗量及维修管理费用就越高；

② 虽然截面选择得小，线路投资、有色金属消耗量及维修管理费用低，但电能损耗大。

因此，从全面的经济效益考虑，按线路的投资和运行费用最少即总费用最少原则（TOC）选择导体和电缆截面，即

$$C_T = C_I + C_{op} \tag{6-24}$$

式中，$C_T$ 为线路的总费用；$C_I$ 为线路的投资，包含线路主材费用、附件费用和施工费用等，主要与导体的截面有关；$C_{op}$ 为线路的运行费用，与负荷的大小、年最大负荷利用小时、导体的截面、电价和使用寿命等有关。

在一定的敷设条件下，每一线芯截面都有一个经济电流范围。与经济电流对应的截面，称为经济截面，用 $S_{ec}$ 表示。对应于经济截面的电流密度称为经济电流密度，用 $j_{ec}$ 表示。

我国规定的经济电流密度见表 6-2，该经济电流密度按年运行费用最少原则求得，未考虑投资收益、利润、税金、利息、负荷增长率和能源成本增长率等因素，是一种静态计算，而且线路的投资已增长了很多。经济电流密度的确定涉及电能、有色金属的供应、分配和国民经济发展情况。

线路的总费用、经济电流上下限和经济电流密度的计算公式见 GB50217—2007《电力工程电缆设计规范》，经济电流密度曲线见 DL/T5222—2005《导体和电器选择设计技术规定》及有关设计手册。按经济电流选择导体和电缆截面的方法，计算繁杂，工作量大，适用于计算机计算。

按经济电流密度选择导体和电缆截面的公式为

$$S \leqslant \frac{I_c}{J_{ec}} \tag{6-25}$$

式中，$I_c$ 为线路的计算电流。

表 6-2　我国规定的经济电流密度 $j_{ec}$（A/mm²）

| 导体材料 | 年最大负荷利用小时 | | |
|---|---|---|---|
| | 3000h 以下 | 3000～5000h | 5000h 以上 |
| 铝绞线、钢芯铝绞线 | 1.65 | 1.15 | 0.90 |
| 铜绞线 | 3.00 | 2.25 | 1.75 |
| 铝芯电缆 | 1.92 | 1.73 | 1.54 |
| 铜芯电缆 | 2.50 | 2.25 | 2.00 |

根据式(6-25)计算出截面后,从手册或表 A-14 中选取与该值接近且稍小的标称截面,再校验其他条件即可。

**例 6-4**　某地区变电站以 35kV 架空线路向一容量为 3800＋j2100kVA 的某企业供电,该企业的年最大负荷利用小时为 5600h。架空线路采用 LGJ 型钢芯铝绞线。试选择其经济截面,并校验其发热条件和机械强度。

**解**　(1)选择经济截面

$$I_c = \frac{S}{\sqrt{3}U_N} = \frac{\sqrt{3800^2 + 2100^2}}{\sqrt{3} \times 35} = 71.6A$$

查表 6-2 可知,年最大负荷利用小时为 5600h 时,钢芯铝绞线的 $j_{ec} = 0.9A/mm^2$,则

$$S_{ec} \leqslant I_c/j_{ec} = 71.6/0.9 = 79.6mm^2$$

选标准截面 70mm²,即型号为 LGJ-70 的铝绞线。

(2)校验发热条件

查表 A-11-1 可知,LGJ-70 在室外温度为 25℃ 时的允许载流量为 $I_{al} = 275A > I_c = 71.6A$,所以满足发热条件。

(3)校验机械强度

查表 A-14-1 可知,35kV 架空铝绞线的机械强度最小截面为 $S_{min} = 35mm^2 < S = 70mm^2$,因此,所选的导体截面也满足机械强度要求。

# 6.6　电力线路的结构和敷设

电力线路有架空线路和电缆线路等,其结构和敷设各不相同。架空线路具有投资少、施工维护方便、易于发现和排除故障、受地形影响小等优点;电缆线路具有运行可靠、不易受外界影响、美观等优点。

## 6.6.1　电力线路的结构

### 1. 架空线路的结构

架空线路是指室外架设在电杆上用于输送电能的线路。架空线路由导体、电杆、横担、绝缘子、线路金具等组成。有的电杆上还装有拉线或扳桩,用来平衡电杆各方向的拉力,增强电杆的稳定性。110kV 及以上架空线路上架设有接闪线,以防止雷击。

导线传导电流,输送电能。导体材质必须具有良好的导电性、耐腐蚀性和机械强度,一般采用铝绞线(LJ)和钢芯铝绞线(LGJ),LGJ 截面示意图如图 6-13 所示。导线在电杆上的排列方式有三角形排列、水平排列或垂直排列等。

电杆用于支持导线和接闪线,是架空线路的主要组成部分。电杆按采用材料分为水泥杆、钢

杆和铁塔 3 种;按其受力不同可分为承力杆和直线杆两种。

承力杆承担线路方向的拉力,按其作用又可分为耐张杆、转角杆、终端杆、分支杆和跨越杆等。耐张杆位于若干直线杆之间,作为线路分段的支持点,当线路断线时,承受断线拉力,限制故障扩大,耐张杆通常兼作小转角杆;转角杆位于线路改变方向处,在正常情况下承受导线、接闪线的转角合力,事故情况下承受断线张力,也起到控制事故范围的作用;终端杆位于线路起止两端,承受导线、接闪线较大的张力差。

直线杆位于线路的直线段上,又称中间杆,承担导线、接闪线的垂直和水平负荷,但不承担线路方向的拉力。

各种杆型应用的示意图如图 6-14 所示。

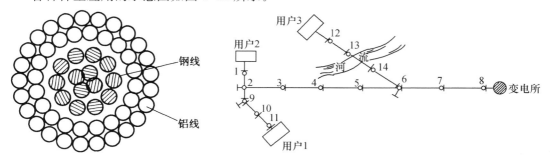

图 6-13　钢芯铝绞线截面示意图　　　　　图 6-14　架空线路的杆型及应用

1、8、11、14—终端杆　　2、6—分支杆

3、4、5、7—直线杆　　9—转角杆　　12、13—跨越杆

横担与电杆组装在一起,其作用是支持绝缘子架设导线,保证导线对地及导线与导线之间有足够的距离。横担有铁横担、瓷横担。

绝缘子使导线与横担、杆塔之间保持足够的绝缘,同时承受导线的重量与其他作用力,要有足够的电气绝缘强度与机械强度。绝缘子有针式绝缘子和悬式绝缘子两类。

线路金具用来连接导线、横担和绝缘子等的金属部件。线路金具有压接管、并沟线夹、悬式线夹、挂环、挂板、U 形抱箍和花篮螺丝等。

**2. 电缆线路的结构**

电缆线路由电力电缆和电缆头组成。

电力电缆由导体、绝缘层和保护层 3 部分组成,油浸纸绝缘电力电缆结构示意图如图 6-15 所示。

导体一般由多股铜线或铝线绞合而成,便于弯曲。线芯采用扇形,可减小电缆外径。绝缘层用于导体线芯之间或线芯与大地之间良好的绝缘。保护层用来保护绝缘层,使其密封,并保持一定的机械强度,以承受电缆在运输和敷设时所受的机械力,并且防止潮气进入。

电缆头包括电缆中间接头和电缆终端头。图 6-16 所示是环氧树脂中间接头。图 6-17 所示是户内式环氧树脂终端头。环氧树脂浇注的电缆头具有绝缘性能好、体积小、重量轻、密封性好及成本低等优点,在 10kV 系统中应用较广泛。

电缆线路的故障大部分情况发生在电缆接头处,所以,电缆头是电缆线路中的薄弱环节,对电缆头的安装质量尤其要重视,要求密封性好,有足够的机械强度,耐压强度不低于电缆本身的耐压强度。

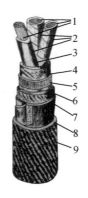

图 6-15　油浸纸绝缘电力电缆结构示意图
1— 载流线芯　2— 电缆纸　3— 黄麻填料
4— 束带绝缘　5— 铅包皮　6— 纸带
7— 黄麻内保护层　8— 钢铠　9— 黄麻外保护层

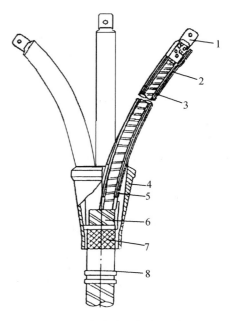

图 6-17　户内式环氧树脂终端头
1— 引线鼻子　2— 缆芯绝缘　3— 缆芯
（外包绝缘层）　4— 预制环氧外壳
（可代以铁皮模具）
5— 环氧树脂（现场浇注）　6— 统包绝缘
7— 铅包　8— 接地线卡子

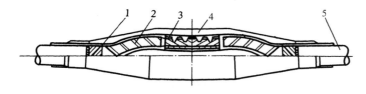

图 6-16　电缆环氧树脂中间接头
1— 统包绝缘层　2— 缆芯绝缘　3— 扎锁管（管内两线芯对接）
4— 扎锁管涂色层　5— 铅包

## 6.6.2　电力线路的敷设

**1. 架空线路的敷设**

架空线路的敷设原则为：

① 在施工和竣工验收中必须遵循有关规程规定，以保证施工质量和线路安全运行。

② 合理选择路径，做到路径短，转角小，交通运输方便，并与建筑物保持一定的安全距离。

③ 确定杆位和杆型，应满足以下要求：

● 不同电压等级线路的挡距（也称跨距，即同一线路上相邻两电杆中心线之间的距离）不同。一般 380V 线路挡距为50 ～ 60m，6 ～ 10kV 线路挡距为 80 ～ 120m。

● 弧垂（架空导线最低点与悬挂点间的垂直距离）要根据挡距、导线型号与截面、导线所受拉力及气温条件等决定，弧垂过大易碰线，过小则易造成断线或倒杆。

● 同杆导线的线距与线路电压等级及挡距等因素有关。380V 线路线距为 0. 3 ～ 0. 5m，10kV 线路线距为 0. 6 ～ 1m。

● 限距（导线最低点到地面或导线任意点到其他目标物的最小垂直距离）需遵循有关手册规定。

④ 架空线路与地面及其他设施的最小距离必须按有关规程要求。

**2. 电缆线路的敷设**

电缆线路常用的敷设方式有以下几种。

（1）直接埋地敷设

直接埋地敷设方式是首先挖好壕沟，然后沟底敷砂土、放电缆，再填以砂土，上加保护板，再回填土，如图 6-18 所示。其施工简单，散热效果好，且投资少。但检修不便，易受机械损伤和土壤中酸性物质的腐蚀，所以，如果土壤有腐蚀性，须经过处理后再敷设。直接埋地敷设适用于电缆数量少、敷设途径较长的场合。

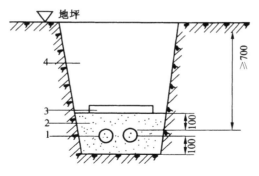

图 6-18　电缆直接埋地敷设（单位：mm）
1— 电力电缆　2— 砂土　3— 保护盖板　4— 填土

（2）电缆沟敷设

电缆沟敷设方式是将电缆敷设在电缆沟的电缆支架上。电缆沟由砖砌成或混凝土浇筑而成，上加盖板，内侧有电缆架，如图 6-19 所示。其投资稍高，但检修方便，占地面积少，所以在配电系统中应用很广泛。

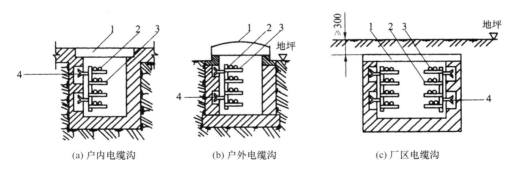

(a) 户内电缆沟　　　(b) 户外电缆沟　　　(c) 厂区电缆沟

图 6-19　电缆在电缆沟内敷设（单位：mm）
1— 盖板　2— 电缆　3— 电缆支架　4— 预埋铁件

（3）电缆多孔导管敷设

电缆多孔导管敷设方式适用于电缆数量不多（一般不超过 12 根），而道路交叉较多，路径拥挤，又不宜采用直埋或电缆沟敷设的地段。电缆多孔导管可采用石棉水泥管或混凝土管或 PVC 管，其结构如图 6-20 所示。

（4）电缆沿墙敷设

电缆沿墙敷设方式要在墙上预埋铁件，预设固定支架，电缆沿墙敷设在支架上，如图 6-21 所示。其结构简单，维修方便，但积灰严重，易受热力管道影响，且不够美观。

（5）电缆桥架敷设

电缆敷设在电缆桥架内，电缆桥架装置是由支架、盖板、支臂和线槽等组成的，如图 6-22 所示为电缆桥架敷设示意图。

电缆桥架敷设的采用，克服了电缆沟敷设电缆时存在的积水、积灰、易损坏电缆等多种弊病，改善了运行条件，且具有占用空间少、投资少、建设周期短、便于采用全塑电缆和工厂系列化生产等优点，因此在国内已广泛应用。

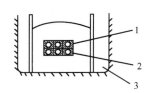
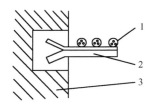

图 6-20　电缆多孔导管敷设　　　　图 6-21　电缆沿墙敷设
1—多孔导管　2—电缆孔(穿电缆)　3—电缆沟　　1—电缆　2—角铁支架子　3—墙

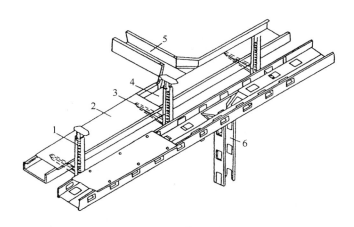

图 6-22　电缆桥架敷设
1—支架　2—盖板　3—支臂　4—线槽　5—水平分支线槽　6—垂直分支线槽

### 3. 敷设电缆需遵循的原则

① 电缆类型要符合所选敷设方式的要求,例如直埋地电缆应有铠装和防腐层保护。

② 如果敷设条件许可,可给电缆考虑 1.5% ~ 2% 的长度余量,作为检修时备用。

③ 电缆敷设的路径要力求少弯曲,弯曲半径与电缆外径的倍数关系应符合有关规定,以免弯曲扭伤。

④ 垂直敷设的电缆和沿陡坡敷设的电缆,其最高点与最低点之间的最大允许高度差不应超过规定值。

⑤ 以下地点的电缆应穿钢管保护(注意钢管内径不能小于电缆外径的 2 倍):电缆从建筑物引入、引出或穿过楼板及主要墙壁处;从电缆沟引出到电杆,或沿墙敷设的电缆距地面 2m 高及埋入地下小于 0.25m 深的一段;电缆与道路、铁路交叉的一段。

⑥ 直埋地电缆埋地深不得小于 0.7m,并列埋地电缆相互间的距离应符合规定(如 10kV 电缆间不应小于 0.1m)。电缆沟距建筑物基础应大于 0.6m,距电杆基础应大于 1m。

⑦ 不允许在煤气管、天然气管及液体燃料管的沟道中敷设电缆;一般不要在热力管道的明沟或隧道中敷设电缆,特殊情况时,可允许少数电缆放在热力管道沟道的另一侧或热力管道的下面,但必须保证不至于使电缆过热;允许在水管或通风管的明沟或隧道中敷设少数电缆,或电缆与之交叉。

⑧ 户外电缆沟的盖板应高出地面(但注意厂区户外电缆沟盖板应低于地面 0.3m,上面铺以沙子或碎土),户内电缆沟的盖板应与地板平。电缆沟从厂区进入厂房处应设防火隔板,沟底应有不小于 0.5% 的排水坡度。

⑨ 电缆的金属外皮、金属电缆头及保护钢管和金属支架等,均应可靠接地。

### 6.6.3　车间电力平面布置图

电气平面布置图就是在建筑平面图上,按GB4728—2000《电气图用图形符号·电力、照明和电信布置》规定,标出用电设备和配电设备的安装位置及标注,标出电气线路的部位、路径和敷设方式的电气平面图。电气平面布置图有电力平面布置图、照明平面布置图和弱电系统平面布置图等。

车间电力平面布置图是表示供配电系统对车间用电设备配电的电气平面布置图。

(1)用电设备的位置和标注

须标出所有用电设备的位置,并依次进行编号。在用电设备或电动机出口处标注设备编号和容量,标注的格式为

$$\frac{a}{b} \tag{6-26}$$

式中,$a$ 为设备编号;$b$ 为设备额定容量(kW)。

(2)配电设备的位置和标注

须标出所有配电设备的位置,并依次进行编号,图形符号符合相关规定,并标注其型号,配电设备标注的格式一般为

$$-a \text{ 或 } -a + b/c \tag{6-27}$$

式中,$a$ 为设备种类代号,在不会引起混淆时,前缀"—"可取消;$b$ 为设备安装的位置代号;$c$ 为设备型号。

例如,$-AP1+1 \cdot B6/XL21\text{-}15$ 表示动力配电箱种类代号为$-AP1$,位置代号$+1 \cdot B6$ 即安装位置在一层 B、6 轴线,型号为 XL21-15,位置代号可省略。

(3)线路的走向和敷设方式标注

须标出所有线路的走向,注明导体或电缆的型号、规格和敷设方式,标注的格式为

$$a b-c(d \times e + f \times g)i-jh \tag{6-28}$$

式中,$a$ 为线缆编号;$b$ 为线缆型号,不需要可省略;$c$ 为线芯根数;$d$ 为电缆芯数;$e$ 为芯线截面(mm²);$f$ 为 PE、PEN 线芯数;$g$ 为芯线截面;$i$ 为线缆敷设方式;$j$ 为线缆敷设部位;$h$ 为线缆敷设安装高度;以上字母无内容则省略该部分。线路敷设方式及敷设部位的文字代号见表 6-3。

表 6-3　线路敷设方式及敷设部位的文字代号

| 线路敷设方式的文字代号 | | | 线路敷设部位的文字代号 | | | |
|---|---|---|---|---|---|---|
| 直接埋地敷设 | DB | 穿焊接钢管敷设 | SC | 吊顶内敷设 | SCE | 暗敷在柱内 | CLC |
| 电缆沟敷设 | TC | 穿电线管敷设 | MT | 沿墙面敷设 | WS | 暗敷在墙内 | WC |
| 电缆桥架敷设 | CT | 穿硬塑料管敷设 | PC | 沿或跨柱敷设 | AC | 暗敷在梁内 | BC |
| 混凝土排管敷设 | CE | 穿阻燃半硬塑料管敷设 | FPC | 沿或跨梁(屋架)敷设 | AB | 暗敷在屋面或顶板内 | CC |
| 塑料线槽敷设 | PR | 穿可挠金属电线保护套管敷设 | CP | 沿天棚或顶板面敷设 | CE | 地板或地面下敷设 | FC |
| 金属线槽敷设 | MR | 穿塑料波纹电线管敷设 | KPC | — | — | — | — |
| 钢索敷设 | M | — | — | — | — | — | — |

例如，WP01 YJV-0.6/1kV-2(3×150+2×70)SC80-WS3.5 表示电缆编号为 WP01，电缆型号、规格为 YJV-0.6/1kV-(3×150+2×70)，两根电缆并联连接，敷设方式为穿 SC80 焊接钢管沿墙明敷，电缆敷设高度距地 3.5m。

如图 6-23 所示为某机械加工车间（一角）的电力平面布置图。该图中动力配电箱的型号为 XL-21，引入线的型号为 BV-500，3 根相线截面为 25mm²，中性线截面为 16mm²，敷设方式为穿 SC40 焊接钢管地面内暗敷。

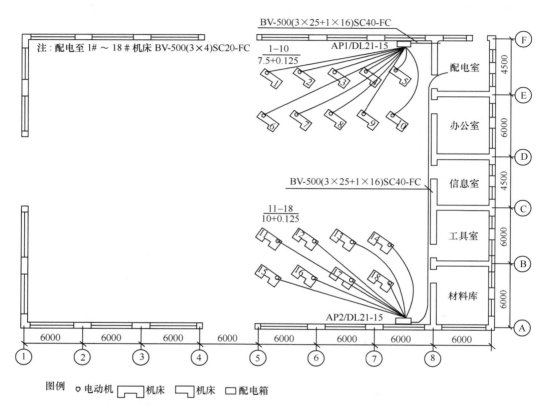

图 6-23　机械加工车间（一角）的电力平面布置图（单位：mm）

# 小　　结

本章介绍了电力线路的接线方式，讨论了导体和电缆的选择原则，重点讲述了导体和电缆截面的选择计算，最后讲述了电力线路的结构和敷设，以及车间电力平面布置图。

① 高压线路和低压线路的接线方式有放射式、树干式和环形等，实际配电系统往往是这几种接线方式的组合。但应注意，电力线路的接线应力求简单可靠，GB50052—2009《供配电系统设计规范》规定："供配电系统应简单可靠，同一电压等级的配电级数高压不宜多于两级，低压不宜多于三级。"

② 导体和电缆的选择包括型号选择和截面选择。导体和电缆截面的选择原则有：按允许载流量选择；按允许电压损失选择；按经济电流密度选择；按机械强度选择；满足短路稳定度的条件。

③ 电力线路结构和敷设方式的确定必须满足一定的原则；架空线路须合理选择路径，电杆

尺寸满足挡距、线距、弧垂、限距等要求；电缆线路常用的敷设方式有：直接埋地敷设；电缆沟敷设；沿墙敷设；多孔导管敷设；电缆桥架敷设。

④ 车间电力平面布置图是表示供配电系统对车间电力设备配电的电气平面布置图。绘制电气平面布置图应注意：须标出所有用电设备的位置，并依次进行编号，并注明设备的容量；须标出所有配电设备的位置，并依次进行编号，并标注其型号、规格；对配电线路也要分别进行标注。

# 思考题和习题

6-1　电力线路的接线方式有哪些？各有什么优缺点？如何选用电力线路的接线方式？

6-2　试比较架空线路和电缆线路的优缺点。

6-3　导体和电缆截面的选择原则是什么？一般动力线路宜先按什么条件选择？照明线路宜先按什么条件选择？为什么？

6-4　三相系统中的中性导体(N线)截面一般情况下如何选择？三相系统引出的两相三线制线路和单相线路的中性导体截面又如何选择？3次谐波比较严重的三相系统的中性导体截面又如何选择？

6-5　三相系统中的保护导体(PE线)和保护接地中性导体(PEN线)的截面如何选择？

6-6　什么叫"经济截面"？什么情况下的线路导体或电缆要按"经济电流密度"选择？

6-7　电力电缆常用哪几种敷设方式？

6-8　什么叫"均一无感"线路？"均一无感"线路的电压损失如何计算？

6-9　何谓电气平面布置图？按照布置地区来看有哪些电气平面布置图？

6-10　车间电力平面布置图上需对哪些装置进行标注？怎样标注？

6-11　有一供电线路，电压为380/220V。已知线路的计算负荷为84.5kVA，现用 BV 型铜芯绝缘线穿硬塑料管敷设，试按允许载流量选择该线路的相导体和保护接地中性导体的截面及穿线管的直径(安装地点的环境温度为25℃)。

6-12　某380V三相配电线路向15台冷加工机床电动机配电，每台电动机的容量为4.5kW，配电线路采用 BV 型导线明敷，周围环境温度为23℃。试确定该导体的截面。

6-13　某变电所用10kV架空线路向相邻两企业供电，如图6-24所示。架空线路采用 LJ 型铝绞线，成水平等距排列，线间几何均距为1.25m，各段干线截面相同，全线允许电压损失为5%，环境温度为30℃。试选择架空线路的导体截面。

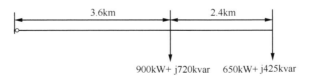

3.6km　　　2.4km

900kW+ j720kvar　650kW+ j425kvar

图 6-24　习题 6-13 图

6-14　某380V三相线路供电给 10 台2.8kW，$\cos\varphi = 0.8$，$\eta = 0.82$ 的电动机，各台电动机之间相距2m，线路全长(首端至最末一台电动机)为50m。配电线路采用 BV 型导体明敷(环境温度为25℃)，全线允许电压损失为5%。试按允许载流量选择导体截面(同时系数取 0.75)，并校验其机械强度和电压损失是否满足要求。

6-15　有一条 LGJ 钢芯铝绞线的35kV线路，计算负荷为4880kW，$\cos\varphi = 0.88$，年最大负荷利用小时为4500h，试选择其经济截面，并校验其发热条件和机械强度。

6-16　某380/220V 低压架空线路如图 6-25 所示，环境温度为35℃，线间几何均距为0.6m，允许电压损失为3%，试选择导体截面(采用铜芯绝缘线)。

6-17　某10kV线路($R_0 = 0.46\Omega/\mathrm{km}$，$X_0 = 0.38\Omega/\mathrm{km}$)上接有两个用户，在距电源($O$点)800m的 $A$ 点处负荷功率为1200kW($\cos\varphi = 0.85$)，在距电源 1.8km 的 $B$ 点处负荷功率为1600kW，1250kvar。试求 $OA$ 段、$AB$ 段、$OB$ 段线路上的电压损失。

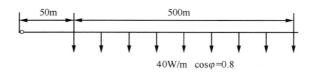

图 6-25　习题 6-16 图

6-18　计算如图 6-26 所示 10kV 电力线路的电压损失。已知线路 1WL 导体型号为 LJ-70,线路 2WL、3WL 导体型号为 LJ-50,线间几何均距都为 1.25m。

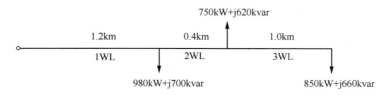

图 6-26　习题 6-18 图

6-19　某 10kV 电力线路接有两个负荷:距电源点 0.5km 处的 $P_{c1} = 1320$kW,$Q_{c1} = 1100$kvar;距电源点 1.3km 处的 $P_{c2} = 1020$kW,$Q_{c2} = 930$kvar。假设整个线路截面相同,线间几何均距为 1m,允许电压损失为 4%,环境温度为 25℃,试选择 LJ 铝绞线的截面。

6-20　某用户变电所所装有一台 1600kVA 的变压器,年最大负荷利用小时为 5200h,若该用户以 10kV 交联聚氯乙烯绝缘铜芯电缆以直接埋地方式做进线供电,土壤热阻系数为 1.0℃·cm/W,地温最高为 25℃,试选择该电缆的截面。

# 第7章 供配电系统的继电保护

继电保护的作用是防止因短路故障或异常运行状态造成电气设备或供配电系统的损坏,提高供电可靠性,继电保护是变电所二次回路的重要组成部分,也是供电设计的主要内容。本章讲述继电保护的基本知识和理论以及整定计算方法。

## 7.1 继电保护的基本知识

### 7.1.1 继电保护的任务

供配电系统在正常运行中,可能由于种种原因会发生各种故障或异常运行状态。最严重的是发生短路故障,并导致严重后果,如烧毁或损坏电气设备,造成大面积停电,甚至破坏电力系统的稳定性,引起系统振荡或解列。因此,必须采取各种有效措施消除或减少故障。一旦系统发生故障,应迅速切除故障设备,恢复正常运行;当发生异常运行状态时,应及时处理,以免引起设备故障。继电保护装置就是能反映供配电系统中电气设备发生故障或异常运行状态,并能使断路器跳闸或启动信号装置发出报警信号的一种自动装置。继电保护的任务是:

① 自动地、迅速地、有选择性地将故障设备从供配电系统中切除,使其他非故障部分迅速恢复正常供电;

② 正确反映电气设备的异常运行状态,发出报警信号,以便操作人员采取措施,恢复电气设备的正常运行;

③ 与供配电系统的自动装置(如自动重合闸装置、备用电源自动投入装置等)配合,提高供配电系统的供电可靠性。

因此,继电保护装置是保障供配电系统安全可靠运行不可或缺的重要设备,必须对继电保护的配置统筹考虑,合理安排,应优先选用具有成熟运行经验的数字式继电保护装置。对原有继电保护装置,凡不能满足技术和运行要求的,应逐步进行改造。

### 7.1.2 保护的分类

电力系统中的电力设备和电力线路,应装设短路故障和异常运行的保护装置。电力设备和电力线路短路故障应有主保护和后备保护,必要时可增设辅助保护。

**1. 主保护**

主保护是满足系统稳定和设备安全要求,能以最快速度有选择地切除被保护设备和线路故障的保护。

**2. 后备保护**

后备保护是主保护或断路器拒动时,用以切除故障的保护。后备保护可分为近后备保护和远后备保护两种方式。

(1)近后备保护是当主保护拒动时,由该电力设备或线路的另一套保护实现后备的保护;当断路器拒动时,由断路器失灵保护来实现后备的保护。

(2)远后备保护是当主保护或断路器拒动时,由相邻电力设备或线路的保护实现后备的保护。

### 3. 辅助保护

辅助保护是为补充主保护和后备保护的性能或当主保护和后备保护退出运行而增设的简单保护。

### 4. 异常运行保护

异常运行保护是反映被保护设备或线路异常运行状态的保护。

## 7.1.3　对继电保护的要求

根据继电保护的任务,继电保护应满足可靠性、选择性、灵敏性和速动性的要求。

### 1. 可靠性

可靠性是指继电保护在其所规定的保护范围内,发生故障或异常运行状态时应动作,不应拒动;发生任何保护不应该动作的故障或异常运行状态时不动作,不应误动作。如图 7-1 所示,系统 $K$ 点发生短路故障,保护 3 应动作,不应拒动;保护 1 和保护 2 不动作,不应误动作。

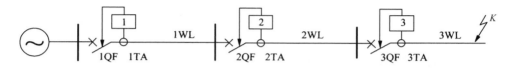

图 7-1　继电保护示意图

为保证可靠性,宜选用性能满足要求、原理尽可能简单的保护方案,应采用由可靠的硬件和软件构成的装置,并应具有必要的自动检测、闭锁、报警等措施,以便于整定、调试、运行和维护。

### 2. 选择性

选择性是指当发生故障时,首先由故障设备或线路本身的保护装置动作,切除故障,使停电范围最小,保证系统中无故障部分仍正常工作。当故障设备、线路本身的保护或断路器拒动时,才允许由相邻设备、线路的保护或断路器失灵保护切除故障。

在图 7-1 所示系统中,若在线路 3WL 的 $K$ 点发生短路故障,应由故障线路的保护装置 3 动作,使断路器 3QF 跳闸,将故障线路 3WL 切除,线路 1WL 和 2WL 仍继续运行;若保护装置 3 或断路器 3QF 拒动,保护装置 2 应动作。

为保证选择性,对相邻设备与线路有配合要求的保护及同一设备或线路保护内有配合要求的两保护,其动作电流或动作时间应相互配合。

### 3. 灵敏性

灵敏性是指在设备或线路的被保护范围内发生故障时,保护装置具有的正确动作能力的裕度。在继电保护的保护范围内,不论系统的运行方式、故障的性质和故障的位置如何,保护都应正确动作。继电保护的灵敏性通常以灵敏系数 $K_s$ 来衡量,灵敏系数愈大,反应故障的能力愈强。灵敏系数按下式计算

$$K_s = \frac{保护范围内的最小短路电流}{保护装置一次侧动作电流} = \frac{I_{K.min}}{I_{op1}} \tag{7-1}$$

GB/T14285—2016《继电保护和安全自动装置技术规程》对各类保护的灵敏系数的要求都作了具体的规定,一般要求灵敏系数在 $1.2 \sim 2$ 之间。

### 4. 速动性

速动性是指发生故障时,保护装置应能尽快地切除短路故障。当需要加速切除短路故障时,可允许保护装置无选择性动作,但应利用自动重合闸装置或备用电源的自动投入装置缩小停电

范围。其目的是提高电力系统的稳定性,减轻故障设备或线路的损坏程度,缩小故障波及范围,提高自动重合闸装置或备用电源自动投入装置的效果等。

### 7.1.4 继电保护的基本工作原理和构成

为了完成其任务,继电保护必须判断设备或线路的正常运行、故障和异常运行状态,要判断这些状态,就须判断各状态参量的变化和差别,从而构成各种不同原理的保护。供配电系统发生故障时,会引起电流增大、电压降低、电压和电流间相位角改变,利用上述状态参量故障时与正常时的差别,可分别构成电流保护、电压保护、方向保护,利用线路始端测量阻抗降低和两侧电流之差还可构成距离保护和差动保护等。

继电保护的种类很多,但其构成基本相同,继电保护装置主要由测量比较单元、逻辑判断单元和执行输出单元 3 部分组成,如图 7-2 所示。

图 7-2 继电保护装置的构成

（1）测量比较单元

测量比较单元测量被保护设备的某状态参量,和保护装置的整定值进行比较,根据比较结果,判断被保护设备是否发生故障,保护装置是否应该启动。常用的测量比较元件有过电流继电器、低电压继电器、差动继电器和阻抗继电器等。

（2）逻辑判断单元

逻辑判断单元根据测量比较单元输出逻辑信号的大小、性质、先后顺序、持续时间等,按一定的逻辑关系判断故障量,确定是否应使断路器跳闸、发出信号或不动作,输出相应信号到执行输出单元。

（3）执行输出单元

执行输出单元根据逻辑判断单元的输出信号驱动保护装置动作,使断路器跳闸、发出报警信号或不动作。

### 7.1.5 继电保护技术的发展

随着电力系统、电子技术、计算机技术和通信技术的发展,继电保护技术也得到快速发展。继电保护也从电磁式、感应式继电器构成的模拟保护发展到以微机保护构成的数字保护。

电磁式或感应式继电器构成的模拟保护,虽然结构简单、价格低廉,但难以满足系统可靠性对保护的要求,主要表现在:

① 没有自诊断功能,元件损坏不能及时发现,易造成严重后果;

② 动作速度慢,一般超过 0.02s;

③ 定值整定和修改不方便,准确度不高;

④ 难以实现新的保护原理或算法;

⑤ 元件多、体积大、维护工作量大。

微机保护构成的数字保护充分利用和发挥微型控制器的存储记忆、逻辑判断和数值运算等信息处理功能,克服模拟保护的不足,获得了更好的保护特性和更高的技术指标。

20 世纪 60 年代末 70 年代初,美国、澳大利亚等国学者开始研究微机保护,我国于 20 世纪 70 年代末也开始研究微机保护,1984 年原华北电力学院研制成功输电线路微机保护装置,其后微机保护得到迅速发展,20 世纪 80 年代末微机保护开始得到工业应用,随后由初期的微机继电器发展到以保护为核心的具有多种综合功能的微机保护和测控装置。目前国外和国内很多厂商生产此类产品,如通用电气公司生产的数字配电继电保护系统(Digital Distribution Protective Relaying System)、BBC 公司生产的微机配电保护系统(Microprocessor-based Distribution Protection System)、ABB 公司生产的微机配电保护装置(Circuit-shield Distribution Protection Unit)、南京自动化研究院生产的 ISA-1 微机保护装置、许继电气公司生产的 WBK-1 型微机保护装置,等等。这类微机保护装置一般都具有测量、保护、重合闸、事件记录、通信和自检等功能。

我国 20 世纪 90 年代已开始大量使用微机保护。目前,电力系统已全部实现微机保护,一般用户供配电系统仍使用以继电器保护为主的模拟保护,现代大型用户都采用微机保护,新建的用户供配电系统一般选用微机保护。微机保护的工作原理与继电器保护的工作原理基本相同或相似,只是实现的方法不同。所以,本章内容仍以讲述继电器保护为主、微机保护为辅。

# 7.2　常用的保护继电器

供配电系统的继电保护装置由各种保护继电器构成。保护继电器的种类很多。按继电器的结构原理分为电磁式、感应式、数字式、微机式等继电器;按继电器反映的状态参量分为电流继电器、电压继电器、功率方向继电器、气体继电器等;按继电器反映的状态参量变化分为过量继电器和欠量继电器,如过电流继电器、欠电压继电器;按继电器在保护装置中的功能分为启动继电器、时间继电器、信号继电器和中间继电器等。

供配电系统中常用的继电器主要是电磁式继电器和感应式继电器。

## 7.2.1　电磁式继电器

### 1. 电磁式电流继电器

DL 型电磁式电流继电器的内部结构如图 7-3 所示,图 7-4 是其内部接线图和图形符号。电流继电器的文字符号为 KA。常用的有 DL-10、DL-20、DL-30 型电磁式电流继电器。

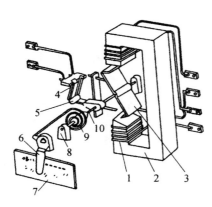

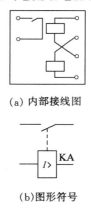

(a) 内部接线图

(b)图形符号

图 7-3　DL 型电磁式电流继电器的内部结构图
1—线圈　2—电磁铁　3—Z 形铁片
4—静触头　5—动触头　6—动作电流调整杆
7—标度盘　8—轴承　9—反作用弹簧　10—轴

图 7-4　DL-11 电磁式电流继电器
的内部接线图和图形符号

当电流通过继电器线圈 1 时,电磁铁 2 中产生磁通,对 Z 形铁片 3 产生电磁吸力。若电磁吸力大于反作用弹簧 9 的反作用力,Z 形铁片 3 就转动,带动同轴的动触头 5 转动,使常开触头闭合,继电器动作。

使继电器动作的最小电流称为继电器的动作电流,用 $I_{op.KA}$ 表示。

继电器动作后,逐渐减小流入继电器的电流到某一电流值时,Z 形铁片 3 因电磁力小于弹簧的反作用力而返回到起始位置,常开触头断开。使继电器返回到起始位置的最大电流,称为继电器的返回电流,用 $I_{re.KA}$ 表示。

继电器的返回电流与动作电流之比称为返回系数 $K_{re}$,即

$$K_{re} = \frac{I_{re.KA}}{I_{op.KA}} \tag{7-2}$$

显然,返回系数越大,继电器越灵敏,电磁式电流继电器的返回系数通常为 0.85。

调节电磁式电流继电器动作电流的方法有两种:① 改变动作电流调整杆 6 的位置来改变弹簧的反作用力,进行平滑调节;② 改变继电器线圈的连接。当线圈由串联改为并联时,继电器的动作电流增大一倍,进行级进调节。

电磁式电流继电器的动作极为迅速,动作时间为百分之几秒,可认为是瞬时动作的继电器。

### 2. 电磁式电压继电器

DJ 型电磁式电压继电器的结构和工作原理与 DL 型电磁式电流继电器基本相同。不同之处仅是电压继电器的线圈为电压线圈,匝数多,导线细,与电压互感器的二次绕组并联。电压继电器的文字符号用 KV 表示。常用的有 DY-10、DY-20、DY-30 型电磁式电压继电器。

电磁式电压继电器有过电压继电器和欠电压继电器两种。过电压继电器返回系数小于 1,通常为 0.8;欠电压继电器返回系数大于 1,通常为 1.25。

### 3. 电磁式时间继电器

电磁式时间继电器用于继电保护装置中,使继电保护获得需要的延时,以满足选择性要求。常用的有 DS 型电磁式时间继电器、DS110 型直流型时间继电器和 DS120 型交流型时间继电器。它由电磁系统、传动系统、延时机构、触头系统和时间调整系统等组成,所需时限通过时间调整系统获得。时间继电器的文字符号为 KT。DS 型电磁式时间继电器的内部接线图和图形符号如图 7-5 所示。

### 4. 电磁式信号继电器

电磁式信号继电器在继电保护装置中用于发出指示信号,表示保护动作,同时接通信号回路,以发出灯光或音响信号,电磁式信号继电器动作后,要解除信号,需手动复位。常用的有 DX-10 型和 DX-30 型电磁式信号继电器,信号继电器的文字符号为 KS。图 7-6 是 DX-11 型电磁式信号继电器的内部接线图和图形符号。

电磁式信号继电器有电流型和电压型两种。电流型信号继电器串联接入二次电路,电压型信号继电器并联接入二次电路。

### 5. 电磁式中间继电器

电磁式中间继电器的触头容量较大,触头数量较多,在继电保护装置中用于弥补主继电器触头容量或触头数量的不足。中间继电器的文字符号为 KM。常用的有 DZ-10 型电磁式中间继电器,可根据触头类型和数量选择型号,其内部接线图和图形符号如图 7-7 所示。

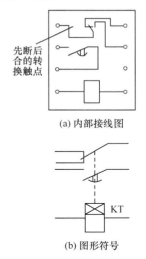

先断后合的转换触点

(a) 内部接线图

KT

(b) 图形符号

图 7-5 DS 型电磁式时间继电器内部接线和图形符号

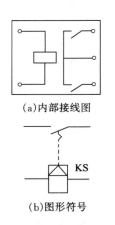

(a)内部接线图

KS

(b)图形符号

图 7-6 DX-11 型电磁式信号继电
器内部接线和图形符号

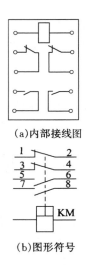

(a)内部接线图

| 1 | | 2 |
|---|---|---|
| 3 | | 4 |
| 5 | | 6 |
| 7 | | 8 |

KM

(b)图形符号

图 7-7 DZ-10 型电磁式中间继电
器的内部接线和图形符号

## 7.2.2 感应式电流继电器

GL 型感应式电流继电器的内部结构如图 7-8 所示。它主要由两个系统构成:感应系统和电磁系统。常用的有 GL-10 型和 GL-20 型感应式电流继电器,图 7-9 是其内部接线图和图形符号,文字符号也是 KA。

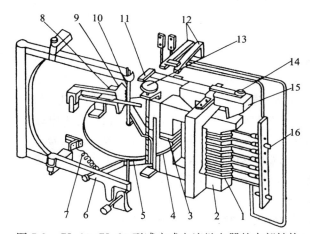

图 7-8  GL-10,GL-20 型感应式电流继电器的内部结构

1—线圈   2—电磁铁   3—短路环   4—铝盘   5—钢片   6—铝框架   7—调节弹簧
8—永久磁铁   9—扇形齿轮   10—蜗杆   11—扁杆   12—触头   13—时限调节螺杆
14—速断电流调节螺钉   15—衔铁   16—动作电流调节插销

继电器的感应系统主要由线圈 1、带短路环 3 的电磁铁 2 和装在可偏转的铝框架 6 上的铝盘 4 组成。继电器的电磁系统由电磁铁 2 和衔铁 15 组成。

当继电器的线圈中通过电流,电磁铁在无短路环的磁极内产生磁通 $\Phi_1$,在带短路环的磁极内产生磁通 $\Phi_2$,两个磁通作用于铝盘,产生转矩 $M_1$,使铝盘转动。铝盘转动切割永久磁铁 8 产生的磁通,在铝盘上产生涡流,涡流与永久磁铁的磁通作用,又产生一个与转矩 $M_1$ 方向相反的制动力矩 $M_2$,参见图 7-10。当通过继电器线圈中的电流增大到继电器的动作电流时,在 $M_1$ 和 $M_2$

的作用下,铝盘受力增大,克服弹簧阻力,框架顺时针偏转,铝盘前移,使蜗杆 10 与扇形齿轮 9 啮合,称为继电器的感应系统动作。

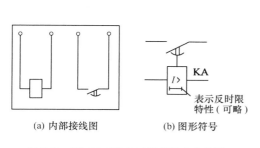

(a) 内部接线图　　(b) 图形符号

图 7-9　GL-10,GL-20 型感应式电流继
电器的内部接线图和图形符号

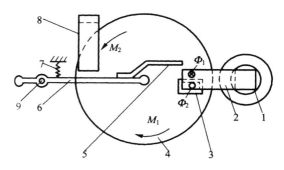

图 7-10　GL 型感应式电流继电器铝盘受力示意图

1—线圈　2—电磁铁　3—短路环　4—铝盘
5—钢片　6—铝框架　7—调节弹簧
8—制动永久磁铁　9—轴

由于铝盘的转动,扇形齿轮沿着蜗杆上升,最后使继电器触头 12 闭合,同时信号牌掉下,从观察孔中可以看到红色的信号指示,表示继电器已动作。从继电器感应系统动作到触头闭合的时间就是继电器的动作时限。

继电器线圈中的电流越大,铝盘转速越快,扇形齿轮上升速度也就越快,因此动作时限越短。这就是感应式电流继电器的"反时限"特性,如图 7-11 曲线中的 $ab$ 段所示。

当继电器线圈中的电流继续增大时,电磁铁中的磁通逐渐达到饱和,作用于铝盘的转矩不再增大,使继电器的动作时限基本不变。这一阶段的动作特性称为定时限特性,如图 7-11 曲线中的 $bc$ 段所示。

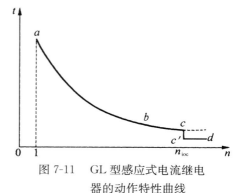

图 7-11　GL 型感应式电流继电
器的动作特性曲线

当继电器线圈中的电流进一步增大到继电器的速断电流整定值时,电磁铁 2 瞬时将衔铁 15 吸下,触头闭合,同时也使信号牌掉下。这是感应式电流继电器的速断特性,如图 7-11 曲线 $c'd$ 段所示。继电器电磁系统的速断动作电流与继电器的感应系统动作电流之比,称为速断电流倍数,用 $n_{ioc}$ 表示。

感应式电流继电器的这种有一定限度的反时限动作特性,称为"有限反时限特性"。其特性曲线如图 7-11 所示。

综上所述,感应式电流继电器具有前述电磁式电流继电器、电磁式时间继电器、电磁式信号继电器、电磁式中间继电器的功能,从而使继电保护装置使用的元件少,接线简单,在供配电系统中得到广泛应用。

继电器的动作电流可用动作电流调节插销 16 改变线圈抽头(匝数)进行级进调节;也可以用调节弹簧 7 的拉力进行平滑调节。

继电器的动作时限可用时限调节螺杆 13 改变扇形齿轮顶杆行程的起点来进行调节。

继电器的速断电流倍数可用速断电流调节螺钉 14 改变衔铁与电磁铁之间的气隙来进行调节。

# 7.3 电力线路的继电保护

## 7.3.1 电力线路的常见故障和保护配置

用户内部的高压电力线路的电压等级一般为 6 ～ 35kV，线路较短，通常为单端供电，常见的故障和异常运行状态主要有相间短路、单相接地和过负荷。因此，继电保护比较简单，按 GB50062—2008《电力装置的继电保护和自动装置设计规范》规定应采用电流保护，装设相间短路保护、单相接地保护和过负荷保护。

3 ～ 10kV 中性点非有效接地单侧电源线路的相间短路保护装置可装设两段电流保护，第一段应为瞬时电流速断保护，第二段应为带时限的过电流保护，后备保护应采用远后备方式。35kV 中性点非有效接地单侧电源线路的相间短路保护装置可采用一段或两段电流速断或电压闭锁过电流保护做主保护，并以带时限的过电流保护做后备保护。

电力线路装设绝缘监视装置（零序电压保护）或单相接地保护（零序电流保护），动作于信号，作为单相接地故障保护。经常发生过负荷的电缆线路，装设过负荷保护，动作于信号。

## 7.3.2 电流保护的接线方式和接线系数

供配电系统的继电保护主要是电流保护。电流保护的接线方式是指电流保护中的电流继电器与电流互感器二次绕组的连接方式。为了便于保护的分析和整定计算，引入接线系数 $K_w$，它是流入继电器的电流 $I_{KA}$ 与电流互感器二次绕组的电流 $I_2$ 的比值，即

$$K_w = \frac{I_{KA}}{I_2} \qquad (7\text{-}3)$$

### 1. 三相三继电器接线方式

三相三继电器接线方式是将 3 只电流继电器分别与 3 只电流互感器相连接，如图 7-12 所示，又称完全星形接线。它能反映各种短路故障，流入继电器的电流与电流互感器二次绕组的电流相等，其接线系数在任何短路情况下均等于 1。这种接线方式主要用于高压大接地电流系统，保护相间短路和单相短路。

### 2. 两相两继电器接线方式

两相两继电器接线方式是将两只电流继电器分别与设在 A，C 相的电流互感器连接，如图 7-13 所示，又称不完全星形接线。由于 B 相没有装设电流互感器和电流继电器，因此，它不能反映单相短路，只能反映相间短路，其接线系数在各种相间短路时均为 1。此接线方式主要用于小接地电流系统的相间短路保护。

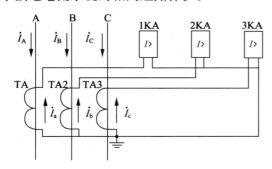

图 7-12　三相三继电器接线

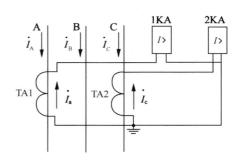

图 7-13　两相两继电器接线

### 3. 两相一继电器接线方式

两相一继电器接线方式如图 7-14(a)所示,流入继电器的电流为两电流互感器二次侧电流之差,即 $\dot{I}_{KA} = \dot{I}_a - \dot{I}_c$,因此又称两相电流差接线。

当正常工作或三相短路时,由于三相电流对称,流入继电器的电流为电流互感器二次侧电流的 $\sqrt{3}$ 倍,即 $K_w = \sqrt{3}$,如图 7-14(b)所示。当 A,C 两相短路时,A 相和 C 相电流大小相等、方向相反,所以 $K_w = 2$,如图 7-14(c)所示;当 A,B 或 B,C 两相短路时,由于 B 相无电流互感器,流入继电器的电流与电流互感器的二次侧电流相等,所以 $K_w = 1$,如图 7-14(d)和(e)所示。可见,这种接线可反映各种不同的相间短路,但其接线系数随短路种类不同而不同。因此,保护灵敏度也不同,主要用于高压电动机的保护。

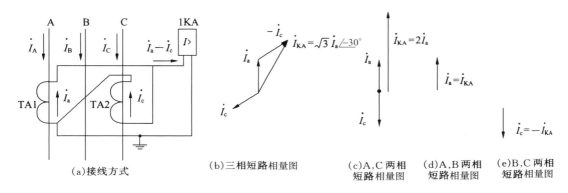

图 7-14 两相一继电器接线及相量图

## 7.3.3 过电流保护

当通过线路的电流大于继电器的动作电流时,保护装置启动,并用时限保证动作的选择性,这种继电保护装置称为过电流保护。由于采用的继电器不同,其时限特性有两种:由电磁式电流继电器等构成的定时限过电流保护;由感应式电流继电器构成的反时限过电流保护。

### 1. 过电流保护的接线和工作原理

(1)定时限过电流保护装置的接线和工作原理

图 7-15 是定时限过电流保护装置的接线图,保护采用两相两继电器接线。接线图有两种形式:原理图和展开图。原理图包括保护装置的所有元件,元件的组成部分都集中表示,并标注文字代号,如图 7-15(a)所示,原理图概念直观,容易理解。展开图将所有元件的组成部分按所属回路分开表示,每个元件的组成部分都标注相同的文字代号,如图 7-15(b)所示,展开图简明清晰,便于查对,广泛应用于二次回路图。

当线路发生短路时,通过线路的电流使流经继电器的电流大于继电器的动作电流,电流继电器 KA 瞬时动作,其常开触点闭合,时间继电器 KT 线圈得电,其触点经一定延时后闭合,使中间继电器 KM 和信号继电器 KS 动作。KM 的常开触点闭合,接通断路器跳闸线圈 YR 回路,断路器 QF 跳闸,切除短路故障线路。KS 动作,其指示牌掉下,同时其常开触点闭合,启动信号回路,发出灯光和音响信号。

(2)反时限过电流保护装置的接线和工作原理

反时限过电流保护装置的接线如图 7-16 所示。它由 GL 型感应式电流继电器组成,如上节所述,该继电器具有反时限特性,动作时限与短路电流大小有关,短路电流越大,动作时限越短。

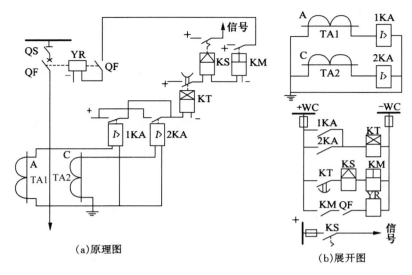

(a)原理图　　　　　　　　　　　　　　(b)展开图

图 7-15　定时限过电流保护装置的接线图

QF—断路器　　TA—电流互感器　　KA—电流继电器

KT—时间继电器　　KS—信号继电器　　KM—中间继电器　　YR—跳闸线圈

　　如图 7-16 所示的反时限过电流保护采用交流操作的"去分流跳闸"原理。正常运行时,跳闸线圈被继电器的常闭触点短路,电流互感器二次侧电流经继电器线圈及常闭触点构成回路,保护不动作。当线路发生短路时,继电器动作,其常开触点闭合,常闭触点打开(先合后开),电流互感器二次侧电流流经跳闸线圈,断路器 QF 跳闸,切除故障线路。

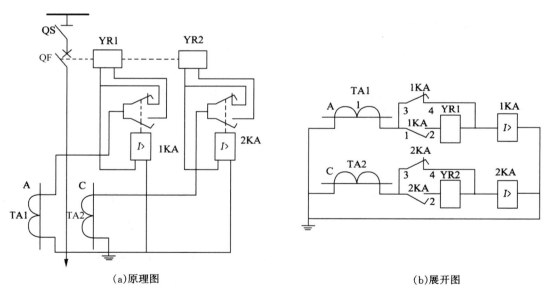

(a)原理图　　　　　　　　　　　　　　(b)展开图

图 7-16　反时限过电流保护装置的接线图

QF—断路器　　TA—电流互感器　　KA—电流继电器　　YR—跳闸线圈

## 2. 保护整定计算

过电流保护的整定计算有动作电流整定、动作时限整定和保护灵敏系数校验 3 项内容。

(1) 动作电流整定

过电流保护装置的动作电流必须满足下列两个条件。

① 正常运行时,保护装置不动作,即保护装置一次侧的动作电流 $I_{op1}$ 应大于该线路可能出现的最大负荷电流 $I_{L.max}$(正常过负荷电流和尖峰电流),即 $I_{op1} > I_{L.max}$。

② 保护装置在外部故障切除后,可靠返回到原始位置。即保护一次侧的返回电流 $I_{rel}$ 应大于线路的最大负荷电流 $I_{L.max}$(应包含电动机的自启动电流),$I_{rel} > I_{L.max}$。由于过电流保护 $I_{op1}$ 大于 $I_{rel}$,所以,以 $I_{rel} > I_{L.max}$ 作为动作电流整定依据,同时引入可靠系数 $K_{rel}$,将不等式改写成等式。将保护装置一次侧的返回电流换算到一次侧的动作电流,进而换算到继电器的动作电流 $I_{op.KA}$,即

$$I_{op.KA} = \frac{K_{rel} K_w}{K_{re} K_i} I_{L.max} \qquad (7\text{-}4)$$

式中,$K_{rel}$ 为可靠系数,DL 型继电器取 1.2,GL 型继电器取 1.3;$K_w$ 为接线系数,由保护的接线方式决定;$K_{re}$ 为继电器的返回系数,DL 型继电器取 0.85,GL 型继电器取 0.8;$K_i$ 为电流互感器的变比。

在整定计算时,如果线路的最大负荷电流具体数据不详,可取线路计算电流 $I_c$ 的 1.5 ~ 3.0 倍,即 $I_{L.max} = (1.5 \sim 3) I_c$。

由式(7-4)求得继电器动作电流计算值,确定其动作电流整定值。保护装置一次侧的动作电流为

$$I_{op1} = \frac{K_i}{K_w} I_{op.KA} \qquad (7\text{-}5)$$

(2) 动作时限整定

① 定时限过电流动作时限整定。由上所述,定时限过电流保护装置的启动由电流继电器完成,动作时限的实现由时间继电器完成。保护装置的动作时限与短路电流的大小无关,由选择性确定。

如图 7-17(a) 所示,线路 1WL、2WL 均装有定时限过电流保护,当 $K$ 点发生短路故障,其短路电流远大于保护 1 和保护 2 的动作电流,两保护都要启动。为保证动作的选择性,自电源侧向负载侧,前一级线路的过电流保护装置的动作时限 $t_1$ 应比后一级线路保护的动作时限 $t_2$ 大一个时限级差 $\Delta t$,如图 7-17(b) 所示,即按阶梯原则进行整定。

$$t_1 = t_2 + \Delta t \qquad (7\text{-}6)$$

式中,$\Delta t$ 为时限级差,定时限过电流保护取 0.5s。

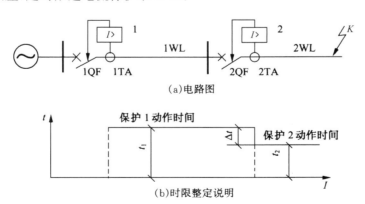

图 7-17　定时限过电流保护时限整定说明图

② 反时限过电流保护动作时限整定。GL 型感应式电流继电器具有反时限动作特性,在整定反时限过电流保护的动作时限时应指出某一动作电流倍数(通常为 10 倍)时的动作时限。为保证动作的选择性,反时限过电流保护时限整定也应按照"阶梯原则"来确定,即上下级线路的反时

限过电流保护在保护配合点 $K$ 处发生短路时的时限级差为 $\Delta t = 0.7\text{s}$,如图 7-18 所示。

图 7-18 中已知线路 2WL 保护 2 的继电器特性曲线为图 7-18(b) 中的曲线 2,保护 2 的动作电流为 $I_{\text{op.KA2}}$,线路 1WL 保护 1 的动作电流为 $I_{\text{op.KA1}}$,整定线路 1WL 保护的动作时限。

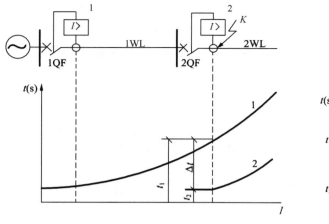 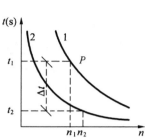

(a) 短路点距离与动作时限的关系     (b) 继电器动作特性曲线

图 7-18   反时限过电流保护动作时限的整定

动作时限整定首先由 $K$ 点处发生三相短路线路 2WL 保护时间 $t_2$,确定线路 1WL 保护动作时间 $t_1$,再确定 1WL 保护继电器的动作特性曲线。具体步骤如下:

a. 计算线路 2WL 首端 $K$ 点三相短路时保护 2 的动作电流倍数 $n_2$,即

$$n_2 = \frac{I_{\text{K.KA2}}}{I_{\text{op.KA2}}} \tag{7-7}$$

式中,$I_{\text{K.KA2}}$ 为 $K$ 点三相短路时,流经保护 2 继电器的电流,且 $I_{\text{K.KA2}} = K_{\text{w.2}} I_{\text{K}} / K_{\text{i.2}}$,$K_{\text{w.2}}$ 和 $K_{\text{i.2}}$ 分别为保护 2 的接线系数和电流互感器的变比。

b. 由 $n_2$ 从特性曲线 2 求 $K$ 点三相短路时保护 2 的动作时限 $t_2$。

c. 计算 $K$ 点三相短路时保护 1 的实际动作时限 $t_1$,$t_1$ 应较 $t_2$ 大一个时限级差 $\Delta t$,以保证动作的选择性,即

$$t_1 = t_2 + \Delta t = t_2 + 0.7 \tag{7-8}$$

d. 计算 $K$ 点三相短路时,保护 1 的实际动作电流倍数 $n_1$,即

$$n_1 = \frac{I_{\text{K.KA1}}}{I_{\text{op.KA1}}} \tag{7-9}$$

式中,$I_{\text{K.KA1}}$ 为 $K$ 点三相短路时,流经保护 1 继电器的电流,$I_{\text{K.KA1}} = K_{\text{w.1}} I_{\text{K}} / K_{\text{i.1}}$,$K_{\text{w.1}}$ 和 $K_{\text{i.1}}$ 分别为保护 1 的接线系数和电流互感器的变比。

e. 由 $t_1$ 和 $n_1$ 可以确定保护 1 继电器的特性曲线上的一个 $P$ 点,由 $P$ 点找出保护 1 的特性曲线 1,如图 7-18(b) 所示,并确定 10 倍动作电流倍数下的动作时限。

由图 7-18(a) 可见,$K$ 点是线路 2WL 的首端和线路 1WL 的末端,也是上下级保护的时限配合点,若在该点的时限配合满足要求,在其他各点短路时,都能保证动作的选择性。

(3) 灵敏系数校验

过电流保护的灵敏系数用系统最小运行方式下线路末端的两相短路电流 $I_{\text{K.min}}^{(2)}$ 进行校验。

$$K_{\text{s}} = \frac{I_{\text{K.min}}^{(2)}}{I_{\text{op1}}} \geqslant \begin{cases} 1.5 & (\text{本级线路}) \\ 1.2 & (\text{下级线路}) \end{cases} \tag{7-10}$$

式中,$I_{\text{op1}}$ 为保护装置一次侧的动作电流。

若过电流保护的灵敏系数达不到要求,可采用带低电压闭锁的过电流保护,此时电流继电器动作电流按线路的计算电流整定,以提高保护的灵敏系数。

可见,过电流保护的选择性由动作时限实现,动作电流按线路可能出现的最大负荷电流整定,保护范围是本级线路和下级线路,但动作时限按阶梯原则进行整定,靠近电源的保护动作有时可达几秒,保护的速动性较差。定时限过电流保护整定简单,动作准确,动作时限固定,但使用继电器较多,接线较复杂,需直流操作电源。反时限过电流保护使用继电器少,接线简单,可采用交流操作,但动作准确度不高,动作时间与短路电流有关,呈反时限特性,动作时限整定复杂。

**例 7-1**    试整定图 7-19 所示线路 1WL 的定时限过电流保护。已知 1TA 的变比为 750/5A,线路的最大负荷电流(含自启动电流)为 670A,保护采用两相两继电器接线,线路 2WL 的定时限过电流保护的动作时限为 0.7s,最大运行方式时 $K_1$ 和 $K_2$ 点三相短路电流分别为 3.2kA 和 2.2kA,最小运行方式时 $K_1$ 和 $K_2$ 点三相短路电流分别为 2.6kA 和 1.8kA。

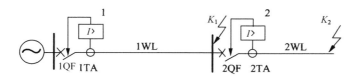

图 7-19    例 7-1 的电力线路

**解**    (1)整定动作电流

$$I_{\mathrm{op.KA}} = \frac{K_{\mathrm{rel}}K_{\mathrm{w}}}{K_{\mathrm{re}}K_{\mathrm{i}}}I_{\mathrm{L.max}} = \frac{1.2 \times 1.0}{0.85 \times 150} \times 670 = 6.3\mathrm{A}$$

查表 A-16-1,选 DL-31/10 电流继电器,线圈并联,整定动作电流为 7A。

过电流保护一次侧的动作电流为

$$I_{\mathrm{op1}} = \frac{K_{\mathrm{i}}}{K_{\mathrm{w}}}I_{\mathrm{op.KA}} = \frac{150}{1.0} \times 7 = 1050\mathrm{A}$$

(2)整定动作时限

线路 1WL 定时限过电流保护的动作时限应较线路 2WL 定时限过电流保护动作时限大一个时限级差 $\Delta t$。

$$t_1 = t_2 + \Delta t = 0.7 + 0.5 = 1.2\mathrm{s}$$

(3)校验灵敏系数

线路 1WL 的灵敏系数,按线路 1WL 末端最小两相短路电流校验,即

$$K_{\mathrm{s}} = \frac{I_{\mathrm{K.min}}^{(2)}}{I_{\mathrm{op1}}} = \frac{0.87 \times 2.6 \times 10^3}{1050} = 2.15 > 1.5$$

线路 2WL 的后备保护灵敏系数,用线路 2WL 末端最小两相短路电流校验,即

$$K_{\mathrm{s}} = \frac{I_{\mathrm{K.min}}^{(2)}}{I_{\mathrm{op1}}} = \frac{0.87 \times 1.8 \times 10^3}{1050} = 1.49 > 1.2$$

由此可见,保护整定满足灵敏系数要求。

### 7.3.4    电流速断保护

电流速断保护有瞬时电流速断保护和时限电流速断保护两种,通称为两段式电流速断保护。

多级线路的短路故障越靠近电源,短路电流就越大,危害也越大,但过电流保护的动作时限反而越长,这是过电流保护的不足。因此,GB50062—2008 规定当过电流保护动作时限超过 0.5～0.7s 时,应装设瞬时电流速断保护。

### 1. 电流速断保护的接线和工作原理

瞬时电流速断保护是一种不带时限的过电流保护,时限电流速断保护是一种带时限的过电流保护,但两者均按短路电流整定。图 7-20 是两段式电流保护接线图。该图既适用于两段式电流速断保护,也适用瞬时电流速断保护和过电流保护的两段式电流保护,但两者的整定完全不同。瞬时电流速断保护和时限电流速断保护公用一套电流互感器和中间继电器,瞬时电流速断保护单独使用电流继电器 1KA 和 2KA、信号继电器 1KS,时限电流速断保护单独使用电流继电器 3KA 和 4KA、信号继电器 2KS。

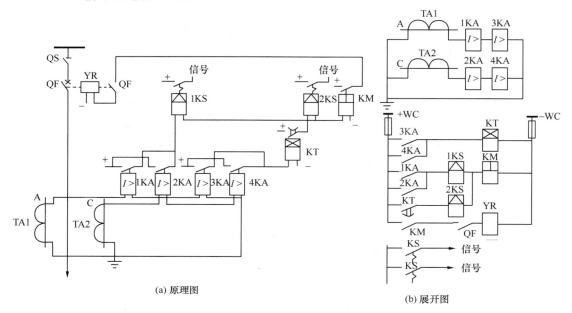

(a) 原理图　　　　　　　　　(b) 展开图

图 7-20　两段式电流保护接线图

当线路发生短路,流经继电器的电流大于瞬时电流速断的动作电流时,其电流继电器 1KA 和 2KA 动作,其常开触点闭合,接通信号继电器 1KS 和中间继电器 KM 回路,KM 动作使断路器跳闸,1KS 动作表示瞬时电流速断保护动作,并启动信号回路发出灯光和音响信号;时限电流速断保护的工作原理和过电流保护相似,只是二者的动作电流和时限大小不同而已,其工作原理不再多述。

### 2. 瞬时电流速断保护的整定

（1）动作电流整定

由于瞬时电流速断保护动作不带时限,为了保证瞬时速断保护动作的选择性,在下一级线路首端发生最大短路电流时,瞬时电流速断保护不应动作,即瞬时速断保护一次侧动作电流 $I_{op1} > I_{K.max}$,从而,瞬时速断保护继电器的动作电流整定值为

$$I_{op.KA} = \frac{K_{rel}K_w}{K_i} I_{K.max} \tag{7-11}$$

式中,$I_{K.max}$ 为线路末端最大三相短路电流;$K_{rel}$ 为可靠系数,DL 型继电器取 1.2,GL 型继电器取 1.5;$K_w$ 为接线系数;$K_i$ 为电流互感器的变比。

由式(7-11)求得的动作电流整定计算值,整定继电器的动作电流。对 GL 型电流继电器,还要整定瞬时速断动作电流倍数,即

$$n_{ioc} = \frac{I_{op.KA(ioc)}}{I_{op.KA(oc)}} \tag{7-12}$$

式中，$I_{\text{op. KA(ioc)}}$ 为瞬时电流速断保护继电器动作电流整定值；$I_{\text{op. KA(oc)}}$ 为过电流保护继电器动作电流整定值。

显然，瞬时电流速断保护的动作电流大于线路末端的最大三相短路电流，所以瞬时电流速断保护不能保护线路全长，只能保护线路首端的一部分，线路不能被保护的部分称为保护死区，线路能被保护的部分称为保护区，如图 7-21 所示。由于短路电流的大小随着系统运行方式的改变而变化，因此，瞬时电流速断保护区也随着系统运行方式的改变而改变，系统最大运行方式时其保护区最大，系统最小运行方式时其保护区最小。

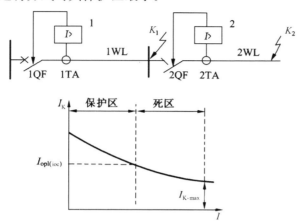

图 7-21　瞬时电流速断保护区说明

$I_{\text{K. max}}$ —1WL 线路末端的最大三相短路电流　　$I_{\text{op1(ioc)}}$ —1WL 线路瞬时电流速断保护一次侧的动作电流

（2）灵敏系数校验

由于瞬时电流速断保护有死区，因此灵敏系数校验不能用线路末端最小两相短路电流进行校验，而只能用线路首端最小两相短路电流 $I_{\text{K. min}}^{(2)}$ 校验，即

$$K_{\text{s}} = \frac{I_{\text{K. min}}^{(2)}}{I_{\text{op1}}} \geqslant 2.0 \tag{7-13}$$

由上可见，瞬时电流速断保护的选择性由动作电流实现。由于保护没有时间元件，只有继电器固有动作时间，保护动作迅速，速动性好。但由于动作电流按线路末端的最大三相短路电流整定，瞬时电流速断保护只能保护线路首端的一部分，有保护死区，当系统运行方式变化很大时，瞬时电流速断保护的保护范围可能很小，有时甚至没有保护区。

**例 7-2**　试整定例 7-1 中线路 1WL 的瞬时电流速断保护。已知线路 1WL 的首端最小三相短路电流为 9.2kA。

**解**　瞬时电流速断保护和过电流保护公用电流互感器和出口中间继电器，采用两相两继电器接线。

（1）动作电流整定

$$I_{\text{op. KA}} = \frac{K_{\text{rel}}K_{\text{w}}}{K_{\text{i}}} I_{\text{K. max}}^{(3)} = \frac{1.2 \times 1}{150} \times 3200 = 25.6\text{A}$$

查表 A-16-1，选 DL-31/50 电流继电器，线圈并联，整定动作电流为 26A。

瞬时电流速断保护一次侧的动作电流为

$$I_{\text{op1}} = \frac{K_{\text{i}}}{K_{\text{w}}} I_{\text{op. KA}} = \frac{150}{1} \times 26 = 3900\text{A}$$

（2）灵敏系数校验

以线路 1WL 首端最小两相短路电流校验，即

$$K_s = \frac{I_{K.min}^{(2)}}{I_{op1}} = \frac{0.87 \times 9.2 \times 10^3}{3900} = 2.05 > 2.0$$

所以,线路 1WL 瞬时电流速断保护整定满足要求。

**例 7-3**　图 7-22 所示的 10kV 线路 1WL 和 2WL 都采用 GL-15/10 电流继电器构成两相两继电器接线的过电流保护。已知 1TA 的变比为 100/5A,2TA 的变比为 75/5A,1WL 的过电流保护动作电流整定为 9A,10 倍动作电流的动作时间为 1s,2WL 的计算电流为 36A,2WL 首端三相短路电流为 1160A,末端三相短路电流为 320A。试整定线路 2WL 的保护。

图 7-22　例 7-3 的电力线路

**解**　线路 2WL 由 GL-15/10 感应式电流继电器构成两段式过电流保护和瞬时电流速断保护。

(1) 过电流保护

① 动作电流的整定

$$I_{op.KA} = \frac{K_{rel}K_w}{K_{re}K_i} I_{L.max} = \frac{1.3 \times 1}{0.8 \times 15} \times 2 \times 36 = 7.8A$$

整定继电器动作电流为 8A,过电流保护一次侧的动作电流为

$$I_{op1} = \frac{K_i}{K_w} I_{op.KA} = \frac{15}{1} \times 8 = 120A$$

② 动作时限整定

由线路 1WL 和 2WL 保护配合 $K_1$ 点,整定 2WL 的电流继电器动作时限曲线。

a. 计算 $K_1$ 点短路 1WL 保护的动作电流倍数 $n_1$ 和确定动作时限 $t_1$。

$$n_1 = \frac{I_{K_1}^{(3)}}{I_{op1(1)}} = \frac{1160}{\frac{20}{1} \times 9} = 6.4$$

由 $n_1$ 查图 A-16-1 的 GL-15 电流继电器 $t|_{n=10} = 1s$ 的特性曲线,得 $t_1 = 1.2s$。

b. 计算 $K_1$ 点短路 2WL 保护的动作电流倍数 $n_2$ 和确定动作时限 $t_2$。

$$n_2 = \frac{I_{K_1}^{(3)}}{I_{op1(2)}} = \frac{1160}{120} = 9.7$$

$$t_2 = t_1 - \Delta t = 1.2 - 0.7 = 0.5s$$

c. 由 $n_2$ 和 $t_2$ 从图 A-16-1 的 GL-15 电流继电器动作特性曲线,查得 10 倍动作电流动作时限为 0.6s。

③ 灵敏系数校验

$$K_s = \frac{I_{K.min}^{(2)}}{I_{op1}} = \frac{0.87 \times 320}{120} = 2.3 > 1.5$$

2WL 过电流保护整定满足要求。

(2) 瞬时电流速断保护的整定

① 动作电流整定

$$I_{op.KA} = \frac{K_{rel}K_w}{K_i} I_{K_2}^{(3)} = \frac{1.5 \times 1}{15} \times 320 = 32A$$

$$n_{ioc} = \frac{I_{op.KA(ioc)}}{I_{op.KA(oc)}} = \frac{32}{8} = 4$$

当整定瞬时电流速断保护动作倍数为 4 时,有

$$I_{op1(ioc)} = n_{ioc} I_{op1(oc)} = 4 \times 120 = 480A$$

② 灵敏系数校验

$$K_s = \frac{I_{K.min}^{(2)}}{I_{op1}} = \frac{0.87 \times 1160}{480} = 2.10 > 2$$

2WL 瞬时电流速断保护整定满足要求。

**3. 时限电流速断保护的整定**

由于瞬时电流速断保护不能保护线路全长,线路未被保护的部分需由过电流保护来保护,如线路末端发生短路故障时,保护动作时限仍然可能太长。为此,可考虑增设时限电流速断保护。时限电流速断保护能保护线路全长,切除故障时间又较短。

(1) 动作电流整定

由于要求时限电流速断保护必须保护线路全长,它的保护范围必然延伸到下级线路,但下级线路发生短路时又不应动作。因此,该保护装置的动作电流须满足下列两个条件:① 应躲过下级线路末端的最大短路电流;② 应与下级线路瞬时电流速断保护的动作电流相配合。而下级线路瞬时电流速断保护的动作电流是按该线路末端的最大短路电流整定,所以,时限电流速断保护的动作电流应大于下级线路瞬时电流速断保护的动作电流 $I_{op1(ioc)}$,从而,带时限电流速断保护继电器的动作电流整定值为

$$I_{op.KA} = \frac{K_{rel} \cdot K_w}{K_i} I_{op1(ioc)} \tag{7-14}$$

式中,$K_{rel}$ 为可靠系数,取 1.2;$K_w$ 为接线系数;$K_i$ 为电流互感器的变比。

(2) 动作时限整定

为了保证动作的选择性,其动作时限应比下级线路瞬时电流速断保护的动作时限大一个时限级差 $\Delta t$。由于瞬时电流速断保护动作时限很短($\approx 0s$),所以,时限电流速断保护的动作时限整定为 $0.5 \sim 0.6s$。

(3) 灵敏系数校验

时限电流速断保护的灵敏系数校验用系统最小运行方式下线路末端的两相短路电流 $I_{K.min}^{(2)}$ 进行校验。即

$$K_s = \frac{I_{K.min}^{(2)}}{I_{op1}} \geqslant 1.2 \tag{7-15}$$

综上所述,时限电流速断保护的选择性是由动作电流和动作时限共同实现的。动作电流按下级线路瞬时电流速断保护的动作电流整定,保护范围除本级线路外,还包括下级线路瞬时电流速断保护范围首端的一部分,动作时限为 $0.5 \sim 0.6s$,保护动作较快。

除上述电流保护,还有电压闭锁过电流保护。它采用过电流继电器和低电压继电器,只有当过电流继电器和低电压继电器同时动作时,才能使出口中间继电器动作,发出跳闸脉冲。当电流速断保护的灵敏系数不满足要求时,可采用电压闭锁过电流保护,其保护整定和接线图可参见相关书籍,这里不再叙述。

## 7.3.5 阶段式电流保护

瞬时电流速断保护、时限电流速断保护和过电流保护都是反映电流增大的电流保护。它们之间的区别在于动作电流和动作时限的整定原则不同,因而保护范围也不同。瞬时电流速断保护按

照躲开本级线路末端的最大短路电流整定,动作无时限或称瞬时动作,但只能保护本级线路首端的一部分,有保护死区。带时限电流速断保护按照躲开下级线路无时限电流速断保护的动作电流整定,动作较快,动作时限为 $0.5 \sim 0.6s$,能保护本级线路和下级线路的一部分。过电流保护按照躲开本级线路的最大负荷电流整定,动作时限较下级线路过电流保护动作时限大一个时限级差 $\Delta t$,可以保护本级线路和下级线路全长。

瞬时电流速断保护虽然能迅速切除短路故障,但不能保护线路全长,而时限电流速断保护虽能保护线路全长,却不能作为相邻线路的后备保护,过电流保护可以保护本级线路和相邻线路的短路故障,作为本级线路的近后备保护和相邻线路的远后备保护,但动作时间往往较长。因此,三种保护各有其优缺点。为了保证快速而有选择性地可靠切除故障,常常将瞬时电流速断保护、时限电流速断保护和过电流保护组合在一起,构成阶段式电流保护,使之相互配合和补充。具体应用时,根据有关规程和实际情况确定。$3 \sim 10kV$ 线路可采用瞬时电流速断保护加过电流保护,瞬时电流速断保护的灵敏系数不满足要求时,采用时限电流速断保护加过电流保护,称为两段式电流保护;$35kV$ 线路可采用一段或两段电流速断或电压闭锁过电流保护加过电流保护,称为三段式电流保护。

三段式电流保护的接线如图 7-23 所示。图中瞬时电流速断保护、时限电流速断保护和过电流保护公用一套电流互感器和中间继电器,保护采用两相两继电器接线。瞬时电流速断保护由电流继电器 1KA、2KA 和信号继电器 1KS 构成;时限电流速断保护由电流继电器 3KA、4KA 以及时间继电器 1KT、信号继电器 2KS 构成;过电流保护由电流继电器 5KA、6KA 以及时间继电器 2KT、信号继电器 3KS 构成。

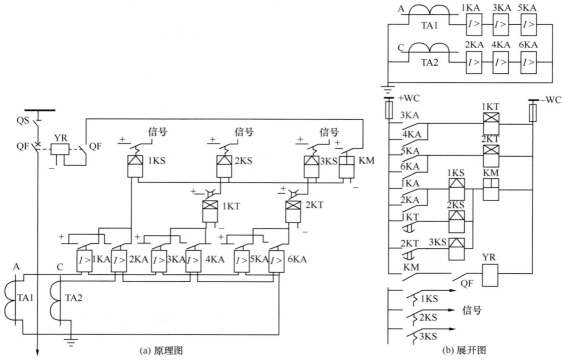

图 7-23　三段式电流保护的接线图

现以图 7-24 所示系统为例加以说明。线路 3WL 末端电动机 M 因与线路其他元件的保护无配合要求,其保护 4 可采用瞬时动作的过电流保护,动作电流按电动机最大启动电流整定,电动机发生短路故障,保护瞬时动作,切除故障。线路 3WL 的保护 3 采用瞬时电流速断保护和过电流保护构成的两段式电流保护，过电流保护动作时限为 0.5s，若线路 3WL 发生短路故障无瞬时切除的要求，也允许只装设过电流保护。线路 1WL 和 2WL 的保护 1 和保护 2，因过电流保护动作时限长（分别为 1.5s 和 1.0s），装设瞬时电流速断保护、时限电流速断保护和过电流保护的三段式电流保护，时限电流速断保护动作时限为 0.5s；瞬时电流速断保护为主保护，时限电流速断保护为辅助保护，过电流保护为近后备保护；在瞬时电流速断保护死区内，时限电流速断保护为主保护。在同一网络的所有线路上，电流继电器应接于相同两相的电流互感器上。图 7-24 为三段式电流保护的配合和动作时限的示意图。由图可见，当网络上任意点发生短路时，都可以在 0.5s 以内切除故障。

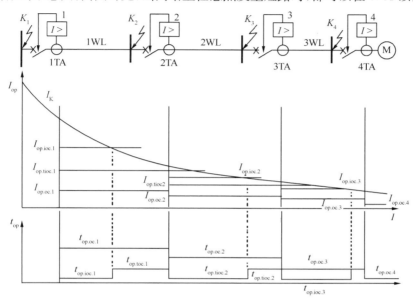

图 7-24　三段式电流保护的配合和动作时限的示意图

**例 7-4**　试整定图 7-25 所示 35kV 线路 1WL 的瞬时电流速断保护、时限电流速断保护和定时限过电流保护构成的三段式电流保护。已知 1TA 的变比为 400/5A，线路的最大负荷电流（含自启动电流）350A，保护采用两相两继电器接线；线路 2WL 定时限过电流保护动作时限为 0.7s；最大运行方式时，$K_2$ 点三相短路电流为 2.66kA，$K_3$ 点三相短路电流为 1kA，最小运行方式时，$K_1$、$K_2$ 和 $K_3$ 点三相短路电流分别为 7.5kA、2.34kA 和 0.86kA。

图 7-25　例 7-4 的电力线路

**解**　（1）瞬时电流速断保护

① 动作电流整定

$$I_{op.KA} = \frac{K_{rel} \cdot K_w}{K_i} I_{K.max}^{(3)} = \frac{1.2 \times 1}{400/5} \times 2660 = 39.9A$$

查表 A-16-1 选 DL-31/50 电流继电器，线圈并联，整定动作电流为 40A。

瞬时速断保护一次侧的动作电流为

$$I_{op1} = \frac{K_i}{K_w} I_{op.KA} = \frac{400/5}{1} \times 40 = 3200A$$

② 灵敏系数校验

以线路 1WL 首端最小两相短路电流校验：

$$K_s = \frac{I_{K.min}^{(2)}}{I_{op1}} = \frac{0.87 \times 7.5 \times 10^3}{3200} = 2.04 > 2.0$$

瞬时电流速断保护整定满足要求。

（2）时限电流速断保护

① 动作电流整定

线路 2WL 瞬时电流速断保护动作电流为

$$I_{op1.2} = K_{rel} I_{K.max} = 1.2 \times 1 \times 10^3 = 1200A$$

线路 1WL 时限电流速断保护动作电流为

$$I_{op.KA} = \frac{K_{rel} \cdot K_w}{K_i} I_{op1.2} = \frac{1.2 \times 1}{400/5} \times 1.2 \times 10^3 = 18A$$

查表 A-16-1 选 DL-31/50 电流继电器，线圈串联，整定动作电流 20A。

时限电流速断保护一次侧的动作电流为

$$I_{op1} = \frac{K_i}{K_w} I_{op.KA} = \frac{400/5}{1.0} \times 20 = 1600A$$

② 整定动作时限

动作时限整定 $t = 0.5s$。

③ 保护灵敏系数校验

线路 1WL 的灵敏系数按线路 1WL 末端最小两相短路电流校验：

$$K_s = \frac{I_{K.min}^{(2)}}{I_{op1}} = \frac{0.87 \times 2.34 \times 10^3}{1600} = 1.27 > 1.2$$

时限电流速断保护整定满足要求。

（3）定时限过电流保护

① 整定动作电流

$$I_{op.KA} = \frac{K_{rel} \cdot K_w}{K_{re} \cdot K_i} I_{L.max} = \frac{1.2 \times 1.0}{0.85 \times 400/5} \times 350 = 6.18A$$

查表 A-16-1 选 DL-31/10 电流继电器，线圈并联，整定动作电流为 7A。

过电流保护一次侧的动作电流为

$$I_{op1} = \frac{K_i}{K_w} I_{op.KA} = \frac{400/5}{1.0} \times 7 = 560A$$

② 整定动作时限

线路 1WL 定时限过电流保护的动作时限应较线路 2WL 定时限过电流保护动作时限大一个时限级差 $\Delta t$。

$$t_1 = t_2 + \Delta t = 0.7 + 0.5 = 1.2s$$

③ 保护灵敏系数校验

a. 线路 1WL 的灵敏系数

按线路 1WL 末端最小两相短路电流校验：

$$K_s = \frac{I_{K.min}^{(2)}}{I_{op1}} = \frac{0.87 \times 2.34 \times 10^3}{560} = 3.64 > 1.5$$

b. 线路 2WL 后备保护灵敏系数

用线路 2WL 末端最小两相短路电流校验：

$$K_s = \frac{I_{K.min}^{(2)}}{I_{op1}} = \frac{0.87 \times 0.86 \times 10^3}{560} = 1.34 > 1.2$$

由此可见,定时限过电流保护整定满足要求。

所以,线路 1WL 三段式电流保护整定满足要求。

## 7.3.6 单相接地保护

中性点不接地系统发生单相接地时,流经接地点的电流是电容电流,数值上很小,虽然相对地电压不对称,但线电压仍对称,系统仍可继续运行一段时间。如果其间消除接地故障,恢复正常运行,则可以避免非接地相对地电压升高,击穿对地绝缘,引发两相接地短路,造成停电事故。线路可装设有选择性的单相接地保护装置或无选择性的绝缘监视装置,在发生单相接地时发出报警信号,以便工作人员及时发现和处理。

### 1. 多线路系统单相接地分析

第 1 章分析了单回路中性点不接地系统的单相接地,实际的供配电系统都具有多回路出线。如图 7-26 所示,在具有三回路出线的供配电系统中,现分析在线路 3WL 的 C 相发生单相接地时电容电流和接地电流的分布。正常运行时,线路 1WL,2WL,3WL 的相对地电容电流分别为 $I_{C01}$,$I_{C02}$,$I_{C03}$。整个有电连接的系统线路 3WL 的 C 相接地时,线路 1WL,2WL,3WL 的 C 相对地电容电流均为零,仅 A 相和 B 相有对地电容电流,分别为 $I'_{C01}$,$I'_{C02}$,$I'_{C03}$,且较正常运行时增大 $\sqrt{3}$ 倍。

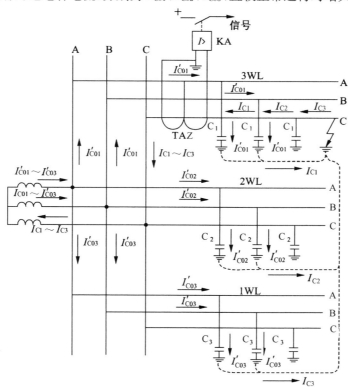

图 7-26 多回路系统单相接地时电容电流分布

TAZ— 零序电流互感器　KA— 电流继电器

由于三相对地电容电流不对称,线路 1WL ～ 3WL 的接地电流分别为

$$\begin{cases} I_{C1} = \sqrt{3} I'_{C01} = 3 I_{C01} \\ I_{C2} = \sqrt{3} I'_{C02} = 3 I_{C02} \\ I_{C3} = \sqrt{3} I'_{C03} = 3 I_{C03} \end{cases} \qquad (7\text{-}16)$$

所有线路的接地电容电流均流向接地点,因此,流过接地点的电流为

$$I_{C\Sigma} = I_{C1} + I_{C2} + I_{C3} \qquad (7\text{-}17)$$

综上所述,多回路供配电系统接地电容电流分布的特点为:

● 流过接地线路的总接地电流 $I_E$,等于所有在电气上有直接联系的线路的接地电容电流之和 $I_{C\Sigma}$ 减去接地线路的接地电容电流 $I_C$,$I_E$ 的方向从线路流向母线;

● 流过非接地线路的接地电容电流,就是该非接地故障线路的接地电容电流 $I_{Ci}$,$I_{Ci}$ 的方向从母线流向线路。

若在线路首端安装零序电流互感器,检测发生单相接地时流过线路的接地电容电流即零序电流,可实现有选择性的单相接地保护。

### 2. 单相接地保护

(1) 单相接地保护的接线和工作原理

单相接地保护原理接线图如图 7-27 所示。架空线路用 3 只电流互感器构成零序电流互感器,电缆线路用一只零序电流互感器。单相接地保护利用该线路单相接地时的零序电流较系统其他线路单相接地时的零序电流大的特点,实现有选择性的单相接地保护,又称零序电流保护。该保护一般用于变电所出线较多或不允许停电的系统中。当线路发生单相接地故障时,该线路单相接地保护的电流继电器动作,发出信号,以便及时处理。

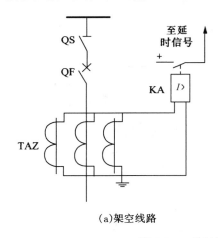
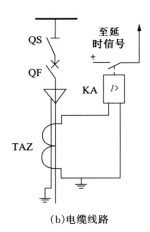

(a)架空线路　　　　　　　　　　　　　(b)电缆线路

图 7-27　单相接地保护原理接线图

TAZ—零序电流互感器　KA—电流继电器

电缆线路在安装单相接地保护时,必须使电缆头与支架绝缘,并将电缆头的接地线穿过零序互感器后再接地,以保证接地保护可靠地动作。

(2) 动作电流整定

系统中其他线路发生单相接地,被保护线路流过接地电容电流 $I_C$ 时,单相接地保护不应动作,即

$$I_{op.KA} = \frac{K_{rel}}{K_i} I_C \qquad (7\text{-}18)$$

式中,$K_{rel}$ 为可靠系数,保护装置不带时限时,取 $K_{rel} = 4 \sim 5$,保护装置带时限时,取 $K_{rel} = 1.5 \sim 2$;$K_i$ 为零序电流互感器的变比。

保护装置一次侧的动作电流为

$$I_{\mathrm{op1}} = K_i I_{\mathrm{op.KA}}$$

（3）灵敏系数校验

被保护线路发生单相接地时，流过的总接地电流 $I_E = I_{C\Sigma} - I_C$，单相接地保护应可靠动作，用此电流计算灵敏系数。

$$K_s = \frac{I_{C\Sigma} - I_C}{I_{\mathrm{op1}}} \geqslant \begin{cases} 1.5 & \text{（架空线路）} \\ 1.25 & \text{（电缆线路）} \end{cases} \tag{7-19}$$

单相接地保护又称单相接地选线，除了零序电流法，还有零序导纳法、暂态电流法、谐波电流法、注入信号法、智能复合法等，可参见有关书籍。

### 3. 绝缘监视装置

当变电所出线回路较少或线路允许短时停电时，可采用无选择性的绝缘监视装置作为单相接地的保护装置。如图 7-28 所示为绝缘监视装置的原理接线图。在变电所的每段母线上，装一只三相五芯柱式电压互感器或3 只单相三绕组电压互感器，在接成 Y 形的二次绕组上接 3 只相电压表，在接成开口三角形的二次绕组上接一只电压继电器。

系统正常运行时，三相电压对称，3 只相电压表读数近似相等，开口三角形绕组两端电压近似为零，电压继电器不动作。

系统发生单相接地故障时，接地相对地电压近似为零，该相电压表读数近似为零，非

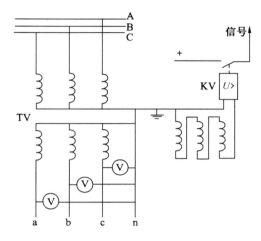

图 7-28　绝缘监视装置的原理接线图

故障相对地电压升高 $\sqrt{3}$ 倍，非故障相的两只电压表读数升高，近似为线电压。同时，开口三角形绕组两端电压也升高，近似为 100V，电压继电器动作，发出单相接地信号，以便工作人员及时处理。因此，绝缘监视装置又称为零序电压保护。

工作人员可根据接地信号和相电压表读数，判断哪一段母线、哪一相发生单相接地，但不能判断哪一条线路发生单相接地，因此绝缘监视装置是无选择性的。只能采用依次拉合的方法，判断接地故障线路。即依次先断开，再合上各条线路，若断开某线路时，3 只相电压表读数恢复且近似相等，该线路便是接地故障线路，再消除接地故障，恢复线路正常运行。

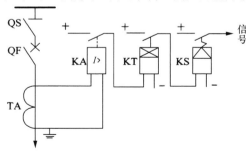

图 7-29　线路过负荷保护原理接线图

　　TA—电流互感器　KA—电流继电器

　　KT—时间继电器　KS—信号继电器

电压继电器的动作电压整定，应躲过系统正常运行时开口三角形绕组两端出现的最大不平衡电压。

### 7.3.7　过负荷保护

线路一般不装设过负荷保护。只有可能发生过负荷的电缆线路，才装设过负荷保护，延时动作于信号，原理图如图 7-29 所示。由于过负荷电流对称，过负荷保护采用单相式接线，并和相间保护公用电流互感器。

过负荷保护的动作电流按线路的计算电流 $I_c$ 整定，即

$$I_{\mathrm{op.KA}} = \frac{K_{\mathrm{rel}}}{K_{\mathrm{i}}} I_c \qquad (7\text{-}20)$$

式中，$K_{\mathrm{rel}}$ 为可靠系数，取 $1.2 \sim 1.3$；$K_{\mathrm{i}}$ 为电流互感器的变比。

动作时间一般整定为 $10 \sim 15\mathrm{s}$。

# 7.4　电力变压器的继电保护

## 7.4.1　电力变压器的常见故障和保护配置

供配电系统的电力变压器有总降压变电所的主变压器和车间变电所或建筑物变电所的配电变压器。电力变压器的常见故障分短路故障和异常运行状态两种。

●变压器的短路故障按发生在变压器油箱的内外，分内部短路故障和外部短路故障。内部短路故障有绕组的匝间短路和相间短路。外部短路故障有引出线的相间短路，外部相间短路引起的过电流，中性点直接接地或经小电阻接地侧的接地短路引起的过电流及中性点过电压。

●变压器的异常运行状态有过负荷，油面降低，变压器油温、绕组温度过高及油箱压力过高和冷却系统故障。

根据上述电力变压器的常见故障，按 GB50062—2008 规定，400kVA 及以上车间内油浸式变压器和 800kVA 以上油浸式变压器均应装设气体保护，用于保护变压器内部故障产生的大量瓦斯、轻微瓦斯和油面降低。电压为 10kV 及以下、容量为 10000kVA 以下单独运行的变压器应采用电流速断保护，电压为 10kV 以上、容量为 10000kVA 及以上单独运行的变压器和容量为 6300kVA 及以上并列运行的变压器应装设差动保护，容量为 10000kVA 以下单独运行的重要变压器可装设差动保护，电压 10kV 的重要变压器或容量为 2000kVA 及以上的变压器当电流速断保护的灵敏系数不满足要求时宜采用差动保护，作为变压器引出线和内部短路故障的主保护。降压变压器宜采用过电流保护，作为变压器外部短路的后备保护。装设过负荷保护和温度保护分别用于保护变压器的过负荷和温度升高。

## 7.4.2　变压器二次侧短路时流经一次侧的穿越电流和电流保护的接线方式

变压器电流保护的基本原理与电力线路保护类似，但由于变压器的连接组别和保护的接线方式，变压器二次侧短路时流经一次侧的穿越电流与二次侧短路分布不同，将影响变压器保护的灵敏系数。

### 1. Yyn0 连接组变压器二次侧单相短路时流经一次侧的穿越电流

假设变压器二次侧 b 相发生单相短路，短路电流 $I_{\mathrm{K}}^{(1)} = I_b$。用对称分量法，可将 $\dot{I}_b = \dot{I}_{\mathrm{K}}^{(1)}$，$\dot{I}_a = \dot{I}_c = 0$ 分解为正序分量 $\dot{I}_{a1}, \dot{I}_{b1}, \dot{I}_{c1}$，负序分量 $\dot{I}_{a2}, \dot{I}_{b2}, \dot{I}_{c2}$ 和零序分量 $\dot{I}_{a0}, \dot{I}_{b0}, \dot{I}_{c0}$，且 $\dot{I}_{b1} = \dot{I}_{b2} = \dot{I}_{b0} = \dot{I}_{\mathrm{K}}^{(1)}/3$。变压器二次侧的正序分量和负序分量分别在变压器铁芯中产生相应的三相磁通，从而在一次侧相应分别感应出正序电流 $\dot{I}_{A1}, \dot{I}_{B1}, \dot{I}_{C1}$ 和负序电流 $\dot{I}_{A2}, \dot{I}_{B2}, \dot{I}_{C2}$。但三相三芯柱式变压器的铁芯中没有零序磁通的通道，变压器一次侧没有零序电流，$\dot{I}_{A0} = \dot{I}_{B0} = \dot{I}_{C0} = 0$。将变压器一次侧的正序和负序电流合成，即为变压器一次侧的穿越电流。电流相量图和电流分布如图 7-30 所示。由图可知，Yyn0 连接组变压器二次侧发生单相短路时，一次侧的电流分布不对称，B 相为 $\frac{2}{3K} I_{\mathrm{K}}^{(1)}$，A 相和

C 相为 $\frac{1}{3K}\dot{I}_K^{(1)}$（$K$ 为变压器的变比，下同）。

综上所述，Yyn0 连接组变压器二次侧发生单相短路时，一次侧穿越短路电流分布不对称，两相为 $\frac{1}{3K}\dot{I}_K^{(1)}$，一相为 $\frac{2}{3K}\dot{I}_K^{(1)}$。

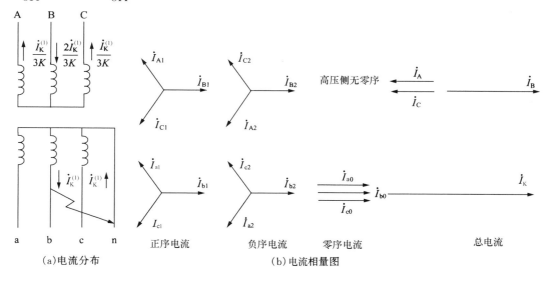

（a）电流分布　　　　　　　　　　　　　　　　（b）电流相量图

图 7-30　Yyn0 连接组变压器二次侧单相短路

**2. Yd11 连接组变压器二次侧两相短路时一次侧的穿越电流**

Yd11 连接组变压器二次侧 a,b 相发生的两相短路，短路电流为 $I_K^{(2)} = I_{K \cdot a} = I_{K \cdot b}$。仍用对称分量法将变压器二次侧相电流分解为正序分量、负序分量和零序分量，$\dot{I}_{b1} = \dot{I}_{a2} = \dot{I}_K^{(2)}/3$，$\dot{I}_{b0} = 0$。变压器一次侧感应产生相应的正序电流和负序电流，将各序电流合成即得一次侧各相穿越短路电流。图 7-31 所示为短路电流分布图和电流相量图，由图可见，变压器二次侧 a,b 相发生两相短路，一次侧的穿越电流 B 相为 $\frac{2}{\sqrt{3}K}I_K^{(2)}$，A,C 相为 $\frac{1}{\sqrt{3}K}I_K^{(2)}$。

综上所述，Yd11 连接组变压器二次侧发生两相短路时，一次侧的穿越电流分布也不对称，两相为 $\frac{1}{\sqrt{3}K}I_K^{(2)}$，一相为 $\frac{2}{\sqrt{3}K}I_K^{(2)}$。

**3. Dyn11 连接组变压器二次侧单相短路时一次侧的穿越电流**

假设变压器二次侧 b 相发生单相短路，其短路电流 $I_K^{(1)} = I_b$。同样可用对称分量法，可将 $\dot{I}_b = I_K^{(1)}$，$\dot{I}_a = \dot{I}_c = 0$ 分解为正序分量 $\dot{I}_{a1}$、$\dot{I}_{b1}$、$\dot{I}_{c1}$，负序分量 $\dot{I}_{a2}$、$\dot{I}_{b2}$、$\dot{I}_{c2}$ 和零序分量 $\dot{I}_{a0}$、$\dot{I}_{b0}$、$\dot{I}_{c0}$，且 $\dot{I}_{b1} = \dot{I}_{b2} = \dot{I}_{b0} = \dot{I}_K^{(1)}/3$。变压器二次侧的正序分量和负序分量分别在变压器铁芯中产生相应的三相磁通，从而在一次侧分别感应出相应的正序相电流 $\dot{I}_{AB1}$、$\dot{I}_{BC1}$、$\dot{I}_{CA1}$ 和负序相电流 $\dot{I}_{AB2}$、$\dot{I}_{BC2}$、$\dot{I}_{CA2}$。但三相三芯柱式变压器的铁芯中没有零序磁通的通道，变压器一次侧没有零序电流，$\dot{I}_{AB0} = \dot{I}_{BC0} = \dot{I}_{CA0} = 0$。将变压器一次侧的正序和负序相电流合成，获得变压器一次侧相电流，从而获得变压器一次侧线电流，即为变压器一次侧的穿越电流，其相量图和电流分布见图 7-32。由图可见，变压器二次侧发生 b 相单相短路时，一次侧的穿越电流 B 相和 C 相为 $\frac{1}{\sqrt{3}K}I_K^{(1)}$，A 相为零。

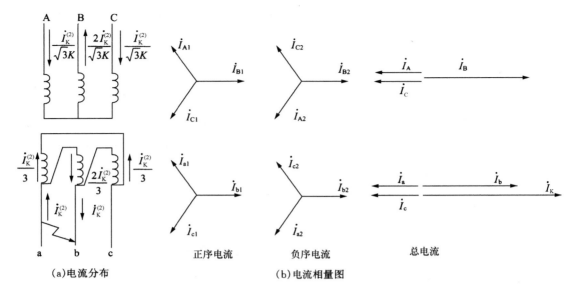

图 7-31　Yd11 连接组变压器二次侧两相短路

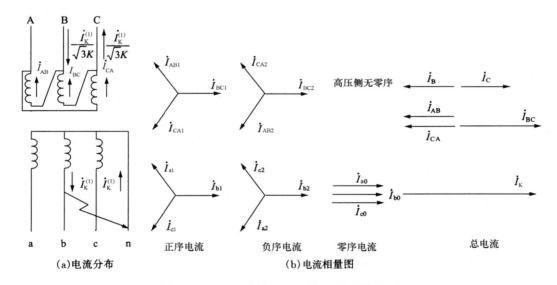

图 7-32　Dyn11 连接组变压器二次侧单相短路

　　综上所述，Dyn11 连接组变压器二次侧发生单相短路时，一次侧的穿越电流分布不对称，两相为 $\dfrac{1}{\sqrt{3}K}I_{K}^{(1)}$，一相为零。

　　Dyn11 连接组变压器二次侧两相短路时，一次侧的穿越电流分布和 Yd11 连接组变压器的相同，其一次侧的穿越电流两相为 $\dfrac{1}{\sqrt{3}K}I_{K}^{(2)}$，一相为 $\dfrac{2}{\sqrt{3}K}I_{K}^{(2)}$，这里不再详述。

　　变压器二次侧短路时一次侧的穿越电流分布详见表 7-1。

表 7-1　变压器二次侧短路时一次侧的穿越电流分布

| 短路种类 | | Yd11 连接组变压器 | | | Yyn0 连接组变压器 | | | Dyn11 连接组变压器 | | |
|---|---|---|---|---|---|---|---|---|---|---|
| | | $I_A$ | $I_B$ | $I_C$ | $I_A$ | $I_B$ | $I_C$ | $I_A$ | $I_B$ | $I_C$ |
| 三相短路 | | $\frac{1}{K}I_K^{(3)}$ | $\frac{1}{K}I_K^{(3)}$ | $\frac{1}{K}I_K^{(3)}$ | $\frac{1}{K}I_K^{(3)}$ | $\frac{1}{K}I_K^{(3)}$ | $\frac{1}{K}I_K^{(3)}$ | $\frac{1}{K}I_K^{(3)}$ | $\frac{1}{K}I_K^{(3)}$ | $\frac{1}{K}I_K^{(3)}$ |
| 两相短路 | AB 相 | $\frac{I_K^{(2)}}{\sqrt{3}K}$ | $\frac{2I_K^{(2)}}{\sqrt{3}K}$ | $\frac{I_K^{(2)}}{\sqrt{3}K}$ | $\frac{I_K^{(2)}}{K}$ | $\frac{I_K^{(2)}}{K}$ | 0 | $\frac{I_K^{(2)}}{\sqrt{3}K}$ | $\frac{2I_K^{(2)}}{\sqrt{3}K}$ | $\frac{I_K^{(2)}}{\sqrt{3}K}$ |
| | BC 相 | $\frac{2I_K^{(2)}}{\sqrt{3}K}$ | $\frac{I_K^{(2)}}{\sqrt{3}K}$ | $\frac{I_K^{(2)}}{\sqrt{3}K}$ | 0 | $\frac{I_K^{(2)}}{K}$ | $\frac{I_K^{(2)}}{K}$ | $\frac{2I_K^{(2)}}{\sqrt{3}K}$ | $\frac{I_K^{(2)}}{\sqrt{3}K}$ | $\frac{I_K^{(2)}}{\sqrt{3}K}$ |
| | CA 相 | $\frac{I_K^{(2)}}{\sqrt{3}K}$ | $\frac{I_K^{(2)}}{\sqrt{3}K}$ | $\frac{2I_K^{(2)}}{\sqrt{3}K}$ | $\frac{I_K^{(2)}}{K}$ | 0 | $\frac{I_K^{(2)}}{K}$ | $\frac{I_K^{(2)}}{\sqrt{3}K}$ | $\frac{I_K^{(2)}}{\sqrt{3}K}$ | $\frac{2I_K^{(2)}}{\sqrt{3}K}$ |
| 单相短路 | AN | — | — | — | $\frac{2I_K^{(1)}}{3K}$ | $\frac{I_K^{(1)}}{3K}$ | $\frac{I_K^{(1)}}{3K}$ | $\frac{I_K^{(1)}}{\sqrt{3}K}$ | $\frac{I_K^{(1)}}{\sqrt{3}K}$ | 0 |
| | BN | — | — | — | $\frac{I_K^{(1)}}{3K}$ | $\frac{2I_K^{(1)}}{3K}$ | $\frac{I_K^{(1)}}{3K}$ | 0 | $\frac{I_K^{(1)}}{\sqrt{3}K}$ | $\frac{I_K^{(1)}}{\sqrt{3}K}$ |
| | CN | — | — | — | $\frac{I_K^{(1)}}{3K}$ | $\frac{I_K^{(1)}}{3K}$ | $\frac{2I_K^{(1)}}{3K}$ | $\frac{I_K^{(1)}}{\sqrt{3}K}$ | 0 | $\frac{I_K^{(1)}}{\sqrt{3}K}$ |

#### 4. 变压器电流保护的接线方式

由以上分析可知,变压器二次侧短路时,一次侧的穿越电流分布发生变化。因此,某些保护接线方式对保护的灵敏系数和应用产生影响。

两相两继电器式接线适用于相间短路保护。但 Yyn0 连接组变压器,二次侧发生单相短路时,流经保护装置的穿越电流仅为二次侧的 1/3(设变压器的变比为 1,下同),保护的灵敏系数只有相间保护的 1/3;Dyn11 连接组变压器二次侧发生单相短路和 a,b 两相短路,流经保护装置的穿越电流仅为二次侧的 $1/\sqrt{3}$,保护的灵敏系数将降低;Yd11 连接组变压器二次侧 a,b 两相短路,流经保护装置的穿越电流也仅为二次侧的 $1/\sqrt{3}$,保护的灵敏系数也将降低,为提高保护的灵敏系数,可采用三相三继电器式接线。

两相一继电器式接线保护的灵敏系数随短路种类而异。但 Yd11、Yyn0 和 Dyn11 连接组变压器二次侧发生两相短路,保护装置可能不动作;Yyn0 和 Dyn11 连接组变压器二次侧发生单相短路,保护装置也可能不动作。因此,该连线方式不能用于 Yd11、Yyn0 和 Dyn11 连接组变压器的电流保护。

综上所述,Yd11、Yyn0 和 Dyn11 连接组变压器的电流保护的接线方式宜采用三相或两相三继电器式接线,以提高保护的灵敏系数和防止保护装置不动作。

### 7.4.3　变压器的电流保护

#### 1. 变压器的过电流保护

变压器过电流保护装置的接线、工作原理和线路过电流保护的接线、工作原理完全相同,这里不再叙述。过电流保护的整定和线路过电流保护的整定类似。

(1)动作电流整定

变压器过电流保护继电器的动作电流为

$$I_{op.KA} = \frac{K_{rel}K_w}{K_{re}K_i}(1.5 \sim 3)I_{1N} \tag{7-21}$$

式中,$I_{1N}$ 为变压器一次侧的额定电流;可靠系数 $K_{rel}$、接线系数 $K_w$、返回系数 $K_{re}$ 与线路过电流保护相同;$K_i$ 为电流互感器的变比。

（2）动作时限整定

变压器过电流保护动作时间的整定与线路过电流保护相同,按级差原则整定。变压器过电流保护动作时限应比二次侧出线过电流保护的最大动作时限大一个 $\Delta t$,一般取 $0.5 \sim 0.7\mathrm{s}$。

（3）灵敏系数校验

变压器过电流保护的灵敏系数按下式校验

$$K_\mathrm{s} = \frac{I_\mathrm{K.\,min}^{(2)'}}{I_\mathrm{opl}} \geqslant 1.5 \tag{7-22}$$

式中,$I_\mathrm{K.\,min}^{(2)'}$ 为变压器二次侧在系统最小运行方式下,发生两相短路时一次侧的穿越电流。

**2. 电流速断保护**

变压器的电流速断保护的接线、工作原理也与线路的电流速断保护相同。图 7-33 是变压器的定时限过电流保护和电流速断保护接线图。定时限过电流保护和电流速断保护均为两相两继电器式接线。

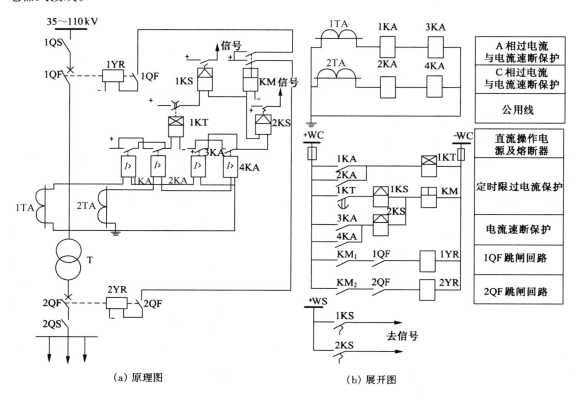

（a）原理图　　　　（b）展开图

图 7-33　变压器的定时限过电流保护和电流速断保护接线图

（1）动作电流整定

变压器电流速断保护的动作电流,与线路的电流速断保护相似,应躲过变压器二次侧母线三相短路时一次侧的最大穿越电流,即

$$I_\mathrm{op.\,KA} = \frac{K_\mathrm{rel}K_\mathrm{w}}{K_\mathrm{i}} I_\mathrm{K.\,max}^{(3)'} \tag{7-23}$$

式中,$I_\mathrm{K.\,max}^{(3)'}$ 为变压器二次侧母线在系统最大运行方式下,三相短路时一次侧的穿越电流;$K_\mathrm{rel}$ 为可靠系数,与线路的电流速断保护相同。

变压器的电流速断保护与线路的电流速断保护一样,也有保护"死区",只能保护变压器的一次绕组和部分二次绕组,甚至部分一次绕组。

（2）灵敏系数校验

变压器电流速断保护的灵敏系数校验，与线路的速断保护灵敏系数校验一样，以变压器一次侧最小两相短路电流 $I_{K.min}^{(2)}$ 进行校验，即

$$K_s = \frac{I_{K.min}^{(2)}}{I_{op1}} \geqslant 2 \tag{7-24}$$

若电流速断保护的灵敏系数不满足要求，应装设差动保护。

### 3. 变压器的过负荷保护

并联运行中的变压器和运行中可能出现过负荷的变压器应装设过负荷保护。其接线、工作原理与线路过负荷保护相同，动作电流整定按变压器一次侧的额定电流整定，动作时间一般整定为 $10 \sim 15s$。

**例 7-5** 某总降压变电所有一台35/10.5kV，2500kVA，Yd11 连接变压器一台。如图 7-34 所示。已知变压器 10kV 母线的最大三相短路电流为 1.4kA，最小三相短路电流为 1.3kA，35kV 母线的最小三相短路电流为 1.25kA，保护采用两相两继电器式接线，电流互感器的变比为 100/5A，变电所 10kV 出线的过电流保护动作时间为 1s，试整定变压器的电流保护。

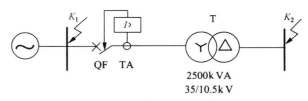

图 7-34　例 7-5 电路图

**解** 因无过负荷可能，变压器装设定时限过电流保护和电流速断保护，保护采用两相两继电器式接线。

（1）定时限过电流保护

① 动作电流整定

$$I_{op.KA(oc)} = \frac{K_{rel}K_w}{K_{re}K_i}(1.5 \sim 3.0)I_{1N} = \frac{1.2 \times 1.0}{0.85 \times 20} \times 2 \times \frac{2500}{\sqrt{3} \times 35} = 5.8A$$

查表 A-16-1 选 DL-31/10 电流继电器，线圈并联，动作电流整定 $I_{op.KA(oc)} = 6A$。

保护一次侧的动作电流为

$$I_{op1} = \frac{K_i}{K_w}I_{op.KA(oc)} = \frac{20}{1.0} \times 6 = 120A$$

② 动作时限整定

$$t_1 = t_2 + \Delta t = 1.0 + 0.5 = 1.5s$$

③ 灵敏系数校验

$$K_s = \frac{I_{K2.min}^{(2)'}}{I_{op1}} = \frac{\frac{1}{\sqrt{3}} \times \frac{\sqrt{3}}{2} \times 1300 \times \frac{10.5}{37}}{120} = 1.54 > 1.5$$

（2）电流速断保护

① 动作电流整定

$$I_{op.KA(ioc)} = \frac{K_{rel}K_w}{K_i}I_{K2.max}^{(3)'} = \frac{1.2 \times 1.0}{20} \times 1400 \times \frac{10.5}{37} = 23.8A$$

查表 A-16-1 选 DL-31/50 电流继电器，线圈并联，动作电流整定 $I_{op.KA(ioc)} = 24A$。

保护一次侧的动作电流为

$$I_{op1} = \frac{K_i}{K_w}I_{op.KA(ioc)} = \frac{20}{1.0} \times 24 = 480A$$

② 灵敏系数校验

$$K_s = \frac{I_{K1.min}^{(2)}}{I_{op1}} = \frac{0.87 \times 1250}{480} = 2.27 > 2.0$$

变压器电流保护的灵敏系数满足要求,其接线图如图7-33所示。

### 7.4.4 变压器的气体保护

气体保护是保护油浸式电力变压器内部故障的一种主要保护装置。按GB50062—2008规定,800kVA及以上的油浸式变压器和400kVA及以上的车间内油浸式变压器均应装设气体保护。

气体保护装置主要由气体继电器构成。当变压器油箱内部出现故障时,故障电流和电弧产生的高温会使变压器油和绝缘材料分解,产生大量的气体,气体保护就是利用上述气体构成的保护装置。

#### 1. 气体继电器的结构和工作原理

目前,国内采用的气体继电器有浮筒挡板式和开口杯挡板式两种型号。图7-35所示是FJ3-80型开口杯挡板式气体继电器的结构示意图。

变压器正常运行时,气体继电器的容器内充满了油,上、下开口油杯产生的力矩小于平衡锤产生的力矩,开口杯处于上升位置,如图7-36(a)所示,上、下两对触点处于断开位置。

当变压器油箱内部发生轻微故障时,产生的气体较少,气体缓慢上升,聚集在气体继电器的容器上部,使继电器内油面下降,上开口油杯露出油面。上开口油杯因其产生的力矩大于平衡锤的力矩而处于下降位置,上触点闭合,如图7-36(b)所示,发出报警信号,称为轻瓦斯动作。

当变压器油箱内部发生严重故障时,产生大量的气体,油气混合物迅猛从油箱通过连通管冲向油枕。在油气混合物冲击下,气体继电器的挡板14被掀起,使下开口油杯下降,下触点闭合,如图7-36(c)所示,发出跳闸信号,使断路器跳闸,称为重瓦斯动作。

若变压器油箱严重漏油,随着气体继电器内的油面逐渐下降,首先上开口油杯下降,从而上触点闭合,发出报警信号,接着下开口油杯下降,从而下触点闭合,如图7-36(d)所示,发出跳闸信号,使断路器跳闸。

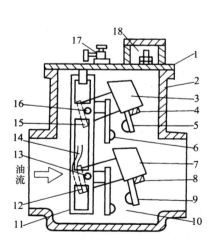

图7-35　FJ3-80型开口杯挡板式
气体继电器结构示意图

1—盖　2—容器　3—上开口油杯　4,8—永久磁铁
5,6—上触点　7—下开口油杯　9,10—下触点
11—支架　12,15—平衡锤　13,16—转轴
14—挡板　17—放气阀　18—接线盒

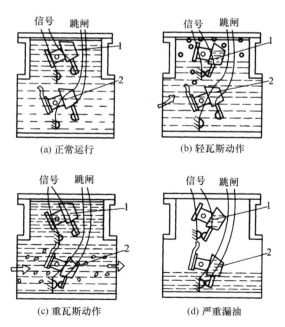

(a) 正常运行　　(b) 轻瓦斯动作

(c) 重瓦斯动作　　(d) 严重漏油

图7-36　气体继电器工作原理示意图
1—上开口油杯　2—下开口油杯

### 2. 气体保护的接线

气体保护的原理接线图如图 7-37 所示。当变压器内部发生轻微故障时,气体继电器 KG 动作,上触点闭合,发出轻瓦斯动作报警信号。当变压器内部发生严重故障时,气体继电器 KG 的下触点闭合,启动中间继电器 KM,使断路器的跳闸线圈 YR 动作,断路器跳闸,同时信号继电器 KS 发出重瓦斯跳闸信号。为了避免重瓦斯动作时,气体继电器因油气混合物冲击引起下触点"抖动",利用中间继电器触点 1-2 进行"自保持",以保证断路器可靠跳闸。变压器在运行中进行滤油、加油、换硅胶时,必须将重瓦斯信号经切换片 XB 改接信号灯 HL,防止重瓦斯误动作,断路器跳闸。

### 3. 气体保护的安装和运行

气体继电器安装在变压器的油箱与油枕之间的连通管上,如图 7-38 所示。为了使变压器内部发生故障时产生的气体能通畅地通过气体继电器排向油枕,要求在安装变压器时应有 1% ～ 1.5% 的倾斜度;在制造变压器时,连通管对油箱上盖也应有 2% ～ 4% 的倾斜度。

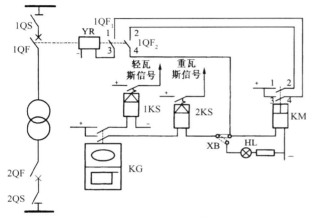

图 7-37　气体保护的原理接线图

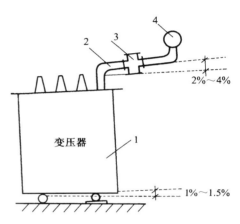

图 7-38　气体继电器的安装
1— 油箱　2— 连通管　3— 气体继电器　4— 油枕

变压器气体保护动作后,工作人员应立即对变压器进行检查,查明原因。可打开气体继电器顶部的放气阀,用干净的玻璃瓶收集蓄积的气体(注意:人体不得靠近带电部分),通过分析气体性质判断发生故障的原因和处理要求,如表 7-2 所示。

表 7-2　气体继电器动作后的气体性质分析

| 气 体 性 质 | 故 障 原 因 | 处 理 要 求 |
|---|---|---|
| 无色、无臭、不可燃 | 变压器含有空气 | 允许继续运行 |
| 灰白色、有剧臭、可燃 | 纸质绝缘物烧毁 | 应立即停电检修 |
| 黄色、难燃 | 木质绝缘部分烧毁 | 应停电检修 |
| 深灰色或黑色、易燃 | 油内闪络、油质炭化 | 分析油样,必要时停电检修 |

## 7.4.5　变压器的差动保护

电流速断保护虽然动作迅速,但它有保护"死区",不能保护整个变压器。过电流保护虽然能保护整个变压器,但动作时间较长。气体保护虽然动作灵敏,但它只能保护变压器油箱内部故障。GB50062—2008 规定电压为 10kV 以上、容量为 10000kVA 及以上单独运行的变压器和容量为 6300kVA 及以上并列运行的变压器应装设差动保护,容量为 10000kVA 以下单独运行的重要变压器可装设差动保护,电压 10kV 的重要变压器或容量为 2000kVA 及以上的变压器当电流速断保护的灵敏系数不满足要求时宜采用差动保护。

### 1. 差动保护的工作原理

变压器差动保护原理接线如图 7-39 所示。在变压器两侧安装电流互感器,其二次绕组串联成环路,继电器 KA(或差继电器 KD)并接在环路上,流入继电器的电流等于变压器两侧电流互感器的二次绕组电流之差,即 $I_{KA} = |\dot{I}_1'' - \dot{I}_2''| = I_{ub}$,$I_{ub}$ 为变压器一、二次侧的不平衡电流。

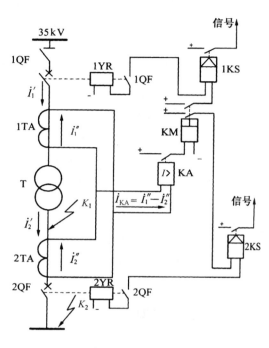

图 7-39　变压器差动保护原理接线图

当变压器正常运行或差动保护的保护区外短路时,流入差动继电器的不平衡电流小于继电器的动作电流,保护不动作。在保护区内短路时,对单端电源供电的变压器 $I_2'' = 0$,$I_{KA} = I_1''$,远大于继电器的动作电流,继电器 KA 瞬时动作,通过中间继电器 KM,使变压器两侧的断路器跳闸,切除故障。

变压器差动保护的保护范围是变压器两侧电流互感器安装地点之间的区域。它可以保护变压器内部及两侧绝缘套管和引出线上的相间短路,保护反应灵敏,动作无限时。

### 2. 变压器差动保护中不平衡电流产生的原因和减小措施

为了提高差动保护的灵敏度,在变压器正常运行或保护区外部短路时,流入继电器的不平衡电流应尽可能小,甚至为零,但由于变压器的连接组和电流互感器的变比等原因,不平衡电流不可能为零。下面分析不平衡电流产生的原因和减小措施。

（1）变压器连接组引起的不平衡电流

总降压变电所的变压器通常采用 Yd11 连接组,变压器两侧线电流之间就有 30°的相位差。因此,即使变压器两侧电流互感器二次绕组电流的大小相等,保护的差动回路中仍会出现由相位差引起的不平衡电流。为了消除这一不平衡电流,必须消除上述相位差。为此,将变压器星形接线侧的电流互感器接成三角形接线,变压器三角形接线侧的电流互感器接成星形接线,如图 7-40 所示,这样变压器两侧电流互感器的二次绕组电流的相位相同,消除了由变压器连接组引起的不平衡电流。

（2）电流互感器变比引起的不平衡电流

为了使变压器两侧电流互感器的二次绕组电流相等,需要选择合适的电流互感器的变比,但电流互感器的变比是按标准分成若干等级的,而实际需要的变比与产品的标准变比往往不同,不可能使差动保护两侧的电流相等,从而产生不平衡电流。可利用差动继电器中的平衡线圈或自耦电流互感器消除由电流互感器的变比引起的不平衡电流。

（3）变压器励磁涌流引起的不平衡电流

在变压器空载投入或外部故障切除后电压恢复的过程中,由于变压器铁芯中的磁通不能突变,在变压器一次绕组中产生很大的励磁涌流。励磁的涌流中含有数值很大的非周期分量,可达变压器额定电流的 8 ~ 10 倍。励磁涌流不反映到二次绕组,因此,在差动回路中产生很大的不平衡电流通过差动继电器。可利用速饱和电流互感器或差动继电器的速饱和铁芯减小励磁涌流引

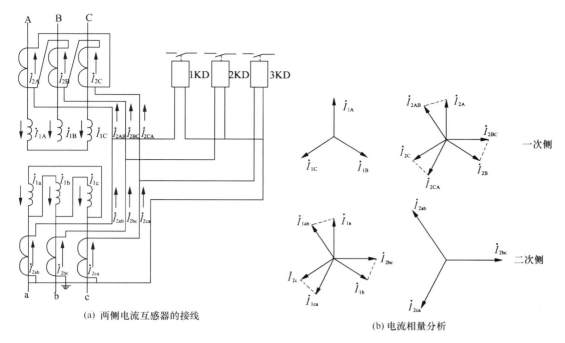

(a) 两侧电流互感器的接线　　　　　　　　(b) 电流相量分析

图 7-40　Yd11 连接组变压器的差动保护原理接线图

起的不平衡电流。

此外,变压器两侧电流互感器的型号不同,有载调压变压器分接头电压的改变也会在差动回路中产生不平衡电流。综上所述,产生不平衡电流的原因很多,可以采取措施最大程度上减小不平衡电流,但不能完全消除。

### 3. 变压器的差动保护方式

变压器差动保护需要解决的主要问题,就是采取各种有效措施消除不平衡电流的影响。在满足选择性条件下,保证在内部发生故障时有足够的灵敏度和速动性。

目前我国广泛应用下列几种类型的继电器构成差动保护:

●带短路线圈的 BCH-2 型差动继电器;

●带磁制动特性的 BCH-1 型差动继电器;

●多侧磁制动特性的 BCH-4 型差动继电器;

●鉴别励磁涌流间断角的差动继电器;

●二次谐波制动的差动继电器。

有关上述各种差动继电器的接线和整定计算,因篇幅有限这里仅介绍 BCH-2 型差动继电器,其他形式请参见有关书籍和各制造厂产品样本。

### 4. BCH-2 型变压器差动保护

(1)BCH-2 型差动继电器

BCH-2 型差动继电器由一个带短路线圈、平衡线圈、差动线圈和工作线圈的速饱和变压器以及一个执行元件 DL-11/0.2 电流继电器组成,如图 7-41 所示。

在速饱和变压器铁芯的中间芯柱上绕有一个差动线圈 $W_d$,两个平衡线圈 $W_{ba1}$ 和 $W_{ba2}$ 以及一个短路线圈 $W_K'$。左侧芯柱上绕有一个短路线圈 $W_K''$,$W_K'$ 和 $W_K''$ 接成闭合回路,它们产生的磁通 $\Phi_K'$、$\Phi_K''$ 在左侧芯柱上是同相的。$\Phi$ 是差动线圈 $W_d$ 产生的磁通。右侧芯柱上绕有一个二次线圈 $W_2$,与执行元件相接。平衡线圈用于平衡由于变压器差动保护两侧电流互感器的二次侧电流不等所引起的不平衡电流。短路线圈的作用是消除励磁涌流的影响。当变压器外部短路或空载投入,在差动回路出现不平衡电流或励磁涌流存在较大的非周期分量时,速饱和变压器迅速饱和,从而差动继电器不动作。

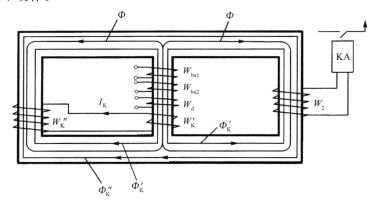

图 7-41　BCH-2 型差动继电器结构原理图

（2）BCH-2 型变压器差动保护接线

BCH-2 型变压器差动保护接线图见图 7-42。图 7-42（a）所示为 BCH-2 型双绕组变压器差动保护单相原理接线图,若保护三绕组变压器,则变压器第三侧的电流互感器的二次线圈应接 BCH-2 型差动继电器的端子④;图 7-42（b）所示为差动保护展开图,采用三相三继电器式接线。

（3）BCH-2 型变压器差动保护的整定

① 按平均电压及变压器最大容量计算变压器各侧的额定电流 $I_{NT}$,按 $I_{NT}$ 选择各侧电流互感器一次侧的额定电流。按下式计算出电流互感器二次侧的额定电流 $I_{N2}$,即

$$I_{N2} = \frac{K_w I_{NT}}{K_i} \tag{7-25}$$

式中,$K_w$ 为三相对称情况下电流互感器的接线系数,星形接线时 $K_w = 1$,三角形接线时 $K_w = \sqrt{3}$;$K_i$ 为电流互感器的变比。

取二次侧额定电流 $I_{N2}$ 最大的一侧为基本侧。

② 差动保护基本侧的一次侧动作电流 $I_{op1}$ 整定。差动保护基本侧的一次侧动作电流应满足下面 3 个条件。

a. 躲过变压器空载投入或外部故障切除后电压恢复时的励磁涌流,即

$$I_{op1} = K_{rel} I_{1N} \tag{7-26}$$

式中,$K_{rel}$ 为可靠系数,取 1.3;$I_{1N}$ 为变压器保护基本侧的一次侧额定电流。

b. 躲过变压器外部短路时的最大不平衡电流 $I_{ub.max}$,即

$$I_{op1} = K_{rel} I_{ub.max} \tag{7-27}$$

式中,$K_{rel}$ 为可靠系数,取 1.3;$I_{ub.max}$ 可按下式计算

$$I_{ub.max} = \left(0.1 K_{eq} + \frac{\Delta U\%}{100} + \Delta f_c\right) I_{K.max}^{(3)} \tag{7-28}$$

式中,0.1 为电流互感器允许的最大相对误差;$K_{eq}$ 为电流互感器的同型系数,型号相同时取0.5,型号不同时取 1;$\Delta U\%$ 为由变压器调压所引起的误差百分数,一般取调压范围的一半;$\Delta f_c$ 为采用的电流互感器变比或平衡线圈匝数与计算值不同时所引起的相对计算误差,在计算之初不能确定时可取 0.05;$I_{K.max}^{(3)}$ 为保护范围外部短路时的最大短路电流。

c. 电流互感器二次侧回路断线时不应误动作,即躲过变压器正常运行时的最大负荷电流

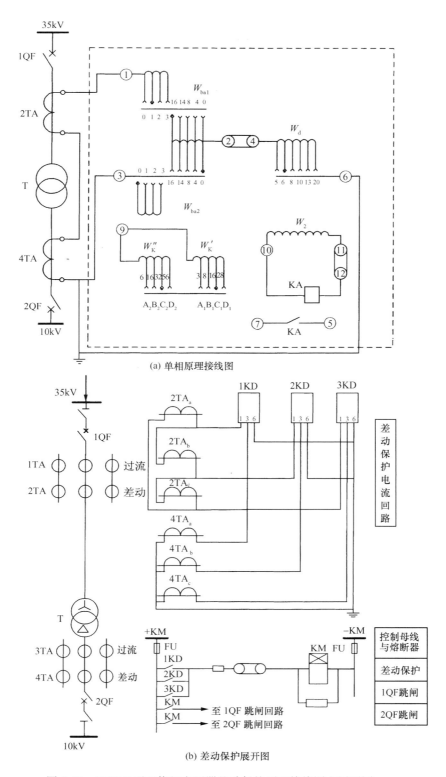

图 7-42 BCH-2 型双绕组变压器差动保护原理接线图和展开图

$I_{\text{L.max}}$。负荷电流不能确定时,可采用变压器的额定电流 $I_{1\text{N}}$,即

$$I_{\text{op1}} = K_{\text{rel}} I_{\text{L.max}} = K_{\text{rel}} I_{1\text{N}} \tag{7-29}$$

式中,$K_{\text{rel}}$ 为可靠系数,取 $1.3$。

按以上 3 个条件计算的一次侧动作电流最大值进行整定。在以上的计算中,所有短路电流值都是归算到基本侧的值,所求出的动作电流也是基本侧的动作电流计算值。

③ 继电器差动线圈匝数的确定

a. 三绕组变压器:基本侧直接接差动线圈,其余两侧接相应的平衡线圈。基本侧继电器的动作电流为

$$I_{\text{op.KD}} = \frac{K_{\text{w}}}{K_{\text{i}}} I_{\text{op1}} \tag{7-30}$$

基本侧继电器差动线圈的计算匝数 $W_{\text{d.c}}$ 为

$$W_{\text{d.c}} = \frac{\text{AW}_0}{I_{\text{op.KD}}} \tag{7-31}$$

式中,$\text{AW}_0$ 为继电器动作安匝,无实测值时可采用额定值 $\text{AW}_0 = 60$ 安匝。

按继电器线圈实有抽头选择较小而相近的匝数作为差动线圈的整定匝数 $W_{\text{d.op}}$。

根据 $W_{\text{d.op}}$ 再计算基本侧实际的继电器动作电流 $I_{\text{op.KD}}$ 为

$$I_{\text{op.KD}} = \frac{\text{AW}_0}{W_{\text{d.op}}} \tag{7-32}$$

b. 双绕组变压器:两侧电流互感器分别接于继电器的两个平衡线圈上。确定基本侧的继电器动作电流及线圈匝数的计算与三绕组变压器方法相同。

根据继电器线圈实有抽头,选用差动线圈的匝数 $W_{\text{d}}$ 和一组平衡线圈匝数 $W_{\text{ba1}}$ 之和,较差动线圈计算匝数 $W_{\text{d.c}}$ 小而近似的数值。基本侧的整定匝数 $W_{\text{d.op}}$ 为

$$W_{\text{d.op}} = W_{\text{ba1}} + W_{\text{d}} \leqslant W_{\text{d.c}} \tag{7-33}$$

④ 非基本侧平衡线圈匝数的确定

a. 三绕组变压器平衡线圈的计算匝数分别为

$$W_{\text{ba1.c}} = \frac{I_{\text{N2}} - I_{\text{N2.1}}}{I_{\text{N2.1}}} W_{\text{d.op}}$$

和

$$W_{\text{ba2.c}} = \frac{I_{\text{N2}} - I_{\text{N2.2}}}{I_{\text{N2.2}}} W_{\text{d.op}} \tag{7-34}$$

式中,$I_{\text{N2}}$ 为基本侧电流互感器的二次侧额定电流,$I_{\text{N2.1}}$,$I_{\text{N2.2}}$ 分别为接有平衡线圈 $W_{\text{ba1}}$,$W_{\text{ba2}}$ 的电流互感器的二次侧额定电流。

选用接近的平衡线圈计算匝数作为整定匝数 $W_{\text{ba.op}}$。

b. 双绕组变压器平衡线圈的计算匝数 $W_{\text{ba2.c}}$ 根据磁势平衡原理确定,即

$$W_{\text{ba2.c}} = W_{\text{d.op}} \frac{I_{\text{N2.1}}}{I_{\text{N2.2}}} - W_{\text{d}} \tag{7-35}$$

式中,$I_{\text{N2.1}}$,$I_{\text{N2.2}}$ 为接有平衡线圈 $W_{\text{ba1}}$,$W_{\text{ba2}}$ 的电流互感器的二次侧额定电流。

选用接近 $W_{\text{ba2.c}}$ 的匝数作为整定匝数 $W_{\text{ba2.op}}$。

⑤ 计算 $\Delta f_{\text{c}}$

$$\Delta f_{\text{c}} = \frac{W_{\text{ba2.c}} - W_{\text{ba2.op}}}{W_{\text{ba2.c}} + W_{\text{d.op}}} \tag{7-36}$$

式中,$W_{\text{ba2.c}}$ 和 $W_{\text{ba2.op}}$ 分别为平衡线圈 $W_{\text{ba2}}$ 的计算匝数和整定匝数;$W_{\text{d.op}}$ 为差动线圈的整定匝数。

若 $|\Delta f_{\text{c}}| > 0.05$,则需将其代入式(7-26)重新计算,确定一次侧的动作电流。

⑥ 短路线圈抽头的确定

短路线圈有 4 组抽头可供选择,短路线圈的匝数越多,躲过励磁涌流的性能越好,但继电器的动作时间越长。对于中、小容量的变压器,可试选端子 $C_1-C_2$ 或 $D_1-D_2$;对于大容量变压器,由于励磁涌流倍数较小,而内部发生故障时,电流中的非周期分量衰减较慢,又要求迅速切除故障,因此短路线圈应采用较小匝数,可取抽头端子 $B_1-B_2$ 或 $C_1-C_2$。所选抽头匝数是否合适,应在保护装置投入运行时,通过变压器空载试验确定。

⑦ 灵敏系数校验

$$K_s = \frac{I_{I.K} W_{I.w} + I_{II.K} W_{II.w} + I_{III.K} W_{III.w}}{AW_0} \geqslant 2 \tag{7-37}$$

式中,$I_{I.K}$,$I_{II.K}$,$I_{III.K}$ 为变压器出口处最小短路时 I,II,III 侧流进继电器线圈的电流;$W_{I.w}$,$W_{II.w}$,$W_{III.w}$ 为 I,II,III 侧电流继电器的实际工作匝数(工作匝数为各侧平衡线圈匝数与差动匝数之和)。

有时也用如下简化公式

$$K_s = \frac{I_{KD}}{I_{op.KD}} \geqslant 2 \tag{7-38}$$

式中,$I_{KD}$ 为最小运行方式故障时流入继电器的总电流;$I_{op.KD}$ 为继电器的整定电流。

双绕组变压器灵敏系数计算与上述相同,只是第三侧数字为零。

**例7-6** 试整定双绕组变压器的 BCH-2 型差动保护,保护采用三相三继电器式接线。已知变压器的技术参数:15MVA,$35 \pm 2 \times 2.5\%/10.5$kV,Yd11,$U_K\% = 7.5$;变压器 35kV 母线三相短路电流 $I_{K1.max}^{(3)} = 3.57$kA,$I_{K1.min}^{(3)} = 2.14$kA;10kV 母线三相短路电流 $I_{K.max}^{(3)} = 5.64$kA,$I_{K.min}^{(3)} = 4.35$kA,归算到 35kV 的短路电流 $I_{K.max}^{(3)} = 1.6$kA,$I_{K.min}^{(3)} = 1.235$kA,10kV 侧最大负荷电流为 780A。

**解** (1)计算变压器的额定电流,选出电流互感器的变比,求出电流互感器二次侧的额定电流,计算结果见表 7-3。

表 7-3　变压器额定电流、电流互感器的变比、电流互感器二次侧的额定电流

| 名　　称 | 各侧数值 | |
| --- | --- | --- |
| | 35kV | 10kV |
| 变压器的额定电流(A) | $\dfrac{15000}{\sqrt{3} \times 35} = 247$ | $\dfrac{15000}{\sqrt{3} \times 10.5} = 825$ |
| 变压器绕组接线方式 | y | d |
| 电流互感器接线方式 | D | y |
| 计算电流互感器的变比 | $\dfrac{\sqrt{3} \times 247}{5} = \dfrac{428}{5}$ | $\dfrac{825}{5}$ |
| 选用电流互感器的变比 | $\dfrac{600}{5}$ | $\dfrac{1000}{5}$ |
| 电流互感器二次侧的额定电流(A) | $\dfrac{\sqrt{3} \times 247}{600/5} = 3.57$ | $\dfrac{825}{1000/5} = 4.13$ |

由表 7-3可见,10kV 侧电流互感器二次侧的额定电流较 35kV 侧大,因此,以 10kV 侧为基本侧。

(2)计算差动保护 10kV 侧的一次侧动作电流。

① 按躲过励磁涌流

$$I_{op1} = K_{rel} I_{2NT} = 1.3 \times 825 = 1073A$$

② 按躲过外部最大不平衡电流

181

$$I_{op1} = K_{rel}(0.1K_{ba} + \frac{\Delta U\%}{100} + \Delta f_c)I_{K.max}^{(3)}$$

$$= 1.3 \times (0.1 \times 1 + 0.05 + 0.05) \times 5.64 \times 10^3 = 1466A$$

③ 按躲过电流互感器二次侧断线

$$I_{op1} = K_{rel}I_{1.max} = 1.3 \times 780 = 1014A$$

由上述计算可知,外部最大不平衡电流最大。因此,选择 10kV 侧一次侧动作电流为 1466A。

(3)确定线圈接法和匝数

10kV 和 35kV 侧电流互感器分别接平衡线圈 $W_{ba1}$ ,$W_{ba2}$ 。

基本侧(10kV 侧)继电器动作电流为

$$I_{op.KD} = \frac{K_w}{K_i}I_{op1} = \frac{1}{200} \times 1466 = 7.33A$$

基本侧差动线圈的计算匝数为

$$W_{d.c} = \frac{AW_0}{I_{op.KD}} = \frac{60}{7.33} = 8.19$$

选择继电器的实际整定匝数为 $W_{d.c} = 8$ 匝,其中取差动线圈匝数 $W_d$ 为 6 匝,平衡绕组线圈匝数 $W_{ba1}$ 为 2 匝。

(4)确定 35kV 侧平衡线圈 2 的匝数为

$$W_{ba2.c} = W_{d.op}\frac{I_{N2.1}}{I_{N2.2}} - W_d = 8 \times \frac{4.13}{3.57} - 6 = 3.25$$

选择平衡线圈 2 的匝数 $W_{ba2.op}$ 为 3 匝。

(5)计算由实际匝数与计算匝数不等产生的相对计算误差 $\Delta f_c$

$$\Delta f_c = \frac{W_{ba2.c} - W_{ba2.op}}{W_{ba2.c} + W_d} = \frac{3.25 - 3}{3.25 + 6} = 0.027 < 0.05$$

所以,不需要重新计算动作电流。

(6)初步确定短路线圈的抽头:选用 $C_1$-$C_2$ 抽头。

(7)灵敏系数校验

按 10kV 侧最小两相短路电流校验,流入 35kV 侧差动继电器的最小电流为

$$I_{KD} = \frac{\sqrt{3}I_{K.min}^{(2)'}}{K_i} = \frac{\sqrt{3} \times \frac{\sqrt{3}}{2} \times 1235}{120} = 15.44A$$

$$I_{op.KD} = \frac{AW_0}{W_d + W_{ba2}} = \frac{60}{6 + 3} = 6.67A$$

$$K_s = \frac{I_{KD}}{I_{op.KD}} = \frac{15.44}{6.67} = 2.31 > 2$$

差动保护的灵敏系数满足要求。

# 7.5 高压电动机的继电保护

## 7.5.1 高压电动机的常见故障和保护配置

高压电动机在运行中发生的常见短路故障和异常工作状态主要有定子绕组相间短路,单相接地,电动机过负荷、低电压,同步电动机失磁、失步等。

按 GB50062—2008 规定,2000kW 以下的电动机的相间短路,宜采用电流速断保护;2000kW

及以上的电动机或电流速断保护灵敏度不满足要求的 2000kW 以下电动机的相间短路,应装设纵联差动保护,宜装设过电流保护作为纵联差动保护的后备保护;对易发生过负荷的电动机,应装设过负荷保护;对不重要的电动机或不允许自启动的电动机,应装设低电压保护;电动机单相接地电流大于 5A 时,应装设有选择性的单相接地保护,单相接地电流等于或大于 10A 时,应动作于跳闸;同步电动机应装设失步保护、失励保护。

## 7.5.2　高压电动机的过负荷保护和电流速断保护

高压电动机的过负荷保护和电流速断保护一般采用 GL 型感应式电流继电器。不易过负荷的电动机,如风机、水泵的电动机,也可采用 DL 型电磁式继电器构成电流速断保护。

高压电动机的过负荷保护和电流速断保护广泛采用两相一继电器式接线,如图 7-43(a) 所示。当灵敏度不符合要求时或 2000kW 及以上电动机采用两相两继电器式接线,如图 7-43(b) 所示。感应式电流继电器反时限部分用于过负荷保护,速断部分用于相间短路保护。

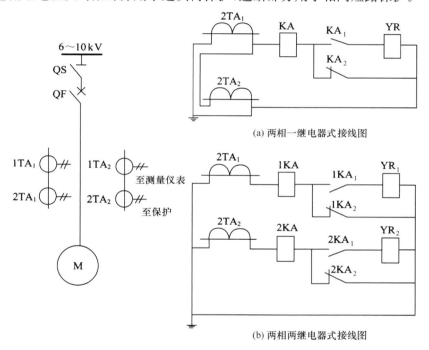

图 7-43　高压电动机的过负荷保护和电流速断保护的接线图

高压电动机过负荷保护的动作电流按躲过电动机的额定电流整定,即

$$I_{\text{op. KA}} = \frac{K_{\text{rel}} K_{\text{w}}}{K_{\text{re}} K_{\text{i}}} I_{\text{N. M}} \qquad (7\text{-}39)$$

式中,$K_{\text{rel}}$ 为可靠系数,取 1.3;$K_{\text{re}}$ 为继电器的返回系数,$I_{\text{N. M}}$ 为电动机的额定电流。

过负荷保护的动作时限,应大于电动机的实际启动时间。

高压电动机的电流速断保护动作电流按躲过电动机的最大启动电流 $I_{\text{st. max}}$ 整定,即

$$I_{\text{op. KA}} = \frac{K_{\text{rel}} K_{\text{w}}}{K_{\text{i}}} I_{\text{st. max}} \qquad (7\text{-}40)$$

式中,$K_{\text{rel}}$ 为可靠系数,对 DL 型继电器取 1.4 ～ 1.6,对 GL 型继电器取 1.8 ～ 2.0。

高压电动机电流速断保护灵敏系数校验,与变压器电流速断保护灵敏系数校验相同,即

$$K_s = \frac{I_{K.min}^{(2)}}{I_{op1}} \geqslant 2 \tag{7-41}$$

式中，$I_{K.min}^{(2)}$ 为电动机端子处最小两相短路电流；$I_{op1}$ 为电流速断保护一次侧的动作电流，$I_{op1} = (K_i/K_w)I_{op.KA}$。

### 7.5.3 高压电动机的单相接地保护

高压电动机单相接地电流大于 5A 时，应装设有选择性的单相接地保护。单相接地电流等于或大于 10A 时，应瞬时动作于跳闸，接线图如图 7-44 所示。单相接地保护由零序电流互感器 TAZ、接地继电器 KE 等构成。

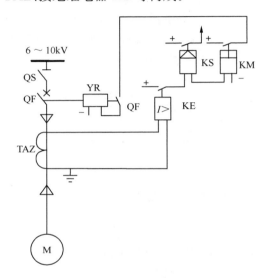

图 7-44  高压电动机的单相接地保护原理接线图

单相接地保护动作电流按躲过其接地电容电流 $I_{C.M}$ 整定，即

$$I_{op.KA} = \frac{K_{rel}}{K_i}I_{C.M} \tag{7-42}$$

式中，$K_{rel}$ 为可靠系数，保护瞬时动作取 $4 \sim 5$。

单相接地保护灵敏系数按电动机发生单相接地时的接地电容电流校验，即

$$K_s = \frac{I_{C\Sigma} - I_{C.M}}{I_{op1}} \geqslant 1.25 \tag{7-43}$$

高压电动机的低电压保护、差动保护和同步电动机的失励保护、失步保护因篇幅限制，这里不再叙述。

**例 7-7**  某水泵电动机的参数为：$U_N = 6kV$，$P_N = 850kW$，$I_N = 97A$，$K_{st} = 5.8$。电动机端子处三相短路电流为 7.64kA。试确定该电动机的保护配置，并进行整定。

**解**  （1）保护装置的设置

因为水泵电动机在生产过程中没有过负荷的可能，不装设过负荷保护；电动机很重要，且装在经常有人值班的机房内，需要自启动运行，不装设低电压保护；仅装电流速断保护，采用两相继电器式接线，电流互感器的电流比为 150/5A。

（2）电流速断保护整定

① 动作电流整定

$$I_{op.KA} = \frac{K_{rel}K_w}{K_i}I_{st.max} = \frac{1.5 \times 1}{150/5} \times 5.8 \times 97 = 28.1A$$

查表 A-16-1 选 DL-31/50 电流继电器，线圈并联，动作电流整定 $I_{op.KA(oc)} = 30A$。

$$I_{op1} = \frac{K_i}{K_w}I_{op.KA(oc)} = \frac{150/5}{1.0} \times 30 = 900A$$

② 灵敏系数校验

$$K_s = \frac{I_{K.min}^{(2)}}{I_{op1}} = \frac{0.87 \times 7.64 \times 10^3}{900} = 7.39 > 2.0$$

所以，电动机电流保护整定满足要求。

# 7.6 6～10kV 电力电容器的继电保护

## 7.6.1 6～10kV 电力电容器的常见故障和保护配置

电力电容器的常见故障和异常运行状态主要有电容器内部故障及引出线短路;电容器组和断路器连接线上的相间短路;电容器组的单相接地故障;电容器组过电压;电容器组中某一故障电容器切除后引起剩余电容器的过电压;电容器组所连接的母线失压;中性点不接地的电容器组各相对中性点的单相短路和电容器过负荷等。

按 GB50062—2008 规定,宜对每个电容器装设专用的保护熔断器,作为电容器内部故障及其引出线的短路保护,熔体的额定电流可为电容器额定电流的 1.5～2.0 倍;电容器组可装设短时限电流速断保护和过电流保护,作为电容器组和断路器之间连接线的相间短路保护;当电容器组中的故障电容器被切除到一定数量后,引起剩余电容器端电压超过 110% 额定电压时,根据电容器组的接线方式可装设中性点电压不平衡保护或中性点电流不平衡保护或电压差动保护,将整组电容器断开;电容器组应装设过电压保护;电容器组应装设失压保护,当母线失压时,带时限切除所有接在母线上的电容器;可装设单相接地保护,但安装在绝缘支架上的电容器组,可不再装设单相接地保护;电网中出现的高次谐波可能导致电容器过负荷时,宜装设过负荷保护,带时限动作于信号或跳闸。

## 7.6.2 电容器组的电流速断保护

短时限电流速断保护的动作电流按最小运行方式下,电容器组端部引线发生两相短路时灵敏系数按要求($K_s \geqslant 2.0$)整定,即

$$I_{op.KA} \leqslant \frac{\frac{K_w}{K_i} I_{K.min}^{(2)}}{K_s} = \frac{K_w}{2K_i} \cdot I_{K.min}^{(2)} \tag{7-44}$$

式中,$I_{K.min}^{(2)}$ 为电容器组端部最小两相短路电流;$K_w$ 为接线系数;$K_i$ 为电流互感器的变比。

短时限电流速断保护的动作时限应防止电容器组充电涌流时误动作,即应大于电容器组合闸涌流时间,$t > 0.2s$。

## 7.6.3 电容器组的过电流保护

过电流保护的动作电流按躲过电容器组长期允许的最大工作电流整定,即

$$I_{op.KA} = \frac{K_{rel} \cdot K_w}{K_{re} \cdot K_i} I_{N.C} \tag{7-45}$$

式中,$K_{rel}$ 为可靠系数,取 1.5～2.0;$K_w$ 为接线系数;$K_{re}$ 为继电器的返回系数;$K_i$ 为电流互感器的变比;$I_{N.C}$ 为电容器组的额定电流。

过电流保护的动作时限比其短时限电流速断保护的动作时限大一个时限级差 $\Delta t$(0.5s)。

灵敏系数按电容器组端部最小两相短路电流 $I_{K.min}^{(2)}$ 进行校验,即

$$K_s = \frac{I_{K.min}^{(2)}}{I_{op1}} \geqslant 1.5 \tag{7-46}$$

## 7.6.4 电容器组的过负荷保护

过负荷保护的动作电流按电容器组的负荷电流整定,即

$$I_{op.KA} = \frac{K_{rel} \cdot K_w}{K_{re} \cdot K_i} I_{N.C} \tag{7-47}$$

式中，$K_{rel}$ 为可靠系数，取 1.2；$K_w$ 为接线系数；$K_{re}$ 为继电器的返回系数；$K_i$ 为电流互感器的变比；$I_{N.C}$ 为电容器组的额定电流。

过负荷保护的动作电流时限应比过电流保护大一个时限，一般大 0.5s。

### 7.6.5 电容器组的过电压保护

电容器组只能容许在不大于 1.1 倍额定电压下长期运行，因此，当系统稳态电压升高时，为保护过电压时电容器组不致损坏，应装设过电压保护，其动作电压按母线电压不超过 110% 额定电压整定，即

$$I_{op.KU} = 1.1 I_N \tag{7-48}$$

过电压保护带时限动作于信号或跳闸。

### 7.6.6 电容器组的单相接地保护

电容器组的单相接地保护按最小灵敏系数 1.5 整定，即

$$I_{op1} \leqslant \frac{I_{C\Sigma}}{K_s} = \frac{I_{C\Sigma}}{1.5} \tag{7-49}$$

电容器组的单相接地保护带时限动作于信号或跳闸。

中性点电压不平衡保护或中性点电流不平衡保护或电压差动保护因篇幅限制，可参见相关书籍，这里不再叙述。

6～10kV 并联电容器组的保护接线图如图 7-45 所示，电容器组保护配置有：① 由电流继电器 1KA 和 2KA、时间继电器 1KT 和信号继电器 1KS 构成的短时限电流速断保护；② 由电流继电器 3KA 和 4KA、时间继电器 2KT 和信号继电器 2KS 构成的过电流保护；③ 由电流继电器 5KA、时间继电器 3KT 和信号继电器 3KS 构成的过负荷保护；④ 由零序电流继电器 KE、时间继电器 4KT 和信号继电器 4KS 构成的单相接地保护；⑤ 由电压继电器 KV、时间继电器 5KT 和信号继电器 5KS 构成的过电压保护。高压电容器一般采用电压互感器作为放电电阻，不需另设放电电阻。

**例 7-8**  试整定 10kV、600kVA 并联电容器组的保护。已知电容器型号 BFM11-50-1W，共 12 台，电容器组额定电流为 31.5A，电流互感器的变比为 75/5，最小运行方式下，电容器组端部最小三相短路电流为 2.66kA，10kV 电网的总单相接地电流为 12A。

**解**  电容器组装设短时限电流速断保护、过电流保护、过负荷保护、单相接地保护、过电压保护。

（1）短时限电流速断保护

① 动作电流整定

$$I_{op.KA} \leqslant \frac{K_w}{2K_i} \cdot I_{K.min}^{(2)} = \frac{1}{2 \times 75/5} \times 0.87 \times 2.66 \times 10^3 = 77.1A$$

查表 A-16-1 选 DL-31/100 电流继电器，线圈并联，整定动作电流 76A。

短时限速断保护一次侧的动作电流为

$$I_{op1} = \frac{K_i}{K_w} I_{op.KA} = \frac{75/5}{1.0} \times 76 = 1140A$$

② 整定动作时限

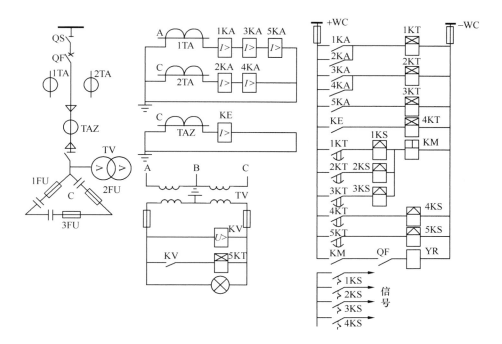

图 7-45　6～10kV 并联电容器组的保护接线图

动作时限应大于合闸涌流时间,$t > 0.2\text{s}$,整定 $t_1 = 0.3\text{s}$。

（2）定时限过电流保护

① 动作电流整定

$$I_{\text{op.KA}} = \frac{K_{\text{rel}} \cdot K_{\text{w}}}{K_{\text{re}} \cdot K_{\text{i}}} I_{\text{N·C}} = \frac{2 \times 1.0}{0.85 \times 75/5} \times 31.5 = 4.95\text{A}$$

查表 A-16-1 选 DL-31/10 电流继电器,线圈并联,整定动作电流 5A。

过电流保护一次侧的动作电流为

$$I_{\text{op1}} = \frac{K_{\text{i}}}{K_{\text{w}}} I_{\text{op.KA}} = \frac{75/5}{1.0} \times 5 = 75\text{A}$$

② 整定动作时限

定时限过电流保护的动作时限应比短时限电流速断保护动作时限大一个时限级差 $\Delta t$。

$$t_2 = t_1 + \Delta t = 0.3 + 0.5 = 0.8\text{s}$$

③ 校验保护灵敏系数

灵敏系数按电容器组端部最小两相短路电流 $I_{\text{K.min}}^{(2)}$ 校验:

$$K_{\text{s}} = \frac{I_{\text{K.min}}^{(2)}}{I_{\text{op1}}} = \frac{0.87 \times 2.66 \times 10^3}{75} = 30.8 > 1.5$$

过电流保护整定满足要求。

（3）过负荷保护

① 整定动作电流

$$I_{\text{op.KA}} = \frac{K_{\text{rel}} \cdot K_{\text{w}}}{K_{\text{re}} \cdot K_{\text{i}}} I_{\text{N.C}} = \frac{1.2 \times 1.0}{0.85 \times 75/5} \times 31.5 = 2.96\text{A}$$

查表 A-16-1 选 DL-31/6 电流继电器,线圈并联,整定动作电流 3A。

过负荷保护一次侧的动作电流为

$$I_{\text{op1}} = \frac{K_{\text{i}}}{K_{\text{w}}} I_{\text{op.KA}} = \frac{75/5}{1.0} \times 3 = 45\text{A}$$

② 整定动作时限

过负荷保护的动作时限应比过电流保护大一个时限级差 $\Delta t$。

$$t_3 = t_2 + \Delta t = 0.8 + 0.5 = 1.3s$$

（4）单相接地保护

保护装置一次侧的动作电流按最小灵敏系数 1.5 整定，即

$$I_{op1} = \frac{I_{C\Sigma}}{K_s} = \frac{12}{1.5} = 8A$$

选 LJ-2 型零序电流互感器及 DD-11/60 型接地继电器，其一次侧最小动作电流 1.3A 小于保护装置一次侧的动作电流，满足灵敏系数要求。

单相接地保护经延时动作于信号。

（5）过电压保护

保护装置动作电压为

$$U_{op.KU} = 1.1U_{2N} = 1.1 \times 100 = 110V$$

保护装置动作于信号。选 DY-31/200 电压继电器，整定动作电压 110V。

过电压保护经延时动作于信号。

所以，电容器组保护整定满足要求。并联电容器组的保护接线图如图 7-45 所示。

# 7.7 微 机 保 护

供配电系统是电力系统的一部分，通常是指 110kV 及以下电压等级向用户和用电设备配电的供电系统。随着城市的扩大、工农业生产的发展和人民生活水平的提高，供配电系统的容量日趋增大、结构日趋复杂和完善，对其供电可靠性的要求日趋提高，因而对供配电系统保护的要求也日趋提高，供配电系统愈来愈受到各国电力工作者的重视。微机保护具有自动检测、闭锁、报警等措施，整定、调试、运行和维护方便，保护性能好，随着电力系统广泛应用微机保护，供配电系统的微机保护也得到长足的发展，并得到广泛应用。

微机保护装置主要由硬件和软件构成。硬件由模拟和数字电子电路及集成电路组成，为软件提供运行的平台，并为微机保护装置提供与外部系统的电气联系。软件是计算机程序，根据保护要求对硬件进行控制，完成数据采集、数字运算和逻辑判断、动作指令执行和外部信息交换等任务。微机保护装置需要硬件和软件的配合才能完成保护任务，而继电器保护完全依靠继电器等硬件实现保护功能，这是微机保护和以继电器保护为代表的模拟式保护的区别，也是微机保护的优点。因此，微机保护装置具有超越模拟式保护的灵活性、开放性和适应性。

## 7.7.1 配电系统微机保护的功能

供配电系统微机保护装置除了保护功能，还有测量、自动重合闸、事件记录、自检和通信等功能。

① 保护功能。微机保护装置的保护有定时限过电流保护、反时限过电流保护、带时限电流速断保护、瞬时电流速断保护。反时限过电流保护还有标准反时限、强反时限和极强反时限保护等几类。以上各种保护方式可供用户自由选择，并进行数字设定。

② 测量功能。供配电系统正常运行时，微机保护装置不断测量三相电流，并在 LCD 显示器上显示。

③ 自动重合闸功能。当上述的保护功能动作，断路器跳闸后，该装置能自动发出合闸信号，

即自动重合闸功能,以提高供电可靠性。自动重合闸功能为用户提供自动重合闸的重合次数、延时时间及自动重合闸是否投入运行的选择和设定。

④ 人机对话功能。通过 LCD 显示器和键盘,提供良好的人机对话界面:

- 保护功能和保护定值的选择及设定;
- 正常运行时各相电流显示;
- 自动重合闸功能和参数的选择及设定;
- 发生故障时,故障性质及参数的显示;
- 自检通过或自检报警。

⑤ 自检功能。为了保证装置可靠工作,微机保护装置具有自检功能,对装置的有关硬件和软件进行开机自检和运行中的动态自检。

⑥ 事件记录功能。发生事件的所有数据如日期、时间、电流有效值、保护动作类型等都保存在存储器中,事件包括事故跳闸事件、自动重合闸事件、保护定值设定事件等,可保存多达 30 个事件,并不断更新。

⑦ 报警功能。包括自检报警、故障报警等。

⑧ 断路器控制功能。各种保护动作和自动重合闸的开关量输出,控制断路器的跳闸和合闸。

⑨ 通信功能。微机保护装置能与中央控制室的监控微机进行通信,接收命令和发送有关数据。

⑩ 实时时钟功能。实时时钟能自动生成年、月、日和时、分、秒,最小分辨率为毫秒,并有对时功能。

## 7.7.2 微机保护装置的硬件结构

根据微机保护的功能要求,微机保护装置的硬件结构框图如图 7-46 所示。它由数据采集系统、微型控制器、存储器、显示器、键盘、时钟等部分组成。

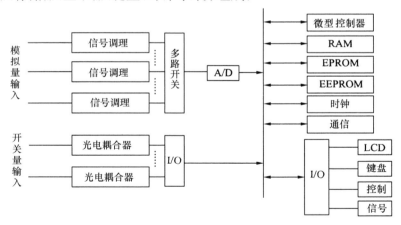

图 7-46 微机保护装置的硬件结构框图

① 微型控制器。微型控制器是硬件结构的核心部件,也是微机保护装置的指挥中枢。因此,微型控制器在很大程度上决定了微机保护装置的技术水平。微型控制器的主要技术指标有字长、指令和运行速度。微型控制器主要有:单片微处理器,通常采用 16 位微型控制器,如 80C196 系列,主要用于配电系统微机保护装置;通用微处理器,如 80X86 系列、MC863XX 系列,32 位通用微处理器主要用于电力系统微机保护装置;数字信号处理器(DSP),具有运行速度快、功能强、功

耗低等优点,目前已广泛用于微机保护装置,特别是高性能微机保护装置。

② 存储器。存储器包括 RAM、EPROM、EEPROM。RAM 存放采样数据、中间计算数据等;EPROM 存放程序、表格、常数;EEPROM 存放定值、事件数据等。

③ 时钟。时钟目前主要采用硬件时钟,它能自动产生年、月、日和时、分、秒,并可对时。

④ 数据采集系统。数据采集系统主要对模拟量和开关量采样。模拟量有交流电量、直流电量和各种非电量。开关量有断路器和继电器等的触点。模拟量经信号调理、多路开关、A/D 转换器送入微型控制器。开关量经光电耦合器、I/O 口送入微型控制器。A/D 变换器一般采用 10~12 位 A/D 变换器。

⑤ 显示器。显示器可采用点阵字符型和点阵图形型 LCD 显示器,目前常采用后者,它可显示文字和图形,用于设定显示、正常显示、故障显示等。

⑥ 键盘。键盘已由早期的矩阵式键盘改为独立式紧凑键盘,通常设左移、右移、增加、减小、进入等键来实现菜单和图标操作。

⑦ 开关量输出。开关量输出主要包括控制信号、指示信号和报警信号等的输出,开关量也经光电耦合器输出至继电器、指示灯等。

⑧ 通信接口。通信接口用以提供与计算机通信网络及远程通信网络的信息通道,接收命令和发送有关数据。

### 7.7.3 微机保护装置的软件系统

#### 1. 微机保护装置的程序原理框图

微机保护装置的软件系统一般包括设定程序、运行程序和中断微机保护功能程序 3 部分。程序原理框图如图 7-47 所示。

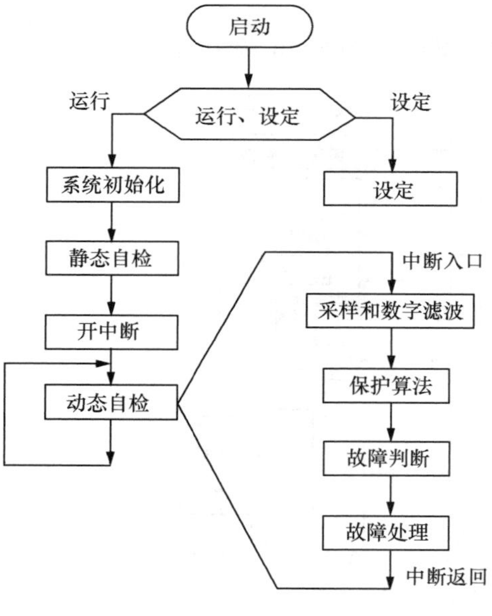

设定程序主要用于功能选择和保护定值设定。运行程序对系统进行初始化,静态自检,打开中断,不断重复动态自检,若自检出错,转向有关程序处理。自检包括存储器自检、数据采集系统自检、显示器自检等。中断打开后,每当采样周期到,向微型控制器申请中断,响应中断后,转入微机保护程序。微机保护程序主要由采样和数字滤波、保护算法、故障判断和故障处理等子程序组成。

图 7-47 微机保护装置的程序原理框图

#### 2. 微机保护的保护算法

保护算法是微机保护的核心,也是正在开发的领域,可以采用常规保护的动作原理,但更重要的是要充分发挥微机的优越性,寻求新的保护原理和算法,要求运算工作量小,计算精度高,以提高微机保护的灵敏性和可靠性。因此,不仅各种微机保护有不同的算法,而且同一种保护也可用不同的算法实现。

(1)3~35kV 线路电流保护

3~35kV 线路电流保护主要有瞬时电流速断保护、时限电流速断保护和过电流保护。过电流保护又分定时限过电流保护和反时限过电流保护。7.6 节中有关电流保护的整定计算在微机电流保护中均适用,其保护算法比较简单,但反时限过电流保护时限整定复杂,感应式电流继电器误差大。因此,主要问题是如何实现反时限过电流保护的算法和建立数学模型,目前有多种反时限过电流保护模型供选择,如 IECS1、IEEEM1、USC08、UKLT1 及其他反时限曲线等。式(7-50)是3种反时限过电流保护的数学模型:标准反时限过电流保护、强反时限过电流保护和超强反时限过电流保护。

$$t = \begin{cases} \dfrac{0.5D}{K-1} + 0.5D + 0.02 \\[2mm] \dfrac{0.5D}{K^2-1} + 0.5D + 0.02 \\[2mm] \dfrac{8D}{K^2-1} + 0.02 \end{cases} \tag{7-50}$$

式中,$K$ 为动作电流倍数,$K = I_K / I_{op1}$,其中 $I_K$ 为流经保护装置一次侧的短路电流,$I_{op1}$ 为保护装置一次侧的动作电流;$D$ 为时间设定常数,设定范围为 $0.1 \sim 9.9s$,步长为 $0.1s$。

图 7-48 给出了时间整定常数 $D = 1s$ 时的3种反时限过电流保护特性曲线。标准反时限特性适用于短路电流大小主要取决于短路时刻系统容量的场合;强反时限特性适用于短路电流大小主要取决于短路点与保护装置相对距离的场合;超强反时限特性适用于和熔断器配合的场合。图 7-49 ~ 图 7-51 分别为标准反时限、强反时限和超强反时限过电流保护在不同 $D$ 值下的特性曲线。

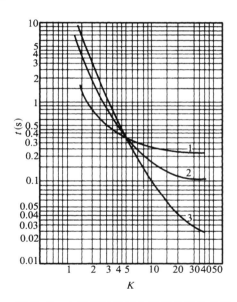

图 7-48　3种反时限过电流保护特性曲线
1— 标准反时限　2— 强反时限　3— 超强反时限

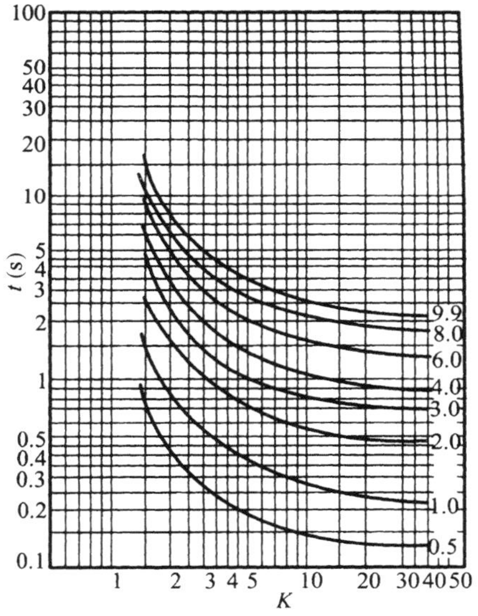

图 7-49　标准反时限过电流保护特性曲线

三段式电流保护程序原理框图如图 7-52 所示。图中 $I_{op1(ioc)}$、$I_{op1(tioc)}$ 和 $I_{op1.oc}$ 分别为瞬时电流速断、时限电流速断和过电流保护动作电流整定值;$I_{re(tioc)}$ 和 $I_{re(oc)}$ 分别为时限速断和过电流保护动作返回电流,它们由保护装置根据整定值自动产生;$S_{tioc}$ 和 $S_{oc}$ 分别为时限电流速断和过电流保护动作启动标志字,动作启动置1,未动作或返回清零;保护时限到标志字由定时中断程序产生。在保护装置投入运行前,通过键盘选择所采用的保护,并输入各保护的整定数据。

（2）电力变压器微机保护

电力变压器微机保护,采用时间差动电流算法(简称 Δ 差动算法)区别变压器的内、外部故障;采用二次谐波制动法区别变压器励磁涌流和内部故障,用全波离散傅里叶变换求基波和二次谐波分量;采用负序电流判断电流互感器二次回路断线实现闭锁。

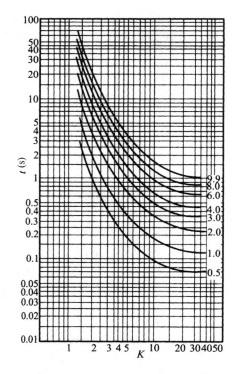

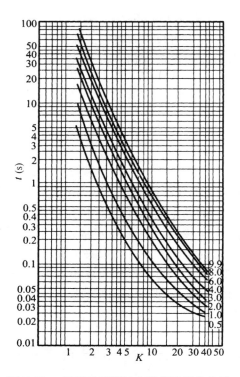

图 7-50 强反时限过电流保护特性曲线　　　　图 7-51 超强反时限过电流保护特性曲线

① 鉴别变压器的内部和外部故障

微机差动保护算法有多种,这里介绍 △ 差动算法。该算法利用消去故障前穿越电流的差电流和制动电流的故障分量来实现保护,既保持了常规差动保护对外部故障可靠制动及对电流互感器误差不太敏感的优点,又能较大程度地提高对内部故障检测的灵敏度,因而,△ 差动算法比常规差动保护算法具有更优良的动作特性。

如前所述,差动电流为变压器一、二次侧电流的相量差,即

$$I_D = |\dot{I}_1 - \dot{I}_2| \tag{7-51}$$

制动电流为它们的平均相量和,即

$$I_\Sigma = \frac{1}{2}|\dot{I}_1 + \dot{I}_2| \tag{7-52}$$

差动保护的动作方程为

$$I_D > K_T I_\Sigma \tag{7-53}$$

式中,$K_T$ 为制动系数。

将故障后变压器一、二次侧电流分解为故障前的电流量(故障前分量)和故障后的突变量(故障分量)两部分,并用下标 p 和 △ 分别表示故障前分量和故障分量。即

$$\dot{I}_1 = \dot{I}_{1p} + \dot{I}_{1\Delta} \tag{7-54}$$

$$\dot{I}_2 = \dot{I}_{2p} + \dot{I}_{2\Delta} \tag{7-55}$$

差动保护的灵敏系数为

$$K_s = \frac{I_D}{I_\Sigma} = 2\left|\frac{\dot{I}_1 - \dot{I}_2}{\dot{I}_1 + \dot{I}_2}\right| = 2\left|\frac{(\dot{I}_{1p} + \dot{I}_{1\Delta}) - (\dot{I}_{2p} + \dot{I}_{2\Delta})}{(\dot{I}_{1p} + \dot{I}_{1\Delta}) + (\dot{I}_{2p} + \dot{I}_{2\Delta})}\right|$$

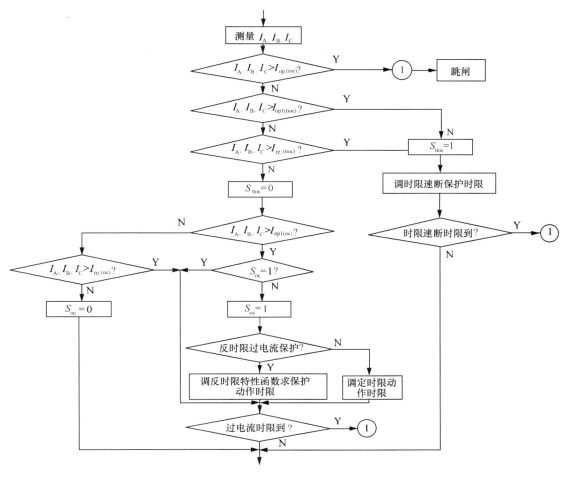

图 7-52　三段式电流保护程序原理框图

$$= 2\left|\frac{(\dot{I}_{1\Delta} - \dot{I}_{2\Delta}) + (\dot{I}_{1p} - \dot{I}_{2p})}{(\dot{I}_{1\Delta} + \dot{I}_{2\Delta}) + (\dot{I}_{1p} + \dot{I}_{2p})}\right| > K_{\mathrm{T}} \tag{7-56}$$

故障前变压器一、二次侧电流可认为相等，即 $\dot{I}_{1p} = \dot{I}_{2p} = \dot{I}_{p}$，则上式为

$$K_{\mathrm{s}} = 2\left|\frac{\dot{I}_{1\Delta} - \dot{I}_{2\Delta}}{\dot{I}_{1\Delta} + \dot{I}_{2\Delta} + 2\dot{I}_{p}}\right| > K_{\mathrm{T}} \tag{7-57}$$

由上式可见，故障前负荷电流的存在，影响保护灵敏系数的提高。尤其在满负荷情况下，发生高阻接地或匝间短路，故障电流很小，就不能检测故障。

Δ 差动算法消去故障前分量，只取故障分量构成差动保护，即差动电流的突变量 $I_{\mathrm{D}\Delta}$ 为

$$I_{\mathrm{D}\Delta} = |\dot{I}_{1\Delta} - \dot{I}_{2\Delta}| \tag{7-58}$$

制动电流的突变量 $I_{\Sigma\Delta}$ 为

$$I_{\Sigma\Delta} = \frac{1}{2}|\dot{I}_{1\Delta} + \dot{I}_{2\Delta}| \tag{7-59}$$

Δ 差动保护的动作方程为

$$I_{\mathrm{D}\Delta} > K_{\mathrm{T}} I_{\Sigma\Delta} \tag{7-60}$$

Δ 差动保护的灵敏系数为

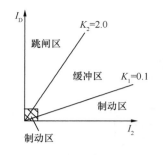

图 7-53 Δ差动保护的动作特性

$$K_s = \frac{I_{D\Delta}}{I_{\Sigma\Delta}} \tag{7-61}$$

由式(7-60)可见,Δ差动保护的灵敏系数有较大提高,对小差动电流故障的保护灵敏系数可以提高一个数量级。图 7-53 是 Δ差动保护的动作特性。变压器正常运行和外部故障时,$K_s <K_1$,位于制动区;内部故障时,$K_s > K_2$,位于跳闸区;高阻接地内部故障时,$K_s \geqslant K_2$,位于跳闸区。

② 鉴别励磁涌流和内部故障

微机保护采用二次谐波制动法区别变压器励磁涌流和内部故障。它利用励磁涌流和内部故障时二次谐波分量和基波分量比例大小不同加以鉴别,并利用全波离散傅里叶变换法求基波分量和谐波分量。

基波和二次谐波幅值为

$$I_{1m} = \sqrt{I_{1c}^2 + I_{1s}^2} \tag{7-62}$$

$$I_{2m} = \sqrt{I_{2c}^2 + I_{2s}^2} \tag{7-63}$$

式中,$I_{1m}$、$I_{1m}$ 分别为基波和二次谐波幅值,$I_{1c}$、$I_{1s}$ 分别为基波的余弦和正弦分量,$I_{2c}$、$I_{2s}$ 分别为二次谐波的余弦和正弦分量。

$\frac{I_{2m}}{I_{1m}} > \varepsilon_0$ 表明是励磁涌流,否则是内部故障,$\varepsilon_0$ 为励磁涌流判据阈值。

③ 电流互感器二次回路断线实现闭锁

为了防止由于电流互感器二次回路断线可能引起的误动作,常规差动保护常采用提高保护动作电流定值的方法。微机保护则利用正常工作时和电流互感器二次回路断线时的负序电流 $I_{II}$ 不同来判断。若变压器最大实时电流不大,但负序电流大于正常工作时的负序电流,判断为电流互感器二次回路断线。

综上所述,变压器微机保护的程序原理框图如图 7-54 所示。图中 $I_{1\Delta}$、$I_{2\Delta}$ 分别为故障后变压器一、二次侧电流的突变量,$K_s$ 为灵敏系数,$K_2$ 为差动判据阈值,$I_{1m}$、$I_{2m}$ 分别为电流的基波分量和二次谐波分量幅值,$\varepsilon_0$ 为励磁涌流判据阈值,$I_{II}$ 为负序电流。

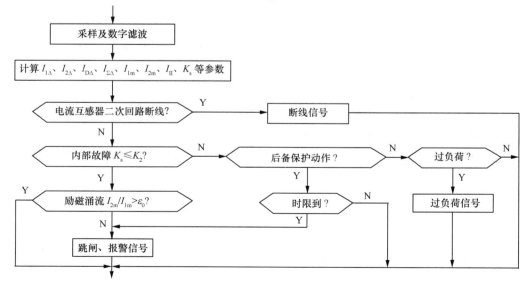

图 7-54　变压器微机保护的程序原理框图

# 小　　结

本章介绍了供配电系统继电保护的作用、分类和要求,电流保护的接线方式和接线系数,常用保护继电器的结构和工作原理,微机保护,重点讲述了电力线路、电力变压器、高压电动机和高压电容器的保护,包括常见故障和保护配置、保护的接线和工作原理、保护的整定计算。

① 继电保护装置的主要作用是可靠地、有选择性地和迅速地自动切除故障设备,正确反映设备的异常运行状态,因此继电保护应满足可靠性、选择性、灵敏性和速动性要求。

② 供配电系统的继电保护主要是电流保护,电流保护的接线方式有三相三继电器式、两相两继电器式、两相三继电器式和两相一继电器式(两相电流差接线)。

③ 电流保护主要有瞬时电流速断保护、时限电流速断保护和过电流保护。瞬时电流速断保护的动作电流按保护末端最大三相短路电流整定,按首端最小两相短路电流校验灵敏系数,选择性要求由动作电流满足。虽然电流速断保护动作迅速无时延,但保护有死区。时限电流速断保护的动作电流按下级线路瞬时电流速断保护的动作电流整定,动作时限为 $0.5 \sim 0.6\,\mathrm{s}$,保护动作较快,也按首端最小两相短路电流校验灵敏系数,保护范围除本级线路外,还包括下级线路瞬时电流速断保护范围首端的一部分,选择性由动作电流和动作时限共同实现。过电流保护按最大负荷电流整定,按末端最小两相短路电流检验灵敏系数,并由动作时间满足选择性要求,保护区能延伸到下级,但保护的速动性差。电力线路根据规定和实际情况采用两段式或三段式电流保护,电力线路还应装设单相接地保护,由零序电压保护或零序电流保护实现。电力变压器按容量和重要性装设差动保护或电流速断保护作为变压器引出线和内部短路故障的主保护,差动保护反应灵敏,动作无限时;采用过电流保护,作为变压器外部短路的后备保护,变压器电流保护若用到变压器二次侧的电流,还要考虑变压器的电流分布和变比;油浸式电力变压器装设气体保护,用于保护变压器的内部故障,轻瓦斯动作发出报警信号,重瓦斯动作发出跳闸信号。

④ 微机保护是一种数字化智能保护装置,具有功能多、性能优、可靠性高等优点,得到广泛应用。

# 思考题和习题

7-1　继电保护装置的任务和要求是什么?

7-2　电流保护的常用接线方式有哪几种?各有什么特点?

7-3　什么叫过电流继电器的动作电流、返回电流和返回系数?

7-4　电磁式电流继电器和感应式电流继电器的工作原理有何不同?如何调节其动作电流?

7-5　电磁式时间继电器、信号继电器和中间继电器的作用是什么?

7-6　试说明感应式电流继电器的动作特性曲线。

7-7　电力线路的过电流保护装置的动作电流、动作时限如何整定?灵敏系数怎样校验?

7-8　反时限过电流保护的动作时限如何整定?

7-9　试比较定时限过电流保护和反时限电流保护。

7-10　电力线路的电流速断保护的动作电流如何整定?灵敏系数怎样检验?

7-11　瞬时速断保护、时限电流速断保护和过电流保护各有什么特点?如何应用阶段式保护?

7-12　电力线路的单相接地保护如何实现?绝缘监视装置怎样发现接地故障?如何查出接地故障线路?

7-13　为什么电力变压器的电流保护一般不采用两相一继电器式接线?

7-14　电力变压器的电流保护与电力线路的电流保护有何相同和不同之处?

7-15 试叙述变压器气体保护的工作原理。

7-16 电力变压器差动保护的工作原理是什么?差动保护中不平衡电流产生的原因是什么?如何减小不平衡电流?

7-17 高压电动机和电容器的继电保护如何配置和整定?

7-18 供配电系统微机保护有什么功能?试说明其硬件结构和软件系统。

7-19 试整定如图7-55所示的供电网络各段的定时限过电流保护的动作时限,已知保护1和保护4的动作时限均为0.5s。

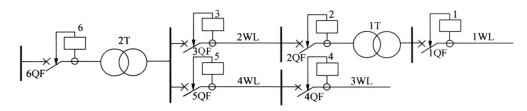

图 7-55 习题 7-19 图

7-20 试整定如图7-56所示的10kV线路1WL定时限过电流和瞬时电流速断保护装置,并画出保护接线原理图和展开图。已知最大运行方式时 $I_{K1.max} = 5.12$ kA, $I_{K2.max} = 1.61$ kA,最小运行方式时 $I_{K1.min}^{(3)} = 4.66$ kA, $I_{K2.min}^{(3)} = 1.46$ kA,线路最大负荷电流为120A(含自启动电流),保护装置采用两相两继电器式接线,电流互感器的变比为200/5A,下级保护动作时限为0.5s。

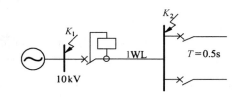

图 7-56 习题 7-20 图

7-21 某10kV电力线路,采用两相两继电器式接线的去分流跳闸原理的反时限过电流保护,电流互感器变比为150/5A,线路最大负荷电流为85A(含自启动电流),线路末端三相短路电流 $I_{K2}^{(3)} = 1.2$ kA,试整定该GL-15型感应式过电流继电器的动作电流和速断电流倍数。

7-22 某上下级反时限过电流保护都采用两相两继电器式接线和GL-15型过电流继电器。下级继电器的动作电流为5A,10倍动作电流的动作时限为0.5s,电流互感器变比为50/5A。上级继电器的动作电流也为5A,电流互感器变比为75/5A,末端三相短路电流 $I_{K3}^{(3)} = 450$ A,试整定上级过电流保护10倍动作电流的动作时限。

7-23 试整定35kV线路1WL瞬时电流速断保护、时限电流速断保护和过电流保护装置,如图7-57所示。已知最大运行方式时 $I_{K1.max}^{(3)} = 7.82$ kA, $I_{K2.max}^{(3)} = 2.49$ kA, $I_{K3.max}^{(3)} = 0.97$ kA,最小运行方式时 $I_{K1.min}^{(3)} = 6.95$ kA, $I_{K2.min}^{(3)} = 2.01$ kA, $I_{K3.min}^{(3)} = 0.74$ kA,线路最大负荷电流275A(含自启动电流),保护装置采用不完全星形接线,电流互感器变比为300/5A,下级线路2WL保护动作时间为0.7s。

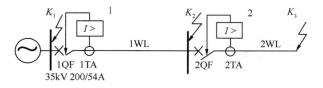

图 7-57 习题 7-23 图

7-24 试整定习题3-12中变压器的定时限过电流和电流速断保护,其接线方式为三相三继电器式,电流互感器的变比为75/5A,下级保护动作时间为0.7s,变压器连接组为Yd11。

7-25 试校验如图 7-58 所示的 10/0.4kV,1000kVA,Yyn0 接线的车间变电所二次侧干线末端发生单相短路时,两相两继电器式接线过电流保护的灵敏系数。已知过电流保护动作电流为 10A,电流互感器变比为 75/5A,0.4kV 干线末端单相短路电流 $I_{\text{K}}^{(1)} = 3500$A,如不满足要求,试整定零序电流保护。

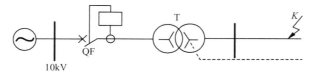

图 7-58 习题 7-25 图

7-26 某水泵高压电动机参数为: $U_{\text{N}} = 10$kV, $P_{\text{N}} = 2000$kW, $I_{\text{N}} = 138$A, $K_{\text{st}} = 6$。电动机端子处三相短路电流为 4.14kA。试确定该电动机的保护配置,并进行整定。

7-27 试整定 10kV、720kVA 并联电容器组的保护。已知电容器型号 BFM11-30-1W,共 24 台,星形连接,电容器组额定电流 37.8A,电流互感器的变比为 75/5A,最小运行方式下,电容器组端部三相短路电流为 2.74kA,10kV 电网的总单相接地电流为 12A。

# 第8章　变电所二次回路和自动装置

变电所的二次回路和自动装置是变电所的重要组成部分,对一次回路安全、可靠运行起着重要作用,智能变电站将是未来变电所发展的方向和智能电网的重要组成部分。因此,对其操作电源、高压断路器控制回路、中央信号回路、测量和绝缘监视回路、自动装置以及二次回路安装接线图应给予重视,并熟悉和掌握,应了解变电站自动化和智能变电站的有关内容。

## 8.1　二次回路与操作电源

### 8.1.1　二次回路概述

二次回路是由二次设备所组成的回路。供配电系统中用来控制、监视、测量和保护一次回路运行的回路以及操作电源回路、自动装置称为二次回路。按功能二次回路可分为断路器控制回路、信号回路、保护回路、监视和测量回路、自动装置回路、操作电源回路等。按电源性质二次回路可分为直流回路和交流回路。交流回路又分为交流电流回路和交流电压回路。交流电流回路由电流互感器供电,交流电压回路由电压互感器供电。

二次回路对一次回路安全、可靠、优质、经济地运行起着十分重要的作用,应给予重视。

二次回路的操作电源是提供断路器控制回路、保护回路、信号回路、等二次回路所需的电源,主要有直流操作电源和交流操作电源两类。直流操作电源有蓄电池组供电和硅整流直流电源供电两种;交流操作电源有电压互感器、电流互感器供电和所用变压器供电两种。

### 8.1.2　直流操作电源

#### 1. 蓄电池组供电的直流操作电源

在一些大中型变电所中,可采用蓄电池组作为直流操作电源。蓄电池主要有铅酸蓄电池和镉镍蓄电池两种。

(1)铅酸蓄电池

铅酸蓄电池由二氧化铅($PbO_2$)的正极板、负极板和密度为 $1.2 \sim 1.3 g/cm^3$ 的稀硫酸电解液组成。它在放电和充电时的化学反应式为

$$PbO_2 + Pb + 2H_2SO_4 \underset{充电}{\overset{放电}{\rightleftharpoons}} 2\,PbSO_4 + 2H_2O$$

单个铅酸蓄电池的额定端电压为2V,充电后可达2.7V,放电后可降到1.95V。为满足220V的操作电压,需要 $230/1.95 \approx 118$ 个,考虑到充电后端电压升高,为保证直流系统的正常电压,长期接入操作电源母线的蓄电池个数为 $230/2.7 \approx 88$ 个,而 $118-88=30$ 个蓄电池用于调节电压,接在专门的调节开关上。

蓄电池使用一段时间后,电压下降,需用专门的充电装置来进行充电。由于铅酸蓄电池具有一定的危险性和污染性,需要专门的蓄电池室放置,投资大。因此,在变电所中现已不予采用。

(2)镉镍蓄电池

镉镍蓄电池由正极板、负极板、电解液组成。正极板为氢氧化镍[$Ni(OH)_3$]或三氧化二镍($Ni_2O_3$),负极板为镉(Cd),电解液为氢氧化钾(KOH)或氢氧化钠(NaOH)等碱溶液。它在放

电和充电时的化学反应式为

$$Cd + 2Ni(OH)_3 \underset{充电}{\overset{放电}{\rightleftharpoons}} Cd(OH)_2 + 2Ni(OH)_2$$

单个镉镍蓄电池的额定端电压为 1.2V,充电后可达 1.75V,其充电可采用浮充电或强充电方式由硅整流设备进行充电。镉镍蓄电池的特点是不受供电系统影响,工作可靠,腐蚀性小,大电流放电性能好,功率大,强度高,寿命长,不需专门的蓄电池室,可安装于控制室。在变电所(大中型)中应用普遍。

(3)蓄电池的运行方式

蓄电池的运行方式有两种:充电 — 放电运行方式和浮充电运行方式。

① 充电 — 放电运行方式

正常运行时,由蓄电池组向负荷供电,即蓄电池组放电,硅整流设备不工作。当蓄电池组放电到容量的 60% ～ 70% 时,蓄电池组应停止放电,硅整流设备向蓄电池组进行充电,并向经常性的直流负荷供电,称为充电 — 放电运行方式。

充电 — 放电运行方式工作的主要缺点是蓄电池必须频繁地进行充电,通常每隔 1 ～ 2 昼夜充电一次,蓄电池老化较快,使用寿命缩短,运行和维护也较复杂。所以,这种运行方式很少采用。

② 浮充电运行方式

采用浮充电运行方式时,蓄电池和浮充电硅整流设备并联工作。正常运行时,硅整流设备给负荷供电,同时以很小电流向蓄电池浮充电,用以补偿蓄电池自放电,使蓄电池经常处于满充电状态,并承担短时的冲击负荷。当交流系统发生故障或浮充电整流设备断开的情况下,蓄电池将转入放电状态运行,承担全部直流负荷,直到交流电压恢复,用充电设备给蓄电池充好电后,再将浮充电整流设备投入运行,转入正常的浮充电状态。浮充电运行方式既提高了直流系统供电的可靠性,又提高了蓄电池的使用寿命,得到广泛应用。

**2. 硅整流直流操作电源**

硅整流直流操作电源一般采用两路电源和两台硅整流器,如图 8-1 所示。硅整流器 1U 主要用作断路器合闸电源,并可向控制、保护、信号等回路供电,容量较大。硅整流器 2U 仅向操作母线供电,容量较小。两组硅整流器之间用电阻 R 和二极管 3VD 隔开,3VD 起到逆止阀的作用,它只允许从合闸母线向控制母线供电而不能反向供电,以防在断路器合闸或合闸母线侧发生短路时,引起控制母线的电压严重降低,影响控制和保护回路供电的可靠性。电阻 R 用于限制在控制母线侧发生短路时流过硅整流器 1U 的电流,起保护 3VD 的作用。在硅整流器 1U 和 2U 前,也可以用整流变压器(图中未画)实现电压调节。整流电路一般采用三相桥式整流。

在直流母线上还接有直流绝缘监视装置和闪光装置。绝缘监视装置监测正负母线或直流回路对地的绝缘电阻,当某一母线对地的绝缘电阻降低时,检测继电器动作发出信号。闪光装置提供闪光电源,其工作原理图如图 8-2 所示,正常工作时,闪光小母线(+)WF 不带电,当系统或二次回路发生故障时,继电器 1K 动作(其线圈在其他回路中),使信号灯 HL 接于闪光小母线(+)WF 上。闪光装置工作,利用与继电器 K 并联的电容器 C 的充放电,使继电器交替动作和释放,从而闪光小母线(+)WF 的电压交替升高和降低,信号灯 HL 发出闪光信号。

直流操作电源的母线上引出若干回路,分别向合闸回路、信号回路、保护回路等供电。在保护回路中,1C、2C 为储能电容器组,电容器所储存的电能仅在事故情况下,用作继电保护回路和跳闸回路的操作电源。逆止元件 1VD,2VD 主要作用是在事故情况下,交流电源电压降低引起操作母线电压降低时,禁止向操作母线供电,而只向保护回路放电。

在变电所中,在控制屏、继电保护屏和中央信号屏顶设置(并排放置)操作电源小母线。屏顶

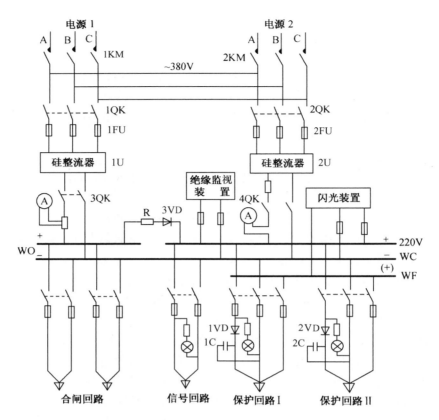

图 8-1　硅整流直流操作电源原理图

WO— 合闸小母线　WC— 控制小母线　WF— 闪光小母线　1C,2C— 储能电容器

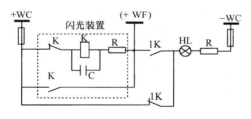

图 8-2　闪光装置工作原理示意图

小母线的直流电源由直流母线上的各回路提供。

硅整流直流操作电源的优点是价格低,与铅酸蓄电池比较占地面积小,维护工作量小,体积小,不需充电装置。其缺点是电源独立性差,电源的可靠性受交流电源影响,需加装补偿电容和交流电源自动投切装置,二次回路复杂。

### 8.1.3　交流操作电源

交流操作电源可取自:① 所用变压器;② 电流互感器、电压互感器的二次侧。

当交流操作电源取自电压互感器时,通常在电压互感器的二次侧安装 100/220V 的隔离变压器,供二次回路使用。用于保护的操作电源取自电流互感器,利用短路电流本身使断路器跳闸,从而切除故障。

交流操作系统中,按各回路的功能,也设置相应的操作电源母线,如控制母线、闪光小母线、事故信号和报警信号小母线等。

交流操作电源的优点是:接线简单,投资低廉,维修方便。缺点是:交流继电器的性能没有直流继电器完善,不能构成复杂的保护。因此,交流操作电源在小型变配电所中应用较广,而对保护要求较高的中小型变配电所,采用直流操作电源。

### 8.1.4　所用变压器及其供电系统

变电所的用电一般应设置专门的变压器供电,称为所用变压器,简称所用变。图 8-3 为所用变压器接线位置及供电系统示意图。所用变压器一般都接在电源的进线处,如图 8-3(a) 所示,即使变电所母线或主变压器发生故障,所用变压器仍能取得电源,保证操作电源及其他用电设备的可靠性。变电所一般设置一台所用变压器,重要的变电所应设置两台互为备用的所用变压器。所用电源不仅在正常情况下能保证操作电源的供电,而且在全所停电或所用电源发生故障时,仍能实现对电源进线断路器的操作和事故照明的用电。一台所用变压器应接至电源进线处(进线断路器的外侧),另一台则应接至与本变电所无直接联系的备用电源上。在所用变压器低压侧应采用备用电源自动投入装置,以确保变电所用电的可靠性。值得注意的是,由于两台所用变压器所接电源的相位关系,有时是不能并联运行的。所用变压器一般置于高压开关柜中。高压侧一般分别接在 6～35kV Ⅰ、Ⅱ 段母线上,低压侧用单母线分段接线或单母线不分段接线。

所用变压器的用电负荷主要有操作电源、室外照明、室内照明、事故照明、生活用电等,所用变压器供电系统向上述用电负荷供电,如图 8-3(b) 所示。

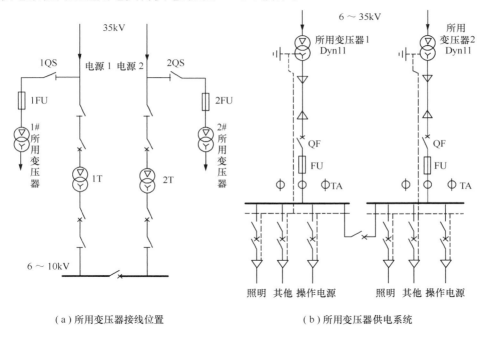

（a）所用变压器接线位置　　　　　　（b）所用变压器供电系统

图 8-3　所用变压器接线位置及供电系统示意图

# 8.2　高压断路器控制回路

高压断路器控制回路的主要功能是控制断路器的合、跳闸。断路器的控制方式分为远方控制和就地控制。远方控制就是操作人员在变电所主控制室或单元控制室内对断路器进行合、跳闸控制。就地控制是在断路器附近对断路器进行合、跳闸控制。

为了实现对断路器的控制,必须有发出合、跳闸命令的控制机构,如控制开关或控制按钮等;传送命令到执行机构的中间传送机构,如继电器、接触器;执行操作命令的断路器的操动机构等,构成断路器控制回路。操动机构主要有电磁操动机构(CD)、弹簧操动机构(CT)、液压操动机

（CY）和手动操动机构（CS）。电磁操动机构只能采用直流操作电源，弹簧、液压和手动操动机构可交直流两用，但一般采用交流操作电源。

### 8.2.1 对高压断路器控制回路的要求

高压断路器控制回路的直接控制对象为断路器的操动机构。

对高压断路器控制回路的基本要求如下：

① 能手动和自动合闸与跳闸；

② 应能监视控制回路操作电源及合、跳闸回路的完好性；应对二次回路短路或过负荷进行保护；

③ 断路器操动机构中的合、跳闸线圈是按短时通电设计的，在合闸或跳闸完成后，应能自动解除命令脉冲，切断合闸或跳闸电源；

④ 断路器的跳闸、合闸状态应有明显的位置信号，故障自动跳闸、自动合闸时，应有明显的动作信号；

⑤ 无论断路器是否带有机械闭锁，都应具有防止断路器多次合、跳闸的防跳措施；

⑥ 断路器的事故跳闸回路，应按不对应原理接线；

⑦ 对于采用气压、液压和弹簧操动机构的断路器，应有压力是否正常、弹簧是否拉紧到位的监视和闭锁回路；

⑧ 在满足上述要求的条件下，力求控制回路接线简单，采用的设备和使用的电缆最少。

### 8.2.2 电磁操动机构的断路器控制回路

#### 1. 控制开关

控制开关是断路器控制回路的主要控制元件，由工作人员操作使断路器合、跳闸，在变电所中常用的是 LW2 型系列自动复位控制开关。

（1）LW2 型控制开关的结构

LW2 型控制开关的外形结构如图 8-4 所示。

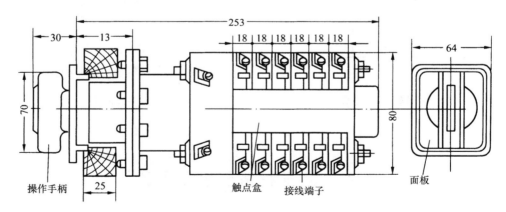

图 8-4 LW2 型控制开关的外形结构图（单位：mm）

控制开关的操作手柄和面板安装在控制屏前面，与操作手柄固定连接的转轴上有数节（层）触点盒，安装于控制屏后。触点盒的节数（每节内部触点形式不同）和形式可以根据控制回路的要求进行组合。每个触点盒内有 4 个定触点和 1 个旋转式动触点，定触点分布在盒的四角，盒外有供接线用的 4 个引出线端子，动触点处于盒的中心。

（2）LW2 型控制开关触点图表

表 8-1 中给出了 LW2-Z-1a·4·6a·40·20·20/F8 型控制开关的触点图表。

**表 8-1　LW2-Z-1a·4·6a·40·20·20/F8 型控制开关的触点图表**

| 操作手柄和触点盒形式 | F-8 | 1a | | 4 | | 6a | | | 40 | | | 20 | | | 20 | | |
|---|---|---|---|---|---|---|---|---|---|---|---|---|---|---|---|---|---|
| 触点号 | | 1-3 | 2-4 | 5-8 | 6-7 | 9-10 | 9-12 | 10-11 | 13-14 | 14-15 | 13-16 | 17-19 | 17-18 | 18-20 | 21-23 | 21-22 | 22-24 |
| 位置　跳闸后（TD） | ← | — | • | — | • | — | — | • | — | — | • | — | — | • | — | — | • |
| 预备合闸（PC） | ↑ | • | — | — | — | • | — | — | • | — | — | • | — | — | • | — | — |
| 合闸（C） | ↗ | — | — | • | — | — | • | — | — | • | — | — | • | — | — | • | — |
| 合闸后（CD） | ↑ | • | — | • | — | — | — | — | — | • | — | — | • | — | — | • | — |
| 预备跳闸（PT） | ← | — | • | — | — | — | — | — | • | — | — | • | — | — | • | — | — |
| 跳闸（T） | ↙ | • | — | — | — | — | — | • | — | — | • | — | — | • | — | — | • |

注:"·"表示接通,"—"表示断开。

控制开关有 6 个位置,其中"跳闸后"和"合闸后"为固定位置,其他为操作时的过渡位置。有时用字母表示 6 种位置,"C"表示合闸中,"T"表示跳闸中,"P"表示"预备","D"表示"后"。

**2. 电磁操动机构的断路器控制回路**

如图 8-5 所示为电磁操动机构的断路器控制回路。图中虚线上打黑点(·)的触点,表示控制开关在此位置时该触点通。其工作原理如下:

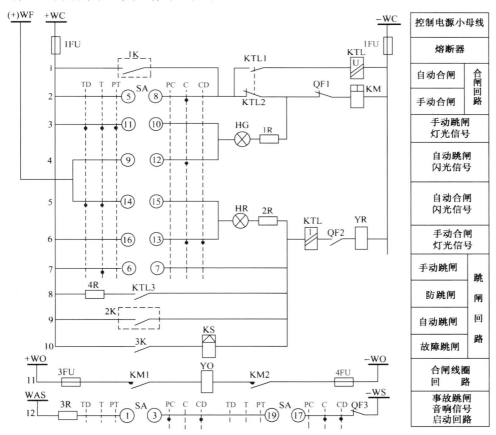

图 8-5　电磁操动机构的断路器控制回路

WC—控制小母线　WF—闪光信号小母线　WO—合闸小母线　WAS—事故音响小母线

HG—绿色信号灯　HR—红色信号灯　KTL—防跳继电器　KS—信号继电器　KM—合闸接触器

YO—合闸线圈　YR—跳闸线圈　SA—控制开关

（1）断路器的手动控制

① 手动合闸。设断路器处于跳闸状态，此时控制开关 SA 处于"TD（跳闸后）"位置，其触点⑩－⑪通，QF₁闭合，HG 绿灯亮。因电阻 1R 存在，流过合闸接触器线圈 KM 的电流很小，不足以使其动作。

将控制开关 SA 顺时针旋转 90°，至"PC（预备合闸）"位置，⑨－⑩通，将信号灯接于闪光小母线（＋）WF 上，绿灯 HG 闪光，表明控制开关的位置与"CD（合闸后）"位置相同，但断路器仍处于跳闸后状态，这是利用不对应原理接线，同时提醒工作人员核对操作对象是否有误，如无误后，再将 SA 继续顺时针旋转 45°，置于"C（合闸）"位置。SA 的⑤－⑧通，使合闸接触器 KM 接通于＋WC 和－WC 之间，KM 动作，其触点 KM1 和 KM2 闭合，合闸线圈 YO 通电，断路器合闸。断路器合闸后，断路器辅助触点 QF1 断开，使绿灯熄灭，QF2 闭合，由于⑬－⑯通，红灯亮。当松开 SA 后，在弹簧作用下，SA 自动回到"CD（合闸后）"位置，⑬－⑯通，使红灯发出平光，表明断路器手动合闸，同时表明跳闸回路完好及控制回路的熔断器 1FU 和 2FU 完好。在此通路中，因电阻 2R 存在，流过跳闸线圈 YR 的电流很小，不足以使其动作。

② 手动跳闸。将控制开关 SA 逆时针旋转 90°置于"PT（预备跳闸）"位置，⑬－⑯断开，而⑬－⑭接通闪光母线，使红灯 HR 发出闪光，表明 SA 的位置与跳闸后的位置相同，但断路器仍处于合闸状态。将 SA 继续旋转 45°而置于"T（跳闸）"位置，⑥－⑦通，使跳闸线圈 YR 经防跳继电器 KTL 的电流线圈接通，YR 通电跳闸，QF1 合上，QF2 断开，红灯熄灭。当松开 SA 后，SA 自动回到"TD（跳闸后）"位置，⑩－⑪通，绿灯发出平光，表明断路器手动跳闸，合闸回路完好。

（2）断路器的自动控制

断路器的自动控制通过自动装置的继电器触点，如图中 1K 和 2K（分别与⑤－⑧和⑥－⑦并联）的闭合分别实现合、跳闸的自动控制。自动控制完成后，信号灯 HR 或 HG 将出现闪光，表示断路器自动合闸或跳闸，又表示跳闸回路或合闸回路完好，工作人员需将 SA 旋转到相应的位置上，相应的信号灯发出平光。

当断路器因故障跳闸时，保护出口继电器触点 3K 闭合，SA 的⑥－⑦触点被短接，YR 通电，断路器跳闸，HG 发出闪光，表明断路器因故障跳闸。与 3K 串联的 KS 为信号继电器电流型线圈，电阻很小。KS 通电后将发出信号。同时按不对应原理，即断路器在跳闸状态，QF3 闭合，而 SA 在"CD（合闸后）"位置，①－③、⑰－⑲通，事故音响小母线 WAS 与信号回路中负电源接通（成为负电源），启动事故音响装置，发出事故音响信号，如电笛或蜂鸣器发出声响。

（3）断路器的防跳

若没有 KTL 防跳继电器，在合闸后，如果控制开关 SA 的触点⑤－⑧或自动装置触点 1K 被卡死，此时系统又遇到永久性故障，继电保护使断路器跳闸，QF1 闭合，合闸回路又被接通，则出现多次"跳闸—合闸"现象，这种现象称为跳跃。如果断路器发生多次跳跃现象，会使其毁坏，造成事故扩大。所以在控制回路中增设了防跳继电器 KTL。

防跳继电器 KTL 有两个线圈，一个是电流启动线圈，串联于跳闸回路，另一个是电压自保持线圈，经自身的常开触点与合闸回路并联，其常闭触点则串入合闸回路中。当用控制开关 SA 合闸（⑤－⑧通）或自动装置触点 1K 合闸时，如合在短路故障上，继电保护动作，其触点 3K 闭合，使断路器跳闸。跳闸电流流过防跳继电器 KTL 的电流启动线圈，使其启动，常开触点 KTL1 闭合（自锁），常闭触点 KTL2 打开，其 KTL 电压自保持线圈也动作。断路器跳开后，QF1 闭合，如果此时合闸脉冲未解除，即控制开关 SA 的触点⑤－⑧或自动装置触点 1K 被卡死，因常闭触点 KTL2 已断开，所以断路器不会合闸。只有当触点⑤－⑧或 1K 断开后，防跳继电器 KTL 电压自保持线圈失电后，常闭触点才闭合，这样就防止了跳跃现象。

### 8.2.3 弹簧操动机构的断路器控制回路

采用交流操作电源的弹簧操动机构的断路器控制回路如图8-6所示,M为储能电动机,SQ1～SQ3为储能位置开关,其余设备与图8-5相同。由于弹簧操动机构的储能耗用功率小,所以合闸电流小,在断路器控制回路中,合闸回路可用控制开关直接接通合闸线圈YO。

当弹簧操动机构的弹簧未拉紧时,储能位置开关SQ1打开,不能合闸,SQ2和SQ3闭合,使电动机接通电源储能;弹簧拉紧时,SQ1闭合,而SQ2和SQ3断开,电动机停止储能。断路器是利用弹簧存储的能量进行合闸的,合闸后,弹簧被释放,电动机接通又能储能,为下次动作(合闸)做准备。

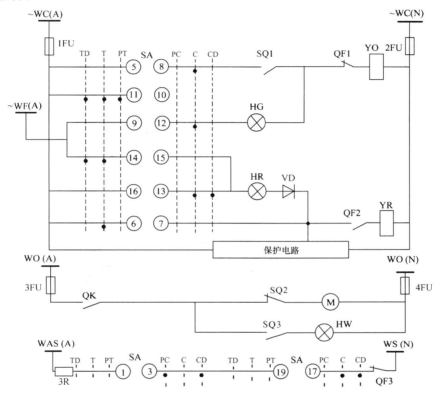

图 8-6　弹簧操动机构的断路器控制回路

M—储能电动机(交流)　WO(A)—交流操作母线(A相)　WO(N)—交流操作母线(N线)　HW—白色信号灯
SQ1,SQ2,SQ2—储能位置开关

## 8.3　中央信号回路

变电所的进出线、变压器和母线等的保护装置或监视装置动作后,都要通过中央信号回路发出相应的信号来提示工作人员。中央信号有以下几种类型。

● 事故信号:断路器发生事故跳闸时,启动蜂鸣器(或电笛)发出声响,同时断路器的位置指示灯发出闪光,事故类型光字牌点亮,指示故障的位置和类型。

● 预告信号:当电气设备出现不正常运行状态时,启动警铃发出声响信号,同时标有异常性质的光字牌点亮,指示异常运行状态的类型,如变压器过负荷、控制回路断线等。

●位置信号：包括断路器位置（如灯光指示或操动机构合、跳闸位置指示器）和隔离开关位置信号等。

●指挥信号和联系信号：用于主控制室向其他控制室发出操作命令和控制室之间的联系。

### 8.3.1 对中央信号回路的要求

为了保证中央信号回路可靠和正确工作，对中央信号回路的要求如下：

① 中央事故信号装置应保证在任一断路器事故跳闸后，立即（不延时）发出音响信号和灯光信号或其他指示信号；

② 中央预告信号装置应保证在任一电路出现异常运行状态时，能按要求（瞬时或延时）准确发出音响信号和灯光信号；

③ 中央事故音响信号与预告音响信号应有区别；

④ 中央信号装置在发出音响信号后，应能手动或自动复归（解除）音响，而灯光信号及其他指示信号应保持到消除故障为止；

⑤ 接线应简单、可靠，应能监视信号回路的完好性；

⑥ 应能对事故信号、预告信号及其光字牌是否完好进行试验。

### 8.3.2 中央事故信号回路

中央事故信号回路按操作电源可分为交流和直流两类；按复归方法可分为就地复归和中央复归两种；按其能否重复动作分为不重复动作和重复动作两种。

#### 1. 中央复归不重复动作的事故信号回路

中央复归不重复动作的事故信号回路如图 8-7 所示。在正常工作时，断路器合上，控制开关 SA 的 ① — ③ 和 ⑲ — ⑰ 触点是接通的，但 1QF 和 2QF 常闭辅助触点是断开的。若某断路器（1QF）因事故跳闸，则 1QF 闭合，回路＋WS → HB → KM 常闭触点 → SA 的 ① — ③ 及 ⑰ — ⑲ → 1QF → —WS 接通，蜂鸣器 HB 发出声响。按 2SB 复归按钮，KM 线圈通电，常闭触点 $KM_1$ 断开，蜂鸣器 HB 断电解除音响，常开触点 $KM_2$ 闭合，中间继电器 KM 自锁。若此时 2QF 又发生了事故跳闸，蜂鸣器将不会发出声响，这就称为不能重复动作。能在控制室手动复归称为中央复归。1SB 为试验按钮，用于检查事故音响是否完好。

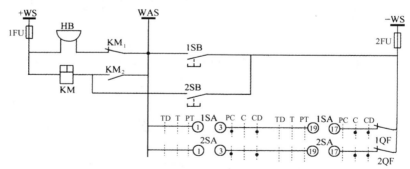

图 8-7 中央复归不重复动作的事故信号回路

WS— 信号小母线 WAS— 事故音响信号小母线 1SA、2SA— 控制开关 1SB— 试验按钮

2SB— 音响解除按钮 KM— 中间继电器 HB— 蜂鸣器

#### 2. 中央复归重复动作的事故信号回路

如图 8-8 所示是重复动作的中央复归式事故声响信号回路，该信号装置采用信号冲击继电器（或信号脉冲继电器）KI，TA 为脉冲变流器，其一次侧并联的二极管 2VD 和电容 C，用于抗干

扰;其二次侧并联的二极管 1VD 起单向旁路作用。当 TA 的一次电流突然减小时,其二次侧感应的反向电流经 1VD 而旁路,不让它流过干簧继电器 KR 的线圈。KR 为执行元件(单触点干簧继电器),KM 为出口中间元件(多触点干簧继电器)。

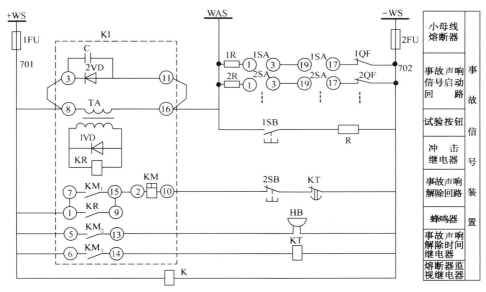

图 8-8　重复动作的中央复归式事故声响信号回路
KI— 冲击继电器　KR— 单触点干簧继电器　KM— 多触点干簧继电器　KT— 自动解除时间继电器

当 1QF,2QF 断路器合上时,其辅助触点 1QF,2QF 均打开,各对应回路 1SA、2SA 的 ① —③,⑲ —⑰ 均接通,事故信号启动回路断开。若断路器 1QF 事故跳闸,辅助常闭触点 1QF 闭合,冲击继电器的脉冲变流器一次绕组的电流突增,在其二次侧绕组中产生感应电动势,使单触点干簧继电器 KR 动作。KR 的常开触点 ① — ⑨ 闭合,使多触点干簧继电器 KM 动作,其常开触点 KM₁闭合自锁,另一对常开触点 KM₂ 闭合,使蜂鸣器 HB 通电发出声响,同时 KM₃ 闭合,使自动解除时间继电器 KT 动作,其常闭触点延时打开,KM 失电,使声响自动解除。2SB 为声响解除按钮,1SB 为试验按钮。此时若另一台断路器 2QF 事故跳闸,流经 KI 的电流又增大,使 HB 又发出声响,称为重复动作的音响信号回路。

重复动作是利用控制开关与断路器辅助触点之间的不对应回路中的附加电阻来实现的。当断路器 1QF 事故跳闸,蜂鸣器发出声响,若声响已被手动或自动解除,但 1QF 的控制开关尚未转到与断路器的实际状态相对应的位置,若断路器 2QF 又发生自动跳闸,其 2QF 断路器的不对应回路接通,与 1QF 断路器的不对应回路并联,不对应回路中串有电阻引起脉冲变流器 TA 一次绕组的电流突增,故在其二次侧产生感应电动势,又使单触点干簧继电器 KR 动作,蜂鸣器又发出声响。

## 8.3.3　中央预告信号回路

中央预告信号回路有直流和交流两种,也有不重复动作和重复动作两种。

### 1. 中央复归不重复动作预告信号回路

如图 8-9 所示为中央复归不重复动作预告信号回路。KS 为反映系统异常状态的继电器常开触点,当系统发生异常状态时,如变压器过负荷,经一定延时后,KS 触点闭合,回路＋WS→KS→HL → WFS → KM₁ → HA → —WS接通,警铃 HA 发出声响信号,同时 HL 光字牌亮,表明变压

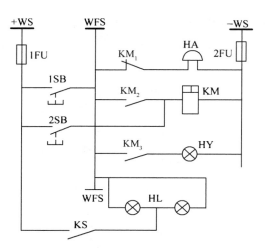

图 8-9　中央复归不重复动作预告信号回路图

WFS—预告声响信号小母线　1SB—试验按钮
2SB—声响解除按钮　HA—警铃　KM—中间继电器
HY—黄色信号灯　HL—光字牌指示灯
KS—（跳闸保护回路）信号继电器触点

器过负荷。1SB 为试验按钮，2SB 为声响解除按钮。2SB 被按下时，KM 得电动作，$KM_1$ 打开，警铃 HA 断电，声响被解除，$KM_2$ 闭合自锁，在系统不正常工作状态未消除之前，KS，HL，$KM_2$，KM 线圈一直是接通的，当另一个设备发生不正常工作状态时，不会发出声响信号，只有相应的光字牌亮，即不重复动作。

## 2. 中央复归重复动作预告信号回路

如图 8-10 所示为中央复归重复动作预告信号回路，其电路结构与中央复归重复动作的事故信号回路基本相似。预告信号小母线分为 1WFS 和 2WFS，声响信号由警铃 HA 发出。转换开关 SA 有 3 个位置："工作 O" 位置，左、右（± 45°）两个"试验 T" 位置。正常工作时，SA 手柄在中间"工作 O" 位置，其触点 ⑬—⑭、⑮—⑯ 接通，其他触点断开。若系统发生异常，如过负荷，1K 闭合，+ WS 经 1K、1HL（两灯并联）、SA 的 ⑬—⑭、KI 到 — WS，

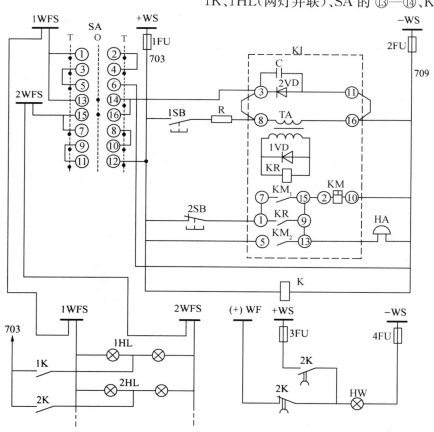

图 8-10　中央复归重复动作预告信号回路

SA—转换开关　1WFS、2WFS—预告信号小母线　1SB—试验按钮　2SB—声响解除按钮　1K—某信号继电器触点
2K—监视继电器（中间）　KI—冲击继电器　1HL，2HL—光字牌灯光信号　HW—白色信号灯

使冲击继电器 KI 的脉冲变流器一次绕组通电,HA 发出声响信号,同时触点 1K 接通信号源 703 至＋ WS,光字牌 1HL 亮。若要检查光字牌灯泡完好,转动 SA 手柄向左或右旋转 45°至"试验 T"位置,其触点 ⑬—⑭、⑮—⑯ 断开,其他触点接通,试验回路为＋ WS→⑫—⑪→⑨—⑩→⑧—⑦→ 2WFS → HL 光字牌(两灯串联)→ 1WFS →①—②→④—③→⑤—⑥→—WS,如果所有光字牌亮,表明光字牌灯泡完好,若有光字牌不亮,表明该光字牌灯泡已坏,应立即更换灯泡。

预告信号声响部分的重复动作也是利用启动回路串联一电阻(光字牌灯泡并联)来实现的。

# 8.4　测量和绝缘监视回路

供配电系统的测量和绝缘监视回路是二次回路的重要组成部分,电测量仪表的配置应符合 GB/T50063—2017《电力装置电测量仪表装置设计规范》的规定,以满足电气设备安全运行的需要。

## 8.4.1　电测量仪表的配置

在供配电系统中,进行电测量的目的有 3 个:① 对用电量的计量,如有功电能、无功电能;② 对供电系统 运行状态、技术经济分析所进行的测量,如电压、电流、有功功率、无功功率、有功电能、无功电能 等,这些参数通常都需要定时记录;③ 对交、直流系统的安全状况如绝缘电阻、三相电压是否平衡等进行监测。由于目的不同,对测量仪表的要求也不一样。计量仪表要求准确度要高,其他测量仪表的准确度要求要低一些。

### 1. 变配电装置中测量仪表和计量仪表的配置

电测量仪表的配置应能正确反映电力装置的电气运行参数和绝缘状况,常用电测量仪表有指针式仪表、数字式仪表和记录型仪表以及仪表的附件、配件。计量仪表的配置应满足发电、供电、用电的准确计量要求,作为考核用户或部门技术经济指标和实现电能结算的计量依据,计量仪表采用感应式或电子式电能表。

① 在供配电系统的每条电源进线上,必须装设计费用的有功电能表和无功电能表以及反映电流大小的电流表各一只。通常采用标准计量柜,计量柜内有计量专用电流、电压互感器。

② 在变配电所的每段母线上(3～10kV),必须装设电压表 4 只,其中一只测量线电压,其他 3 只测量相电压。

③ 35/6～10kV 变压器应在高压侧或低压侧装设电流表、有功功率表、无功功率表、有功电能表和无功电能表各一只;6～10/0.4kV 的配电变压器,应在高压侧或低压侧装设一只 电流表和一只有功电能表,如为单独经济核算的单位变压器,还应装设一只无功电能表。

④ 3～10kV 配电线路,应装设电流表、有功电能表、无功电能表各一只,如不是单独经济核算单位,无功电能表可不装设。当线路负荷大于 5000kVA 及以上时,还应装设一只有功功率表。

⑤ 低压动力线路上应装设一只电流表,55kW 及以上电动机回路应装设一只电流表。照明和动力混合供电的线路上,照明负荷占总负荷 15% 及以上时,应在每相上装设一只电流表。如需电能计量,一般应装设一只三相四线制有功电能表。

⑥ 三相负荷不平衡程度大于 10% 的高压线路和大于 15% 的低压线路应装设 3 只电流表,照明变压器、照明与动力公用的变压器应装设 3 只电流表。

⑦ 并联电容器总回路上,每相应装设一只电流表,并应装设一只无功电能表。

## 2. 仪表的准确度要求

① 电测量装置的准确度不应低于表 8-2 的规定。用于电测量装置的电流、电压互感器及附件、配件的准确度不应低于表 8-3 的规定。

表 8-2　电测量装置的准确度要求（GB/T 50063—2017）

| 仪表类型名称 | 准确度（级） | 仪表类型名称 | | 准确度（级） |
| --- | --- | --- | --- | --- |
| 指针式交流仪表 | 1.5 | 数字式仪表 | | 0.5 |
| 指针式直流仪表 | 1.5 | 记录型仪表 | | 应满足测量对象的准确度要求 |
| 指针式直流仪表 | 1.0 （经变送器二次测量） | 计算机监控系统的测量部分 | 交流采样 | 0.5 （频率测量误差不大于 0.01Hz） |
| | | | 直流采样 | 模数转换误差 ≤ 0.2% |

表 8-3　电测量装置电流、电压互感器及附件、配件的准确度要求（GB/T 50063—2017）

| 仪表准确度等级 | 准确度（级） | | | |
| --- | --- | --- | --- | --- |
| | 电流、电压互感器 | 变送器 | 分流器 | 中间互感器 |
| 0.5 | 0.5 | 0.5 | 0.5 | 0.2 |
| 1.0 | 0.5 | 0.5 | 0.5 | 0.2 |
| 1.5 | 1.0 | 0.5 | 0.5 | 0.2 |
| 2.5 | 1.0 | 0.5 | 0.5 | 0.5 |

注：0.5 级指数字式仪表的准确度等级。

② 电能计量装置按其计量对象的重要程度和计量电能的多少分为 5 类。

Ⅰ类电能计量装置：月用电量 5000MWh 及以上或变压器容量为 10MVA 及以上的高压用户。

Ⅱ类电能计量装置：月用电量 1000MWh 及以上或变压器容量为 2MVA 及以上的高压用户。

Ⅲ类电能计量装置：月用电量 100MWh 及以上或负荷容量为 315kVA 及以上的计费用户、用户内部用于承包考核用的计量点。

Ⅳ类电能计量装置：负荷容量为 315kVA 及以下的计费用户，用户内部技术经济指标分析、考核用的电能计量装置。

Ⅴ类电能计量装置：单相电力用户计费用的电能计量装置。

电能计量装置的准确度不应低于表 8-4 的规定。

表 8-4　电能计量装置的准确度要求（GB/T 50063—2008）

| 电能计量装置类别 | 准确度（级） | | | |
| --- | --- | --- | --- | --- |
| | 有功电能表 | 无功电能表 | 电压互感器 | 电流互感器 |
| Ⅰ | 0.2S | 2.0 | 0.2 | 0.2S 或 0.2 |
| Ⅱ | 0.5S | 2.0 | 0.2 | 0.2S 或 0.2 |
| Ⅲ | 1.0 | 2.0 | 0.5 | 0.5S |
| Ⅳ | 2.0 | 2.0 | 0.5 | 0.5S |
| Ⅴ | 2.0 | — | — | 0.5S |

注：① 0.2S、0.5S 级指特殊用途的电流互感器，使用于负荷电流小、变化范围不大（1% ～ 120%）的计量回路。

② 0.2 级电流互感器仅用于发电机计量回路。

③ 指针式测量仪表测量范围和电流互感器变比的选择，宜保证电力设备额定值指示在标度尺的 2/3 处。有可能过负荷运行的电力设备和回路，测量仪表宜选择过负荷仪表。双向电流的直流回路和双向功率的交流回路，应采用具有双向标度的电流表和功率表。具有极性的直流电流和

电压回路,应采用具有极性的仪表。重载启动的电动机和可能出现短时冲击电流的电力设备及回路,宜采用具有过负荷标度尺的电流表。

## 8.4.2 直流绝缘监视回路

### 1. 两点接地的危害

在直流系统中,正、负母线对地是悬空的,当发生一点接地时,并不会引起任何危害,但必须及时消除,否则当另一点接地时,会引起信号回路、控制回路、继电保护回路和自动装置回路的误动作,如图 8-11 所示,A,B 两点接地会造成误跳闸情况。

### 2. 直流绝缘监视装置回路图

如图 8-12 所示为直流绝缘监视装置原理接线图。它是利用电桥原理进行监测的,正、负母线对地绝缘电阻做电桥的两个臂,如图 8-12(a) 等效电路所示。正常状态下,直流母线正极和负极的对地绝缘良好,正极和负极等效对地绝缘电阻 $R_+$ 和 $R_-$ 相等,接地信号继

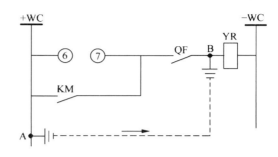

图 8-11　两点接地引起误跳闸的情况
KM— 保护出口继电器
QF— 断路器辅助触点　YR— 跳闸线圈

电器 KE 线圈中只有微小的不平衡电流通过,继电器不动作。当某一极的对地绝缘电阻($R_+$ 或 $R_-$)下降时,电桥失去平衡,流过继电器 KE 线圈中的电流增大。当绝缘电阻下降到一定值时,继电器 KE 动作,其常开触点闭合,发出预告信号。在图 8-12(b) 中,1R = 2R = 3R = 1000Ω。整个装置由信号和测量两部分组成,并通过绝缘监视转换开关 1SA 和母线电压表转换开关 2SA 进行工作状态的切换。电压表 1V 为高内阻直流电压表,量程 150 ～ 0 ～ 150V、0 ～ ∞ ～ 0kΩ;电压表 2V 为高内阻直流电压表,量程 0 ～ 250V。

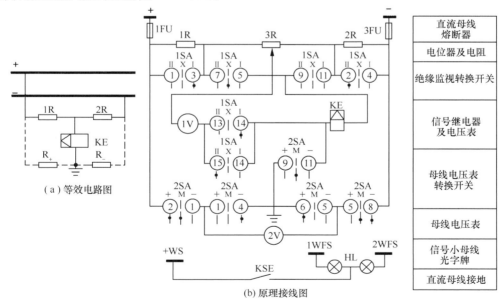

(b) 原理接线图

图 8-12　直流绝缘监视装置原理接线图
KE— 接地信号继电器　1SA— 绝缘监视转换开关　2SA— 母线电压表转换开关
$R_+$,$R_-$ — 母线绝缘电阻　1R,2R— 平衡电阻　3R— 电位器

母线电压表转换开关 2SA 有 3 个位置:"母线 M"位置、"正对地＋"位置和"负对地－"位置。正常时,其手柄在竖直的"母线 M"位置,触点 ⑨－⑪、②－① 和 ⑤－⑧ 接通,2V 电压表接至正、负母线间,测量母线电压。若将 2SA 手柄向左旋转 45°,置于"正对地＋"位置,其触点 ①－② 和 ⑤－⑥ 接通,电压表 2V 接到正极与地之间,测量正极对地电压。若将 2SA 手柄向右旋转 45°,置于"负对地－"位置,其触点 ⑤－⑧、①－④ 接通,则 2V 电压表接到负极与地之间,测量负极对地电压。利用转换开关 2SA 和 2V 电压表,可判别哪一极接地。若两极绝缘良好,2V 电压表的线圈没有形成回路,则正极对地和负极对地时,2V 电压表指示为 0V。如果正极接地,则正极对地电压为 0V,而负极对地指示 220V。反之,当负极接地时,则负极对地电压为 0V,而正极对地指示 220V。

绝缘监视转换开关 1SA 也有 3 个位置,即"信号 X"位置、"测量 Ⅰ"位置和"测量 Ⅱ"位置。正常时,其手柄置于竖直的"信号 X"位置,触点 ⑤－⑦ 和 ⑨－⑪ 接通,使电阻 3R 被短接(2SA 应置于"母线 M"位置,触点 ⑨－⑪ 接通)。接地信号继电器 KE 线圈在电桥的检流计位置上,两极绝缘正常时,两极对地绝缘电阻基本相等,电桥平衡,接地信号继电器 KE 不动作;当某极绝缘电阻下降,造成电桥不平衡,KE 动作,其常开触点闭合,光字牌亮,同时发出声响信号。工作人员听到信号后,利用转换开关 2SA 和 2V 电压表,可判别哪一极接地或绝缘电阻下降。

中性点不接地系统的绝缘监视在 7.3.4 节已述,这里不再介绍。

# 8.5　自动重合闸装置(ARD)

电力系统的运行经验证明:架空线路上的故障大多数是瞬时性短路,如雷电放电、鸟类或树枝的跨接等,但短路故障后,故障点的绝缘一般能自行恢复。因此,断路器跳闸后,若断路器再合闸,有可能恢复供电,从而提高了供电的可靠性。自动重合闸装置是当断路器跳闸后,能够自动地将断路器重新合闸的装置。运行资料表明,重合闸成功率为 60% ～ 90%。自动重合闸装置主要用于架空线路,在电缆线路(电缆与架空线混合的线路除外)一般不用 ARD,因为电缆线路的电缆、电缆头或中间接头绝缘损坏故障一般为永久性故障。

自动重合闸装置按动作方法可分为机械式和电气式;按重合次数分有一次重合闸、二次或三次重合闸,用户变电所一般采用一次重合闸。

## 8.5.1　对自动重合闸的要求

① 手动或遥控操作断开断路器及手动合闸于故障线路,断路器跳闸后,自动重合闸不应动作。

② 除上述情况外,当断路器因继电保护动作或其他原因而跳闸时,自动重合闸装置均应动作。

③ 自动重合闸次数应符合预先规定,即使 ARD 装置中任一元件发生故障或触点黏结时,也应保证不多次重合。一次重合闸,只重合一次,两次重合闸,可重合两次。

④ 应优先采用由控制开关位置与断路器位置不对应的原则来启动重合闸。同时也允许由保护装置来启动,但此时必须采取措施来保证自动重合闸能可靠动作。

⑤ 自动重合闸在完成动作以后,应能自动复归,为下次动作做好准备。有值班人员的 10kV 以下线路,也可采用手动复归。

⑥ 应有可能在重合闸前或重合闸后加速继电保护的动作,以便更好地和继电保护相配合,加速故障的切除。

⑦ 在双侧电源的线路上实现自动重合闸时,应考虑合闸时两侧电源间的同步问题。

⑧ 当断路器处于不正常状态而不允许自动重合闸时,应将自动重合闸装置闭锁。

## 8.5.2　电气一次自动重合闸装置的接线

图 8-13 所示为采用 DH-2 型重合闸继电器的自动重合闸原理图,1SA 为断路器控制开关; 2SA 为自动重合闸装置选择开关,用于投入和解除 ARD。

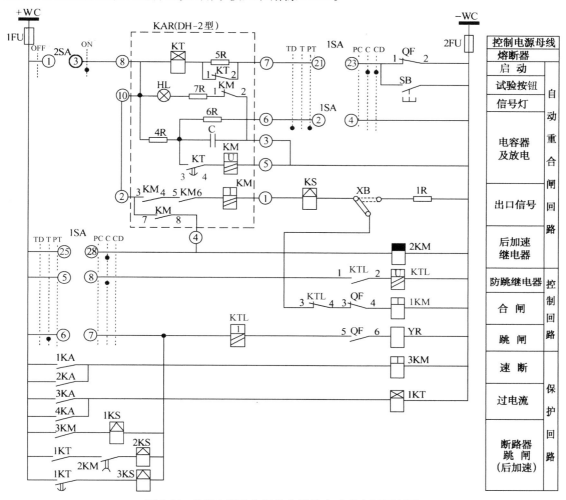

图 8-13　DH-2 型重合闸继电器的自动重合闸原理图

2SA— 选择开关　1SA— 断路器控制开关　KAR— 重合闸继电器　1KM— 合闸接触器

YR— 跳闸线圈　QF— 断路器辅助触点　KTL— 防跳继电器(DZB-115 型中间继电器)

2KM— 后加速继电器(DZS-145 型中间继电器)　1KS～3KS— 信号继电器

### 1. 故障跳闸后的自动重合闸过程

线路正常运行和自动重合闸装置投入运行时,1SA 和 2SA 处于合上的位置,图中除①—③, ㉑—㉓ 接通之外,其余接点均是不接通的,ARD 投入工作,QF(1—2)是断开的。重合闸继电器 KAR 中电容器 C 经 4R 充电,其通电回路是＋WC→2SA→4R→C→—WC,同时指示灯 HL 亮,表示母线电压正常,电容器已处于充电状态。

当线路发生故障时,继电保护(速断或过电流)动作,使跳闸回路通电跳闸,防跳继电器 KTL 电流线圈启动,KTL(1—2)闭合,但因 1SA⑤—⑧ 不通,KTL 的电压线圈不能自保持,跳闸后, KTL 的电流线圈断电。

由于 QF(1—2)闭合,KAR 中的 KT 通电动作,KT(1—2)打开,使 5R 串入 KT 回路,以限

213

制 KT 线圈中的电流,仍使 KT 保持动作状态,KT(3—4)经延时后闭合,电容器 C 对 KM 线圈放电,使 KM 动作,KM(1—2)打开使 HL 熄灭,表示 KAR 动作。KM(3—4),KM(5—6),KM(7—8)闭合,合闸接触器 1KM 经＋WC → 2SA → KM(3—4),KM(5—6) → KM 线圈 → KS → XB → KTL(3—4) → QF(3—4)接通正电源,使断路器重新合闸。同时后加速继电器 2KM 也因 KM(7—8)闭合而启动,2KM 辅助触点闭合。若故障为瞬时性的,此时故障应已消除,继电器保护不会再动作,则重合闸成功。QF(1—2)断开,KAR 内继电器均返回,但后加速继电器 2KM 触点延时打开,若故障为永久性的,则继电保护动作(速断或至少过电流动作),1KT 常开闭合,经 2KM 的延时打开触点,接通跳闸回路跳闸,QF(1—2)闭合,KT 重新动作。由于电容器还来不及充足电,KM 不能动作,即使时间很长,因电容器 C 与 KM 线圈已经并联,电容器 C 将不会充电至电源电压值。所以,自动重合闸只重合一次。

### 2. 手动跳闸时,重合闸不应重合

因为手动操作断路器跳闸是运行的需要,无须重合闸,利用 1SA 的 ㉑—㉓ 和 ②—④ 来实现。操作控制开关跳闸时,1SA 的 ㉑—㉓ 在"PC(预备跳闸)"、"T(跳闸)"和"TD(跳闸后)"均不通,断开重合闸的正电源,重合闸不动作。同时,在"PT(预备跳闸)"和"TD(跳闸后)"1SA 的 ②—④ 接通,使电容器与 6R 并联,C 充电不到电源电压而不能重合闸。

### 3. 防跳功能

当 ARD 重合于永久性故障时,断路器将再一次跳闸。若 KAR 中 KM(3—4),KM(5—6)触点黏结时,KTL 的电流线圈因跳闸而被启动,KTL(1—2)闭合并能自锁,KTL 电压线圈通电保持,KTL(3—4)断开,切断合闸回路,防止跳跃现象。

### 4. ARD 与继电保护的配合方式

ARD 与继电保护配合的主要方式目前在供配电系统为重合闸后加速保护方式。

重合闸后加速保护就是当线路上发生故障时,首先按有选择性的方式动作跳闸。若断路器重合于永久性故障,则加速保护动作,切除故障。

假设线路上装设有带时限的过电流保护和电流速断保护,则在线路末端短路时,过电流保护应该动作,因末端是电流速断保护的"死区",电流速断保护不会动作。过电流保护使断路器跳闸后,由于 ARD 动作,将使断路器重新合闸。如果故障是永久性的,则过电流保护又要动作,使断路器再次跳闸。但由于过电流保护带有时限,因而将使故障时间延长。为了加快切除故障,提高供电的可靠性,供电系统中常采用重合闸后加速保护方式。如在图 8-13 中,在 ARD 动作后,KM 的常开触点 KM(7—8)闭合,后加速继电器 2KM 也因 KM(7—8)闭合而启动,其常开触点 2KM 闭合。若故障是永久性的,则继电保护装置动作后,1KT 常开闭合,经 2KM 的延时打开触点,接通跳闸回路快速跳闸。

重合闸后加速保护方式的优点:故障的首次切除保证了选择性,所以不会扩大停电范围;其次,重合于永久性故障线路,仍能快速、有选择性地将故障切除。

另外,在图 8-13 中,控制开关 1SA 手柄在"C(合闸)"位置时,其触点 ㉕—㉘ 接通。若 1SA "C 合闸"于故障线路,则直接接通后加速继电器 2KM,也会加速故障电路的切除。

# 8.6　备用电源自动投入装置(APD)

在对供电可靠性要求较高的变配电所中,通常采用两路及以上的电源进线。两电源或互为备用,或一为主电源,另一为备用电源。备用电源自动投入装置就是当工作电源线路发生故障而断电时,能自动且迅速将备用电源投入运行,以确保供电可靠性的装置,简称 APD。

### 8.6.1　对备用电源自动投入装置的要求

① 工作电源不论何种原因消失(故障或误操作)时,APD 应动作。

② 应保证在工作电源断开后,备用电源电压正常时,才投入 APD。

③ APD 只允许动作一次。

④ 电压互感器二次回路断线时,APD 不应误动作。

⑤ 备用电源无电压时,APD 不应动作。

⑥ 装置的启动部分应能反映工作母线失去电压的状态。

⑦ APD 应保证停电时间最短,使电动机容易自启动。

⑧ 采用 APD 的情况下,应检验备用电源过负荷情况和电动机自启动情况。如过负荷严重或不能保证电动机自启动,应在 APD 动作前自动减负荷。

### 8.6.2　备用电源自动投入装置的接线

当双电源进线互为备用时,要求任一主工作电源消失时,另一路备用电源自动投入装置动作,双电源进线的两个 APD 接线是相似的。如图 8-14 所示为双电源互为备用的 APD 原理接线图。

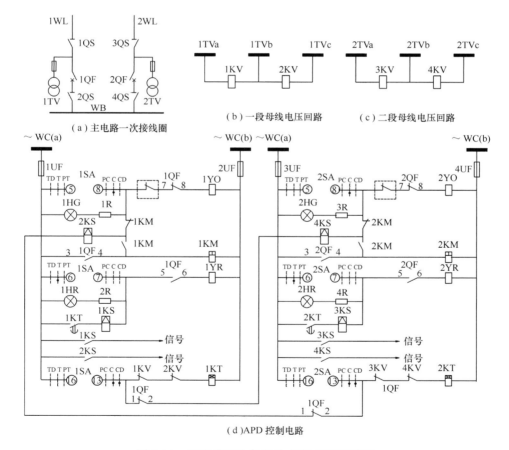

图 8-14　双电源互为备用的 APD 原理接线图

1KV～4KV—电压继电器　1U,1V,1W,2U,2V,2W—分别为两路电源电压互感器二次电压母线

1SA,2SA—控制开关　1YQ,2YQ—合闸线圈　1KS～4KS—信号继电器　1KM,2KM—中间继电器

1KT,2KT—时间继电器　1QF,2QF—断路器辅助触点

当电源 1WL 工作时,2WL 为备用。1QF 在合闸位置,1SA 的 ⑤－⑧,⑥－⑦ 不通,⑯－⑬ 通。1QF 的辅助触点常闭打开,常开闭合。2QF 在跳闸位置,2SA 的 ⑤－⑧,⑥－⑦,⑬－⑯ 均断开。

当工作电源 1WL 因故障而断电时,电压继电器 1KV,2KV 常闭触点闭合,1KT 动作,其延时闭合触点延时闭合,使 1QF 的跳闸线圈 1YR 通电,则 1QF 跳闸。1QF(1－2) 闭合,则 2QF 的合闸线圈 2YO 经 1SA(⑯－⑬) → 1QF(1－2) → 4KS → 2KM 常闭触点 → 2QF(7－8) → WC(b) 通电,将 2QF 合闸,从而使备用电源 2WL 自动投入,变配电所恢复供电。

同样当 2WL 为工作电源时,发生上述现象后,1WL 也能自动投入。

在合闸电路中,虚框内的触点为对方断路器保护回路的出口继电器触点,用于闭锁 APD,当 1QF 因故障跳闸时,2WL 中的 APD 合闸回路便被断开,从而保证变配电所内部故障跳闸时,APD 不被投入。

# 8.7 二次回路安装接线图

二次回路图主要有二次回路原理图、二次回路原理展开图和二次回路安装接线图。二次回路原理图和二次回路原理展开图主要用来表示测量和监视、继电保护、断路器控制、信号和自动装置等二次回路的工作原理。二次回路安装接线图画出了二次回路中各设备的安装位置以及控制电缆和二次回路的连接方式,是现场安装施工、维护必不可少的图纸,也是试验、验收的主要参考图纸。二次回路安装接线图主要包括屏面布置图、端子排图和屏后接线图。

## 8.7.1 二次回路安装接线图基本知识

### 1. 二次回路安装接线图的绘制要求

二次回路安装接线图是用来表示成套装置或各元件之间连接关系的一种图形。绘制二次回路安装接线图,应遵循 GB/T6988—2008《电气技术用文件的编制》、GB/T4728《电气简图用图形符号》、GB/T5465.2—2008《电气设备用图形符号》、GB/18135—2008《电气工程 CAD 制图规则》等标准中的有关规定。

### 2. 原理展开图的回路编号

为了便于二次回路安装接线图的绘制、安装施工和投入运行后的维护检修,在二次回路原理展开图中对二次回路要编号。回路编号通常由 3 个及以下数字组成,不同用途的回路规定了编号的数字范围。表 8-5 和表 8-6 列出了我国目前采用的回路编号范围。

表 8-5　直流回路编号范围

| 回路类别 | 保护回路 | 控制回路 | 励磁回路 | 信号及其他回路 |
|---|---|---|---|---|
| 编号范围 | 01～099 或 J1～J99 | 1～599 | 601～699 | 701～999 |

表 8-6　交流回路编号范围

| 回路类别 | 控制、保护及信号回路 | 电流回路 | 电压回路 |
|---|---|---|---|
| 编号范围 | (A,B,C,N)1～399 | (A,B,C,N,L)401～599 | (A,B,C,L,N)601～799 |

二次回路的编号应根据等电位原则,即连接在电气回路中同一点的所有导线,都用同一个编号表示。当回路经过仪表和继电器的线圈或开关和继电器的触点之后,就认为电位发生了变化,应给予不同的编号。

直流回路编号方法是先从正电源出发,以奇数顺序编号,直到最后一个有压降的元件为止。如果最后一个有压降的元件不是直接连接在负极上,而是通过连接片、开关或继电器的触点接在负极上,则再从负极开始以偶数顺序编号至上述已有编号的回路为止,如图 8-15 所示。

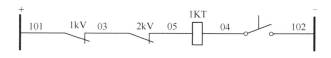

图 8-15　直流回路编号图

交流回路编号为了表示相序,在数字前面应加上 A,B,C,N 等符号。电流互感器和电压互感器是按它们在一次接线中的文字符号来分组标号的。

二次回路原理展开图中小母线用粗线条表示,并标以文字符号。控制和信号回路中的一些辅助小母线和交流电压小母线,除文字符号外,还应给予固定数字编号。

**3. 二次设备的表示方法**

(1) 项目代号

二次设备一般用项目代号来表示,项目代号由高层代号、位置代号、种类代号(又称设备文字符号)和端子代号 4 部分构成。在不引起混淆的情况下,也可以简化表示。因此,在供电系统二次回路安装接线图中,二次设备可用安装单位、设备的顺序号、设备文字符号和端子代号表示。

(2) 安装单位

安装单位是指一个屏上属于某一次回路或同类型回路的全部二次设备的总称。为了区分同一屏中属于不同安装单位的二次设备,设备上必须标以安装单位的编号,用罗马字母 Ⅰ、Ⅱ、Ⅲ… 表示。

(3) 设备的顺序号

对同一个安装单位内的设备按从右到左(从屏背面看)、从上到下的顺序编号,如 I1、I2、I3 等。当屏中只有一个安装单位时,直接用数字编号,如 1、2、3 等。

(4) 设备文字符号

二次回路安装接线图中,二次设备的文字符号应与二次回路原理展开图一致。如图 8-19 中,图 8-19(c) 屏后接线图的二次设备的文字符号与图 8-19(a) 展开图完全一致。

(5) 端子代号

端子代号是用来识别设备或端子排的连接端子的代号。端子代号用设备所在的安装单位及顺序号或端子排代号,加":"或"一",再加端子的数字编号表示。例如图 8-19(c) 中,"Ⅰ1:2"表示电流继电器 1KA 的第 2 个端子,"X1:2"则表示端子排 X1 的第 2 个端子。

(6) 二次设备的表示

通常在二次回路安装接线图中,每个二次设备的左上角画一个圆圈,用一横线分成两半部分。安装单位的编号和设备的顺序号应放在圆圈的上半部,设备的种类代号及同型设备的顺序号放在圆圈的下半部,如图 8-19(c) 所示。图中电流继电器 1KA 上方的圆圈及文字表示:该电流继电器 1KA 的设备文字符号为 KA、1 表示该继电器是序号为 1 的电流继电器,即为 1 号电流继电器;Ⅰ1 表示 1KA 为 Ⅰ号安装单位的 1 号设备。继电器图形中带数字的圆圈表示该继电器的接线端子、编号及相应位置。

**4. 二次回路的接线要求**

根据 GB50171—2012《电气装置安装工程盘、柜及二次回路接线施工及验收规范》规定,二次回路接线应符合下列要求。

① 按图施工,接线正确。

② 导线与电气元件间采用螺栓连接、插接、焊接或压接等,均应牢固可靠。

③ 盘、柜内的导线不应有接头,导线芯线应无损伤。

④ 电缆芯线和所配导线的端部均应标明其回路编号，编号应正确，字迹清晰不易脱色。

⑤ 配线应整齐、清晰、美观，导线绝缘应良好，无损伤。

⑥ 每个接线端子的每侧接线宜为1根，不得超过2根，有更多导线连接时可采用连接端子；对于插接式端子，不同截面的两根导线不得接在同一端子上；对于螺栓连接端子，当接两根导线时，中间应加平垫片。

⑦ 二次回路接地应设专用螺栓。

⑧ 盘、柜内的二次回路配线：电流回路应采用电压不低于500V的铜芯绝缘导线，其截面不应少于2.5mm²；其他回路配线不应小于1.5mm²；对电子元件回路、弱电回路采用锡焊连接时，在满足载流量和电压降及有足够机械强度的情况下，可采用不小于0.5mm²截面的绝缘导线。

### 8.7.2 屏面布置图

屏面布置图是生产、安装过程的参考依据。屏面布置图主要有控制屏、信号屏和继电器屏的屏面布置图。屏面布置的主要原则和要求如下：

① 屏面布置应整齐美观，模拟接线应清晰，同类安装单位的屏面布置应一致，各屏间相同设备的安装高度应一致；

② 在设备安装处画其外形图（不按比例），标设备文字符号，并标定屏面安装设备的中心位置尺寸及屏的外形尺寸；

③ 屏面布置应满足监视、操作、试验、调节和检修方便，适当紧凑；

④ 仪表和信号指示元件（信号灯、光字牌等）一般布置在屏正面的上半部，操作设备（控制开关、按钮等）布置在它们的下方，操作设备（中心线）离地面一般不得低于600mm，经常操作的设备宜布置在离地面800～1500mm处；

⑤ 调整、检查工作较少的继电器布置在屏的上部，调整、检查工作较多的继电器布置在中部，继电器屏下面离地250mm处宜设有孔洞，供试验时穿线用。

图8-16所示为某35kV变电所主变控制屏、信号屏和继电保护屏的屏面布置图。

### 8.7.3 端子排图

端子排由若干个不同类型的接线端子组合而成，用于屏内、外二次设备的连接，端子排通常垂直布置在屏后两侧。

#### 1. 接线端子种类

接线端子主要有普通端子、连接端子、试验端子、终端端子等。

普通端子用于屏内、外导线或电缆的连接。

连接端子与普通端子外形不同之处是中间有一缺口，通过缺口处的连接片与相邻端子相连，用于有分支的二次回路连接。

试验端子用于在不断开二次回路的情况下需要接入试验仪器的电流回路中，试验端子结构和接线如图8-17所示。当校验电流表A时，将标准表 $A_S$ 接到试验端子的接线螺钉1和4上，然后拧下螺钉2，进行校验。校验完毕，再拧上螺钉2，拆下标准表 $A_S$。

终端端子用于固定端子排，通常位于端子排的两端。

端子排的编号表示方法如图8-18所示，图中第3、4、5号端子是试验端子，第7、8、9号端子是连接端子，两端为终端端子，其余端子均为普通端子。

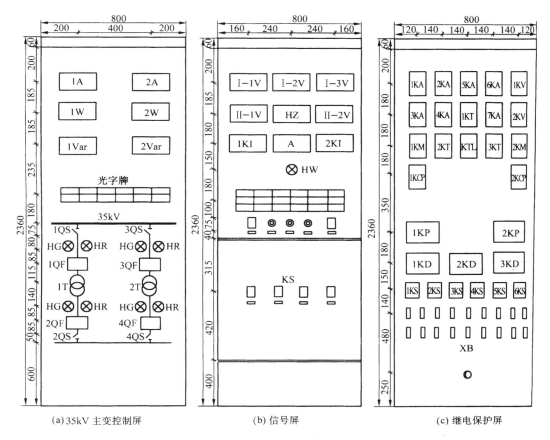

图 8-16　屏面布置图(单位:mm)

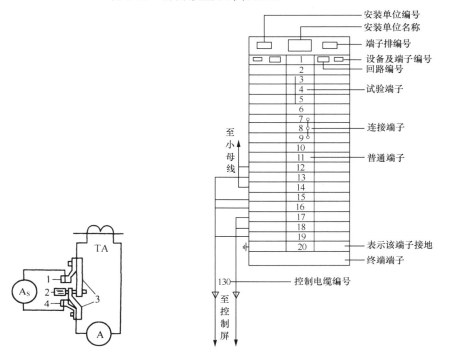

图 8-17　试验端子结构和接线图　　　　图 8-18　端子排编号表示方法图

**2. 端子排的连接和排列原则**

须经端子连接的设备和回路为：

① 屏内设备与屏外设备的连接。如屏内测量仪表、继电器的电流线圈需经试验端子与屏外电流互感器连接。

② 屏内设备与小母线连接，屏内设备与直接接在小母线上的设备连接。如屏内设备与装在屏背面上部的附加电阻、熔断器或刀开关相连。

③ 屏内不同安装单位设备之间的连接。

④ 过渡回路。

端子排一般垂直布置在屏后两侧。各种回路在经过端子排连接时，应按下列顺序安排端子的排列（垂直安装时由上而下，水平安装时由左向右）：交流电流回路、交流电压回路、信号回路、控制回路、转换回路和其他回路。

**3. 端子排图**

端子排图由端子排、连接导线或电缆以及相应标注构成。端子排的标注包括端子的类型和编号、安装单位名称和代号、端子排代号以及两侧连接的回路编号和设备端子编号等。端子排一侧接屏内设备，另一侧接屏外设备。导线或电缆的标注包括导线或电缆的编号、型号和去向。图 8-19（b）是端子排图。

## 8.7.4 屏后接线图

屏后接线图是以屏面布置图为基础，并以原理图为依据而绘制的接线图。它标明屏上各个设备引出端子之间的连接情况，以及设备与端子排之间的连接情况。它是制造厂生产屏的过程中配线的依据，也是施工和运行的重要参考图纸。

**1. 屏后接线图的基本原则和要求**

屏后接线图是屏面布置图的背视图，其左右方向正好与屏面布置图相反。屏后接线图应以展开的平面图形表示各部分之间布置的相对位置，如图 8-19（c）所示。

屏上各设备外形可采用简化外形表示，如方形、圆形、矩形等，必要时也可采用规定的图形符号表示。图形不要求按比例绘制，但要保证设备之间的相对位置正确。设备内部一般不画出，或只画出有关的线圈、触点和接线端子。设备的引出端或接线端子按实际排列顺序画出，应并注明编号及接线。

**2. 二次回路接线表示方式**

二次回路接线用相对编号法表示，就是用编号来表示二次回路中各设备相互之间连接状态的一种方法。如甲、乙两个设备连接时，在甲设备的接线端子上，标出乙设备及接线端子的编号；同时，在乙设备的接线端子上标出甲设备及接线端子的编号，即两个设备相连接的两个端子的编号互相对应，而不画出连接导线。没有标号的接线柱，表示空着不接。相对编号法在二次回路中已得到广泛应用。如图 8-19（c）所示，电流继电器 1KA 的编号为 I1，电流继电器 3KA 的编号为 I3，1KA 的 8 号端子与 3KA 的 2 号端子相连，则在 1KA 的 8 号端子旁边标上"I3：2"，在 3KA 的 2 号端子旁边标上"I1：8"。相对编号法可以应用到屏内设备，经端子排与屏外设备的连接。

图 8-19 为 10kV 出线电流保护二次回路安装接线图。图 8-19（a）为展开图，图 8-19（b）为端子排图，图 8-19（c）为屏后接线图。由图可见，电流互感器 TA 装在 10kV 配电装置中，经 112♯ 三芯控制电缆引至控制室的保护屏，经端子排和屏内设备 1KA，2KA 相连。从图中可清楚地看到继电器等设备在屏上的实际位置。所有编号按规定给出，工程中这些编号写在接线端或电缆芯线端所套的塑料套管上。

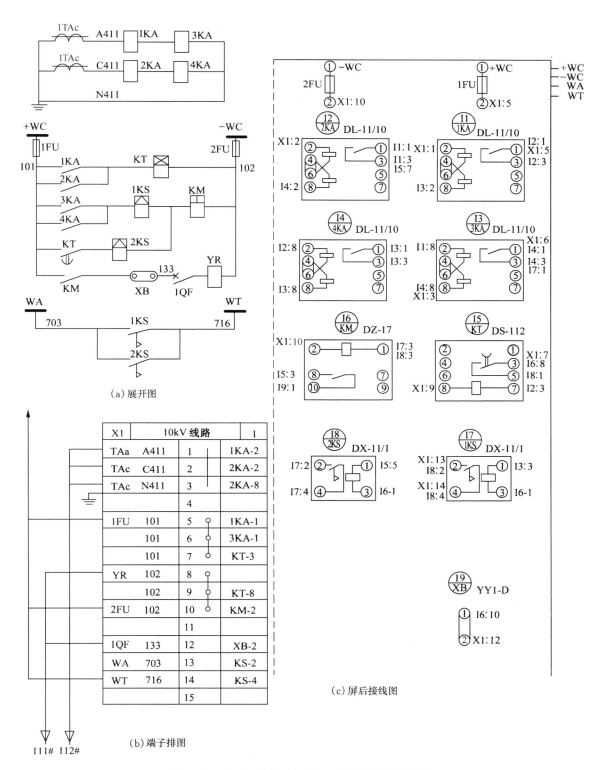

图 8-19 10kV 出线电流保护二次回路安装接线图

1KA,2KA— 过电流保护电流继电器　3KA,4KA— 速断保护电流继电器

1KS,2KS— 信号继电器　KT— 时间继电器　KM— 中间继电器

# 8.8 智能变电站

变电站是电力系统的重要组成部分,随着计算机技术、通信技术和网络技术的发展以及在电力系统中的广泛应用,变电站自动化技术也得到了迅速发展。我国变电站自动化技术的发展,经历了电磁式远动与保护装置、电子式远动与保护装置、微机式远动与保护装置、微机自动化、数字化和智能化几个阶段。20 世纪 80 年代开始,变电站逐渐进入以计算机网络为核心,采用分层、分布式控制方式,集控制、保护、测量、信号、远动为一体的自动化阶段。随着信息处理、计算机、传感器、通信、控制、测量等技术的发展,变电站自动化技术逐步从间隔层到站控层实现了数字化、智能化,为系统安全、稳定、可靠、经济运行提供了坚实的基础。变电站智能化一般称为智能变电站,是智能电网的重要组成部分,对于提高供电可靠性,扩大供电能力,提升运行管理水平,实现智能电网高效经济运行将起到积极作用。

## 8.8.1 变电站自动化

### 1. 变电站自动化系统的功能

变电站自动化系统是多专业性的综合技术。它以微机为基础来实现对变电站传统的继电保护、控制方式、测量手段、通信和管理模式的全面技术改造,实现对变电站运行管理的一次变革。其基本功能主要有以下 3 个方面。

（1）微机监控功能

微机监控子系统取代常规的测量系统、控制屏、中央信号屏和远动装置等。其主要功能如下:

① 数据采集、计算、统计和分析

定时对全站模拟量、状态量、脉冲量进行采集。模拟量主要有:各段母线的电压、线路的电流、有功功率、无功功率,主变压器的电流、有功功率和无功功率,电容器的电流、无功功率,馈出线的电流、功率和功率因数等。状态量主要有:断路器、隔离开关的位置状态、有载调压变压器分接头的位置、同期检测状态、继电保护动作信号、运行报警信号等。脉冲量指脉冲电能表输出的以脉冲信号表示的电能量。对采集的数据具备计算、统计和分析管理功能,并能对不同时段的电能进行计算。

② 事件顺序记录

事件顺序记录包括断路器跳合闸记录、保护动作顺序记录和事件发生的时间记录。微机监控子系统能存放足够数量或足够长时间段的事件顺序记录。

③ 故障记录、故障录波和测距

故障记录是记录继电保护动作前后与故障有关的电流和母线电压。故障录波、测距是把故障线路的电流、电压的参数和波形进行记录,从而可以判断继电保护动作是否正确,更好地分析和掌握情况。

④ 操作闭锁与控制功能

操作人员可通过 CRT 屏幕执行对站内断路器、隔离开关的跳、合闸操作,对电容器进行投、切控制,对主变压器分接头的开关位置进行手动或自动调节控制。

⑤ 事件报警功能

在系统发生事件或运行设备工作异常时,进行音响、语言报警,推出事件画面,画面上相应的画块闪光报警,并给出事件的性质、异常参数,也可以推出相应的事件处理指导。

⑥ 人机联系功能

通过键盘、鼠标、显示器可了解变电站的全部运行工况和运行参数,可对全部断路器、隔离开关等设备进行分合操作,可对保护定值和越限报警定值修改等。显示器可显示实时主接线图和实时运行参数等。

⑦ 系统自诊断功能

具有在线自诊断功能,可诊断出通信通道、计算机外围设备、I/O 模块、前置机电源等故障。

⑧ 完成计算机监控的系统功能

完成计算机监控的系统功能,如电压无功控制的功能、小接地电流系统的接地选线功能、高压设备在线监测以及谐波分析与监视功能。

⑨ 用户管理

对用户的使用权限、操作记录、交接班记录严格管理。

(2)微机保护功能

在变电站自动化系统中,微机保护应保持与通信、测量的独立性,即通信与测量方面的故障不影响保护正常工作。微机保护还要求其 CPU 及电源均保持独立。微机保护子系统还综合了部分自动装置的功能,如综合重合闸和低频减载功能。这种综合是为了提高保护性能,减少变电站的电缆数量。

(3)通信功能

通信功能包括变电站层与间隔层之间的通信功能以及自动化系统与上级调度之间的通信功能。

**2. 变电站自动化系统的硬件结构**

变电站自动化系统的体系结构直接影响到其性能、功能及可靠性。随着集成电路技术、计算机技术、通信技术和网络技术的不断发展,变电站自动化系统的体系结构也在不断发生变化,其性能、功能及可靠性不断提高。目前,我国变电站自动化系统的硬件结构主要分为集中式和分布式两种形式。

(1)集中式自动化系统硬件结构

集中式自动化系统的硬件结构框图如图 8-20 所示。集中式布置是传统的结构形式,它把所有二次设备按遥测、遥信、遥控、计量、保护功能划分成不同的子系统集中组屏,安装在主控室内。这种结构形式集保护功能、人机接口、控制功能、自检功能等于一体,有利于观察信号,方便调试,结构简单,价格相对较低。但耗费了大量的二次电缆,容易产生数据传输瓶颈问题,其可扩性及维护性较差。对于电压低、出线少的小型变电站仍具有应用价值。

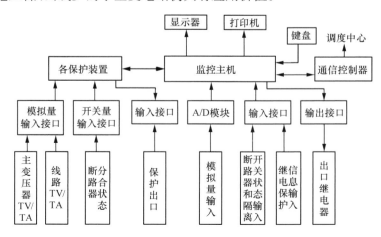

图 8-20 集中式自动化系统的硬件结构框图

（2）分布式自动化系统硬件结构

分布式自动化系统结构分变电站层和间隔层，如图 8-21 所示为分布式自动化系统的硬件结构框图。变电站层，又称站控层，是变电站自动化系统的核心层，负责管理整个变电站自动化系统。间隔层一般按间隔划分，具有测量、控制和继电保护等功能。测控装置实现该间隔的测量、监视，断路器的操作控制和联锁以及事件顺序记录等功能；保护装置实现该间隔线路、变压器、电容器等的保护和故障记录等功能。各单元相互独立、互不干扰。各间隔单元数据采集、开关量 I/O 的测控和保护分别就地分散安装在开关柜上或主控室和一次设备附近的小室内。数据采集和开关量 I/O 的测控部分与保护部分相互独立，并与变电所层的监控后台机通信。

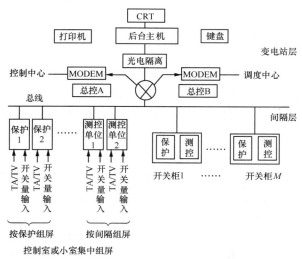

图 8-21　分布式自动化系统的硬件结构框图

这种结构压缩二次设备及繁杂的二次电缆，节省土建投资，系统配置灵活，扩展容易，检修维护方便，适用于各种电压等级的变电站。

**3. 变电站自动化系统的软件系统**

变电站自动化系统的软件系统框图如图 8-22 所示。软件系统采用独立的模块结构，并且各模块具有其独立的子程序，各子程序互不干扰，提高了系统的可靠性。由图可见，变电站自动化系统的软件系统主要由上位机程序和下位机程序构成。

上位机程序主要完成图像显示、打印记录、断路器操作、远程通信以及与下位机之间的数据传送等功能。上位机程序为模块化软件，每个模块完成各自的功能。

下位机程序主要完成模拟量、开关量、脉冲量的采集（输入）；开关量的输出控制（断路器跳、合闸操作与信号输出等）；向上位机传送数据等功能。下位机程序也为模块化软件，每个模块完成各自的功能。

## 8.8.2　智能变电站

智能变电站（Smart Substation）是采用先进、可靠、集成、低碳、环保的智能设备，以全站信息数字化、通信平台网络化、信息共享标准化为基本要求，自动完成信息采集、测量、控制、保护、计量和监测等基本功能，并可根据需要支持电网实时自动控制、智能调节、在线分析决策、协同互动等高级功能的变电站。

**1. 智能变电站的主要技术特征**

智能变电站的主要技术特征体现在一次设备智能化、二次设备网络化、通信规约标准化和运行管理自动化。

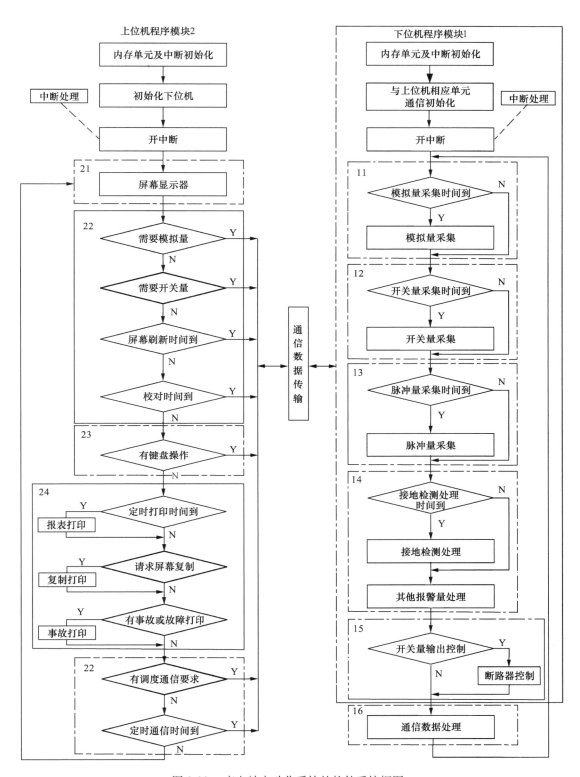

图 8-22　变电站自动化系统的软件系统框图

（1）一次设备智能化

一次设备智能化主要体现为全数字化输出的电子互感器和智能高压设备。电子互感器有电子电流互感器和电子电压互感器，是利用光电技术的数字化设备，具有不受电磁干扰（或影响很小）、不饱和、测量范围内大、频带宽、体积小和重量轻等特点，可直接与数字化的保护和测控设备接口。智能高压设备是指高压设备与智能组件的有机结合，智能组件可内嵌或外置。一次设备智能化是智能变电站的主要特征，也是智能变电站与常规变电站的主要区别之一。一次设备与智能组件之间通过状态感知元件和指令执行元件组成一个有机整体。三者之间可类比为"身体""大脑"和"神经"的关系，即一次设备本体是"身体"，智能组件是"大脑"，状态感知元件和指令执行元件是"神经"。三者合为一体就是智能设备，或称一次设备智能化。

（2）二次设备网络化

二次设备网络化体现在二次设备对上和对下联系均通过高速网络进行通信。变电站的二次设备，如继电保护装置、防误闭锁装置、测控装置、远动装置、故障录波装置、同期操作装置、在线状态监测装置等全部可基于标准化、模块化的微处理器设计制造，设备之间的连接全部采用高速的网络通信，通过网络真正实现数据共享。逻辑的功能模块取代常规的功能装置，光缆和数字通信网络取代大量的控制电缆，虚端子取代物理端子，逻辑连接替代物理连接，信息冗余取代装置冗余，降低了工程造价，提高了可靠性。

（3）通信规约标准化

通信规约标准化体现为采用统一的 IEC61850 通信规约标准。IEC61850 是国际电工委员会制订的变电站通信网络和系统的网络通信国际标准，内容涉及变电站自动化的功能规范、硬件指标、信息模型、通信映射、工程描述等，是实施变电站自动化的唯一的指导性国际标准。智能变电站的所有智能设备均按 IEC61850 通信规约建立信息模型和通信接口，设备间可实现无缝连接。各类设备按统一的通信标准接入变电站通信网络，实现信息共享，极大地提高了信息传递的效率和有效性。所有需要与外部智能装置交互的信息用以太网机制实现信息的有效发布，减少了软硬件的重复投资，系统简单，设计调试和维护方便。

（4）运行管理自动化

运行管理自动化体现在变电站的运行和管理实现自动化和智能化。智能变电站采用智能一次设备，所有功能均可遥控实现，建立全站式的数据通信网络，实现数据的采集、传输和处理数字化、共享化，实现对全站设备的在线监测和关键设备的状态检修，开发出完全实用化的故障自动分析及程序化操作软件，实现了自动化和智能化，提高了变电站的自动化水平和管理效率，优化变电站设备的全寿命周期成本。

### 2. 智能变电站的功能

智能变电站除了具有数据采集和处理、事件顺序记录和报警、故障记录、故障录波和测距、操作闭锁与控制、人机联系、系统自诊断、微机保护和通信等变电站自动化的基本功能，还可实现更多、更复杂的自动化和智能化高级应用功能。目前主要高级应用功能体现在以下几个方面。

① 顺序控制功能：发出整批指令，由系统根据设备状态信息变化情况，判断每步操作是否到位，确定到位后自动执行下一指令，直至执行完所有指令。

② 设备状态可视化功能：采集主要一次设备（变压器、断路器等）的状态信息，进行可视化展示并发送到上级系统，为实现基于状态监测的设备全寿命周期综合优化管理提供基础数据支撑。

③ 设备状态在线监测功能：通过传感器、计算机、通信网络等技术，获取设备的在线状态参数（如变压器的油色谱、油温和铁芯接地等），并结合专家系统分析，及早发现设备的潜在故障。

④ 设备状态检修功能：以安全、可靠性、成本为基础，通过设备状态监测、状态评价、风险评估、检修决策，替代计划检修，达到运行安全可靠、优化资产使用和节约人力成本的一种检修策略。

⑤ 智能报警及分析决策功能：建立变电站故障信息的逻辑和推理模型，实现对故障报警信息的分类和信息过滤，对变电站的运行状态进行在线实时分析和推理，自动报告变电站异常并提出故障处理指导意见。

⑥ 故障信息综合分析决策功能：在故障情况下，对包括事件顺序记录及保护装置、相量测量、故障录波等数据进行数据挖掘、多专业综合分析，将变电站故障分析结果以简洁明了的可视化界面综合展示。

⑦ 经济运行与优化控制功能：综合利用 FACTS、变压器自动调压、无功功率补偿设备自动调节等手段，支持变电站系统层及智能调度技术支持系统安全经济运行与优化控制。

⑧ 站域控制功能：通过对变电站内信息的分布协同利用或集中处理判断，实现变电站内自动控制功能的装置或系统。

⑨ 站域保护功能：这是一种基于变电站统一采集的实时信息，以集中分析或分布协同方式判定故障、自动调整动作决策的继电保护。

对于现阶段不具备条件实现的高级应用功能，智能变电站将预留其远景功能接口。

### 3. 智能变电站的结构

智能变电站采用三层设备两层网络构成的分层、分布、开放式网络结构，简称"三层两网"。"三层"是指站控层、间隔层、过程层三层设备，"两网"是指站控层网络、过程层网络。其结构如图 8-23 所示。

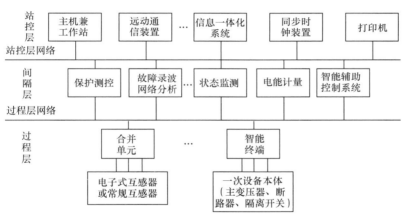

图 8-23　智能变电站结构示意图

（1）站控层

站控层设备一般包括主机兼工作站、远动通信装置、网络通信记录分析系统、保护故障信息系统子站(可选)、打印机、同步时钟装置及其他智能接口设备等。

① 主机兼工作站是智能变电站的主要人机联系界面，在电网正常和故障时，采集、处理各种所需信息，与调度或控制中心进行通信，实现保护及故障信息管理等相关功能。

② 远动通信装置直接采集来自间隔层或过程层的数据。

③ 网络通信记录分析系统实时监视、记录网络通信报文，周期性地保存为文件，并进行各种分析。

④ 同步时钟装置是全站统一的授时系统，实时时钟实现时间同步。

站控层的主要功能是为智能变电站提供运行、管理、工程配置的界面，实现管理、控制间隔层和过程层设备等功能，形成全站的监控、管理中心，并与调度或控制中心通信。具体如下：

① 汇总全站的实时数据信息，不断刷新实时数据库。

② 按既定规约将有关数据信息送向调度或控制中心，接收调度或控制中心有关控制命令并

转间隔层、过程层执行。

③ 监控系统和远动通信服务器采用一体化数据库配置方式，生成监控数据库的同时即可完成对远动通信服务器的数据库、功能及逻辑的配置，提高智能变电站的维护效率。

④ 具有在线可编程的全站操作闭锁控制功能。站控层、间隔层公用一套防误规则库，防误规则库可由后台监控生成并通过网络下载到测控装置，并可在后台模拟、预演、校验测控装置的防误逻辑，有效地提高了系统的可靠性与维护效率。

⑤ 具有站内当地监控、人机联系功能，如显示、操作、打印、报警，甚至图像、声音等多媒体功能。

⑥ 具有对间隔层、过程层各设备的在线维护、在线组态、在线修改参数等功能。

⑦ 具有电压无功控制、小电流接地选线、故障自动分析和操作培训等功能。

（2）间隔层

间隔层设备包括测控装置、保护装置、电能计量装置、故障录波装置、状态监测装置、集中式处理装置以及其他智能接口设备等。间隔层作为智能变电站的中间支撑层，是智能变电站正常运行的重要保障。

间隔层设备完成测量、控制、计量、检测、保护、录波等功能，采集来自过程层的数据，完成相关功能，并通过过程层作用于一次设备。间隔层主要完成以下功能：

① 实时采集来自过程层设备的数据信息，进行诊断记录，实现录波功能，并实现与站控层的通信和数据传送。

② 发出对各设备间隔的操作控制命令。

③ 接收来自站控层、调度或控制中心的各类命令，并向过程层发出对应的命令。

④ 实现一次设备的测量、控制、计量、监测、保护功能，并直接与站控层进行信息交换。

（3）过程层

过程层（设备层）由一次设备及智能组件构成的智能设备、合并单元、智能单元等构成。

① 智能设备（Intelligent Equipment）是指一次设备与其智能组件的有机结合体，两者共同组成一台完整的智能设备。

② 智能组件（Intelligent Combination）是对一次设备进行测量、控制、保护、计量、检测等一个或多个二次设备的集合。

③ 智能单元（Intelligent Unit）是智能组件中的一类单元，与一次设备采用电缆连接，与保护、测控等二次设备采用光纤连接，实现对一次设备（如断路器、主变压器等）的测量、控制、状态监测等功能。如在开关端子箱安装智能单元，可以对隔离开关等进行状态采集和控制、就地操作等功能；在变压器端子箱安装智能单元，可以实现变压器本体保护和变压器测控功能。

④ 合并单元是一种智能组件，是互感器与间隔层智能电子设备间采样数据的桥梁，它汇集多个电子式互感器的数据通道，也可汇集并采样传统互感器输出的模拟信号或电子式互感器输出的模拟小信号，并对电气测量仪器和继电保护装置等二次设备提供一组或多组时间相关的电流和电压的数字量样本。

过程层作为一次设备与二次设备的结合面，可以说是智能一次设备的智能化部分，其主要功能可以分为 3 类。

● 变电站运行的电气量实时采集，主要是对模拟量、状态量、脉冲量进行采集。与常规变电站不同的是采集实现数字化，动态性能好，抗干扰性能强，绝缘和抗饱和特性好。

● 运行设备的状态参数在线采集。智能变电站需要进行状态参数监测的设备主要有变压器、断路器、隔离开关、避雷器、母线等，在线监测的内容主要有温度、压力、密度、绝缘、机械特性以及工作状态等。

●操作控制命令的执行和驱动。过程层设备应能执行间隔层或站控层的控制命令,驱动操动机构执行控制命令,包括变压器分接头调节控制,电容器、电抗器投切控制,隔离开关、接地开关、断路器分合控制等。过程层设备在操作控制命令时具有智能性,能判断命令的真伪及合理性,还能对即将进行的动作精度进行控制。

智能变电站网络采用高速以太网,采用IEC61850通信规约,传输速率不低于100Mbps,全站网络在逻辑功能上可由站控层网络和过程层网络构成,两层网络物理上可相互独立,也可合并为一层网络。

●站控层网络结构拓扑视电压等级采用双星形、单环形或单星形,可传输 MMS 报文和GOOSE 报文。

●过程层网络包括 GOOSE 网络和采样值(SV) 网络,网络结构拓扑宜采用星形。

MMS(Manufacturing Message Specification),制造报文规范是 ISO/IEC9506 标准所定义的一套用于工业控制系统的通信协议。MMS 规范了工业领域具有通信能力的智能传感器、智能电子设备、智能控制设备的通信行为,使出自不同制造商的设备之间具有互操作性。

GOOSE(Generic Object Oriented Substation Event,面向变电站事件通用对象服务),主要用于实现在多个智能电子设备之间保护功能的闭锁和跳闸。

### 4. 未来智能变电站

未来智能变电站基于设备智能化的发展和高级功能的实现,分为设备层和系统层。设备层包含一次设备和智能组件,主张将一次设备、二次设备、在线监测和故障录波等进行有机融合,具备电能输送、电能分配、继电保护、控制、测量、计量、状态监测、故障录波、通信等功能,着力体现智能变电站智能化技术的发展方向。而系统层面向全站,通过智能组件获取并综合处理变电站中关联智能设备的相关信息,具备基本数据处理和高级应用等功能,包括网络通信系统、对时系统、高级应用系统、一体化平台等,突出信息共享、设备状态可视化、智能报警、分析决策等高级功能。智能变电站数据源应统一化、标准化,实现网络共享。智能设备之间应实现进一步的互连互通,支持采用系统级的运行控制策略,如图 8-24 所示。

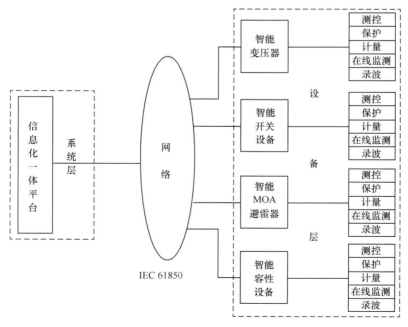

图 8-24　未来智能变电站结构

# 小　　结

本章介绍了变电所二次回路及自动装置、变电站自动化和智能变电站,重点讲述了高压断路器控制回路、中央信号回路和二次回路安装接线图。

① 操作电源有交流和直流之分,它为整个二次回路提供工作电源。直流操作电源可采用蓄电池,也可采用硅整流电源。交流操作电源可取自互感器二次侧或所用变压器低压母线,但保护回路的操作电源通常取自电流互感器。

② 高压断路器控制回路实现对断路器的手动和自动合闸或跳闸。断路器的操作机构有电磁操动机构、弹簧操动机构、液压和气体操动机构。

③ 中央信号回路包括事故信号回路和预告信号回路等。从功能上讲,有就地复归和中央复归、不重复动作和重复动作的中央事故信号和预告信号回路,能重复动作的中央信号回路采用信号脉冲继电器构成。

④ 直流绝缘监视回路主要是利用电桥平衡原理来实现的,是对直流系统是否存在接地隐患进行监视。测量仪表的配置应符合 GB/T50063—2017《电力装置电测量仪表装置设计规范》的规定。

⑤ 自动重合闸装置(ARD) 是在线路发生短路故障时,断路器跳闸后进行的重新合闸,能提高线路供电的可靠性,主要用于架空线路。目前在供配电系统中 ARD 与继电保护配合的主要方式为重合闸后加速保护方式。变配电所采用两路及以上电源进线,或一用一备,或互为备用,应安装备用电源自动投入装置(APD),以确保供电可靠性。

⑥ 二次回路安装接线图,包括屏面布置图、端子排图和屏后接线图。最常用的接线表示方法是相对编号法。

⑦ 变电站自动化提高变电站的运行和管理水平,其设备配置分变电站层和间隔层两个层次,整个系统的结构方式有集中式和分布式两种。变电站自动化系统的硬件和软件采用结构模块化设计,可以使各子程序互不干扰,提高了系统的可靠性。

⑧ 智能变电站是未来变电站发展的方向和智能电网的重要组成部分。

## 思考题和习题

8-1 变电所二次回路按功能分为哪几部分?各部分的作用是什么?

8-2 二次回路图主要有哪些内容?各有何特点?

8-3 操作电源有哪几种?直流操作电源又有哪几种?各有何特点?

8-4 蓄电池有哪几种运行方式?

8-5 交流操作电源有哪些特点?可通过哪些途径获得电源?

8-6 所用变压器一般接在什么位置?对所用变压器的台数有哪些要求?

8-7 断路器的控制开关有哪 6 个操作位置?简述断路器手动合闸、跳闸的操作过程。

8-8 断路器控制回路应满足哪些要求?

8-9 试述断路器控制回路中防跳回路的工作原理(见图 8-7)。

8-10 什么叫中央信号回路?事故信号回路和预告信号回路的声响有何区别?

8-11 试述能重复动作的中央复归式事故信号回路的工作原理。

8-12 在图 8-10 中,如何检查光字牌灯泡是否损坏?

8-13 电气测量的目的是什么?对仪表的配置有何要求?

8-14 计费计量中,互感器、仪表的准确度有何要求?

8-15 直流系统两点接地有何危害?请画图说明。

8-16 对自动重合闸装置的要求是什么?一次自动重合闸装置如何实现对自动重合闸的要求?

8-17 对备用电源自动投入装置的要求是什么?在图 8-14 原理接线图中如何实现备用电源自动投入装置?

8-18 二次回路编号的原则是什么?

8-19 什么叫安装单位?如何对其编号?

8-20 屏面布置图的原则和要求是什么?

8-21 接线端子按用途分有哪几种?各自的用途是什么?

8-22 端子排的连接和排列原则是什么?

8-23 端子排图如何标注?

8-24 屏后接线图的基本原则和要求是什么?

8-25 何为相对编号法?举例说明。

8-26 什么叫变电站自动化?变电站自动化系统有哪些主要功能?

8-27 变电站自动化系统的设备配置分哪两层?各层的含义是什么?

8-28 变电站自动化系统结构布置方式有哪两种?各方式的特点是什么?

8-29 简述变电站自动化系统的软件系统框图各程序模块的含义。

8-30 什么叫智能变电站?智能变电站的主要技术特征和功能是什么?

8-31 简述智能变电站的结构。

8-32 某变电所 10kV 线路测量二次回路,装有有功电能表、无功电能表和电流表各 1 只,如图 8-25 所示。试在屏后接线图中用相对编号法表示仪表和端子排的接线。

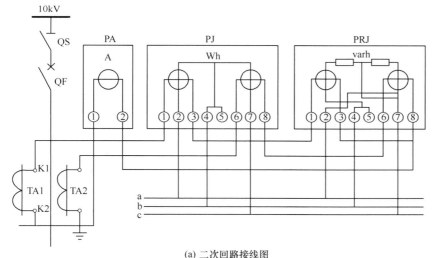

(a) 二次回路接线图

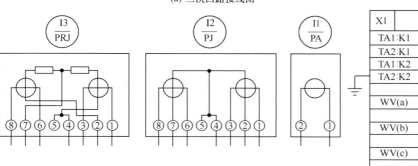

(b) 屏后接线图

图 8-25  10kV 线路测量二次回路图

# 第9章  电气安全、防雷和接地

供配电系统正常运行，首先必须要保证其安全性，防雷和接地是电气安全的主要措施。掌握电气安全、防雷和接地的知识及理论非常重要。

## 9.1  电气安全

### 9.1.1  电气安全的含义和重要性

电气安全包括人身安全和设备安全两个方面。人身安全是指电气从业人员或其他人员的安全；设备安全是指电气设备及其所拖动的机械设备的安全。

电气设备应用广泛，如果设计不合理，安装不妥当，使用不正确，维修不及时，尤其是电气人员缺乏必要的安全知识与安全技能，麻痹大意，就可能引发各类事故，如触电伤亡、设备损坏、停电，甚至引起火灾或爆炸等严重后果。因此，必须采取切实有效的措施，杜绝事故的发生，一旦发生事故，也应懂得现场应急处理的方法。

### 9.1.2  电气安全措施

① 建立完整的安全管理机构。

② 健全各项安全规程，并严格执行。

③ 严格遵循设计、安装规范。电气设备和线路的设计、安装，应严格遵循相关的国家标准，做到精心设计，按图施工，确保质量，绝不留下事故隐患。

④ 加强运行、维护和检修试验工作。应定期测量在用电气设备的绝缘电阻及接地装置的接地电阻，确保处于合格状态；对安全用具、避雷器、保护电器，也应定期检查、测试，确保其性能良好、工作可靠。

⑤ 按规定正确使用电气安全用具。电气安全用具分绝缘安全用具和防护安全用具，绝缘安全用具又分为基本安全用具和辅助安全用具两类。

⑥ 采用安全电压和符合安全要求的电器。为防止触电事故而采用的由特定电源供电的电压系列，称为安全电压。对于容易触电及有触电危险的场所，应按表 9-1 中的规定采用相应的安全电压。

表 9-1  安全电压

| 安全电压（交流有效值）（V） | | 选用举例 |
| --- | --- | --- |
| 额定值 | 空载上限值 | |
| 42 | 50 | 在有触电危险的场所使用的手持式电动工具等 |
| 36 | 43 | 在矿井、多导电粉尘等场所使用的照明灯等 |
| 24 | 29 | 工作空间狭窄，操作者容易大面积接触带电体，如在锅炉、金属容器内 |
| 12 | 15 | 人体可能经常触及的带电体设备 |
| 6 | 8 | |

注：某些重负载的电气设备，对上表列出的额定值虽然符合规定，但空载时电压都很高，若超过空载上限值仍不能认为是安全的。

⑦ 普及安全用电知识。

### 9.1.3　电气防火和防爆

当电气设备、线路处于短路、过载、接触不良、散热不良等不正常运行状态时,其发热量增加,温度升高,容易引起火灾。在有爆炸性混合物的场合,电火花、电弧还会引发爆炸。

**1. 防火防爆的措施**

① 选择适当的电气设备及保护装置,应根据具体环境、危险场所的区域等级选用相应的防爆电气设备和配线方式,所选用的防爆电气设备的级别应不低于该爆炸场所内爆炸性混合物的级别。

② 保持必要的防火间距及良好的通风。

**2. 电气火灾的特点**

① 着火的电气设备可能是带电的,如不注意可能引起触电事故。

② 有些电气设备(如油浸式变压器、油断路器)本身充有大量的油,可能发生喷油甚至爆炸事故,扩大火灾范围。

**3. 电气失火的处理**

电气失火后应首先切断电源,但有时为争取时间,来不及断电或因生产需要等原因不允许断电时,则需带电灭火。带电灭火必须注意以下几点。

① 选择适当的灭火器。二氧化碳($CO_2$)、四氯化碳($CCl_4$)、一氯—二氟溴甲烷($CF_2ClBr$,俗称"1211")或干粉灭火器的灭火剂均不导电,可用于带电灭火。二氧化碳(干冰)灭火器使用时要打开门窗,离着火区 $2\sim3m$ 喷射,勿使干冰粘着皮肤,以防冻伤。四氯化碳灭火器使用时要防止中毒,应打开门窗,有条件时最好戴上防毒面具,因为四氯化碳与氧气在热作用下会发生化学反应,生成有毒的光气($COCl_2$)和氯气($Cl_2$)。不能使用一般的泡沫灭火器,因为其灭火剂(水溶液)具有一定的导电性,而且对电气设备具有腐蚀作用。

② 小范围带电灭火,可使用干砂覆盖。

③ 专业灭火人员用水枪灭火时,宜采用喷雾水枪,这种水枪通过水柱的泄漏电流较小,带电灭火比较安全。用普通直流水枪灭火时,为防止泄漏电流流过人体,可将水枪喷嘴接地,也可让灭火人员穿戴绝缘手套、绝缘靴或穿戴均压服后进行灭火。

### 9.1.4　触电及防护

**1. 触电的概念及其危害**

人体也是导体,当人体某部位接触一定电位时,就有电流流过人体,这就是触电。触电分直接触电和间接触电两类。直接触电是指人体与带电导体接触的触电。间接触电是指人体与故障状况下变为带电的设备外露可接近导体(如金属外壳、框架等)接触的触电。

触电事故可分为"电击"与"电伤"两类。电击是指电流通过人体内部,破坏人的心脏、呼吸系统与神经系统,重则危及生命;电伤是指由电流的热效应、化学效应或机械效应对人体造成的伤害,它可伤及人体内部,甚至骨骼,还会在人体体表留下诸如电流印、电纹等触电伤痕。

触电事故引起死亡大都是由于电流刺激人体心脏,引起心室的纤维性颤动、停搏和电流引起呼吸中枢麻痹,导致呼吸停止而造成的。

安全电流是指人体触电后最大的摆脱电流。我国规定安全电流为 $30mA$($50Hz$ 交流),触电时间按不超过 $1s$ 计,即 $30mA \cdot s$。

电流对人体的危害程度与触电时间、电流的大小和性质及电流在人体中的路径有关。触电时间越长,电流越大,频率接近工作频率,对人体的危害越大,电流流过心脏最为危险。此外,还与人的体重、健康状况有关。

### 2. 触电防护

（1）直接触电防护

① 将带电导体绝缘。带电导体应全部用绝缘层覆盖,其绝缘层应能长期承受在运行中遇到的机械、化学、电及热的各种不利影响。

② 采用遮栏或外护物。设置防止人、畜意外触及带电导体的防护设施;在可能触及带电导体的开孔处,设置"禁止触及"的标志。

③ 采用阻挡物。当裸带电导体采用遮栏或外护物防护有困难时,在电气专用房间或区域宜采用栏杆或网状屏障等阻挡物防护。

④ 将人可能无意识同时触及的不同电位的可导电部分置于伸臂范围之外。

（2）间接触电防护

① 将故障状况下变为带电的设备外露可接近导体接地或接零。

② 设置等电位连接。建筑物内的总等电位连接和局部等电位连接应符合相关规定。

③ 装设剩余电流保护电器(俗称漏电保护器或漏电开关),故障时自动切断电源。

④ 采用特低电压(ELV)供电。特低电压是指相间电压或相对地电压不超过交流均方根值42V 的电压。亦可采用 SELV(安全特低电压)系统和 PELV(保护特低电压)系统供电。

# 9.2　过电压和防雷

## 9.2.1　过电压及雷电概述

### 1. 过电压的种类

过电压是指在电气设备或线路上出现的超过正常工作要求并对其绝缘构成威胁的电压。过电压按产生原因可分为内部过电压和雷电过电压。

（1）内部过电压

内部过电压是由电力系统正常操作、事故切换、发生故障或负荷骤变时引起的过电压,可分为操作过电压、弧光接地过电压及谐振过电压。

内部过电压的能量来自电力系统本身,经验证明,内部过电压一般不超过系统正常运行时额定相电压的 4 倍,对电力线路和电气设备绝缘的威胁不是很大。

（2）雷电过电压

雷电过电压也称外部过电压或大气过电压,是由电力系统中的设备或建筑物遭受来自大气中的雷击或雷电感应而引起的过电压。

雷电冲击波的电压幅值可高达 1 亿伏,其电流幅值可高达几十万安,对电力系统的危害远远超过内部过电压。其可能毁坏电气设备和线路的绝缘,烧断线路,造成大面积长时间停电。因此,必须采取有效措施加以防护。

### 2. 雷电的形成

雷电或称闪电,是大气中带电云层之间或带电云层与大地之间所发生的一种强烈的自然放电现象。雷电有线状、片状和球状等形式。带电云层即雷云的形成有多种理论解释,人们至今仍在探索中。常见的一种说法是在闷热、潮湿、无风的天气里,接近地面的湿气受热上升,遇到冷空气凝成冰晶。冰晶受到上升气流的冲击而破碎分裂,气流挟带一部分带正电的小冰晶上升,形成

"正雷云"，而另一部分较大的带负电的冰晶则下降，形成"负雷云"，随着电荷的积累，雷云电位逐渐升高。由于高空气流的流动，正、负雷云均在空中飘浮不定，当带不同电荷的带电雷云相互间或带电雷云与大地间接近到一定程度时，就会产生强烈的放电，放电瞬间出现耀眼的闪光和震耳的轰鸣，这种现象就叫雷电。雷云对大地的放电通常是阶跃式的，可分为3个主要阶段：先导放电、主放电和余光。

### 3. 雷电过电压的种类

雷电可分为直击雷、感应雷和雷电波侵入3大类。

（1）直击雷过电压

当雷电直接击中电气设备、线路或建筑物时，强大的雷电流通过被击物流入大地，在被击物上产生较高的电压降，称为直击雷过电压。

有时雷云很低，周围又没有带异性电荷的雷云，这样有可能在地面凸出物上感应出异性电荷，在雷云与大地之间形成很大的雷电场。当雷云与大地之间在某一方位的电场强度达到 $25\sim30\text{kV/cm}$ 时就开始放电，这就是直接雷击（直击雷），如图 9-1 所示。大量的观测统计表明，雷云对地面的雷击大多为负极性雷击，只有约 $10\%$ 的雷击为正极性雷击。

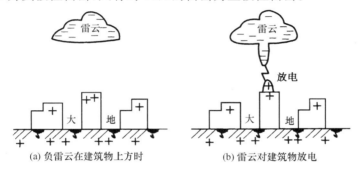

(a) 负雷云在建筑物上方时　　　　(b) 雷云对建筑物放电

图 9-1　直击雷示意图

（2）闪电感应（感应雷）过电压

闪电感应是指闪电放电时，在附近导体上产生的雷电静电感应和雷电电磁感应，它可能使金属部件之间产生火花放电。

① 闪电静电感应过电压

由于雷云的作用，使附近导体上感应出与雷云极性相反的电荷，雷云主放电时，先导通道中的电荷迅速中和，导体上的感应电荷得到释放，如果没有就近泄入地中就会产生很高的电动势，从而产生闪电静电感应过电压，如图 9-2 所示。输电线路上的静电感应过电压可达几万甚至几十万伏，导致线路绝缘闪络及所连接的电气设备绝缘遭受损坏。在危险环境中未做等电位连接的金属管线间可能产生火花放电，导致火灾或爆炸危险。

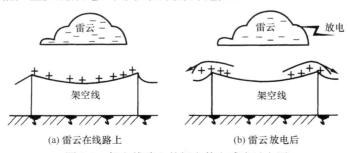

(a) 雷云在线路上　　　　(b) 雷云放电后

图 9-2　架空线路上的闪电静电感应过电压

② 闪电电磁感应过电压

由于雷电流变化迅速,在周围空间产生瞬变的强电磁场,使附近的导体上感应出很高的电动势,从而产生闪电电磁感应过电压。

（3）闪电电涌侵入（雷电波侵入）

闪电电涌是指闪电击于防雷装置或线路上以及由闪电静电感应和闪电电磁脉冲引发,表现为过电压、过电流的瞬态波,即雷电波。

闪电电涌侵入是指雷电对架空线路、电缆线路和金属管道的作用,可能沿着管线侵入室内,危及人身安全或损坏设备。这种闪电电涌侵入造成的危害占雷害总数的一半以上。

## 9.2.2　防雷装置

防雷装置是指用于对电力装置或建筑物进行雷电防护的整套装置,由外部防雷装置和内部防雷装置组成。外部防雷装置由接闪器、引下线和接地装置3个部分组成。内部防雷装置是用于减小雷电流在所需防护空间内产生的电磁效应的防雷装置,由避雷器或屏蔽导体、等电位连接件和电涌保护器等组成。

### 1. 接闪器

接闪器是用于接收雷闪的金属物体。

接闪器分为接闪杆（俗称避雷针）、接闪线（俗称避雷线）、接闪带（俗称避雷带）和接闪网（俗称避雷网）。接闪器的金属杆称为接闪杆,主要用于保护露天变配电设备及建筑物;接闪器的金属线称为接闪线或架空地线,主要用于保护输电线路;接闪器的金属带、金属网称为接闪带、接闪网,主要用于保护建筑物。它们都是利用其高出被保护物的突出地位,把雷电引向自身,然后通过引下线和接地装置把雷电流泄入大地,使被保护的线路、设备、建筑物免受雷击。

（1）接闪杆

接闪杆起引雷的作用。当雷电先导临近地面时,它能使雷电场畸变,改变雷云放电的通道,吸引到接闪杆本身,然后经与接闪杆相连的引下线和接地装置将雷电流泄入大地,使被保护物免受直接雷击。

接闪杆的保护范围以其能防护直击雷的空间来表示,按国家标准 GB 50057—2010《建筑物防雷设计规范》采用"滚球法"来确定。

"滚球法",就是选择一个半径为 $h_r$（滚球半径）的滚球,沿需要防护直击雷的部分滚动,如果球体只触及接闪器或接闪器和地面,而不触及需要保护的部位时,则该部位就在这个接闪器的保护范围之内。滚球半径是按建筑物防雷类别确定的,见表9-2。

表 9-2　各类防雷建筑物的滚球半径和避雷网格尺寸（GB50057—2010）

| 建筑物防雷类别 | 滚球半径 $h_r$(m) | 避雷网格尺寸(m) |
|---|---|---|
| 第一类防雷建筑物 | 30 | ≤5×5 或≤6×4 |
| 第二类防雷建筑物 | 45 | ≤10×10 或≤12×8 |
| 第三类防雷建筑物 | 60 | ≤20×20 或≤24×16 |

① 单支接闪杆的保护范围。单支接闪杆的保护范围如图9-3所示,按下列方法确定。

当接闪杆高度 $h \leqslant h_r$ 时:

a. 距地面 $h_r$ 处作一平行于地面的平行线;

b. 以接闪杆的杆尖为圆心、$h_r$ 为半径,作弧线交平行线于 $A,B$ 两点;

c. 以 $A,B$ 为圆心, $h_r$ 为半径作弧线,该弧线与杆尖相交,并与地面相切。由此弧线起到地面为止的整个锥形空间,就是接闪杆的保护范围。

接闪杆在被保护物高度 $h_x$ 的 $xx'$ 平面上的保护半径 $r_x$ 按下式计算

$$r_x = \sqrt{h(2h_r - h)} - \sqrt{h_x(2h_r - h_x)} \qquad (9\text{-}1)$$

接闪杆在地面上的保护半径 $r_0$ 按下式计算

$$r_0 = \sqrt{h(2h_r - h)} \qquad (9\text{-}2)$$

以上两式中, $h_r$ 为滚球半径,由表 9-2 确定。

当接闪杆高度 $h > h_r$ 时,在接闪杆上取高度 $h_r$ 的一点代替接闪杆的杆尖作为圆心。余下做法与接闪杆高度 $h \leqslant h_r$ 时相同。

**例 9-1** 某厂锅炉房烟囱高 40m,烟囱上安装一支高 2m 的接闪杆,锅炉房(属第三类防雷建筑物)尺寸如图 9-4 所示,试问此接闪杆能否保护锅炉房。

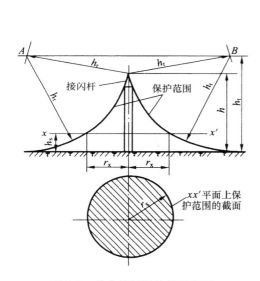

图 9-3 单支接闪杆的保护范围

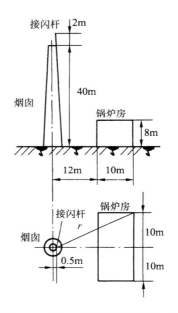

图 9-4 例 9-1 接闪杆的保护范围

**解** 查表 9-2 得,三类防雷建筑物的滚球半径 $h_r = 60$m,而接闪杆顶端高度 $h = 40 + 2 = 42$m, $h_x = 8$m,根据式(9-1)得接闪杆保护半径为

$$r_x = \sqrt{42 \times (2 \times 60 - 42)} - \sqrt{8 \times (2 \times 60 - 8)} = 27.3\text{m}$$

现锅炉房在 $h_x = 8$m 高度上最远屋角距离接闪杆的水平距离为

$$r = \sqrt{(12 - 0.5 + 10)^2 + 10^2} = 23.7\text{m} < r_x$$

由此可见,烟囱上的接闪杆能保护锅炉房。

② 两支接闪杆的保护范围:两支等高接闪杆的保护范围如图 9-5 所示。在接闪杆高度 $h \leqslant h_r$ 的情况下,当两支接闪杆的距离 $D \geqslant 2\sqrt{h(2h_r - h)}$ 时,应各按单支接闪杆保护范围计算;当 $D < 2\sqrt{h(2h_r - h)}$ 时,保护范围如图 9-5 所示,按下列方法确定。

a. $AEBC$ 外侧的接闪杆保护范围,按单支接闪杆的方法确定。

b. 两支接闪杆之间 $C,E$ 两点位于两杆间的垂直平分线上。在地面每侧的最小保护宽度 $b_0$ 为

$$b_0 = CO = EO = \sqrt{2(2h_r - h) - \left(\frac{D}{2}\right)^2} \tag{9-3}$$

在 $AOB$ 轴线上，距中心线任一距离 $x$ 处，在保护范围上边线的保护高度 $h_x$ 为

$$h_x = h_r - \sqrt{(h_r - h)^2 + \left(\frac{D}{2}\right)^2 - x^2} \tag{9-4}$$

该保护范围上边线是以中心线距地面 $h_r$ 的一点 $O'$ 为圆心，以 $\sqrt{(h_r - h)^2 + \left(\frac{D}{2}\right)^2}$ 为半径所作的圆弧 $AB$。

c. 两杆间 $AEBC$ 内的保护范围。$ACO,BCO,BEO,AEO$ 部分的保护范围确定方法相同，以 $ACO$ 保护范围为例，在任一保护高度 $h_x$ 和 $C$ 点所处的垂直平面上以 $h_r$ 作为假想接闪杆，按单支接闪杆的方法逐点确定。如图9-5中1-1剖面图所示。

d. 确立 $xx'$ 平面上的保护范围。以单支接闪杆的保护半径 $r_x$ 为半径，以 $A,B$ 为圆心作弧线与四边形 $AEBC$ 相交；同样以单支接闪杆的 $(r_0 - r_x)$ 为半径，以 $E,C$ 为圆心作弧线与上述弧线相接，如图9-5中的粗虚线所示。

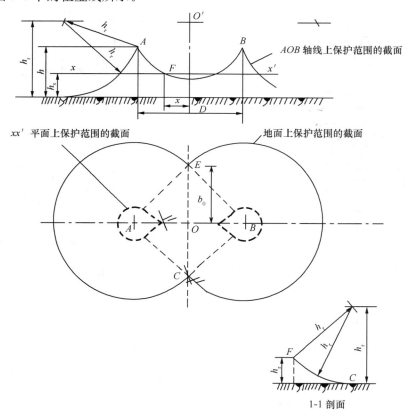

图9-5　两支等高接闪杆的保护范围

两支不等高接闪杆的保护范围的计算，在 $h_1,h_2$ 分别小于或等于 $h_r$ 的情况下，当 $D \geqslant \sqrt{h_1(2h_r - h_1)} + \sqrt{h_2(2h_r - h_2)}$ 时，接闪杆的保护范围计算应按单支接闪杆保护范围所规定的方法确定。

对于比较大的保护范围,采用单支接闪杆,由于保护范围并不随接闪杆的高度成正比增大,所以将大大增大接闪杆的高度,以致安装困难,投资增大。在这种情况下,采用双支接闪杆或多支接闪杆比较经济。

（2）接闪线

当单根接闪线高度 $h \geqslant 2h_r$ 时,无保护范围。

当单根接闪线高度 $h < 2h_r$ 时,保护范围如图 9-6 所示,保护范围应按以下方法确定。确定架空接闪线的高度时应计及弧垂的影响。在无法确定弧垂的情况下,当等高支柱间的距离小于 120m 时架空接闪线中点的弧垂宜采用 2m,距离为 120～150m 时宜采用 3m。

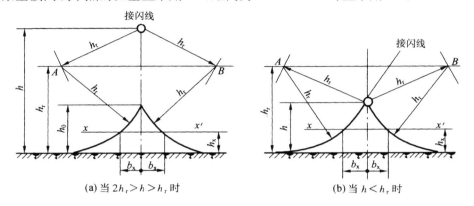

（a）当 $2h_r > h > h_r$ 时　　　　　　（b）当 $h < h_r$ 时

图 9-6　单根接闪线的保护范围

① 距地面 $h_r$ 处作一平行于地面的平行线。

② 以接闪线为圆心,$h_r$ 为半径作弧线交于平行线的 $A$,$B$ 两点。

③ 以 $A$,$B$ 为圆心,$h_r$ 为半径作弧线,这两条弧线相交或相切,并与地面相切。这两条弧线与地面围成的空间就是接闪线的保护范围。

当 $h_r < h < 2h_r$ 时,保护范围最高点的高度 $h_0$ 按下式计算

$$h_0 = 2h_r - h \tag{9-5}$$

接闪线在 $h_x$ 高度的 $xx'$ 平面上的保护宽度 $b_x$ 按下式计算

$$b_x = \sqrt{h(2h_r - h)} - \sqrt{h_x(2h_r - h_x)} \tag{9-6}$$

式中,$h$ 为接闪线的高度;$h_x$ 为被保护物的高度。

关于两根等高接闪线的保护范围,可参看有关国家标准或相关设计手册。

（3）接闪带和接闪网的保护范围

接闪带和接闪网的保护范围应是其所处的整幢高层建筑。为了达到保护的目的,接闪网的网格尺寸有具体的要求,见表 9-2。

**2. 避雷器**

避雷器是用来防止雷电产生的雷电波沿线路侵入变配电所或其他建筑物内,以免危及被保护设备的绝缘。

避雷器的类型有阀型避雷器、管型避雷器、金属氧化物避雷器、保护间隙。这里介绍阀型避雷器、氧化锌避雷器和保护间隙。

（1）阀型避雷器

阀型避雷器由火花间隙和阀片组成,装在密封的瓷套管内。火花间隙用铜片冲制而成,每对为一个间隙,中间用云母片（垫圈式）隔开,其厚度为 0.5～1mm。在正常工作电压下,火花间隙

不会被击穿从而隔断工频电流,但在雷电过电压时,火花间隙被击穿放电。阀片是用碳化硅制成的,具有非线性特征。在正常工作电压下,阀片电阻值较高,起到绝缘作用,而在雷电过电压下电阻值较小。当火花间隙击穿后,阀片能使雷电流泄放到大地中。而当雷电过电压消失后,阀片又呈现较大电阻,使火花间隙恢复绝缘,切断工频续流,保证线路恢复正常运行。必须注意:雷电流流过阀片时要形成电压降(称为残压),加在被保护电力设备上,残压不能超过设备绝缘允许的耐压值,否则会使设备绝缘击穿。

如图 9-7 所示为 FS4-10 型高压阀型避雷器外形结构图。

(2)氧化锌避雷器

氧化锌避雷器是目前最先进的过电压保护设备。在结构上由基本元件和绝缘底座构成,基本元件内部由氧化锌电阻片串联而成。电阻片的形状有圆饼形,也有环形。其工作原理与阀型避雷器基本相似,由于氧化锌非线性电阻片具有极高的电阻而呈绝缘状态,有十分优良的非线性特性。在正常工作电压下,仅有几百微安的电流通过,因而无须采用串联的放电间隙,使其结构先进合理。

氧化锌避雷器主要有普通型(基本型)、有机外套氧化锌避雷器、整体式合成绝缘氧化锌避雷器、压敏电阻氧化锌避雷器 4 种类型。图 9-8(a)、(b)分别为基本型(Y5W-10/27 型)、有机外套(HY5WS17/50 型)氧化锌避雷器的外形结构图。

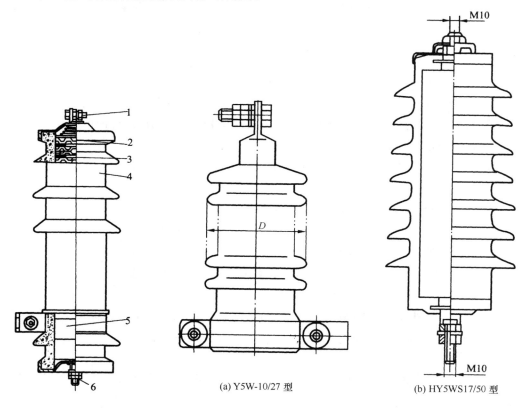

(a) Y5W-10/27 型　　　　　(b) HY5WS17/50 型

图 9-7　FS4-10 型高压阀型　　　　图 9-8　氧化锌避雷器外形结构
避雷器外形结构

1—上接线端　2—火花间隙

3—云母片垫圈　4—瓷套管

5—阀片　6—下接线端

有机外套氧化锌避雷器有无间隙和有间隙两种，由于这种避雷器具有保护特性好、通流能力强，且体积小、重量轻、不易破损、密封性好、耐污能力强等优点，前者广泛应用于变压器、电机、开关、母线等电力设备的防雷，后者主要用于 6～10kV 中性点非直接接地配电系统的变压器、电缆头等交流配电设备的防雷。

整体式合成绝缘氧化锌避雷器是整体模压式无间隙避雷器，具有防爆防污、耐磨、抗震能力强、体积小、重量轻和可采用悬挂方式等特点，用于 3～10kV 电力系统电气设备的防雷。

MYD 系列压敏电阻氧化锌避雷器是一种新型半导体陶瓷产品，其特点是通流容量大、非线性系数高、残压低、漏电流小、无续流、响应时间快。可应用于几伏到几万伏交直流电压的电气设备的防雷、操作过电压，对各种过电压具有良好的抑制作用。

氧化锌避雷器的典型技术参数见表 9-3。

表 9-3　氧化锌避雷器的典型技术参数表

| 型　号 | 避雷器额定电压（kV） | 系统标称电压（kV） | 持续运行电压（kV） | 直流 1mA 参考电压（kV） | 标称放电电流下残压（kV） | 陡波冲击残压（kV） | 2ms 方波通流容量（A） | 使用场所 |
|---|---|---|---|---|---|---|---|---|
| HY5WS-10/30 | 10 | 6 | 8 | 15 | 30 | 34.5 | 100 | 配电（S） |
| HY5WS-12.7/45 | 12.7 | 10 | 6.6 | 24 | 45 | 51.8 | 200 | |
| HY5WZ-17/45 | 17 | 10 | 13.6 | 24 | 45 | 51.8 | 200 | 电站（Z） |
| HY5WZ-51/134 | 51 | 35 | 40.8 | 73 | 134 | 154 | 400 | |
| HY2.5WD-7.6/19 | 7.6 | 6 | 4 | 11.2 | 19 | 21.9 | 400 | 旋转电机（D） |
| HY2.5WD-12.7/31 | 12.7 | 10 | 6.6 | 18.6 | 31 | 35.7 | 400 | |
| HY5WR-7.6/27 | 7.6 | 6 | 4 | 14.4 | 27 | 30.8 | 400 | 电容器（R） |
| HY5WR-17/45 | 17 | 10 | 13.6 | 24 | 45 | 51 | 400 | |
| HY5WR-51/134 | 51 | 35 | 40.5 | 73 | 134 | 154 | 400 | |

（3）保护间隙

与被保护物绝缘并联的空气火花间隙叫保护间隙。按结构形式可分为棒形、球形和角形 3 种。目前 3～35kV 线路广泛应用的是角形间隙。角形间隙由两根 $\phi$10～12mm 的镀锌圆钢弯成羊角形电极并固定在瓷瓶上，如图 9-9（a）所示。

正常情况下，保护间隙对地是绝缘的。当线路遭到雷击时，角形间隙被击穿，雷电流泄入大地。角形间隙击穿时会产生电弧，因空气受热上升，电弧转移到间隙上方，拉长而熄灭，使线路绝缘子或其他电气设备的绝缘不致发生闪络，从而起到保护作用。因主间隙暴露在空气中，容易被外物（如鸟、鼠、虫、树枝）短接，所以对本身没有辅助间隙的保护间隙，一般在其接地引线中串联一个辅助间隙，这样，即使主间隙被外物短接，也不致造成接地或短路，如图 9-9（b）所示。

保护间隙灭弧能力较弱，雷击后，保护间隙很可能切不断工频续流而造成接地短路故障，引起线路开关跳闸或熔断器熔断，造成停电，所以只适用于无重要负荷的线路上。在装有保护间隙的线路上，一般要求装设自动重合闸装置或自复式熔断器，以提高供电可靠性。

## 3. 引下线

引下线是用于将雷电流从接闪器传导至接地装置的导体。引下线的材料有热镀锌钢、铜、镀锡铜、铝、铝合金和不锈钢等。引下线宜采用热镀锌圆钢或扁钢，宜优先采用热镀锌圆钢。热镀锌钢的结构和最小截面应按表 9-4 规定取值。在一般情况下，明敷接闪导体和引下线固定支架的间距不宜大于表 9-5 的规定。

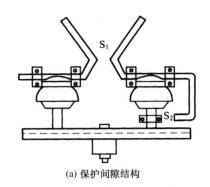

(a) 保护间隙结构

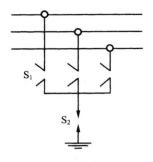

(b) 三相线路上保护间隙接线图

图 9-9　羊角形保护间隙结构与接线

$S_1$—主间隙　$S_2$—辅助间隙

表 9-4　接闪线(带)、接闪杆和引下线的结构、最小截面和最小厚度/直径

| 结　构 | 明　敷 | | 暗　敷 | | 烟　囱 | |
|---|---|---|---|---|---|---|
| | 最小截面 ($mm^2$) | 最小厚度/直径 (mm) | 最小截面 ($mm^2$) | 最小厚度/直径(mm) | 最小截面 ($mm^2$) | 最小厚度/直径(mm) |
| 单根扁钢 | 50 | 2.5/ | 80 | | 100 | 4/ |
| 单根圆钢 | 50 | /8 | 80 | /10 | 100 | /12 |
| 绞线 | 50 | /每股直径1.7 | | | 50 | /每股直径1.7 |

表 9-5　明敷接闪导体和引下线固定支架的间距

| 布置方式 | 扁形导体和绞线 固定支架的间距(mm) | 单根圆形导体 固定支架的间距(mm) |
|---|---|---|
| 安装于水平面上的水平导体 | 500 | 1000 |
| 安装于垂直面上的水平导体 | 500 | 1000 |
| 安装于从地面至高20m垂直面上的垂直导体 | 1000 | 1000 |
| 安装在高于20m垂直面上的垂直导体 | 500 | 1000 |

**4. 电涌保护器**

电涌保护器(Surge Protective Device,SPD)是用于限制瞬态过电压和分泄电涌电流的器件,它至少含有一个非线性元件。其作用是把窜入电力线、信号传输线的瞬时过电压限制在设备或系统所能承受的电压范围内,或将强大的雷电流泄入大地,保护被保护的设备或系统不受冲击。按其工作原理分类,电涌保护器可以分为电压开关型、限压型及组合型。

① 电压开关型电涌保护器。在没有瞬时过电压时呈现高阻抗,一旦响应瞬时雷电过电压,其阻抗就突变为低阻抗,允许雷电流通过,也被称为短路开关型电涌保护器。

② 限压型电涌保护器。当没有瞬时过电压时为高阻抗,但随电涌电流和电压的增加,其阻抗会不断减小,其电流与电压特性为强烈非线性,有时也被称为钳压型电涌保护器。

③ 组合型电涌保护器。由电压开关型组件和限压型组件组合而成,可以显示为电压开关型或限压型或两者兼有的特性,这决定于所加电压的特性。

## 9.2.3　电力装置的防雷保护

电力装置的防雷装置由接闪器或避雷器、引下线和接地装置3部分组成。

### 1. 架空线路的防雷保护

① 架设接闪线。这是线路防雷的最有效措施,但成本很高,只有 66kV 及以上架空线路才沿全线装设。

② 提高线路本身的绝缘水平。在线路上采用瓷横担代替铁横担,或改用高一绝缘等级的瓷瓶都可以提高线路的防雷水平,这是 10kV 及以下架空线路的基本防雷措施。

③ 利用三角形排列的顶线兼作防雷保护线。由于 3～10kV 线路的中性点通常是不接地的,因此,如在三角形排列的顶线绝缘子上装设保护间隙,如图 9-10 所示,则在雷击时顶线承受雷击,保护间隙被击穿,通过引下线对地泄放雷电流,从而保护了下面两根导线,一般不会引起线路断路器跳闸。

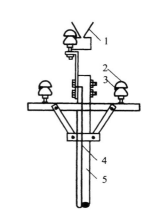

图 9-10　顶线兼作防雷保护线
1—保护间隙　2—绝缘子　3—架空线
4—接地引下线　5—电杆

④ 加强对绝缘薄弱点的保护。线路上个别特别高的电杆、跨越杆、分支杆、电缆头、开关等,就全线路来说是绝缘薄弱点,雷击时最容易发生短路。在这些薄弱点,需装设管型避雷器或保护间隙加以保护。

⑤ 采用自动重合闸装置。遭受雷击时,线路发生相间短路是难免的,在断路器跳闸后,电弧自行熄灭,经过 0.5s 或稍长一点时间后又自动合上,电弧一般不会复燃,可恢复供电,停电时间很短,对一般用户影响不大。

⑥ 绝缘子铁脚接地。对于分布广密的用户,低压线路及接户线的绝缘子铁脚宜接地,当其上落雷时,就能通过绝缘子铁脚放电,把雷电流泄入大地而起到保护作用。

### 2. 变电所的防雷保护

（1）防直击雷

35kV 及以上电压等级变电所可采用接闪杆、接闪线或接闪带,以保护其室外配电装置、主变压器、主控室、室内配电装置及变电所免遭直击雷。一般装设独立接闪杆或在室外配电装置上装设接闪杆防直击雷。当采用独立接闪杆时,宜设独立的接地装置。

当雷击接闪杆时,强大的雷电流通过引下线和接地装置泄入大地,接闪杆及引下线上的高电位可能对附近的建筑物和变配电设备发生"反击闪络"。

为防止"反击闪络"事故的发生,应注意下列规定与要求:

① 独立接闪杆与被保护物之间应保持一定的空气中间距 $S_0$,如图 9-11 所示,此距离与建筑物的防雷等级有关,但通常应满足 $S_0 \geqslant 5m$。

② 独立接闪杆应装设独立的接地装置,其接地体与被保护物的接地体之间也应保持一定的地中间距 $S_E$,如图 9-11 所示,通常应满足 $S_E \geqslant 3m$。

③ 独立接闪杆及其接地装置不应设在人员经常出入的地方。其与建筑物的出入口及人行道的距离不应小于 3m,以限制跨步电压。否则,应采取下列措施之一:

● 水平接地体局部埋深不小于 1m;

● 水平接地体局部包以绝缘物,如涂厚 50～80mm 的沥青层;

● 采用沥青碎石路面,或在接地装置上面敷设 50～80mm 厚的沥青层,其宽度要超过接地装置 2m;

● 采用"帽檐式"均压带(见 9.3 节)。

（2）进线防雷保护

35kV 电力线路一般不采用全线装设接闪线来防直击雷,但为防止变电所附近线路上受到雷击时,雷电过电压沿线路侵入变电所内损坏设备,需在进线 1～2km 段内装设接闪线,使该段线路免遭直接雷击。为使接闪线保护段以外的线路受雷击时侵入变电所的雷电过电压有所限制,一般可在接闪线两端处的线路上装设管型避雷器。进线段防雷保护接线方式如图 9-12 所示。当保护段以外线路受雷击时,雷电波到管型避雷器 $F_1$ 处,即对地放电,降低了雷电过电压值。管型避雷器 $F_2$ 的作用是防止雷电波侵入在断开的断路器 QF 处产生雷电过电压而击坏断路器。

3～10kV 配电线路的进线防雷保护,可以在每路进线终端装设 FZ 型或 FS 型阀型避雷器,以保护线路断路器及隔离开关,如图 9-12 所示中的 $F_1$,$F_2$。如果进线是电缆引入的架空线路,则在架空线路终端靠近电缆头处装设避雷器,其接地端与电缆头外壳相连后接地。

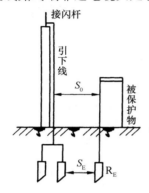

图 9-11　接闪杆接地装置与被保护
物及其接地装置的距离
$S_0$—空气中间距　$S_E$—地中间距

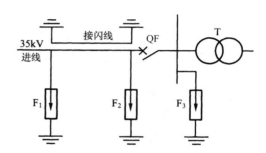

图 9-12　变电所 35kV 进线段防雷保护接线方式
$F_1$,$F_2$—管型避雷器　$F_3$—阀型避雷器

（3）配电装置防雷保护

为防止雷电侵入波沿高压线路侵入变电所,对变电所内设备特别是价值最高但绝缘相对薄弱的电力变压器造成危害,在变电所每段母线上装设一组阀型避雷器,并应尽量靠近变压器,距离一般不应大于 5m。如图 9-12 和图 9-13 中的 $F_3$。避雷器的接地线应与变压器低压侧接地中性点及金属外壳连在一起接地,如图 9-14 所示。

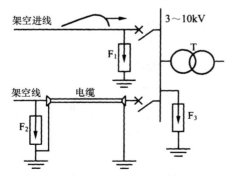

图 9-13　3～10kV 变电所进线防雷保护接线
$F_1$,$F_2$—管型避雷器　$F_3$—阀型避雷器

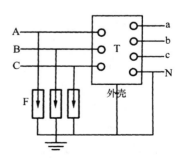

图 9-14　电力变压器的防雷保护及其接地系统
T—电力变压器　F—阀型避雷器

### 3. 高压电动机的防雷保护

高压电动机的绝缘水平比变压器低,如果其经变压器再与架空线路相接,一般不要求采取特

殊的防雷措施。但如果是直接和架空线路连接,其防雷问题尤为重要。

高压电动机由于长期运行,受环境影响腐蚀、老化,其耐压水平会进一步降低,因此,对雷电侵入波的防护,不能采用普通的 FS 型和 FZ 型阀型避雷器,而应采用性能较好的专用于保护高压电动机的 FCD 型磁吹阀型避雷器或采用具有串联间隙的金属氧化物避雷器,并尽可能靠近高压电动机安装。

对于定子绕组中性点能引出的高压电动机,就在中性点装设避雷器。

对于定子绕组中性点不能引出的高压电动机,为降低侵入电动机的雷电侵入波陡度,减轻危害,可采用如图 9-15 所示的接线,在电动机前面加一段 100~150m 的引入电缆,并在电缆前的电缆头处安装一组管型或阀型避雷器。$F_1$ 与电缆联合作用,利用雷电流将 $F_1$ 击穿后的集肤效应,可大大减小流过电缆芯线的雷电流。在电动机电源端安装一组并联有电容器($0.25\sim0.5\mu F$)的 FCD 型磁吹阀型避雷器。

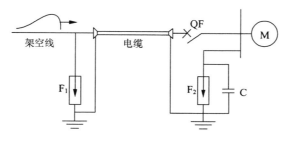

图 9-15　高压电动机的防雷保护接线
$F_1$—管型或普通阀型避雷器　$F_2$—磁吹阀型避雷器

## 9.2.4　建筑物的防雷保护

### 1. 建筑物年预计雷击次数

建筑物年预计雷击次数 $N$ 应按下式计算

$$N = K \times N_g \times A_e \tag{9-7}$$

式中,$K$ 为校正系数,一般情况下取 1,位于河边、湖边、山坡下或山地中土壤电阻率较小处、地下水露头处、土山顶部、山谷风口等处的建筑物及特别潮湿的建筑物取 1.5,金属屋面没有接地的砖木结构建筑物取 1.7,位于山顶上或旷野的孤立建筑物取 2;$N_g$ 为建筑物所处地区雷击大地的年平均密度(次/$km^2/a$);$A_e$ 为与建筑物接收相同雷击次数的等效面积($km^2$)。

雷击大地的年平均密度应按当地气象台、站资料确定。若无资料,可按下式计算

$$N_g = 0.1 \times T_d \tag{9-8}$$

式中,$T_d$ 为年平均雷暴日(d/a),根据当地气象台、站资料确定。

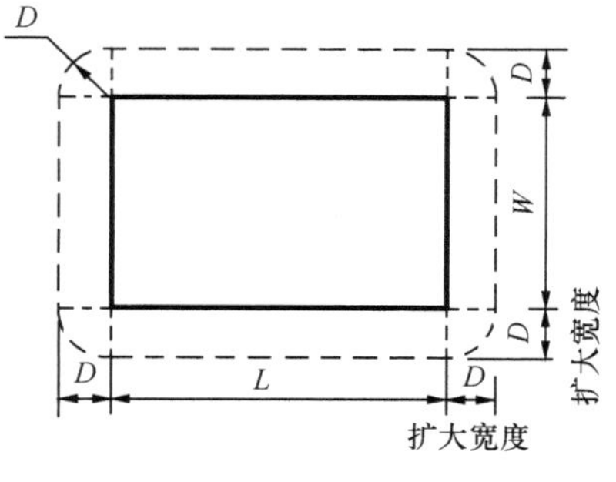

图 9-16　建筑物接收相同雷
击次数的等效面积

与建筑物接收相同雷击次数的等效面积 $A_e$ 应为其实际平面面积向外扩大后的面积,如图 9-16 中周边虚线所包围的面积,$L$、$W$、$H$ 分别为建筑物的长、宽、高(m),$D$ 为其每边的扩大宽度和四角圆弧的半径(m)。

当建筑物的高小于 100m 时,其每边的扩大宽度和等效面积应按下列公式计算

$$D = \sqrt{H(200-H)} \tag{9-9}$$

$$A_e=[LW+2(L+W)\sqrt{H(200-H)}+\pi H(200-H)]\times10^{-6} \qquad (9\text{-}10)$$

**2. 建筑物的防雷分类和基本要求**

（1）建筑物的防雷分类

GB50057—2010《建筑物防雷设计规范》规定，建筑物应根据其重要性、使用性质、发生雷电事故的可能性和后果，按对防雷的要求分成 3 类。

在可能发生对地闪击的地区，遇下列情况之一时，应划为第一类防雷建筑物：

① 凡制造、使用或储存火炸药及其制品的危险建筑物，因电火花而引起爆炸、爆轰，会造成巨大破坏和人身伤亡者；

② 具有 0 区或 20 区爆炸危险场所的建筑物；

③ 具有 1 区或 21 区爆炸危险场所的建筑物，因电火花而引起爆炸，会造成巨大破坏和人身伤亡者。

在可能发生对地闪击的地区，遇下列情况之一时，应划为第二类防雷建筑物：

① 国家级重点文物保护的建筑物；

② 国家级的会堂、办公建筑物、大型展览和博览建筑物、大型火车站和飞机场（不包含停放飞机的露天场所和跑道）、国宾馆、国家级档案馆、大型城市的重要给水水泵房等特别重要的建筑物；

③ 国家级计算中心、国际通信枢纽等对国民经济有重要意义的建筑物；

④ 国家特级和甲级大型体育馆；

⑤ 制造、使用或储存火炸药及其制品的危险建筑物，且电火花不易引起爆炸或不致造成巨大破坏和人身伤亡者；

⑥ 具有 1 区或 21 区爆炸危险场所的建筑物，且电火花不易引起爆炸或不致造成巨大破坏和人身伤亡者；

⑦ 具有 2 区或 22 区爆炸危险场所的建筑物；

⑧ 有爆炸危险的露天钢质封闭气罐；

⑨ 预计雷击次数大于 0.05 次/a 的部、省级办公建筑物和其他重要或人员密集的公共建筑物以及火灾危险场所；

⑩ 预计雷击次数大于 0.25 次/a 的住宅、办公楼等一般性民用建筑物或一般性工业建筑物。

在可能发生对地闪击的地区，遇下列情况之一时，应划为第三类防雷建筑物：

① 省级重点文物保护的建筑物及省级档案馆。

② 预计雷击次数大于或等于 0.01 次/a 且小于或等于 0.05 次/a 的部、省级办公建筑物和其他重要或人员密集的公共建筑物以及火灾危险场所。

③ 预计雷击次数大于或等于 0.05 次/a 且小于或等于 0.25 次/a 的住宅、办公楼等一般性民用建筑物或一般性工业建筑物。

④ 在平均雷暴日大于 15d/a 的地区，高度在 15m 及以上的烟囱、水塔等孤立的高耸建筑物；在平均雷暴日小于或等于 15d/a 的地区，高度在 20m 及以上的烟囱、水塔等孤立的高耸建筑物。

（2）建筑物的防雷基本要求

各类防雷建筑物应设防直击雷的外部防雷装置，并应采取防闪电电涌侵入的措施。第一类防雷建筑物和⑤～⑦项规定的第二类防雷建筑物尚应采取防雷电感应的措施。

各类防雷建筑物应设内部防雷装置。在建筑物的地下室或地面层处，建筑物金属体、金属装置、建筑物内系统和进出建筑物的金属管线应与防雷装置做防雷等电位连接。外部防雷装置与建筑物金属体、金属装置、建筑物内系统之间尚应满足间隔距离的要求。

②～④项规定的第二类防雷建筑物应采取防雷击电磁脉冲的措施。其他各类防雷建筑物，当其建筑物内系统所接设备的重要性高以及所处雷击磁场环境和加于设备的闪电电涌满足不了要求时，也应采取防雷击电磁脉冲的措施。

建筑物容易遭受雷击的部位与屋面的坡度有关，如图9-17所示。

① 平屋面或坡度不大于1/10的屋面，易受雷击的部位为檐角、女儿墙、屋檐，分别见图9-17(a)、(b)；

② 坡度大于1/10而小于1/2的屋面，易受雷击的部位为屋角、屋脊、檐角、屋檐，见图9-17(c)；

③ 坡度大于或等于1/2的屋面，易受雷击的部位为屋角、屋脊、檐角，见图9-17(d)。

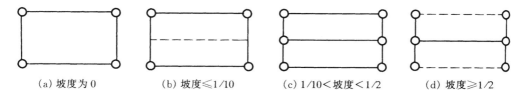

(a) 坡度为0　　(b) 坡度≤1/10　　(c) 1/10＜坡度＜1/2　　(d) 坡度≥1/2

图9-17　建筑物易受雷击部位

○雷击概率最高部位　——易受雷击部位　－－－不易受雷击部位

### 3. 建筑物的防雷措施

(1) 第一类防雷建筑物防雷措施

① 防直击雷措施：要求装设独立接闪杆或架空接闪线或接闪网，使被保护的建筑物及风帽、放散管等突出屋面的物体均处于接闪器的保护范围内。独立接闪杆的杆塔、架空接闪线的端部和接闪网的每根支柱处应至少设一根引下线。对用金属制成或有焊接、绑扎连接钢筋网的杆塔、支柱，宜利用金属杆塔或钢筋网作为引下线。独立接闪杆和架空接闪线或接闪网的支柱及其接地装置至被保护建筑物以及与其有联系的管道、电缆等金属物之间的间隔距离不得小于3m。独立接闪杆、架空接闪线或接闪网应有独立的接地装置，每一引下线的冲击接地电阻不宜大于10Ω。

当建筑物高于30m时，应采取防侧击雷的措施。

② 防闪电感应措施：要求建筑物内的设备、管道、构架、电缆金属外皮、钢屋架、钢窗等较大金属物和突出屋面的放散管、风帽等金属物，均应接到防闪电感应的接地装置上。平行敷设的管道、构架、电缆金属外皮等长金属物，其净距小于100mm时，应采用金属条跨接，跨接点的间距不应大于30m。防闪电感应的接地装置应与电气和电子系统的接地装置公用，其工频接地电阻不宜大于10Ω。当屋内设有等电位连接的接地干线时，其与防闪电感应接地装置的连接不应少于两处。

③ 防闪电电涌侵入措施：在电源引入的总配电箱处应装设Ⅰ级试验的电涌保护器。低压线路宜全线采用电缆直接埋地引入，在入户处应将电缆的金属外皮、钢管接到等电位连接带或防闪电感应的接地装置上。当难于全线采用电缆时，可采用钢筋混凝土电杆和铁横担的架空线路，并应使用一段金属铠装或护套电缆穿钢管直接埋地引入，架空线路与建筑物的距离不应小于15m。在架空线路与电缆连接处应装设户外型电涌保护器，电涌保护器、电缆金属外皮、钢管和绝缘子铁脚、金具等共同接地，其冲击接地电阻不应大于30Ω。架空、埋地或地沟内的金属管道，在进出建筑物处应与防雷电感应的接地装置相连。距离建筑物100m内的架空金属管道，宜每隔25m接地一次，其冲击接地电阻不应大于30Ω。

（2）第二类防雷建筑物防雷措施

① 防直击雷措施：宜采用装设在建筑物上的接闪网、接闪带或接闪杆，或由其混合组成的接闪器。被保护的建筑物及风帽、放散管等突出屋面的物体均处于接闪器的保护范围内。接闪器之间应互相连接。专设引下线不应少于两根，并应沿建筑物四周均匀对称分布，其间距沿周长计算不应大于 18m。每一引下线的冲击接地电阻不宜大于 10Ω。外部防雷装置的接地应和防闪电感应、内部防雷装置、电气和电子系统等公用接地装置，并应与引入的金属管线进行等电位连接。建筑物宜利用钢筋混凝土屋顶、梁、柱、基础内的钢筋作为引下线。

当建筑物高于 45m 时，应采取防侧击雷的措施。

② 防闪电感应措施：建筑物内的设备、管道、构架等主要金属物，应就近接到防雷装置或公用接地装置上。建筑物内防雷电感应的接地干线与接地装置的连接不应少于两处。⑤～⑦项规定的第二类防雷建筑物内的平行敷设的管道、构架、电缆金属外皮等长金属物，其净距小于 100mm 时，应采用金属条跨接，跨接点的间距不应大于 30m。低压电源线路引入的总电源箱、配电柜处装设Ⅰ级试验的电涌保护器。公用接地装置的电阻按 50Hz 电气装置的接地电阻确定，不应大于按人身安全确定的接地电阻值。

③ 防闪电电涌侵入措施：在电气接地装置与防雷接地装置公用或相连的情况下，应在低压电源线路引入的总配电箱、配电柜处装设Ⅰ级试验的电涌保护器。配电变压器设在本建筑物内或附设于外墙处时，应在变压器高压侧装设避雷器，在变压器低压侧的配电屏上，当有线路引出本建筑物时，应在母线上装设Ⅰ级试验的电涌保护器，无线路引出本建筑物时，应在母线上装设Ⅱ级试验的电涌保护器。

（3）第三类防雷建筑物防雷措施

① 防直击雷措施：宜采用装设在建筑物上的接闪网、接闪带或接闪杆，或由其混合组成的接闪器。接闪器之间应互相连接。专设引下线不应少于两根，并应沿建筑物四周均匀对称分布，其间距沿周长计算不应大于 25m。每一引下线的冲击接地电阻不宜大于 30Ω。防雷装置的接地应与电气和电子系统等公用接地装置，并应与引入的金属管线进行等电位连接。外部防雷装置的专设接地装置宜围绕建筑物敷设成环形接地体。建筑物宜利用钢筋混凝土屋顶、梁、柱、基础内的钢筋作为引下线和接地装置。

当建筑物高于 60m 时，应采取防侧击雷的措施。

② 防闪电感应措施：防雷装置的接地应与电气和电子系统等公用接地装置，并应与引入的金属管线进行等电位连接。

③ 防闪电电涌侵入措施：为防止雷电流流经引下线和接地装置时产生的高电位对附近金属物或电气和电子系统线路的反击，在低压电源线路引入的总配电箱、配电柜处，装设Ⅰ级试验的电涌保护器；配电变压器设在本建筑物内或附设于外墙处时，在变压器低压侧的配电屏上，装设Ⅰ级试验的电涌保护器。

# 9.3 接 地

## 9.3.1 接地概述

### 1. 接地和接地装置

电气设备的某部分与大地之间做良好的电气连接，称为接地。埋入土壤或混凝土基础中作散流用的导体,称为接地体。接地体又分为人工接地体和自然接地体。为了达到接地的目的,人为埋入土壤的导体称为人工接地体;兼作接地用的直接与大地接触的各种金属管道、金属构件、建筑物以及基础中的钢筋等称为自然接地体。从接地端子、等电位连接带至接地体的连接导体,或从引下线断接卡或测试点至接地体的连接导体,称为接地线。接地体与接地线构成接地装置。由若干接地体在大地中用接地线相互连接起来的一个整体,称为接地网。其中接地线又分接地干线和接地支线,如图 9-18 所示。接地干线一般应不少于两根导体,在不同地点与接地网连接。

### 2. 接地电流和对地电压

电气设备发生接地故障时,电流经接地装置流入大地并作半球形散开,这一电流称为接地电流,如图 9-19 中的 $I_E$。由于这半球形球面距接地体越远的地方球面越大,所以距接地体越远的地方,散流电阻越小。试验表明,在单根接地体或接地故障点 20m 远处,实际散流电阻已趋近于零。电位为零的地方,称为电气上的"地"或"大地"。

电气设备接地部分与零电位的"大地"之间的电位差,称为对地电压,如图 9-19 中的 $U_E$。

### 3. 接触电压和跨步电压

当电气设备绝缘损坏时,人站在地面上接触该电气设备,人体所承受的电位差称为接触电压 $U_{tou}$。例如,如果有人站在该设备旁边,手触及带电外壳,那么手与脚之间所呈现的电位差,即为接触电压,如图 9-20 所示。

在接地故障点附近行走,人的双脚(或牲畜前后脚)之间所呈现的电位差称为跨步电压 $U_{step}$,如图 9-20 所示。跨步电压的大小与离接地点的远近及跨步的大小有关,离接地点越近,跨步越大,跨步电压就越大。离接地点达 20m 时,跨步电压通常为零。

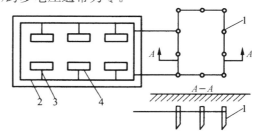

图 9-18　接地网示意图

1—接地体　2—接地干线　3—接地支线　4—设备

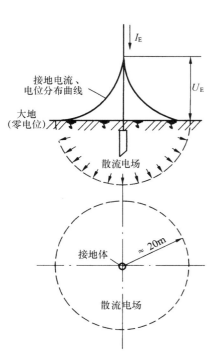

图 9-19　接地电流、对地电压及接
地电流、电位分布曲线

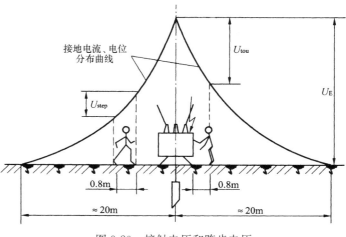

图 9-20　接触电压和跨步电压

为保护人身安全,在建筑物外引下线附近,防接触电压应符合如下规定:

① 利用建筑物金属构架和建筑物互相连接的钢筋在电气上是贯通且不少于 10 根柱子组成的自然引下线,这些柱子包括位于建筑物四周和建筑物内的柱子;

② 引下线 3m 内土壤地表层的电阻率不小于 50kΩ·m;

③ 外露引下线,其距地面 2.7m 以下的导体用耐 $1.2/50\mu s$ 冲击电压 100kV 的绝缘层隔离,例如用至少 3mm 厚的交联聚乙烯层;

④ 用护栏、警告牌使接触引下线的可能性降至最低限度。

为保护人身安全,在建筑物外引下线附近,防跨步电压应符合如下规定:

① 利用建筑物金属构架和建筑物互相连接的钢筋在电气上是贯通且不少于 10 根柱子组成的自然引下线,这些柱子包括位于建筑物四周和建筑物内的柱子;

② 引下线 3m 范围内土壤地表层的电阻率不小于 50kΩ·m;

③ 用网状接地装置对地面进行均衡电位处理;

④ 用护栏、警告牌使进入距引下线 3m 范围内地面的可能性减小到最低限度。

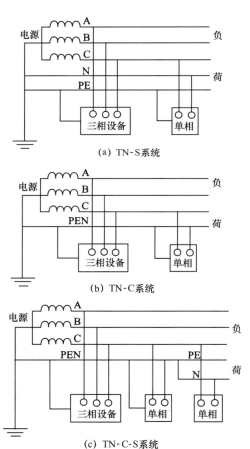

(a) TN-S系统

(b) TN-C系统

(c) TN-C-S系统

图 9-21 低压配电的 TN 系统

#### 4. 工作接地、保护接地、重复接地

（1）工作接地

在正常或故障情况下,为了保证电气设备可靠地运行,而将电力系统中某一点接地,称为工作接地。例如,电源（发电机或变压器）的中性点直接（或经消弧线圈）接地,能维持非故障相对地电压不变,电压互感器一次侧线圈的中性点接地,能保证一次系统中相对地电压测量的准确度,防雷设备的接地是为雷击时对地泄放雷电流。

（2）保护接地

将在故障情况下可能呈现危险的对地电压的设备外露可导电部分进行接地,称为保护接地。与带电部分相绝缘的电气设备金属外壳,通常因绝缘损坏或其他原因而导致意外带电,容易造成人身触电事故,因此必须保护接地。

低压配电系统的保护接地按接地形式,分为 TN 系统、TT 系统和 IT 系统 3 种。

① TN 系统

TN 系统是指电力系统有一点直接接地,电气装置的外露可接近导体通过保护导体与该接地点相连接。

TN 系统分为:

● TN-S 系统——整个系统的中性导体（N 线）与保护导体（PE 线）是分开的,如图 9-21(a)所示;

● TN-C 系统——整个系统的中性导体与保护导体是合一的,如图 9-21(b)所示;

● TN-C-S 系统——系统中有一部分线路的中性导体与保护导体是合一的,称为保护中性体(PEN 线),如图 9-21(c)所示。

TN系统中,设备外露可接近导体通过保护导体或保护中性导体接地,这种接地形式我国习惯称为"保护接零"。

TN系统中的设备发生单相碰壳漏电故障时,就形成单相短路回路,因该回路内不包含任何接地电阻,整个回路的阻抗就很小,故障电流 $I_K^{(1)}$ 很大,足以保证在最短的时间内使熔丝熔断、保护装置或自动开关跳闸,从而切除故障设备的电源,保障人身安全。

② TT系统

电力系统中有一点直接接地,电气设备的外露可接近导体通过保护接地线接至与电力系统接地点无关的接地极,如图9-22(a)所示。

当设备发生单相接地故障时,就会通过保护接地装置形成单相短路电流 $I_K^{(1)}$(见图9-22(b)),由于电源相电压为220V,如按电源中性点工作接地电阻为4Ω、保护接地电阻为4Ω计算,则故障回路将产生27.5A的电流。这么大的故障电流,对于容量较小的电气设备,所选用的熔丝会熔断或使自动开关跳闸,从而切断电源,可以保障人身安全。但是,对于容量较大的电气设备,因所选用的熔丝或自动开关的额定电流较大,所以不能保证切断电源,也就无法保障人身安全了,这是保护接地方式的局限性,但可通过加装剩余电流保护器来弥补,以完善保护接地的功能。

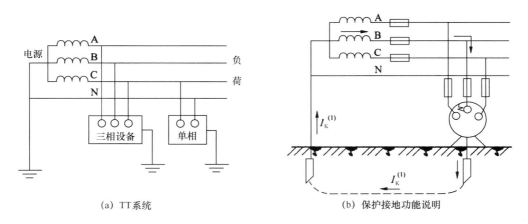

图9-22　TT系统及保护接地功能说明

③ IT系统

电力系统与大地间不直接连接,属于三相三线制系统,电气装置的外露可接近导体通过保护导体与接地极连接,如图9-23(a)所示。

当设备发生单相接地故障时,就会通过接地装置、大地、两非故障相对地电容及电源中性点接地装置(如采取中性点经阻抗接地)形成单相接地故障电流(见图9-23(b)),这时人体若触及漏电设备外壳,因人体电阻与接地电阻并联,且 $R_{man}$ 远大于 $R_E$(人体电阻比接地电阻大200倍以上),由于分流作用,通过人体的故障电流将远小于流经 $R_E$ 的故障电流,极大地降低了触电的危害程度。

必须指出,在同一低压配电系统中,保护接地与保护接零不能混用。否则,当采取保护接地的设备发生单相接地故障时,危险电压将通过大地窜至零线及采用保护接零的设备外壳上。

(3)重复接地

将保护中性线上的一处或多处通过接地装置与大地再次连接,称为重复接地。在架空线路终端及沿线每1km处、电缆或架空线引入建筑物处都要重复接地。如不重复接地,当零线万一

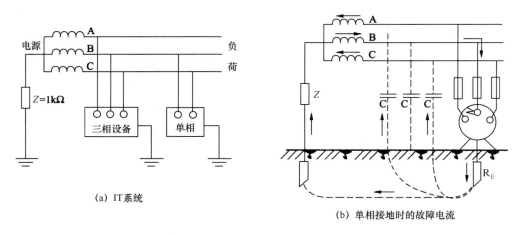

(a) IT系统

(b) 单相接地时的故障电流

图 9-23　IT 系统及单相接地时的故障电流

断线而同时断点之后某一设备发生单相碰壳时,断点之后的接零设备外壳都将出现较高的接触电压,即 $U_E \approx U_\varphi$,如图 9-24(a)所示,十分危险。如重复接地,接触电压大大降低,$U_E = I_E R_R \ll U_\varphi$,如图 9-24(b)所示,危险大为降低。

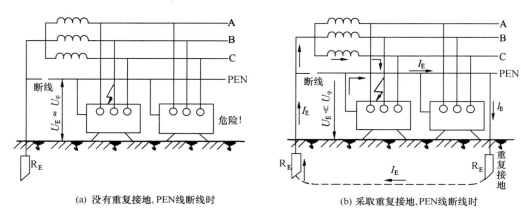

(a) 没有重复接地,PEN线断线时

(b) 采取重复接地,PEN线断线时

图 9-24　重复接地功能说明示意图

### 5. 应实行接地或接零的设备

GB50169—2016《电气装置安装工程接地装置及验收规范》规定,凡因绝缘损坏而可能带有危险电压的电气设备及电气装置的金属外壳和框架均应可靠接地或接零,其中包括:

① 电气设备的金属底座、框架及外壳和传动装置;

② 携带式或移动式用电器具的金属底座和外壳;

③ 箱式变电站的金属箱体;

④ 互感器的二次绕组;

⑤ 配电、控制、保护用的屏(柜、箱)及操作台的金属框架和底座;

⑥ 电力电缆的金属护层、接头盒、终端头和金属保护管及二次电缆的屏蔽层;

⑦ 电缆桥架、支架和井架;

⑧ 变电站(换流站)构架和支架;

⑨ 装有架空地线或电气设备的电力线路杆塔;

⑩ 配电装置的金属遮拦;

⑪ 电热设备的金属外壳。

**6. 可不接地或不接零的设备**

GB50169—2016《电气装置安装工程接地装置及验收规范》规定：

① 在木质、沥青等不良导电地面的干燥房间内，交流额定电压380V及以下或直流额定电压440V及以下的电气设备的外壳；但当有可能同时触及上述电气设备外壳和已接地的其他物体时，则仍应接地；

② 在干燥场所，交流额定电压为127V及以下或直流额定电压为110V及以下的电气设备的外壳；

③ 安装在配电屏、控制屏和配电装置上的电气测量仪表、继电器和其他低压电器等的外壳，以及当发生绝缘损坏时，在支持物上不会引起危险电压的绝缘子的金属底座等；

④ 安装在已接地金属构架上的设备，如穿墙套管等；

⑤ 额定电压为220V及以下的蓄电池室内的金属支架；

⑥ 由发电厂、变电所和工业、企业区域内引出的铁路轨道；

⑦ 与已接地的机床、机座之间有可靠电气接触的电动机和电器的外壳。

## 9.3.2 接地装置

接地体是接地装置的主要部分，其选择与装设是能否取得合格接地电阻的关键。接地体可分为自然接地体与人工接地体。

**1. 自然接地体**

利用自然接地体不但可以节约钢材，节省施工费用，还可以降低接地电阻，因此有条件的应当优先利用自然接地体。经实地测量，可利用的自然接地体的接地电阻如果能满足要求，而且又满足热稳定条件时，就不必再装设人工接地装置，否则应增加人工接地装置。

凡是与大地有可靠而良好接触的设备或构件，大都可用作自然接地体，如：

① 与大地有可靠连接的建筑物的钢结构、混凝土基础中的钢筋；

② 敷设于地下而数量不少于两根的电缆金属外皮；

③ 敷设在地下的金属管道及热力管道，输送可燃性气体或液体（如煤气、石油）的金属管道除外。

利用自然接地体，必须保证良好的电气连接，在建筑物钢结构结合处凡是用螺栓连接的，只有在采取焊接与加跨接线等措施后方可利用。

**2. 人工接地体**

自然接地体不能满足接地要求或无自然接地体时，应装设人工接地体。人工接地体大多采用钢管、角钢、圆钢和扁钢制作。一般情况下，人工接地体都采取垂直敷设，特殊情况如多岩石地区，可采取水平敷设。

垂直敷设的接地体的材料，常用直径为40~50mm、壁厚为3.5mm的钢管，或者40mm×40mm×4mm~50mm×50mm×6mm的角钢，长度宜取2.5m。

水平敷设的接地体，常采用厚度不小于4mm、截面不小于100mm²的扁钢或直径不小于10mm的圆钢，长度宜为5~20m。

如果接地体敷设处的土壤有较强的腐蚀性，则接地体应镀锌或镀锡并适当加大截面，不准采用涂漆或涂沥青的方法防腐。

按GB50169－2016《电气装置安装工程 接地装置施工及验收规范》规定，钢接地体和接地线的截面不应小于表9-6所列的规格。对于110kV及以上变电所的接地装置,应采用热镀锌钢材,或者适当加大截面。

表9-6 钢接地体和接地线的最小规格

| 种类、规格及单位 | | 地 上 | | 地 下 | |
|---|---|---|---|---|---|
| | | 室内 | 室外 | 交流回路 | 直流回路 |
| 圆钢直径(mm) | | 6 | 8 | 10 | 12 |
| 扁钢 | 截面(mm) | 60 | 100 | 100 | 100 |
| | 厚度(mm) | 3 | 4 | 4 | 6 |
| 角钢厚度(mm) | | 2 | 2.5 | 4 | 6 |
| 钢管管壁厚度(mm) | | 2.5 | 2.5 | 3.5 | 4.5 |

注:①电力线路杆塔的接地体引出截面不应小于$50mm^2$,引出线应为热镀锌。
　　②防雷接地装置,圆钢直径不应小于10mm;扁钢截面不应小于$100mm^2$;厚度不应小于4mm;角钢厚度不应小于4mm;钢管壁厚不应小于3.5mm。作为引下线,圆钢直径不应小于8mm;扁钢截面不应小于$48mm^2$,其厚度不应小于4mm。

为减少自然因素(如环境温度)对接地电阻的影响,接地体顶部距地面应不小于0.6m。

多根接地体相互靠近时,入地电流将相互排斥,影响入地电流流散,这种现象称为屏蔽效应。屏蔽效应使得接地体组的利用率下降。因此,安排接地体位置时,为减少相邻接地体间的屏蔽作用,垂直接地体的间距不宜小于接地体长度的2倍,水平接地体的间距应符合设计要求,一般不宜小于5m。接地干线应在不同的两点及以上与接地网相连,自然接地体应在不同的两点及以上与接地干线或接地网相连。

### 3. 变配电所和车间的接地装置

由于单根接地体周围地面的电位分布不均匀,在接地电流或接地电阻较大时,容易使人受到危险的接触电压或跨步电压的威胁。采用接地体埋设点距被保护设备较远的外引式接地时,情况就更严重(若相距20m以上,则加到人体上的电压将为设备外壳上的全部对地电压)。此外,单根接地体或外引式接地的可靠性也较差,万一引线断开就极不安全。因此,变配电所和车间一般采用环路式接地装置,如图9-25所示。

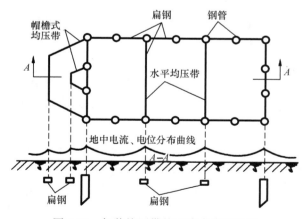

图9-25 加装均压带的环路式接地装置

环路式接地装置在变配电所和车间建筑物四周,距墙脚2~3m打入一圈接地体,再用扁钢连成环路,外缘各角应做成圆弧形,圆弧半径不宜小于均压带间距的一半。这样,接地体间的散流电场将相互重叠而使地面上的电位分布较为均匀,跨步电压及接触电压很低。当接地体之间距离为接地体长度的 2～3 倍时,这种效应就更明显。若接地区域范围较大,可在环路式接地装置范围内,每隔 5～10m 宽度增设一条水平接地带作为均压带,该均压带还可作为接地干线用,以使各被保护设备的接地线连接更为方便可靠。在经常有人出入的地方,应加装帽檐式均压带或采用高绝缘路面。

### 9.3.3 接地电阻

接地体与土壤之间的接触电阻以及土壤的电阻之和称为散流电阻;散流电阻加接地体和接地线本身的电阻称为接地电阻。

#### 1. 接地电阻的要求

对接地装置的接地电阻进行限定,实际上就是限制接触电压和跨步电压,保证人身安全。电力装置的工作接地电阻应满足以下几个要求(可参阅表 A-17-1)。

① 电压为 1000V 以上的中性点接地系统中,电气设备实行保护接地。由于系统中性点接地,当电气设备绝缘击穿而发生接地故障时,将形成单相短路,由继电保护装置将故障部分切除,为确保可靠动作,此时接地电阻 $R_E \leqslant 0.5\Omega$。

② 电压为 1000V 以上的中性点不接地系统中,由于系统中性点不接地,当电气设备绝缘击穿而发生接地故障时,一般不跳闸而是发出接地信号。此时,电气设备外壳对地电压为 $R_E I_E$,$I_E$ 为接地电容电流,当接地装置单独用于 1000V 以上的电气设备时,为确保人身安全,取 $R_E I_E$ 为 250V,同时还应满足设备本身对接地电阻的要求,即

$$R_E \leqslant \frac{250}{I_E}$$

同时满足 $\qquad\qquad\qquad\qquad\qquad R_E \leqslant 10\Omega \qquad\qquad\qquad\qquad\qquad\qquad (9\text{-}11)$

当接地装置与 1000V 以下的电气设备公用时,考虑到 1000V 以下设备分布广、安全要求高的特点,所以取

$$R_E \leqslant \frac{125}{I_E} \qquad\qquad\qquad\qquad\qquad\qquad (9\text{-}12)$$

同时还应满足下述 1000V 以下设备本身对接地电阻的要求。

③ 电压为 1000V 以下的中性点不接地系统中,考虑到其对地电容通常都很小,因此,规定 $R_E \leqslant 4\Omega$,即可保证安全。

对于总容量不超过 100kVA 的变压器或发电机供电的小型供电系统,接地电容电流更小,所以规定 $R_E \leqslant 10\Omega$。

④ 电压为 1000V 以下的中性点接地系统中,电气设备实行保护接零,电气设备发生接地故障时,由保护装置切除故障部分,但为了防止零线中断时产生危害,仍要求有较小的接地电阻,规定 $R_E \leqslant 4\Omega$。同样对总容量不超过 100kVA 的小系统,可采用 $R_E \leqslant 10\Omega$。

#### 2. 接地电阻的计算

（1）工频接地电阻

工频接地电流流经接地装置所呈现的接地电阻,称为工频接地电阻,可按表 9-7 中的公式进行计算。工频接地电阻一般简称为接地电阻,只在需区分冲击接地电阻时才注明工频接地电阻。

表 9-7　接地电阻计算公式

| 接地体形式 | | | 计算公式 | 说　　明 |
|---|---|---|---|---|
| 人工接地体 | 垂直式 | 单根 | $R_{E(1)} \approx \dfrac{\rho}{l}$ | $\rho$ 为土壤电阻率（Ω·m），$l$ 为接地体长度（m），单位下同 |
| | | 多根 | $R_E = \dfrac{R_{E(1)}}{n\eta_E}$ | $n$ 为垂直接地体根数，$\eta_E$ 为接地体的利用系数，由管间距 $a$ 与管长 $l$ 之比及管子数目 $n$ 确定，可查表 A-17-4 |
| | 水平式 | 单根 | $R_{E(1)} \approx \dfrac{2\rho}{l}$ | $\rho$ 为土壤电阻率，$l$ 为接地体长度 |
| | | 多根 | $R_E \approx \dfrac{0.062\rho}{n+1.2}$ | $n$ 为放射形水平接地带根数（$n \leqslant 12$），每根长度 $l = 60\text{m}$ |
| | 复合式接地网 | | $R_E \approx \dfrac{\rho}{4r} + \dfrac{\rho}{l}$ | $r$ 为与接地网面积等值的圆半径（即等效半径），$l$ 为接地体总长度，包括垂直接地体 |
| | 环形 | | $R_\sim = 0.6\dfrac{\rho}{\sqrt{S}}$ | $S$ 为接地体所包围的土壤面积（m²） |
| 自然接地体 | 钢筋混凝土基础 | | $R_E \approx \dfrac{0.2\rho}{\sqrt[3]{V}}$ | $V$ 为钢筋混凝土基础体积（m³） |
| | 电缆金属外皮、金属管道 | | $R_E \approx \dfrac{2\rho}{l}$ | $l$ 为电缆及金属管道埋地长度 |

（2）冲击接地电阻

雷电流经接地装置泄放入地时所呈现的接地电阻，称为冲击接地电阻。由于强大的雷电流泄放入地时，土壤被雷电波击穿并产生火花，使散流电阻显著降低，因此，冲击接地电阻一般小于工频接地电阻。

冲击接地电阻 $R_{E.sh}$ 与工频接地电阻 $R_E$ 的换算应按下式计算

$$R_E = A \times R_{E.sh} \tag{9-13}$$

式中，$R_E$ 为接地装置各支线的长度取值小于或等于接地体的有效长度 $l_e$ 或者有支线大于 $l_e$ 而取其等于 $l_e$ 时的工频接地电阻（Ω）；$A$ 为换算系数，其值宜按图 9-26 确定。

接地体的有效长度 $l_e$ 应按下式计算（单位为 m）

$$l_e = 2\sqrt{\rho} \tag{9-14}$$

式中，$\rho$ 为敷设接地体处的土壤电阻率（Ω·m）。

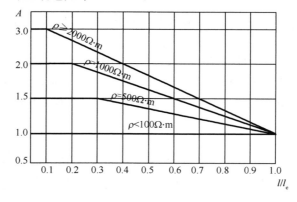

图 9-26　确定换算系数 $A$ 的曲线

接地体的长度和有效长度计量如图 9-27 所示。对于单根接地体，$l$ 为其实际长度；对于有分支线的接地体，$l$ 为其最长分支线的长度；对于环形接地体，$l$ 为其周长的一半。一般 $l_e > l$，因此 $l/l_e < 1$。若 $l > l_e$，取 $l = l_e$，即 $A = 1$，$R_E = R_{E.sh}$。

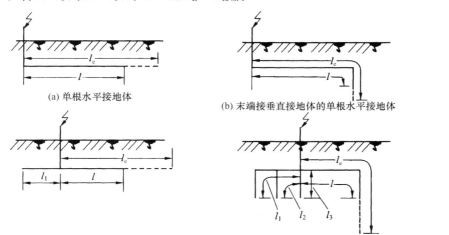

(a) 单根水平接地体　　　　　(b) 末端接垂直接地体的单根水平接地体

(c) 多根水平接地体　　　(d) 接多根垂直接地体的多根水平接地体 ($l_1 \leqslant l$, $l_2 \leqslant l$, $l_3 \leqslant l$)

图 9-27　接地体的长度和有效长度

（3）接地装置的设计计算

在已知接地电阻要求值的前提下，所需接地体根数的计算可按下列步骤进行。

① 按设计规范要求，确定允许的接地电阻 $R_E$。

② 实测或估算可以利用的自然接地体的接地电阻 $R_{E(nat)}$。

③ 计算需要补充的人工接地体的接地电阻

$$R_{E(man)} = \frac{R_{E(nat)} R_E}{R_{E(nat)} - R_E} \tag{9-15}$$

若不考虑自然接地体，则 $R_{E(man)} = R_E$。

④ 根据设计经验，初步安排接地体的布置、确定接地体和连接导线的尺寸。

⑤ 计算单根接地体的接地电阻 $R_{E(1)}$。

⑥ 用逐步渐近法计算接地体的数量

$$n = \frac{R_{E(1)}}{\eta_E R_{E(man)}} \tag{9-16}$$

⑦ 校验短路热稳定度。对于大接地电流系统中的接地装置，应进行单相短路热稳定校验。由于钢线的热稳定系数 $C = 70$，因此接地钢线的最小允许截面（mm²）为

$$S_{th.\,min} = I_K^{(1)} \frac{\sqrt{t_K}}{70} \tag{9-17}$$

式中，$I_K^{(1)}$ 为单相接地短路电流，为计算方便，可取 $I''^{(3)}$（A）；$t_K$ 为短路电流持续时间（s）。

**例 9-2**　某车间变电所变压器容量为 630kVA，电压为 10/0.4kV，接线组为 Yyn0，与变压器高压侧有电联系的架空线路长 100km，电缆线路长 10km，装设地土质为黄土，可利用的自然接地体电阻实测为 20Ω，试确定此变电所公共接地装置的垂直接地钢管和连接扁钢。

**解**（1）确定接地电阻要求值

接地电流按式（1-3）近似计算为

$$I_E = \frac{U_N (L_{oh} + 35 L_{cab})}{350} = \frac{10 \times (100 + 35 \times 10)}{350} = 12.9A$$

按表 A-17-1 可确定,此变电所公共接地装置的接地电阻应满足以下两个条件

$$R_E \leqslant 120/I_E = 120/12.9 = 9.3\Omega$$
$$R_E \leqslant 4\Omega$$

比较上两式,总接地电阻应满足 $R_E \leqslant 4\Omega$。

（2）计算需要补充的人工接地体的接地电阻

$$R_{E(man)} = \frac{R_{E(nat)} R_E}{R_{E(nat)} - R_E} = \frac{20 \times 4}{20 - 4} = 5\Omega$$

（3）接地装置方案初选

采用环形接地网,初步考虑围绕变电所建筑四周,打入一圈钢管接地体,钢管直径为 50mm、长为 2.5m,间距为 7.5m,管间用 40mm×4mm 的扁钢连接。

（4）计算单根钢管接地电阻

查表 A-17-2 得,黄土的电阻率 $\rho = 200\Omega \cdot m$。则单根钢管接地电阻

$$R_{E(1)} \approx \frac{\rho}{l} = \frac{200}{2.5} = 80\Omega$$

（5）确定接地钢管数和最后接地方案

根据 $R_{E(1)}/R_{E(man)} = 80/5 = 16$,同时考虑到管间屏蔽效应,初选 24 根钢管做接地体。以 $n = 24$ 和 $a/l = 3$ 去查表 A-17-4,得 $\eta_E \approx 0.70$。因此

$$n = \frac{R_{E(1)}}{\eta_E R_{E(man)}} = \frac{80}{0.70 \times 5} \approx 23$$

考虑到接地体的均匀对称布置,最后确定用 24 根直径为 50mm、长为 2.5m 的钢管做接地体,管间距为 7.5m,用 40mm×4mm 的扁钢连接,环形布置,附加均压带。

### 3. 降低接地电阻的方法

在高土壤电阻率场地,可采取下列方法降低接地电阻:

① 将垂直接地体深埋到低电阻率的土壤中或扩大接地体与土壤的接触面积;

② 置换成低电阻率的土壤;

③ 采用降阻剂或新型接地材料;

④ 在永冻土地区采用深孔(井)技术的降阻方法,应符合国家标准 GB50169—2016《电气装置安装工程 接地装置施工及验收规范》规定;

⑤ 采用多根导体外引接地装置,外引长度不应大于有效长度。

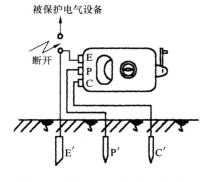

图 9-28 接地电阻测量仪法接线图

### 4. 接地电阻的测量

接地装置施工完成后,使用之前应测量接地电阻的实际值,以判断其是否符合要求。若不符合要求,则需补打接地体。每年雷雨季到来之前,还需要重新检查测量。接地电阻的测量有电桥法、补偿法、电流—电压表法和接地电阻测量仪法,这里介绍接地电阻测量仪法。

接地电阻测量仪,俗称接地摇表,其自身能产生交变的接地电流,使用简单,携带方便,而且抗干扰性能较好,应用十分广泛。

接地电阻测量仪(ZC-8 型)法的接线图如图 9-28 所示,3 个接线端子 E,P,C 分别接于被测接地体(E′)、电压极(P′)和电流极(C′)。以大约 120r/min 的速度转动手柄时,摇表内产生的交变电流将沿被测接地体和电流极形成回路,调节粗调旋钮及细调拨盘,使表针指在中间位置,这时便可读出被测接地电阻。

具体测量步骤如下：

① 拆开接地干线与接地体的连接点；

② 将两支测量接地棒分别插入离接地体 20m 与 40m 远的地中，深度约 400mm；

③ 把接地摇表放置于接地体附近平整的地方，然后用最短的一根连接线连接接线柱 E 和被测接地体 E'，用较长的一根连接线连接接线柱 P 和 20m 远处的接地棒 P'，用最长的一根连接线连接接线柱 C 和 40m 远处的接地棒 C'；

④ 根据被测接地体的估计电阻值，调节好粗调旋钮；

⑤ 以约 120r/min 的转速摇动手柄，当表针偏离中心时，边摇动手柄边调节细调拨盘，直至表针居中并稳定后为止；

⑥ 细调拨盘的读数×粗调旋钮倍数，即得被测接地体的接地电阻。

### 9.3.4　低压配电系统的等电位连接

多个可导电部分间为达到等电位进行的连接称为等电位连接。等电位连接可以更有效地降低接触电压值，还可以防止由建筑物外传入的故障电压对人身造成危害，提高电气安全水平。

#### 1. 等电位连接的分类

● 按用途分类　等电位连接分为保护等电位连接（Protective-Equipotential Bonding）和功能等电位连接（Functional-Equipotential Bonding）。

保护等电位连接是指为了安全目的进行的等电位连接，功能等电位连接是指为保证正常运行进行的等电位连接。

● 按位置分类　等电位连接分为总等电位连接（Main Equipotential Bonding，MEB）、辅助等电位连接（Supplementary Equipotential Bonding，SEB）和局部等电位连接（Local Equipotential Bonding，LEB）。

GB50054—2011《低压配电设计规范》规定：采用接地故障保护时，应在建筑物内做总等电位连接，当电气装置或其某一部分的接地故障后间接接触的保护电器不能满足自动切断电源的要求时，尚应在局部范围内将可导电部分做局部等电位连接；亦可将伸臂范围内能同时触及的两个可导电部分做辅助等电位连接。

接地可视为以大地作为参考电位的等电位连接，为防电击而设的等电位连接一般均接地，与地电位一致，有利于人身安全。

（1）总等电位连接

总等电位连接是在保护等电位连接中，将总保护导体、总接地导体或总接地端子、建筑物内的金属管道和可利用的建筑物金属结构等可导电部分连接到一起，使它们都具有基本相等的电位，如图 9-29 所示。

建筑物内的总等电位连接，应符合下列规定：

● 每个建筑物中的总保护导体（保护导体、保护接地中性导体）、电气装置总接地导体或总接地端子排、建筑物内的金属管道（水管、燃气管、采暖和空调管道等）和可接用的建筑物金属结构部分应做总等电位连接；

● 来自建筑物外部的可导电部分，应在建筑物内距离引入点最近的地方做总等电位连接；

● 总等电位连接导体应符合相关规定。

（2）辅助等电位连接

辅助等电位连接是在导电部分间用导体直接连接，使其电位相等或接近，而实施的保护等电位连接。

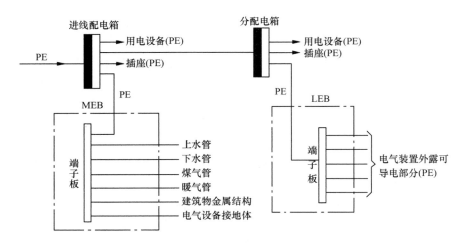

图 9-29 总等电位连接和局部等电位连接

MEB—总等电位连接　LEB—局部等电位连接

（3）局部等电位连接

局部等电位连接是在一局部范围内将各导电部分连通，而实施的保护等电位连接。

总等电位连接虽能大大降低接触电压，但如果建筑物离电源较远，建筑物内保护线路过长，则保护电器的动作时间和接触电压都可能超过规定的限值。这时应在局部范围内再做一次局部等电位连接，作为总等电位连接的一种补充，见图 9-29。通常在容易触电的浴室、卫生间以及安全要求极高的胸腔手术室等地，宜做局部等电位连接。

**2. 总等电位连接导体的选择**

（1）总等电位连接用保护连接导体的截面，不应小于保护线路的最大保护导体（PE 线）截面的 1/2，其保护连接导体截面的最小值和最大值应符合表 9-8 的规定。

表 9-8　总等电位连接用保护连接导体截面的最小值和最大值（mm²）

| 导体材料 | 最　小　值 | 最　大　值 |
|---|---|---|
| 铜 | 6 | 25 |
| 铝 | 16 | 按载流量与25mm²铜导体的载流量相同确定 |
| 钢 | 50 | |

（2）辅助等电位连接用保护连接导体的截面应符合下列规定：

① 连接两个外露可导电部分的保护连接导体，其电导不应小于接到外露可导电部分的较小的保护导体的电导；

② 连接外露可导电部分和装置外可导电部分的保护连接导体，其电导不应小于相应保护导体截面 1/2 的导体所具有的电导；

③ 单独敷设的保护连接导体的截面应符合：有机械损伤防护时，铜导体不应小于 2.5mm²，铝导体不应小于 16mm²；无机械损伤防护时，铜导体不应小于 4mm²，铝导体不应小于 16mm²。

（3）局部等电位连接用保护连接导体的截面应符合下列规定：

① 保护连接导体的电导不应小于局部场所内最大保护导体截面 1/2 的导体所具有的电导；

② 保护连接导体采用铜导体时，其截面最大值为 25mm²；采用其他金属导体时，其截面最大值应按其载流量与 25mm² 铜导体的载流量相同确定；

③ 单独敷设的保护连接导体的截面应符合：有机械损伤防护时，铜导体不应小于 2.5mm²，铝导体不应小于 16mm²；无机械损伤防护时，铜导体不应小于 4mm²，铝导体不应小于 16mm²。

# 小 结

本章首先介绍了电气安全、过电压和接地的有关知识,重点讲述防雷设备和防雷措施,接地种类、要求与计算以及等电位连接,所有内容的实质都是安全问题。

① 安全是工厂供配电的基本要求,在供配电工作中,应保证人身和设备两方面的安全,防止直接触电和间接触电。电气失火可能带电,还可能引起爆炸,所以应采取正确的灭火方法,选择适当的灭火器材。

② 过电压分为内部过电压和雷电过电压。内部过电压可分为操作过电压、弧光接地过电压及谐振过电压。雷电过电压也称外部过电压,有 3 种形式:直击雷过电压、感应雷过电压和雷电波浸入。

③ 防雷装置由接闪器或避雷器、引下线和接地装置 3 部分组成。防雷设备有接闪器和避雷器。接闪器有接闪杆、接闪线、接闪带和接闪网。接闪器的实质是引雷作用,接闪杆和接闪线的保护范围按滚球法确定。避雷器的类型有阀型避雷器、管型避雷器、金属氧化物避雷器、保护间隙。

④ 应重点对变配电所、架空线路、高压电动机、建筑物采取相应的防雷保护措施,为此,应选择适当的防雷设备和有效的接线方式。

⑤ 接地分工作接地、保护接地和重复接地。工作接地是指因正常工作需要而将电气设备的某点进行接地;保护接地是指将在故障情况下可能呈现危险的对地电压的设备外壳进行接地;重复接地是将零线上的一处或多处进行接地。

⑥ 低压配电系统的保护接地分为 TN 系统、TT 系统和 IT 系统 3 种形式。

⑦ 采用接地故障保护时,应在建筑物内做总等电位连接,当电气装置或其某一部分的接地故障保护不能满足规定要求时,尚应在局部范围内做局部等电位连接。等电位连接是建筑物内电气装置的一项基本安全措施,可以降低接触电压,保障人员安全。在建筑物进线处做总等电位连接,在远离总等电位连接的潮湿、有腐蚀性物质、触电危险性大的地方可做局部等电位连接。

⑧ 接地电阻应满足规定要求,设计接地装置时,应首先考虑利用自然接地体,如不足应补充人工接地体。竣工后和使用过程中,还应测量其接地电阻是否符合要求。

⑨ 等电位连接是指多个可导电部分为达到等电位进行的连接。等电位连接可降低接触电压,还可防止由建筑物外传入的故障电压对人身造成危害,提高电气安全水平。等电位连接按用途分为保护等电位连接和功能等电位连接。等电位连接按位置分为总等电位连接、辅助等电位连接和局部等电位连接。等电位连接导体的选择应符合相关规定。

## 思考题和习题

9-1 电气安全包括哪两个方面? 忽视电气安全有什么危害?

9-2 什么是安全电压和安全电流?

9-3 什么叫直接触电防护和间接触电防护?

9-4 电气火灾有何特点? 如何正确选择灭火器材?

9-5 什么是过电压? 过电压有哪些类型? 雷电过电压有哪些种类?

9-6 什么叫接闪器? 接闪杆、接闪线、接闪带和接闪网的功能是什么? 分别应用在什么场所?

9-7 什么叫滚球法? 怎样用滚球法确定接闪杆和接闪线的保护范围?

9-8 什么是保护间隙? 其结构有何特点?

9-9　架空线路有哪些防雷措施？3～10kV线路主要采取哪种防雷措施？

9-10　变配电所有哪些防雷措施？重点保护什么设备？

9-11　什么叫"反击闪络"？怎样防止？

9-12　高压电动机怎样防雷？应采用哪类避雷器？

9-13　建筑物容易遭受雷击的部位与什么有关？建筑物容易遭受雷击的部位有哪些？

9-14　建筑物按防雷要求分几类？各类建筑物应采取哪些相应的防雷措施？

9-15　什么叫接地？电气上的"地"是何意义？

9-16　什么是接地电流和对地电压？

9-17　什么是接触电压和跨步电压？

9-18　低压配电系统是怎样分类的？TN-C,TN-S,TN-C-S,TT和IT系统各有什么特点？其中的中性线（N线）、保护线（PE线）和保护中性线（PEN线）各有哪些功能？

9-19　什么叫工作接地和保护接地？保护接零是指什么？同一低压系统中,能否有的采用保护接地有的又采用保护接零？

9-20　什么是重复接地？有何必要？

9-21　哪些设备应接地？哪些设备可不接地？

9-22　什么是接地装置？什么是人工接地体和自然接地体？

9-23　什么是接地电阻？怎样近似计算？如何测量？

9-24　什么叫工频接地电阻和冲击接地电阻？它们之间怎样换算？

9-25　什么叫等电位连接？等电位连接如何分类？其作用是什么？等电位连接导体的截面如何选择？

9-26　有一100kVA的变压器中性点需要接地,试选择垂直埋地的钢管和扁钢,使接地电阻不大于10Ω。已知接地处的土壤电阻率为100Ω·m,单相短路电流可达2.8kA,短路电流持续时间可达1s。

9-27　某厂有一座第二类防雷建筑物,高为8m,其屋顶最远一角距离高为40m的水塔18m,水塔上中央装有一根2.5m高的接闪杆。试问此接闪杆能否保护该建筑物？

# 第10章 电气照明

绿色照明是指通过科学的照明设计,采用效率高、寿命长、安全且性能稳定的照明电器产品,达到节约能源、保护环境,有益于提高生产、工作、学习效率和生活质量,保护身心健康的照明,因此,电气照明的合理设计具有十分重要的意义,电气照明必须遵守 GB50034—2013《建筑照明设计规范》。

## 10.1 电气照明概述

照明分为自然照明(天然采光)和人工照明两大类,而电气照明是人工照明中应用范围最广的一种照明方式。

### 10.1.1 照明技术的有关概念

#### 1. 光、光谱和光通量

(1)光

光是物质的一种形态,是一种辐射能,在空间中以电磁波的形式传播,其波长比无线电波短而比 X 射线长。这种电磁波的频谱范围很广,波长不同,其特性也截然不同。

(2)光谱

把光线中不同强度的单色光,按波长长短依次排列,称为光源的光谱。光谱的大致范围包括:

① 红外线——波长为 780nm~1mm;

② 可见光——波长为 380~780nm;

③ 紫外线——波长为 1~380nm。

可见,波长为 380~780nm 的电磁波为可见光,它作用于人的眼睛就能产生视觉。但人眼对各种波长的可见光,具有不同的敏感性。实验证明,正常人眼对波长为 555nm 的黄绿色光最敏感。因此,波长越偏离 555nm,可见度越小。

(3)光通量

光源在单位时间内向周围空间辐射出的使人眼产生光感的能量,称为光通量。用符号 $\Phi$ 表示,单位为流明(lm)。

#### 2. 发光强度及其分布特性

(1)发光强度

发光强度简称光强,是表示向空间某一方向辐射的能流密度,用符号 $I$ 表示,单位为坎德拉(cd)。对于向各个方向均匀辐射光通量的光源,其各个方向的光强相等,计算公式为

$$I = \frac{\Phi}{\Omega} \tag{10-1}$$

式中,$\Omega$ 为光源发光范围的立体角,单位为球面度(sr),且 $\Omega = A/r^2$,其中 $r$ 为球的半径,$A$ 为相对应的球面积;$\Phi$ 为光源在立体角内所辐射的总光通量。

（2）光强分布曲线

光强分布曲线也叫配光曲线，是在通过光源对称轴的一个平面上绘出的灯具光强与对称轴之间角度 $\alpha$ 的函数曲线。配光曲线是用来进行照度计算的一种基本技术资料。

对于一般灯具来说，配光曲线绘在极坐标上，如图 10-1 所示。对于聚光很强的投光灯，其光强分布在一个很小的角度内，其配光曲线一般绘在直角坐标上，如图 10-2 所示。

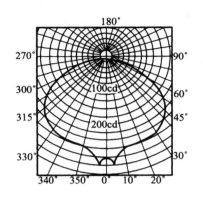

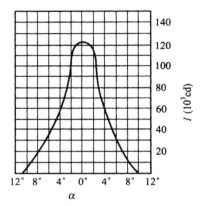

图 10-1　绘在极坐标上的配光曲线（D-1 型配照灯）　图 10-2　绘在直角坐标上的配光曲线（投光灯）

### 3. 照度和亮度

（1）照度

受照物体表面的光通密度称为照度。用符号 $E$ 表示，单位为勒克斯（lx）。

当光通量 $\Phi$ 均匀地照射到某物体表面上（面积为 $S$）时，该物体表面上的照度为

$$E = \frac{\Phi}{S} \tag{10-2}$$

（2）亮度

发光体（受照物体对人眼可看作是间接发光体）在视线方向单位投影面上的光强称为亮度。用符号 $L$ 表示，单位为 $cd/m^2$。

如图 10-3 所示，该发光体表面法线方向的光强为 $I$，而人眼视线与发光体表面法线成 $\alpha$ 角，因此视线方向的光强 $I_\alpha = I\cos\alpha$，而视线方向的投影面 $S_\alpha = S\cos\alpha$，由此可得发光体在视线方向的亮度为

$$L = \frac{I_\alpha}{S_\alpha} = \frac{I\cos\alpha}{S\cos\alpha} = \frac{I}{S} \tag{10-3}$$

可见，发光体的亮度实际上与视线方向无关。

### 4. 物体的光照性能和光源的显色性能

（1）物体的光照性能

当光通量 $\Phi$ 投射到物体上时，一部分光通量 $\Phi_\rho$ 从物体表面反射回去，一部分光通量 $\Phi_\alpha$ 被物体吸收，而余下一部分光通量 $\Phi_\tau$ 则透过物体，如图 10-4 所示。

为了表征物体的光照性能，引入了以下 3 个参数。

① 反射比，是指反射光的光通量 $\Phi_\rho$ 与总投射光的光通量 $\Phi$ 之比，即

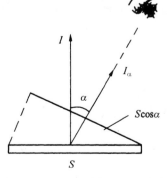

图 10-3　亮度概念说明

$$\rho = \Phi_\rho / \Phi \qquad (10\text{-}4)$$

② 吸收比,是指吸收光的光通量 $\Phi_\alpha$ 与总投射光的光通量 $\Phi$ 之比,即

$$\alpha = \Phi_\alpha / \Phi \qquad (10\text{-}5)$$

③ 透射比,是指透射光的光通量 $\Phi_\tau$ 与总投射光的光通量 $\Phi$ 之比,即

$$\tau = \Phi_\tau / \Phi \qquad (10\text{-}6)$$

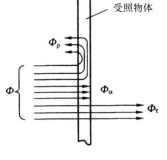

图 10-4 光通量投射到 物体上的情况

这 3 个参数存在如下关系

$$\rho + \alpha + \tau = 1 \qquad (10\text{-}7)$$

一般特别重视反射比这个参数,因为它与照明设计直接相关。

（2）光源的显色性能

同一颜色的物体在具有不同光谱的光源照射下,能显出不同的颜色。光源对被照物体颜色显现的性质,称为光源的显色性。

为表征光源的显色性能,引入光源的显色指数这一参数。光源的显色指数 $R_a$ 是指在待测光源照射下物体的颜色与日光照射下该物体的颜色相符合的程度,而将日光与其相当的参照光源显色指数定为 100。因此物体颜色失真越小,则光源的显色指数越高,也就是光源的显色性能越好。

### 5. 眩光

由于视野中的亮度分布或亮度范围的不适宜,或存在极端的对比,以致引起不舒适感觉或降低观察细节或目标能力的视觉对象,称为眩光。眩光可分为:直接眩光、反射眩光和不舒适眩光。

在视野中,特别是在靠近视线方向存在的发光体所产生的眩光,称为直接眩光。由视觉中的反射引起的眩光,特别是在靠近视线方向看见反射像所产生的眩光,称为反射眩光。产生不舒适感觉,但并不一定降低视觉对象可见度的眩光,称为不舒适眩光。

## 10.1.2 电气照明方式和种类

### 1. 电气照明方式

电气照明可分为一般照明、分区一般照明、局部照明、混合照明和重点照明。

● 一般照明,是指不考虑特殊部位的需要,为照亮整个场地而设置的照明。在照度要求均匀的场所使用一般照明。

● 分区一般照明,为提高特定工作区的照度而采用的一般照明,以节约能源。当同一场所内的不同区域有不同照度要求时,应采用分区一般照明。

● 局部照明,仅供工作地点（固定式或便携式）使用的照明。对局部地点需要高照度并对照射方向有要求时,宜采用局部照明,在一个工作场所内不应只采用局部照明。

● 混合照明,一般照明和局部照明组成的照明。对作业面照度要求较高,只采用一般照明不合理的场所,宜采用混合照明。

● 重点照明,指强调空间的特定部件或陈设而采用的照明。当需要提高特定区域或目标的照度时,宜采用重点照明。

### 2. 电气照明种类

电气照明按其用途可分为正常照明、应急照明、值班照明、警卫照明和障碍照明等。

● 正常照明，正常工作时的室内外照明。室内工作及相关辅助场所，均应设置正常照明。

● 应急照明，因正常照明的电源失效而启用的照明。应急照明包括备用照明、安全照明和疏散照明 3 种：需确保正常工作或活动继续进行的场所，应设置备用照明；需确保处于潜在危险之中的人员安全的场所，应设置安全照明；需确保人员安全疏散的出口和通道，应设置疏散照明。

● 值班照明，非生产时间内供值班人员使用的照明。需在夜间非工作时间值守或巡视的场所应设置值班照明。

● 警卫照明，警卫地区周界的照明。需警戒的场所，应根据警戒范围的要求设置警卫照明。

● 障碍照明，是指在建筑物上或基建施工时装设的作为障碍标志的照明。在危及航行安全的建筑物、构筑物上，应根据相关部门的规定设置障碍照明，一般用闪光、红色灯显示。

### 10.1.3 照明质量

照明质量主要用照度水平、照度均匀度、眩光限制和光源颜色等指标来衡量。

**1. 照度水平**

照度是决定物体明亮程度的直接指标。合适的照度有利于保护人眼的视力和提高生产效率。

**2. 照度均匀度**

照度均匀度(Uo)指规定表面上的最小照度与平均照度之比。公共建筑的工作房间和工业建筑作业区域内的一般照明的照度均匀度，不应小于 0.7，而作业面邻近周围的照度均匀度不应小于 0.5。房间或场所内的通道和其他非作业区域一般照明的照度均匀度不宜低于作业区域一般照明的照度均匀度的 1/3。

**3. 眩光限制**

对于直接型灯具，应限定其最小遮光角以限制直接眩光。公共建筑和工业建筑常用房间或场所的不舒适眩光应采用统一眩光值(UGR)评价，室外体育场所的不舒适眩光应采用眩光值(GR)评价，并符合相关规定。

**4. 光源颜色**

光源颜色包含光的表观颜色及光源显色性能两个方面。

光的表观颜色，即色表，可用色温或相关色温描述。室内照明光源色表可按其相关色温分为 3 组，光源色表分组宜按表 10-1 确定。长期工作或停留的房间或场所，照明光源的显色指数(Ra)不宜小于 80。在灯具安装高度大于 6m 的工业建筑场所，Ra 可低于 80，但必须能够辨别安全色。

表 10-1 光源色表分组

| 色表分组 | 色表特征 | 相关色温（K） | 适用场合举例 |
| --- | --- | --- | --- |
| I | 暖 | <3300 | 客房、卧室、病房、酒吧、餐厅 |
| II | 中间 | 3300～5300 | 办公室、教室、阅览室、门诊室、检验室、机加工车间、仪器装配室 |
| III | 冷 | >5300 | 热加工车间、高照度场所 |

### 10.1.4 绿色照明

美国于 1991 年首先提出"绿色照明"的概念。我国于 1993 年启动绿色照明，1996 年制定了

《中国绿色照明工程实施计划》,绿色照明工程是一项实现全国范围节约照明用电、保护生态环境的系统工程。为推动绿色照明工程,世界各国政府相继制定了优惠政策和鼓励措施,绿色照明已在全球范围内产生了巨大的经济效益和社会效益,被国际社会视为推行节能环保的有效措施,是实施可持续发展战略的成功范例。

绿色照明的主要内容是采用高效照明产品,使建筑物照明更科学、舒适、安全和可靠,同时更节能环保。

绿色照明产品应符合:①高发光效率,节省电能;②长寿命,节约资金;③舒适,提高照明质量和工作效率;④环保,减少使用含有害物质(如含汞量)等条件。绿色照明产品包括照明光源、灯具、电器附件、配线器材以及调光控制设备和调控照度器材等。

# 10.2 常用照明光源和灯具

照明器一般由照明光源、灯具及其附件组成。照明光源和灯具是照明器的两个主要部件,照明光源提供发光源,灯具既起固定光源、保护光源以及美化环境的作用,还对光源产生的光通量进行再分配、定向控制和防止光源产生眩光。

## 10.2.1 照明光源

照明工程中使用的各种电光源,可以根据其发光物质、构造等特点加以分类。根据光源的发光物质主要分为两大类:固体发光光源和气体放电光源。固体发光光源按发光形式又分为热辐射光源(如白炽灯、卤钨灯等)和电致发光光源(如场致发光灯、半导体二极管等)。气体放电光源按放电形式分为辉光放电光源(如氖灯、霓虹灯等)和弧光放电光源;弧光放电光源又分为低气压灯(如荧光灯、低压钠灯等)和高气压灯(如高压钠灯、金属卤化物灯等)。

### 1. 热辐射光源

利用物体加热时辐射发光的原理所做成的光源称为热辐射光源。目前常用的热辐射光源有以下两种。

(1)白炽灯

白炽灯发光原理为灯丝通过电流加热到白炽状态从而引起热辐射发光。

白炽灯有 110～220V 普通灯泡和 6～36V 低压灯泡,灯头有卡口和螺口,其中 100W 以上者一般采用瓷质螺口。

白炽灯结构简单,价格低,显色性好,使用方便,适用于频繁开关的场所。但发光效率低,使用寿命短,耐震性差。

(2)卤钨灯

卤钨灯是在白炽灯中充入微量的卤化物,利用卤钨循环的作用,使灯丝蒸发的一部分钨重新附着在灯丝上,以达到提高发光效率、延长寿命的目的,但卤钨灯对电压波动比较敏感,耐振性较差。如图 10-5 所示。

为了使灯管温度分布均匀,防止出现低温区,以保持卤钨循环的正常进行,卤钨灯要求水平安装,其偏差不大于 4°。

最常用的卤钨灯为碘钨灯。碘钨灯不允许采用任何人工冷却措施(如电风扇吹、水淋等)。碘钨灯工作时,管壁温度很高,因此应与易燃物保持一定的距离。碘钨灯耐震性能差,不能用在震动较大的地方,更不能作为移动光源来使用。

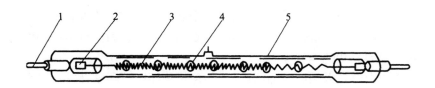

图 10-5　卤钨灯结构图

1—灯脚　2—钼箔　3—灯丝(钨丝)　4—支架　5—石英玻璃管(内充微量卤化物)

### 2. 气体放电光源

利用气体放电时发光的原理所做成的光源称为气体放电光源。目前常用的气体放电光源主要有以下几种。

（1）荧光灯

荧光灯利用汞蒸气在外加电压作用下产生电弧放电，发出少许可见光和大量紫外线，紫外线又激励管内壁涂覆的荧光粉，使之再发出大量的可见光。二者混合光色接近白色。

由于荧光灯是低压气体放电灯，工作在弧光放电区，此时具有负的伏安特性。当外部电压变化时，工作不稳定，为了保证荧光灯的稳定性，利用镇流器的正伏安特性来平衡荧光灯的负伏安特性。又由于荧光灯工作时会有频闪效应，所以在有旋转电动机的车间里使用荧光灯时，要设法消除频闪效应(如在一个灯具内安装 2 根或 3 根灯管，每根灯管分别接到不同的线路上)。因为荧光灯的功率因数低，故利用电容器来提高功率因数。未接电容器时，荧光灯的功率因数只有0.5 左右，接上电容器后，功率因数可提高到 0.95。

采用直管细管径的荧光灯，有管径为 16mm 的 T5 管和 26mm 的 T8 管。T5 荧光灯平均寿命长达 20000 小时，采用电子镇流器，功率因数达 0.95，比 T8 荧光灯节能 30％以上。该类荧光灯由于管径更细，体积更小，从而降低了荧光粉等有害物质的消耗量，获得了更好的环保效益，适用于办公楼、教室、图书馆、商场，以及高度在 4.5m 以下的生产场所。

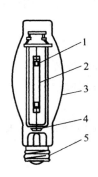

图 10-6　高压钠灯结构图

1—主电极　2—半透明陶瓷放电管
(内充钠、汞及氙或氖氩混合气体)
3—外玻璃壳(内壁涂荧光粉，内外壳间充氮气)
4—消气剂　5—灯头

荧光灯是应用最广泛、用量最大的气体放电光源。它具有结构简单、发光效率高、发光柔和、寿命长等优点，但需要附件较多，不适宜安装在频繁启动的场合。

（2）高压钠灯

高压钠灯的结构如图 10-6 所示。它是利用高压钠蒸气放电工作的，光呈淡黄色。

高压钠灯照射范围广，发光效率高，寿命长，紫外线辐射少，透雾性好，色温和显色指数较优，但启动时间(4～8min)和再次启动时间(10～20min)较长，对电压波动反应较敏感。广泛应用于高大工业厂房、体育场馆、道路、广场、户外作业场所等。

（3）金属卤化物灯

金属卤(碘、溴、氯)化物灯是在高压汞灯的基础上，为改善光色而发展起来的新型光源，不仅显色性能好，而且发光效率高，受电压影响也较小，是目前比较理想的光源。

其发光原理是在高压汞灯内添加某些金属卤化物，靠金属卤化物的循环作用，不断向电弧提供相应的金属蒸气,金属原子在电弧中受电弧激发而辐射该金属的特征光谱。选择适当的金属卤化物并控制它们的比例,可制成各种不同显色性能的金属卤化物灯。

金属卤化物灯具有体积小、发光效率高、功率集中、便于控制和价格便宜的优点,可用于商场、大型广场和体育场等场所。

（4）氙灯

氙灯为惰性气体弧光放电灯,高压氙气放电时能产生很强的白光,接近连续光谱,和太阳光十分相似,点燃方便,不需要镇流器,自然冷却能瞬时启动,是一种较为理想的光源。适用于广场、车站、机场等场所。

（5）紧凑型荧光灯

紧凑型荧光灯在我国又称为节能灯。紧凑型荧光灯的发光原理与荧光灯相同,区别在于以三基色荧光粉代替卤粉,灯管与镇流器、启辉器一体化。紧凑型荧光灯按色温分为冷色和暖色,按结构分有 2U、3U、螺旋管节能灯、双 U 插拔管节能灯、H 形插拔管节能灯等。紧凑型荧光灯具有显色指数高、发光效率高（是普通白炽灯的 8 倍）、寿命长、体积小、节能效果明显（比同功率白炽灯节能 80％）、使用方便等优点,国家已将紧凑型荧光灯作为节能产品重点推广和使用。适用于住宅、宾馆、商场等场所。

（6）单灯混光灯

单灯混光灯是一种高效节能灯,在一个灯具内有两种不同光源,吸取各光源的优点。例如,金卤钠灯混光灯由一支金属卤化物灯管芯和一支中显钠灯管芯串联构成;中显钠汞灯混光灯由一支中显钠灯管芯和一支汞灯管芯串联构成。主要用于照度要求高的高大建筑室内照明。

**3. 各种照明光源的主要技术特性**

光源的主要技术特性有发光效率、寿命、色温等,有时这些技术特性是相互矛盾的,在实际选用时,一般先考虑发光效率高、寿命长,其次再考虑显色指数、启动性能等次要指标。

常用照明光源的主要技术特性见表 10-2,供对照比较。

**4. 新型照明光源**

普通照明光源的制作和使用寿命有很大的局限性,随着新材料和新工艺的出现,我国已研制和生产出了很多发光效率高、体积小和高效节能的新型照明光源,主要有以下几种。

（1）固体放电灯

如采用红外加热技术研制的耐高温陶瓷灯,采用聚碳酸酯塑料研制出的双重隔热塑料灯,利用化学蒸气沉积法研制出的回馈节能灯,表面温度仅 40℃的冷光灯,具有发光和储能双重作用的储能灯泡等。

（2）高强度气体放电灯

如无电极放电灯使用寿命长、调光容易;氙气灯耐高温、节能;电子灯节能、使用寿命长。

（3）半导体节能灯

根据半导体的光敏特性研制而成,具有电压低、电流小、发光效率高等明显的节能效果。

（4）LED 灯

LED 灯寿命长、发光效率高,发展前景非常广阔。

另外还有氙气准分子光源灯和微波硫分子灯等。前者是无极灯,寿命长、无污染;后者发光效率高、无污染。

表 10-2 常用照明光源的主要技术特性比较

| 特性参数 | 卤钨灯 | 荧光灯 | 高压汞灯 | 高压钠灯 | 金属卤化物灯 | 管形氙灯 | 紧凑型荧光灯 | LED灯 |
|---|---|---|---|---|---|---|---|---|
| 额定功率(W) | 20~5000 | 20~200 | 50~1000 | 35~1000 | 35~3500 | 1500~100000 | 5~55 | 0.05~ |
| 发光效率(lm/W) | 14~30 | 60~100 | 32~55 | 64~140 | 52~130 | 20~40 | 44~87 | 80~140 |
| 使用寿命(h) | 1500~2000 | 11000~12000 | 10000~20000 | 12000~24000 | 1000~10000 | 1000 | 5000~10000 | 50000~8000 |
| 色温(K) | 2800~3300 | 2500~6500 | 5500 | 2000~4000 | 3000~6500 | 5000~6000 | 2500~6500 | 3000~7000 |
| 一般显色指数 | 95~99 | 70~95 | 30~60 | 23~85 | 60~90 | 95~97 | 80~95 | 75~90 |
| 启动稳定时间 | 瞬时 | 1~4s | 4~8min | 4~8min | 4~10min | 瞬时 | 10s或快速 | 瞬时 |
| 再启动时间间隔 | 瞬时 | 1~4s | 5~10min | 10~15min | 10~15min | 瞬时 | 10s或快速 | 瞬时 |
| 功率因数 | 1 | 0.33~0.52 | 0.44~0.67 | 0.44 | 0.4~0.6 | 0.4~0.9 | 0.98 | >0.95 |
| 电压波动不宜大于 | | ±5%$U_N$ | ±5%$U_N$ | <5%自灭 | ±5%$U_N$ | ±5%$U_N$ | ±5%$U_N$ | |
| 频闪效应 | 无 | 有 | 有 | 有 | 有 | 有 | 有 | 无 |
| 表面亮度 | 大 | 小 | 较大 | 较大 | 大 | 大 | 大 | 大 |
| 电压变化对光通量的影响 | 大 | 较大 | 较大 | 大 | 较大 | 较大 | 较大 | 较大 |
| 环境温度变化对光通量的影响 | 小 | 大 | 较小 | 较小 | 较小 | 小 | 大 | 较小 |
| 耐震性能 | 差 | 较好 | 好 | 较好 | 好 | 好 | 较好 | 好 |
| 需增装附件 | 无 | 电子镇流器节能电感镇流器 | 镇流器 | 镇流器 | 镇流器触发器 | 镇流器触发器 | 电子镇流器 | 无 |
| 适用场所 | 厂前区、屋外配电装置、广场 | 广泛应用 | 广场、车站、道路、屋外配电装置等 | 广场、街道、交通枢纽、展览馆等 | 大型广场、体育场、商场等 | 广场、车站、大型屋外配电装置 | 家庭、宾馆等照明 | 广泛应用 |

**5. 光源的选择**

选择照明光源,在满足显色性、启动时间等要求条件下,还要比较光源价格,更应进行光源全寿命周期的综合经济分析比较。选择光源时的一般原则如下:

① 灯具安装高度较低的房间宜采用直管细管径三基色荧光灯;

② 商店营业厅的一般照明宜采用直管细管径三基色荧光灯、小功率陶瓷金属卤化物灯;重点照明宜采用小功率陶瓷金属卤化物灯、LED 灯;

③ 灯具安装高度较高的场所,应按使用要求,采用金属卤化物灯、高压钠灯或高频大功率直管细管径荧光灯;

④ 旅馆的客房宜采用 LED 灯或紧凑型荧光灯;

⑤ 照明设计不应采用普通照明白炽灯,对电磁干扰有严格要求,且其他光源无法满足的特殊场所除外。

### 10.2.2 灯具的类型、选择及布置

#### 1. 灯具的类型

灯具可以按光通量在空间的分布、配光曲线、结构特点和安装方式等进行分类。

（1）按光通量在空间的分布分类

国际照明委员会（CIE）根据光通量在上、下半球空间的分布将室内灯具划分为直接型、半直接型、直接—间接型（均匀漫射型）、半间接型和间接型5种类型，其光通量分布及特点见表10-3。

表 10-3　灯具按光通量在空间的分布类型

| 分　布 | 光通量分布（%） | | 特　　　点 |
| --- | --- | --- | --- |
| | 上半球 | 下半球 | |
| 直接型 | 0～10 | 100～90 | 光线集中，工作面上可获得充分照度 |
| 半直接型 | 10～40 | 90～60 | 光线集中在工作面上，空间环境有适当照度，比直接型眩光小 |
| 直接—间接型 | 40～60 | 60～40 | 空间各方向光通量基本一致，无眩光 |
| 半间接型 | 60～90 | 40～10 | 增加反射光的作用，使光线比较均匀柔和 |
| 间接型 | 90～100 | 10～0 | 扩散性好，光线柔和均匀，避免眩光，但光的利用率低 |

（2）按配光曲线分类

按灯具的配光曲线分类，实际上是按灯具的光强分布特性（见图10-7）分类。

① 正弦分布型。光强是角度的正弦函数，当 $\theta=90°$ 时光强最大。

② 广照型。最大光强分布在 $50°\sim90°$ 之间，在较广的面积上形成均匀的照度。

③ 漫射型。各个角度的光强是基本一致的。

④ 配照型。光强是角度的余弦函数，当 $\theta=0°$ 时光强最大。

⑤ 深照型。光通量和最大光强值集中在 $0°\sim30°$ 之间的立体角内。

⑥ 特深照型。光通量和最大光强值集中在 $0°\sim15°$ 之间的狭小立体角内。

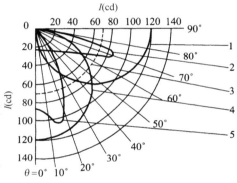

图 10-7　配光曲线示意图

1—正弦分布型　2—广照型　3—漫射型
4—配照型　5—深照型

（3）按灯具的结构特点分类

① 开启型。光源与外界空间直接接触（无罩）。

② 闭合型。灯罩将光源包合起来，但内外空气仍能自由流通。

③ 封闭型。灯罩固定处加以一般封闭，内外空气仍可有限流通。

④ 密闭型。灯罩固定处加以严密封闭，内外空气不能流通。

⑤ 防爆型。灯罩及其固定处均能承受要求的压力，符合 GB 1336—1977《防爆电气设备制造检验规程》的规定，能安全使用在有爆炸危险性介质的场所。防爆型又分成隔爆型和安全型两种。

（4）按灯具的安装方式分类

灯具按安装方式分为吊灯、吸顶灯、壁灯、嵌入式灯、地脚灯、庭院灯、道路广场灯和自动应急照明灯等。

灯具根据使用光源还可分为荧光灯灯具、高强度气体放电灯灯具、LED 灯灯具等。

## 2. 灯具的效率

灯具的效率是指在相同的使用条件下,灯具发出的总光通量与灯具内所有光源发出的光通量之比,它反映灯具对光源光通量的利用程度。灯具的效率越高,表明该灯具对光源发出的光通量吸收越少,反射越多。

## 3. 灯具及附属装置的选择

灯具的选择非常重要,若选择不当,将增大灯具投资、增加电能消耗、影响生产安全。选择灯具一般考虑以下几个方面。

① 在满足眩光限制和配光要求条件下,应选用效率高的灯具。灯具的效率不应低于表 10-4 的规定。

表 10-4　灯具的效率

| 灯具类型及出光口形式 | 直管形荧光灯灯具 | | | | 紧凑型荧光灯灯具 | | | 小功率金属卤化物灯灯具 | | | 高强度气体放电灯灯具 | |
| --- | --- | --- | --- | --- | --- | --- | --- | --- | --- | --- | --- | --- |
| | 开敞式 | 保护罩(玻璃或塑料) | | 格栅 | 开敞式 | 保护罩 | 格栅 | 开敞式 | 保护罩 | 格栅 | 开敞式 | 格栅或透光罩 |
| | | 透明 | 棱镜 | | | | | | | | | |
| 灯具效率(%) | 75 | 70 | 55 | 65 | 55 | 50 | 45 | 60 | 55 | 50 | 75 | 60 |

② 灯具的种类与使用环境相匹配。一般场所,尽量选用开启型灯具,以得到较高的效率;在潮湿场所,应采用相应等级的防水灯具,至少也应采用带防水灯头的开敞式灯具;在有腐蚀性气体和蒸汽的场所,应采用耐腐蚀材料制作的密闭型灯具,若采用带防水灯头的开敞式灯具,各部件应有防腐蚀或防水措施;在高温场所,宜采用带散热构造和措施的灯具,或带散热孔的开敞式灯具;在有尘埃的场所,应按防尘等级选择适宜的灯具;在有爆炸和火灾危险的场所使用的灯具,应符合国家现行相关标准和规范等的有关规定;在震动和摆动较大的场所,应采用防震型软性连接的灯具或防震的安装措施,并在灯具上加保护网,以防止灯泡掉下;在有洁净要求的场所,应安装不易积尘和易于擦拭的洁净灯具,以利于保持场所的洁净度,并减少维护工作量和费用。

③ 安装高度适当。灯具安装高度过高,降低了工作面上的照度,而要满足照度要求,势必增大光源功率,不经济,同时也给维护带来困难;但安装高度也不能过低,如安装高度过低,一方面容易被人碰撞,不安全,另一方面会产生眩光,降低人眼的视力。

④ 选择的照明灯具、镇流器、LED 电子控制器必须通过国家强制性产品认证。

⑤ 经济性。在满足技术要求的前提下,降低灯具的投资费用及年运行和维护费用。

由于我国的灯具种类繁多,尚无统一标准,选用时可参考相关技术手册和厂商资料。

镇流器按下列原则选择:自镇流荧光灯应配用电子镇流器;T8 直管荧光灯应配用电子镇流器或节能电感镇流器;T5 直管荧光灯(>14W)应采用电子镇流器;采用高压钠灯和金属卤化物灯时,宜配用节能型电感镇流器;在电压偏差大的场所,采用高压钠灯和金属卤化物灯时,为了节能和保持光输出稳定,延长光源寿命,宜配用恒功率镇流器。

## 4. 灯具的布置

（1）室内布置方案

布置要求是保证最低的照度及均匀性,光线的射向适当,无眩光、阴影,安装维护方便,布置整齐美观,并与建筑空间协调,安全、经济等。

① 正常照明的布置。通常有两种,即均匀布置(灯具布置与设备位置无关)和选择布置(灯具布置与设备位置有关)。其中均匀布置比较美观均匀,所以正常照明用得较多。

均匀布置的灯具可排列成正方形或矩形或菱形,如图 10-8 所示。

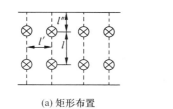 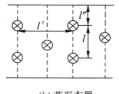

(a) 矩形布置        (b) 菱形布置

图 10-8　均匀布置的灯具

矩形布置时,尽量使灯距 $l$ 与 $l'$ 接近。为使照度更为均匀,可将灯具排成菱形,如图 10-8(b)所示。等边三角形的菱形布置,照度计算最为均匀,此时 $l'=\sqrt{3}l$。

布置灯具应按灯具的光强分布、悬挂高度、房屋结构及照度要求等多种因素而定。为使工作面上获得较均匀的照度,较合理的距高比一般为 $1.4\sim1.8$,从使整个房间获得较均匀的照度考虑,最边缘一列灯具离墙的距离为 $l''$,当靠墙有工作面时,$l''=(0.2\sim0.3)l$;当靠墙为通道时,$l''=(0.4\sim0.5)l$。对于矩形布置,可采用纵横两方向的均方根值。

② 应急照明的布置,供继续工作用的应急照明,在主要工作面上的照度,应尽可能保持原有照度的 $30\%\sim50\%$。其一般做法是:若为一列灯具,可采用应急照明和正常照明相间布置,或与两个工作灯具相间布置;若为两列灯具,可选其中一列为应急照明,或每列均相间布置应急照明;若为 3 列灯具,可选其中一列为应急照明或在旁边两列相间布置应急照明。

(2) 室内灯具的悬挂高度

室内灯具不宜悬挂过高或过低。过高会降低工作面上的照度且维修不方便;过低则容易碰撞且不安全,另外还会产生眩光,降低人眼的视力。

表 10-5 给出了室内一般照明灯距地面的最低悬挂高度。

表 10-5　室内一般照明灯距地面的最低悬挂高度

| 光源种类 | 灯具形式 | 光源功率(W) | 最低离地悬挂高度(m) |
|---|---|---|---|
| 荧光灯 | 无罩 | ≤40 | 2.0 |
| | 带反射罩 | ≥40 | 2.0 |
| 卤钨灯 | 带反射罩 | ≤500 | 6.0 |
| | | 1000～2000 | 7.0 |
| 高压钠灯 | 带反射罩 | 250 | 6.0 |
| | | 400 | 7.0 |
| 金属卤化物灯 | 带反射罩 | 400 | 6.0 |
| | | 1000 及以上 | 14.0 以上 |

# 10.3　照　度　计　算

## 10.3.1　照度标准

照度是体现照明效果的重要指标。在一定范围内,照度增加会使视觉能力提高,同时使投入增加。为了创造良好的工作环境,提高劳动生产率,保护人员的健康,工作场所及其他活动环境的照明必须有足够的照度。GB50034—2013《建筑照明设计标准》对各类建筑的照度标准有明确的规定(见表 A-18-2),各类房间或场所的维持平均照度不应低于该标准,公共建筑和工业建筑常用房间或场所的不舒适眩光应采用统一眩光值(UGR)评价,常用房间或场所的显色指数(Ra)不应低于规定值。

### 10.3.2　照度计算

照明的光源类型和灯具形式确定后,需要计算各工作面的照度,从而确定光源的容量和数量,或已确定了光源容量,对某点进行照度校验。

照度计算的基本方法有逐点照度计算法和平均照度计算法。平均照度计算法是按计算水平工作面得到的光通量除以被照面积,求得平均照度,也称光通量法。该法在实际应用中又分为利用系数法、概算曲线法和单位容量法。限于篇幅,本章只讨论利用系数法。

**1. 利用系数的概念**

利用系数(用 $K_u$ 表示)是指照明光源投射到工作面上的光通量与全部光源发出的光通量之比,可用来表征光源的光通量有效利用的程度。

利用系数的计算公式为

$$K_u = \Phi_\Sigma/(n\,\Phi_e) \tag{10-8}$$

式中,$\Phi_\Sigma$ 为投射到工作面上的总光通量;$\Phi_e$ 为每个灯发出的光通量;$n$ 为灯的个数。

利用系数与灯具的效率、配光特性、悬挂高度及房间内各面的反射比等很多因素有关。灯具的悬挂高度越高、发光效率越高,利用系数就越高;房间的面积越大,形状越接近正方形,墙壁颜色越浅,利用系数也越高。

**2. 利用系数的确定**

利用式(10-8)一般很难求得利用系数,通常按工作房间表面反射比、房间的室空间系数,从有关照明设计手册或生产厂商提供的产品样本的利用系数表,用插值法确定灯具的利用系数。反射比 $\rho$ 值宜按表 10-6 选取。室空间系数 $K_{RC}$ 是表示房间几何形状的数值,可按下式计算

$$K_{RC} = \frac{5h_r(a+b)}{a \cdot b} \tag{10-9}$$

式中,$h_r$ 为灯具计算高度(指灯具开口平面到工作面的空间高度,也称室空间高度,如图 10-9 所示,图中 $h_c$ 为顶棚空间高度、$h_f$ 为地面空间高度);$a$ 为房间宽度;$b$ 为房间长度。

表 10-6　工作房间表面反射比

| 表 面 名 称 | 反 射 比 |
| --- | --- |
| 顶棚 | 0.6 ～ 0.9 |
| 墙面 | 0.3 ～ 0.8 |
| 地面 | 0.1 ～ 0.5 |
| 作业面 | 0.2 ～ 0.6 |

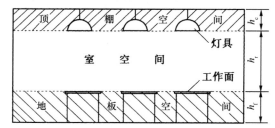

图 10-9　室内空间的划分

利用系数一般为 0.5～0.8。由于照明光源和灯具新产品层出不穷,如缺乏灯具利用系数表,根据采用的光源、灯具及使用场所,可取利用系数如下:荧光灯槽为 0.38 左右;荧光灯带为 0.5 左右;格栅荧光灯为 0.55～0.6;开启型荧光灯为 0.65 以上;蝠翼式荧光灯为0.7～0.8。

室空间系数也可用室形指数 RI 表示,即

$$RI = \frac{a \cdot b}{h_r(a+b)} = \frac{5}{K_{RC}} \tag{10-10}$$

**3. 计算工作面上的平均照度**

当已知房间的长、宽、室空间高度、灯型及光通量时,可按下式计算平均照度

$$E'_{av} = \frac{K_u n \Phi_e}{S} \tag{10-11}$$

式中,$n$ 为灯的个数;$\Phi_e$ 为每个灯发出的光通量;$S$ 为受照工作面面积(矩形房间即为长与宽的乘积)。

**4. 计算工作面上的实际平均照度**

由于灯具在使用期间,光源本身的发光效率逐渐降低,灯具也会陈旧脏污,被照场所的墙壁和顶棚也有污损的可能,从而使工作面上的光通量有所减少,因此,在计算工作面上的实际平均照度时,应计入一个小于 1 的灯具维护系数 $K_m$,其值见表 10-7。则工作面的实际平均照度为

$$E_{av} = \frac{K_u K_m n \Phi_e}{S} \tag{10-12}$$

表 10-7 维护系数值

| 环境污染特征 | | 房间或场所举例 | 灯具每年最少擦洗次数 | 维护系数 |
|---|---|---|---|---|
| 室内 | 清洁 | 仪器仪表装配间、电子元器件装配间、检验室、办公室、阅览室、教室、卧室、客房、病房、餐厅等 | 2 | 0.8 |
| | 一般 | 机械加工车间、机械装配车间、体育馆、影剧院、候车室、商场等 | 2 | 0.7 |
| | 污染严重 | 锻工车间、铸工车间、水泥车间、厨房等 | 3 | 0.6 |
| 室外 | | 雨篷、站台等 | 2 | 0.65 |

**5. 利用系数法的计算步骤**

① 根据灯具的布置,确定灯具计算高度(室空间高度)$h_r$;

② 计算室空间系数 $K_{RC}$;

③ 确定反射比(查表 10-6);

④ 由室空间系数、反射比,查相关手册,用插值法确定灯具的利用系数;

⑤ 根据有关手册查出布置灯具的光通量 $\Phi_e$;

⑥ 确定维护系数 $K_m$(查表 10-7);

⑦ 计算平均照度和实际平均照度。

**6. 照明灯具数量的计算**

由实际平均照度计算式(10-12)可知,当房间面积或受照工作面面积、计算高度及照度标准 $E_C$ 已知时,在选择确定光源和灯具后,可按下式求得满足照度标准的光源和灯具数量,即

$$n = \frac{E_C S}{K_u K_m \Phi_e} \tag{10-13}$$

**7. 照明功率密度(LPD)的计算**

照明功率密度(Lighting Power Density)是指单位面积的照明安装功率($W/m^2$),包括光源、镇流器或变压器的功率。照明功率密度值应满足 GB50034—2013《建筑照明设计标准》的规定(见表 A-18-2)。

**例 10-1** 有一机械加工车间长为 42m,宽为 27m,高为 5m,柱间距 6m。工作面的高度为 0.75m。若采用蝠翼式荧光灯具,内装 $1 \times 36$WT8 直管荧光灯,用作车间的一般照明。车间的顶棚有效反射比 $\rho_c$ 为 50%,墙壁的有效反射比 $\rho_w$ 为 30%,车间的照度标准为 200lx。试确定灯具的布置方案,并计算工作面上的平均照度和实际平均照度。

**解** (1)确定布置方案

查表 10-5 可知,荧光灯最低距地悬挂高度为 2m,设灯具的悬挂高度为 0.5m,则灯具计算高度为

$$h_r = 5 - 0.75 - 0.5 = 3.75\text{m}$$

又查表 A-18-4 可知，该种灯具的最大距高比为 1.8，即 $l/h_{RC} = 1.8$，则灯具间的合理距离为

$$l \leqslant h_r = 1.8 \times 3.75 = 6.75\text{m}$$

灯具布置初步方案如图 10-10 所示。该布置方案的实际灯距为

$$l = 3\text{m} < 6.75\text{m}$$

满足要求。

灯具个数为：$n = 14 \times 9 = 126$ 个。

（2）用利用系数法计算照度

① 计算室空间系数 $K_{RC}$

$$K_{RC} = \frac{5h_r(a+b)}{a \cdot b} = \frac{5 \times 3.75 \times (42+27)}{42 \times 27} = 1.11$$

② 确定利用系数

查表 A-18-4 可知蝠翼式荧光灯具：$\rho_c = 50\%$，$\rho_w = 30\%$，$K_{RC} = 1$ 时，$K_u = 0.8$；$\rho_c = 50\%$，$\rho_w = 30\%$，$K_{RC} = 2$ 时，$K_u = 0.71$。运用插入法可知 $\rho_c = 50\%$，$\rho_w = 30\%$，$K_{RC} = 1.11$ 时，$K_u = 0.79$。

③ 确定布置灯具的光通量

查表 A-18-3 可知，F36T8/840 型 36WT8 直管荧光灯的光通量 $\Phi = 3150\text{lm}$。

④ 计算实际平均照度

$$E_{av} = \frac{K_u K_m n \Phi}{S} = \frac{0.79 \times 0.7 \times 126 \times 3150}{42 \times 27} = 193.6\text{lx}$$

实际平均照度与照度标准 200lx 误差为 $\Delta = (200-193.6)/200 = 3.2\% < 10\%$，计算结果满足照度要求。

⑤ 计算照明功率密度

查表 A-18-1 可知，机械加工车间的照明功率密度目标值 LPD $\leqslant 6.5\text{W/m}^2$。

$$\text{PLD} = (36 \times 1.1) \times 126/(42 \times 27) = 4.4\text{W/m}^2 < 6.5\text{W/m}^2$$

满足照明功率密度目标值要求。

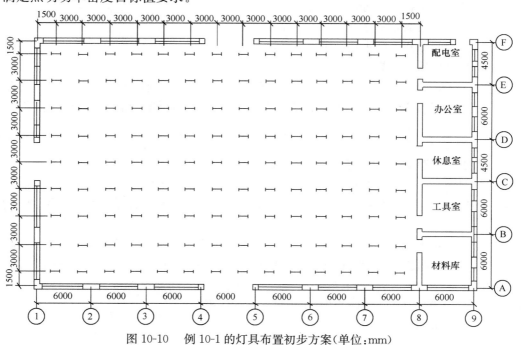

图 10-10　例 10-1 的灯具布置初步方案（单位：mm）

### 10.3.3 照明节能

照明节能属于建筑节能及环境节能的重要组成部分之一,包括照明光源的优化、照度分布的设计及照明时间的控制,以达到照明的有效利用率最大化的目的。

**1. 一般要求**

① 应在满足规定的照度和照明质量要求前提下,进行照明节能评价。

② 照明节能应采用一般照明的照明功率密度值(LPD)作为评价指标。

③ 照明设计的房间或场所的照明功率密度应满足 GB50034—2013 的规定值。

**2. 照明节能措施**

① 选用的照明光源、镇流器的能效符合相关能效标准的节能评价值。

② 照明场所以用户为单位计量和考核照明用电量。

③ 一般场所不选用卤钨灯,对商场、博物馆显色要求高的重点照明可采用卤钨灯。

④ 一般照明不采用高压汞灯。

⑤ 一般照明在满足照度均匀度条件下,选择单灯功率较大、发光效率较高的光源。

⑥ 当公共建筑或工业建筑选用单灯功率小于或等于 25W 的气体放电灯时,除自镇流荧光灯外,其镇流器选用谐波含量低的产品。

⑦ 走廊、楼梯间、厕所、地下车库等无人长时间逗留的场所或只进行检查、巡视和短时操作的工作场所,可配用感应式自动控制的 LED 灯。

# 10.4 照明配电及控制

照明装置都采用电光源,为保证照明正常、安全、可靠地工作,同时便于控制、管理和维护,又利于节约电能,就必须有合理的配电系统和控制方式给予保证。

## 10.4.1 照明配电系统

我国照明供电一般采用 220/380V 三相四线制中性点直接接地的交流网络供电。一般照明光源的电源电压应采用 220V,1500W 及以上的高强度气体放电灯的电源电压宜采用 380V。移动式和手提式灯具应采用安全特低电压供电,在干燥场所不大于 50V,在潮湿场所不大于 25V。照明灯具的端电压不大于其额定电压的 105%,在一般工作场所不低于其额定电压的 95%,当远离变电所的小面积一般工作场所可不低于其额定电压的 90%,应急照明和安全特低电压供电的照明不低于其额定电压的 90%。

(1)正常照明

电力设备无大功率冲击性负荷时,照明和电力设备宜合用变压器;当电力设备有大功率冲击性负荷时,照明宜与冲击性负荷接自不同变压器;如条件不允许,需接自同一变压器时,照明应由专用馈电线供电;照明安装功率较大时,宜采用照明专用变压器。

当照明与电力设备合用一台变压器时,如图 10-11(a)所示,由变压器低压母线上引出独立的照明线路供电;当有两台变压器时,正常照明和应急照明由不同的变压器供电,如图 10-11(b)所示,对于重要的照明负荷宜采用两个电源自动切换装置进行供电;当采用"变压器—干线"供电时,照明电源接于变压器低压侧总开关之前,如图 10-11(c)所示;当电力设备稳定时,照明与电力设备可合用供电线路,但应在电源进户处将动力与照明线路分开,如图 10-11(d)所示。

(2)应急照明

应急照明的电源,应根据应急照明类别、场所使用要求和实际电源条件选取,可采用:①接自电力网,独立于正常照明电源的线路;②蓄电池组,包括灯内自带蓄电池、集中设置或分区集中设置的蓄电池装置;③应急发电机组;④以上任意两种方式的组合。优先采用方式①。

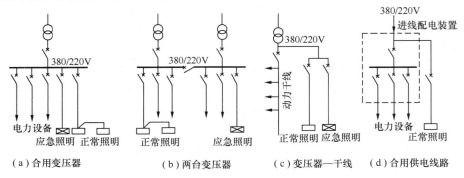

（a）合用变压器　　　　（b）两台变压器　　　　（c）变压器—干线　　（d）合用供电线路

图 10-11　照明配电系统

备用照明应接于与正常照明不同的电源,当正常照明因故停电时,备用照明电源应自动投入。有时为了节约照明线路,也从整个照明中分出一部分作为备用照明,但其配电线路及控制开关应分开装设。

疏散照明,当只有一台变压器时,应与正常照明的供电线路自变电所低压配电屏上或母线上分开;当装设两台及以上变压器时,应与正常照明的干线分别接自不同的变压器;当室内未设变压器时,应与正常照明在进户线进户后分开,且不得与正常照明合用一个总开关;当只需装少量应急照明灯时,可采用带有直流逆变器的应急照明灯。疏散照明的出口标志灯和指向标志灯宜用蓄电池电源。安全照明的电源应和该场所的电力线路分别接自不同变压器或不同馈电线。

（3）局部照明

机床和固定工作台的局部照明可接自动力线路,移动式局部照明应接自正常照明线路。

（4）室外照明

应与室内照明线路分开供电,道路照明、警卫照明的电源宜接自有人值班的变电所低压配电屏的专用回路上。当室外照明的供电距离较远时,可采用由不同地区的变电所分区供电。

## 10.4.2　照明配电方式

照明配电网络由馈电线、干线和支线组成,如图 10-12 所示。

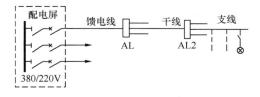

图 10-12　照明配电网络
AL—总照明配电箱　AL2—照明配电箱

馈电线将电能从变电所低压配电屏送到总照明配电箱;干线将电能从总照明配电箱送到各分照明配电箱;支线由各分照明配电箱分出,将电能送到各个灯。

照明配电方式有放射式、树干式和混合式,如图 10-13 所示。宜采用放射式和树干式结合的混合式。

照明配电箱宜设置在靠近照明负荷中心便于操作维护的位置。每一照明单相分支回路的电流不宜超过 16A,所接光源数不宜超过 25 个;连接建筑组合灯具时,回路电流不宜超过 25A,光源数不宜超过 60 个;连接高强度气体放电灯的单相分支回路的电流不应超过 30A。插座回路应装设剩余电流动作保护器,和照明灯分接于不同分支回路,以避免不必要的停电。

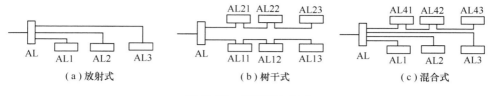

（a）放射式　　　　　　（b）树干式　　　　　　（c）混合式

图 10-13　照明配电方式

### 10.4.3　照明控制

照明控制是实现舒适照明的重要手段,也是节约电能的有效措施。常用的控制方式有集中控制、分组控制、定时控制、光电感应开关控制、智能控制等。

公共建筑和工业建筑的走廊、楼梯间、门厅等公共场所的照明,宜采用集中控制,并按建筑使用条件和天然采光状况采取分区、分组控制措施。

房间或场所装设有两列或多列灯具时,宜按下列方式分组控制:①所控灯列与侧窗平行;②生产场所按车间、工段或工序分组;③电化教室、会议厅、多功能厅、报告厅等场所,按靠近或远离讲台分组。

居住建筑有天然采光的楼梯间、走道的照明,除应急照明外,宜采用光电感应开关控制。每个照明开关所控光源数不宜太多。每个房间灯的开关数不宜少于 2 个(只设置 1 个光源的除外)。

### 10.4.4　照明配电系统图

照明配电系统图是表示电气照明电能控制、输送和分配的电路图,属于一种电气照明原理图。照明配电系统图按国家标准规定的电气图形符号表示电气设备和照明线路,并以一定的次序连接,通常以单线或多线表示照明配电系统。

① 照明配电柜或配电箱及各电气设备应标注其型号、规格。

② 照明线路应标注其导线或电缆的型号、规格、敷设方式、照明容量或计算电流,单相线路应标其相序(L1、L2、L3 或 L1 N、L2 N、L3 N 或 L1 N PE、L2 N PE、L3 N PE)。

图 10-14 为某机械加工车间照明配电系统图,图中 AL1 表示 1 号照明配电箱,其型号为 PZ30-307,C65NC/3P 为 3 极 C65NC 型断路器,图中标注了线路的编号、导线或电缆的型号和规格、敷设方式、照明容量和计算电流等。

### 10.4.5　电气照明平面布置图

电气照明平面布置图是用国家标准规定的建筑和电气平面图图形符号及文字符号,表示照明区域内照明配电箱、开关、插座及照明灯具等的平面位置及其型号、规格、数量和安装方式、部位,并表示照明线路走向、敷设方式及导线型号、规格、根数等的一种施工图。

#### 1. 照明灯具的位置和标注

照明灯具的图形符号应符合 GB4728—2000 及相关规定,标注的格式为

$$a-b\frac{c\times d\times L}{e}f \tag{10-14}$$

式中,$a$ 为某场所同种类照明器的个数;$b$ 为照明器类型符号;$c$ 为每个照明器内安装的光源数,

通常一个可不表示;$d$ 为光源的功率(W);$L$ 为光源种类代号(FL 表示紧凑型荧光灯,管型荧光灯可省略);$e$ 为照明器的悬挂高度(—表示吸顶安装);$f$ 为安装方式代号(灯具吸顶安装时,安装方式 $f$ 可省略)。

例如,8-YAC70542 $\dfrac{14 \times FL}{—}$ 表示 8 个 YAC70542 型灯具,光源为单管 14W 紧凑型荧光灯,灯具吸顶安装。

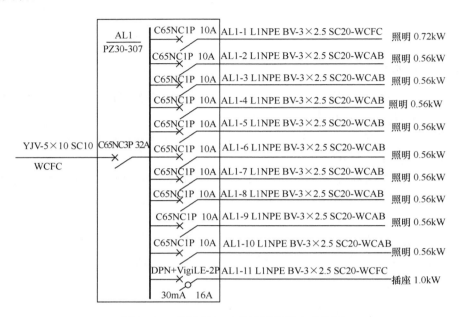

图 10-14　某机械加工车间照明配电系统图

灯具安装方式及光源种类标注的文字符号见表 10-8。

**表 10-8　灯具安装方式及光源种类标注的文字符号**

| 灯具安装方式 | 文字符号 | 灯具安装方式 | 文字符号 | 光源种类标注 | 文字符号 | 光源种类标注 | 文字符号 |
|---|---|---|---|---|---|---|---|
| 线吊式 | SW | 顶内安装 | CR | 氙 | Xe | 荧光 | FL |
| 链吊式 | CS | 墙壁内安装 | WR | 氖 | Ne | 白炽 | IN |
| 管吊式 | DS | 支架上安装 | S | 钠 | Na | 发光二极管 | LED |
| 壁装式 | W | 柱上安装 | CL | 汞 | Hg | 混光 | HL |
| 吸顶式 | C | 座装 | HM | 碘 | I | 弧光 | ARC |
| 嵌入式 | R | — | — | 金属卤化物 | MH | 紫外线 | UV |

### 2. 配电设备的位置和标注

配电设备的图形符号和标注格式与电力平面布置图相同。

### 3. 照明配电线路的位置和标注

照明配电线路的标注格式也和电力平面布置图基本相同。线路单线表示时,导线的根数大于 2 根时要标注,标注方法是:①在单线表示的线路上,用短斜线根数表示导线的根数;②在单线表示的线路上画一根短斜线,在短斜线旁标注数字表示导线的根数。

图 10-15 所示为某机械加工车间的照明平面布置图。

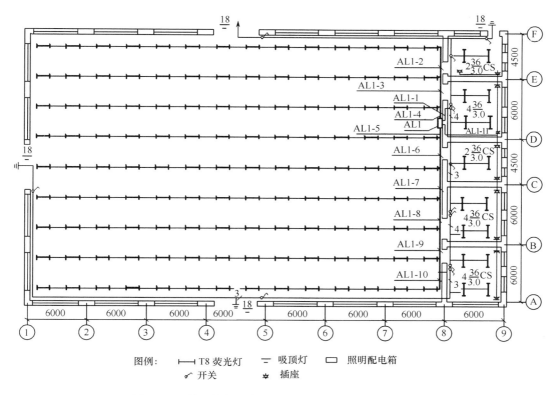

图例：├──┤ T8 荧光灯　　─ 吸顶灯　　☐ 照明配电箱
　　　 ⌐ 开关　　　　 ✳ 插座

图 10-15　某机械加工车间的照明平面布置图（单位：mm）

# 小　　结

本章简单介绍了照明技术的有关概念，叙述了电气照明的方式和种类、常用的照明光源和灯具，着重介绍了照度计算的方法和步骤，以及照明配电和控制的基本知识。

① 照明可分为一般照明、分区一般照明、局部照明和混合照明，照明种类有正常照明、应急照明、值班照明、警卫照明和障碍照明等。绿色照明是节能环保的系统工程。

② 常用的照明光源有卤钨灯、荧光灯、高压钠灯、金属卤化物灯、氙灯、紧凑型荧光灯、单灯混光灯和 LED 灯等。照明灯具根据配光曲线分为正弦分布型、广照型、漫射型、配照型、深照型和特深照型；根据光通量投射方向的百分比分为直接照明型、半直接照明型、均匀漫射型、半间接照明型及间接照明型；按灯具的结构特点又可分为开启型、闭合型、封闭型、密闭型和防爆型。

③ 灯具在室内的布置要求是，保证最低的照度及均匀性，光线的射向适当，无眩光、阴影，安装维护方便，布置整齐美观，并与建筑空间协调，安全、经济等；在室外的布置要求是，灯具不宜悬挂过高或过低，过高会降低工作面上的照度且维修不方便，过低则容易碰撞且不安全，另外会产生眩光，降低人眼的视力。

④ 掌握照度计算的方法和步骤，主要是利用系数法，工作面的实际平均照度计算公式为

$$E_{av} = \frac{K_u K_m n \Phi_e}{S}$$。

⑤ 了解常用的照明配电系统，能看懂照明系统图和平面布置图，初步掌握一般的照明设计方法。

# 思考题和习题

10-1 电气照明有什么特点？对工业生产有什么作用？

10-2 什么叫光强、照度和亮度？常用单位各是什么？什么叫配光曲线？

10-3 什么叫反射比？反射比与照明有什么关系？

10-4 什么叫绿色照明？对绿色照明有什么要求？

10-5 照明光源有哪些？各有什么特点？

10-6 如何选择照明光源、灯具及附属装置？

10-7 什么是灯具的距高比？距高比与布置方案有什么关系？

10-8 灯具悬挂高度有什么要求？为什么？

10-9 什么叫照明光源的利用系数？与哪些因素有关？什么叫维护系数？又与哪些因素有关？

10-10 照明网络为什么要分正常照明和应急照明两种供电方式？对供电电源有什么要求？

10-11 试说明电气照明平面布线图上灯具旁标注的 6-FAC41286P $\frac{2\times36}{3.0}$CS 中文字符号和数字的含义。

10-12 有一教室长 11.5m、宽 6.5m、高 3.6m，照明器离地高度为 3.1m，课桌的高度为 0.75m。室内顶棚、墙面均为白色涂料，顶棚有效反射比取 70%，墙壁有效反射比取 50%。教室的照度标准为 300lx，若采用蝠翼式荧光灯具，内装 36WT8 直管荧光灯，试确定所需的灯数及灯具布置方案。

10-13 某仪表装配车间长 60m，宽 15m，采用 FAC42601P 型嵌入式荧光灯具 60 个，内装 2×36WT8 直管荧光灯，嵌入安装离地高度为 4.5m，工作面离地高度为 0.75m，顶棚有效反射比为 50%，墙面有效反射比为 50%，仪表装配车间的照度标准为 300lx，试校验能否满足照度要求。

# 第 11 章　供配电系统的运行和管理

　　加强供配电系统的运行和管理,做好节约电能、调节电压、抑制电压波动和闪变、抑制谐波、变配电所和电力线路的运行以及维护工作,对缓解电力供需矛盾、改善和提高电能质量以及提高供配电系统的水平,具有十分重要的意义。

## 11.1　节　约　电　能

### 11.1.1　节约电能的意义

　　能源是人类生存和发展的重要物质基础,随着经济发展和经济规模的进一步扩大,能源需求还会持续较快增加。在当前和今后相当长一个时期内,能源是制约经济社会发展的突出瓶颈,根本出路是坚持开发与节约并举、节能优先的方针,大力推进节能降耗,提高能源利用效率。

　　据统计,2016 年我国 GDP(国民生产总值)突破 74 万亿元,成为全球第二经济大国。按照2010 年不变价格计算,2016 年我国 GDP 能耗为 0.68 吨标准煤/万元,同比下降 5.0%。按照2015 年美元价格和汇率计算,2016 年我国单位 GDP 能耗为 3.7 吨标准煤/万美元,是 2015 年世界能耗强度平均水平的 1.4 倍,发达国家平均水平的 2.1 倍,与世界先进水平还有相当大的差距。因此,我国必须改变发展模式,淘汰高能耗行业、企业和产品,提高效率,发展高新产业。

　　节约电能可以节约煤炭、石油等一次能源,缓解电力供需矛盾,提高企业经济效益,促进企业发展,对加速国民经济的高质量发展和人民生活水平的提高等具有重要意义。

### 11.1.2　节约电能的一般措施

　　节约电能主要通过管理措施节电和技术措施节电实现。管理措施节电主要是通过加强用电管理和考核工作,挖掘节电潜力,减少电能浪费等节电方法;技术措施节电主要是通过设备的更新改造,工艺改革,采用节电新技术等节电方法。

　　① 加强组织领导。各用电单位应加强对节电工作的组织领导,指定专人负责节电工作,推动节电工作的深入开展。

　　② 加强教育和管理。各用电单位要建立科学的能源管理制度,制定各车间、部门的耗电定额,认真计量,严格考核。

　　③ 实行负荷调整。根据供电系统的电能供应情况及各类用户不同的用电规律,合理安排各类用户的用电时间,以降低负荷高峰、填补负荷低谷(即所谓的"削峰填谷"),充分发挥发电、变电设备的潜力,提高系统的供电能力。具体方法有:

　　● 同一地区各企业的厂休日错开;

　　● 同一企业内各车间的上下班时间错开,使各车间的高峰负荷分散;

　　● 调整大容量用电设备的用电时间,使它避开高峰负荷时间用电,做到各时段负荷均衡,从而提高变压器的负荷系数和功率因数,减少电能损耗,利用储能技术进行削峰填谷;

　　● 实行"阶梯电价＋分时电价"的综合电价模式。"阶梯电价"全名为"阶梯式累进电价",是指把户均用电量设置为若干个阶梯,随着户均消费电量的增长,电价逐级递增。分时电价是指根据电网的负荷变化情况,将每天 24 小时划分为高峰、平段、低谷等时段,各时段电价不同,以鼓励用电客户合理安排用电时间,削峰填谷,提高电力资源的利用效率。

④ 实行经济运行方式,降低电力系统的能耗。经济运行方式是指能使整个电力系统的有功损耗最小,获得最佳经济效益的设备运行方式。例如,负荷率长期偏低的电力变压器,可以考虑换用较小容量的电力变压器。如果运行条件许可,两台并列运行的电力变压器在低负荷时关停一台。

⑤ 加强运行和维护,提高设备的检修质量。例如,电力变压器通过检修,消除铁芯启动过热的故障,就能降低铁损,节约电能。又如,将线路中接头接触不良、严重发热的问题解决好,不仅能保证安全用电,而且也能减少电能损耗。

⑥ 推广高效节能的用电设备,逐步淘汰低效耗能用电设备。例如,采用冷轧硅钢片的节能型(如 S10、S11)电力变压器,其空载损耗比老型号的热轧硅钢片变压器低 50% 左右。推广绿色照明工程,选用高效节能的照明产品,如 T5 细径直管荧光灯比 T8 荧光灯节能 30%,紧凑型荧光灯比同功率白炽灯节能 80%,LED 灯能耗低、寿命长。

⑦ 改造现有不合理的供配电系统,降低线路损耗。例如,将截面偏小的导线换以截面稍大的导线;将绝缘老化漏电较大的绝缘导线换新;合理选择变配电所位置,使变压器尽量靠近负荷中心,缩短低压配电线路。

⑧ 改革工艺,改进操作。例如,在机床加工中,采用以铣代刨的工艺能使零件加工耗电量下降 30%～40%。在铸造工艺中采用精密铸造工艺,可使铸件的耗电量减少 50% 左右。

⑨ 采用新技术,选用新材料。在开展节约用电工作中,应重视新技术和新材料的推广和使用。例如,在电加热炉上,采用硅酸铝纤维做保温耐火材料,可以减少电热损耗。

⑩ 提高功率因数。采取各种技术措施,减少供用电设备中无功功率损耗,提高功率因数。如果功率因数仍达不到规定值 0.9,则应进行无功功率的人工补偿。

### 11.1.3　电力变压器的经济运行

电力变压器在电能损耗低的状态下的运行称为电力变压器的经济运行。电力系统的有功功率损耗,不仅与设备的有功功率损耗有关,而且与设备的无功功率损耗有关,因为设备消耗的无功功率也是电力系统提供的。

为了计算设备的无功功率损耗在电力系统中引起的有功功率损耗增加量,特引入一个换算系数 $K_q$,即无功功率经济当量,它表示电力系统多发送 1kvar 的无功功率而增加的有功功率损耗 kW 数。$K_q$ 值与电力系统的容量、结构及计算点的具体位置等多种因素有关。一般情况下,变配电所平均取 $K_q = 0.1$。

**1. 单台变压器运行的经济负荷**

变压器的损耗包括有功功率损耗和无功功率损耗两部分,而无功功率损耗也是电力系统产生附加的有功功率损耗,可通过 $K_q$ 换算。因此,变压器的有功功率损耗加上变压器的无功功率损耗所换算的等效有功功率损耗,就称为变压器的综合有功功率损耗。

单台变压器在负荷为 $S$ 时的综合有功功率损耗为

$$\Delta P = \Delta P_T + K_q \Delta Q_T \approx \Delta P_0 + \Delta P_K \left(\frac{S}{S_N}\right)^2 + K_q \Delta Q_0 + K_q \Delta Q_N \left(\frac{S}{S_N}\right)^2$$

即
$$\Delta P \approx \Delta P_0 + K_q \Delta Q_0 + (\Delta P_K + K_q \Delta Q_N)\left(\frac{S}{S_N}\right)^2 \tag{11-1}$$

式中,$\Delta P_T$ 为变压器的有功功率损耗(kW);$\Delta Q_T$ 为变压器的无功功率损耗(kvar);$\Delta P_0$ 为变压器的空载有功功率损耗(kW);$\Delta P_K$ 为变压器的负载有功功率损耗(kW);$\Delta Q_0 = S_N \cdot \dfrac{I_0\%}{100}$ 为变压器空载时的无功功率损耗(kvar);$\Delta Q_N = S_N \cdot \dfrac{U_K\%}{100}$ 为变压器额定负荷时的无功功率损耗(kvar),$S_N$ 为变压器的额定容量(kVA)。

要使变压器运行在经济负荷 $S_{ec.T}$ 下,就应满足变压器单位容量的综合有功功率损耗 $\Delta P/S$ 为最小值的条件。令 $\mathrm{d}(\Delta P/S)/\mathrm{d}S = 0$,可得变压器的经济负荷为

$$S_{ec.T} = S_N \sqrt{\frac{\Delta P_0 + K_q \Delta Q_0}{\Delta P_K + K_q \Delta Q_N}} \tag{11-2}$$

变压器经济负荷与变压器额定容量之比,称为变压器的经济负荷系数或经济负荷率,用 $K_{ec.T}$ 表示,即

$$K_{ec.T} = \sqrt{\frac{\Delta P_0 + K_q \Delta Q_0}{\Delta P_K + K_q \Delta Q_N}} \tag{11-3}$$

一般电力变压器的经济负荷率为 50% 左右。

对于新型节能变压器,经济负荷率比老型号的低。若按此原则选择变压器,则使初期投资加大,基本电费也增多。因此,变压器容量的选择要综合考虑,经济负荷率大致在 70% 左右比较适合我国国情。

**例 11-1** 试计算 S11-M630/10.5 型变压器的经济负荷和经济负荷率。

**解** 查表 A-3-1 得 S11-M630/10.5 型变压器的有关技术数据:

$$\Delta P_0 = 0.81\mathrm{kW}, \Delta P_K = 6.2\mathrm{kW}, I_0\% = 0.6, U_K\% = 4.5$$

则

$$\Delta Q_0 \approx 630 \times 0.006 = 3.78\mathrm{kvar}$$

$$\Delta Q_N \approx 630 \times 0.045 = 28.35\mathrm{kvar}$$

变压器的经济负荷率为

$$K_{ec.T} = \sqrt{\frac{\Delta P_0 + K_q \Delta Q_0}{\Delta P_K + K_q \Delta Q_N}} = \sqrt{\frac{0.81 + 0.1 \times 3.78}{6.2 + 0.1 \times 28.35}} = 0.3626$$

所以,变压器的经济负荷为

$$S_{ec.T} = K_{ec.T} S_N = 0.3626 \times 630 = 228.45\mathrm{kVA}$$

**2. 两台变压器经济运行的临界负荷**

假如变电所有两台同型号同容量($S_N$)的变压器,变电所的总负荷为 $S$,存在何时投入一台或投入两台运行最经济的问题。

一台变压器单独运行时,由式(11-1)求得其在负荷 $S$ 时的综合有功功率损耗为

$$\Delta P_I \approx \Delta P_0 + K_q \Delta Q_0 + (\Delta P_K + K_q \Delta Q_N)\left(\frac{S}{S_N}\right)^2$$

两台变压器并列运行时,每台各承担 $S/2$,由式(11-1)求得两台变压器的综合有功功率损耗为

$$\Delta P_{II} \approx 2(\Delta P_0 + K_q \Delta Q_0) + 2(\Delta P_K + K_q \Delta Q_N)\left(\frac{S}{2S_N}\right)^2$$

将以上两式 $\Delta P$ 与 $S$ 的函数关系绘成如图 11-1 所示的两条曲线,两条曲线相交于 $a$ 点,$a$ 点所对应的变压器负荷,就是变压器经济运行的临界负荷,用 $S_{cr}$ 表示。

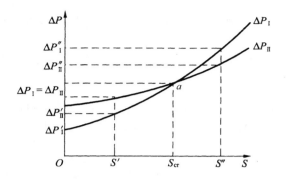

图 11-1 两台变压器经济运行的临界负荷

当 $S=S'<S_{cr}$ 时,因 $\Delta P_I'<\Delta P_{II}'$,故宜于一台运行;

当 $S=S''>S_{cr}$ 时,因 $\Delta P_I''>\Delta P_{II}''$,故宜于两台运行;

当 $S=S_{cr}$ 时,一台或两台运行时的综合有功功率损耗相等,可得两台同型号同容量的变压器经济运行的临界负荷为

$$S_{cr}=S_N\sqrt{2\times\frac{\Delta P_0+K_q\Delta Q_0}{\Delta P_K+K_q\Delta Q_N}} \tag{11-4}$$

假如是 $n$ 台同型号同容量的变压器,则判别第 $n$ 台与第 $n-1$ 台经济运行的临界负荷为

$$S_{cr}=S_N\sqrt{(n-1)n\times\frac{\Delta P_0+K_q\Delta Q_0}{\Delta P_K+K_q\Delta Q_N}} \tag{11-5}$$

**例 11-2** 某变电所装有两台 S11-M630/10 型变压器,试计算变压器经济运行的临界负荷。

**解** 利用例 11-1 的同型变压器技术数据,代入式(11-4)得此变电所两台变压器经济运行的临界负荷为(取 $K_q=0.1$)

$$S_{cr}=S_N\sqrt{2\times\frac{\Delta P_0+K_q\Delta Q_0}{\Delta P_K+K_q\Delta Q_N}}=630\times\sqrt{2\times\frac{0.81+0.1\times3.78}{6.2+0.1\times28.35}}=323.07\text{kVA}$$

因此,当负荷 $S<323.07\text{kVA}$ 时,宜于一台运行;当负荷 $S>323.07\text{kVA}$ 时,宜于两台运行。

# 11.2 电压偏差与调节

## 11.2.1 电压偏差与调节概述

电压偏差是电压质量的重要指标,如 1.4.1 节所述。电压偏差是由于供配电系统运行方式改变及负荷变化而引起的,其变化相当缓慢。电压偏差应符合 GB/T 12325—2008《电能质量 供电电压偏差》标准。电压偏差超过允许偏差时就要进行电压调节,以保证电能质量。

电压偏差对用电设备的工作性能和使用寿命有很大影响。

(1)对感应电动机的影响

由于转矩与端电压平方成正比($M\propto U^2$),端电压偏低时,不仅电动机启动困难,负荷电流增大,引起过热,缩短感应电动机的寿命,而且转速下降,会降低生产效率,减少产量,影响产品质量。端电压偏高时,其负荷电流和温升也将增加,绝缘受损加剧,也会缩短寿命。

(2)对同步电动机的影响

当同步电动机的端电压偏高或偏低时,其转速虽然保持不变,但因转矩与电压平方成正比($M\propto U^2$),所以会对转矩、负荷电流和温升产生不利影响。

（3）对电光源的影响

电压偏差对白炽灯的影响最为显著,端电压偏低时,光源效率将下降,照度降低,影响视力,白炽灯不易启动;端电压偏高时,其使用寿命将大大缩短。

## 11.2.2 电压调节的方法

为满足用电设备对电压的要求,保证电能的电压质量,使电压偏差在规定范围内,供配电系统必须采取相应的电压调整措施。

### 1. 改变发电机端电压调压

调节发电机端电压是一种不耗费投资且最直接的调压方法,这种调压方法简单灵活,无须投资,但调压幅度有限。同步发电机可以在（95%～105%）$U_N$内保持额定输出功率。直接用发电机电压向用户供电的中小系统,如果供电线路较短,线路电压损失不大,可通过调节发电机励磁来改变发电机的母线电压,采用逆调压方式,即在高峰负荷时升高母线电压至105%$U_N$、低谷负荷时降低母线电压至$U_N$。从图11-2可看出,能满足负荷对供电质量的要求。

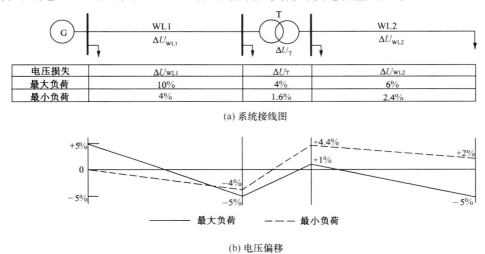

图 11-2　发电机逆调压时的电压偏移

### 2. 改变变压器的变比调压

改变变压器的变比可以升高或降低次级绕组的电压,这种调压方式利用改变节点电压的高低来改变无功功率的流向和分布,不能发出或吸收无功功率,只能做细微调节,当无功功率缺乏时无效。为了调整电压,双绕组变压器的高压绕组和三绕组变压器的高、中压绕组都设有若干个分接头(抽头)供选择使用,其中对应额定电压 $U_N$ 的称为主接头。改变变压器的变比调压,实际上就是根据调压要求,适当选择分接头。

选择变压器分接头的方法如下:

设最大负荷时,变压器高压母线的实际电压为 $U_{1max}$,变压器中的电压损失(归算到高压侧的值)为 $\Delta U_{Tmax}$,变压器低压母线按调压要求的实际电压为 $U_{2max}$,应选的变压器分接头电压为 $U_{tmax}$。则

$$U_{2max} = (U_{1max} - \Delta U_{Tmax})/K_{max} \tag{11-6}$$

$$K_{max} = U_{tmax}/U_{2N} \tag{11-7}$$

由式(11-6)和式(11-7)可得最大负荷时应选的变压器分接头电压为

$$U_{\text{tmax}} = \frac{(U_{1\text{max}} - \Delta U_{\text{Tmax}})U_{2\text{N}}}{U_{2\text{max}}} \tag{11-8}$$

式中，$U_{2\text{N}}$ 为变压器低压侧的额定电压(kV)；$K_{\text{max}}$ 为最大负荷时变压器应选的变比。用同样的方法，可求得最小负荷时应选择的变压器分接头电压 $U_{\text{tmin}}$ 为

$$U_{\text{tmin}} = \frac{(U_{1\text{min}} - \Delta U_{\text{Tmin}})U_{2\text{N}}}{U_{2\text{min}}} \tag{11-9}$$

式中，$U_{1\text{min}}$ 为最小负荷时变压器高压母线的实际电压(kV)；$U_{2\text{min}}$ 为最小负荷时变压器低压母线按调压要求的实际电压(kV)；$\Delta U_{\text{Tmin}}$ 为最小负荷时归算到高压侧的变压器电压损失(kV)。

因为无载调压型变压器切换分接头必须停电进行，因此不可能频繁操作，所以应在最大负荷和最小负荷下选用同一个分接头，即取 $U_{\text{tmax}}$ 和 $U_{\text{tmin}}$ 的平均值，以使变压器低压母线的实际电压偏离调压要求的 $U_{2\text{max}}$ 和 $U_{2\text{min}}$ 大致相等。即

$$U_{\text{t}} = \frac{U_{\text{tmax}} + U_{\text{tmin}}}{2} \tag{11-10}$$

根据 $U_{\text{t}}$ 选取最接近的分接头电压。然后按选定的分接头电压，校验变压器低压母线的实际电压能否满足要求。如果不满足调压要求，必须使用有载调压变压器。有载调压变压器不仅可带负荷切换分接头，而且调压范围较大，并按式(11-8)和式(11-9)选择最大和最小负荷时的分接头。

**例 11-3**　某变电所装有 S10-5000 35±5%/10.5 变压器一台。最大负荷时变压器高压母线电压为 34.9kV，变压器的电压损失(归算到高压侧的值)为 4.12%；最小负荷时变压器高压母线电压为 36.4kV，变压器的电压损失(归算到高压侧的值)为 2.14%。按调压要求变压器低压母线电压偏差为最大负荷时不低于 0%，最小负荷时不高于 +7.5%，试选择变压器的分接头。

**解**　(1) 变压器分接头的选择

最大负荷时的分接头电压为

$$U_{\text{tmax}} = \frac{(U_{1\text{max}} - \Delta U_{\text{Tmax}})U_{2\text{N}}}{U_{2\text{max}}} = \frac{(34.9 - 35 \times 4.12\%) \times 10.5}{10} = 35.13\text{kV}$$

最小负荷时的分接头电压为

$$U_{\text{tmin}} = \frac{(U_{1\text{min}} - \Delta U_{\text{Tmin}})U_{2\text{N}}}{U_{2\text{min}}} = \frac{(36.4 - 35 \times 2.14\%) \times 10.5}{(1 + 7.5\%) \times 10} = 34.82\text{kV}$$

$$U_{\text{t}} = \frac{U_{\text{tmax}} + U_{\text{tmin}}}{2} = \frac{35.13 + 34.82}{2} = 34.98\text{kV}$$

应选 0 分接头，即主接头，额定电压为 35kV。

(2) 在主接头时变压器低压母线的实际电压和电压偏差的校验

最大负荷时，低压母线的实际电压和电压偏差为

$$U_{2\text{max}} = \frac{(U_{1\text{max}} - \Delta U_{\text{Tmax}})}{U_{\text{t}}} U_{2\text{N}} = \frac{(34.9 - 35 \times 4.12\%) \times 10.5}{35} = 10.037\text{kV}$$

$$\Delta U_{2\text{max}} = \frac{U_{2\text{max}} - U_{\text{N}}}{U_{\text{N}}} \times 100\% = \frac{10.37 - 10}{10} \times 100\% = 0.37\% > 0\%$$

最小负荷时，低压母线的实际电压和电压偏差为

$$U_{2\text{min}} = \frac{(U_{1\text{min}} - \Delta U_{\text{Tmin}})U_{2\text{N}}}{U_{\text{t}}} = \frac{(36.4 - 35 \times 2.14\%) \times 10.5}{35} = 10.7\text{kV}$$

$$\Delta U_{2\text{min}} = \frac{U_{2\text{min}} - U_{\text{N}}}{U_{\text{N}}} \times 100\% = \frac{10.7 - 10}{10} \times 100\% = 7\% < 7.5\%$$

所以，选 0 分接头能满足低压母线的电压要求。

### 3. 改变无功功率分布调压

由于大量感性负荷的存在，使电力系统中产生大量相位滞后的无功功率，降低了功率因数，增加了系统的电压损失，为此可采用并联电容器或同步补偿机进行补偿。改变网络中无功功率调压主要是指按调压要求进行无功功率补偿。无功功率补偿不仅能减少电网中的电能损失，提高发供电设备的利用率，而且能减少电压损失，达到调压目的。因此，可统一考虑按经济上最优和调压要求进行无功功率补偿，做到随电压波动和负荷变化自动补偿无功功率，从而获得最佳效果。

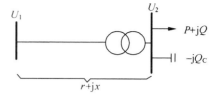

图 11-3　某供配电系统图

按调压要求确定无功功率补偿设备容量的方法如下（设供配电系统如图 11-3 所示）：

补偿前归算到高压侧的变压器低压母线电压 $U'_2$ 为

$$U'_2 = U_1 - \Delta U = U_1 - \frac{Pr + Qx}{1000U'_2} \tag{11-11}$$

补偿后归算到高压侧的变压器低压母线电压为

$$U'_{2C} = U_1 - \Delta U_C = U_1 - \frac{Pr + (Q - Q_C)x}{1000U'_{2C}} \tag{11-12}$$

设补偿前后电源电压保持不变，由式（11-11）和式（11-12）可得

$$U'_2 + \frac{Pr + Qx}{1000U'_2} = U'_{2C} + \frac{Pr + (Q - Q_C)x}{1000U'_{2C}} \tag{11-13}$$

由式（11-13）可求得

$$Q_C = \frac{1000U'_{2C}}{x}\left[(U'_{2C} - U'_2) + \left(\frac{Pr + Qx}{1000U'_{2C}} - \frac{Pr + Qx}{1000U'_2}\right)\right] \tag{11-14}$$

式中，方括号内第二部分一般不大，可略去。从而补偿设备容量为

$$Q_C = \frac{1000U'_{2C}}{x}(U'_{2C} - U'_2) \tag{11-15}$$

若以变压器低压母线电压表示，补偿容量为

$$Q_C = \frac{1000U_{2C}}{x}(U_{2C} - U_2)K^2 \tag{11-16}$$

式中，$U_2$ 为补偿前变压器低压母线的实际电压（kV）；$U_{2C}$ 为变压器低压母线按调压要求的电压（kV）；$K$ 为变压器的变比；$r$ 为归算到高压侧的电源至变压器低压母线间的电阻（Ω）；$x$ 为归算到高压侧的电源至变压器低压母线间的电抗（Ω）；$Q_C$ 为无功功率补偿设备容量（kvar）。

供配电系统中，无功功率补偿一般采用并联电容器，在重负荷时投入电容器，在轻负荷时切除部分甚至全部电容器。因此，采用电容器补偿时，变压器分接头按最小负荷时的调压要求和电容器全部切除的情况选择，再按最大负荷时的调压确定并联电容器的容量。这样，在满足调压要求的条件下，使用电容器最少。

### 4. 串联电容器调压

通过串联电容器来补偿线路的感抗，能明显减小线路的电压损失，提高末端电压，实现调压。技术经济比较合理时，可以在功率因数较低、线路导线截面较大的用电设备（如大型电焊机）的供电线路上，采用串联电容器的调压方法。串联电容器的调压作用，随着负荷功率因数的提高而减小。如果负荷功率因数高于 0.95，串联电容器的调压作用就不明显。

### 5. 有载调压变压器调压

对不能停电的重要负荷，在供配电系统内部采取上述综合调压措施后，仍不能满足调压要求

时,应选用有载调压变压器。有载调压变压器是附装有载调压分接开关的电力变压器,可在带负荷情况下手动或自动改变分接头的位置。若配置有载自动调压装置,则能随电压变化自动改变变压器分接头,保证电压在规定的范围内。

### 6. 电压/无功综合控制

电压/无功综合控制是变电所根据主站传来的或设定的电压和功率因数的控制目标,利用变电所的并联电容器组、电抗器组和有载调压变压器,对电压和功率因数就地进行自动控制(局部 AVC)。电压/无功综合控制按图 11-4 进行电压/无功智能或模糊或专家系统控制,实现电压/无功综合优化控制,使电压合格率大大提高,损耗降低,取得很好的经济效益。在图 11-4 中,$U_1$ 和 $U_2$ 为电压上、下限,$\cos\varphi_1$、$\cos\varphi_2$ 为功率因数上、下限,0 区电压和功率因数合格,2 和 7 区功率因数合格、电压不合格,4

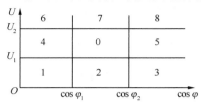

图 11-4　电压/无功九区图

和 5 区电压合格、功率因数不合格,1、3、6 和 8 区电压和功率因数都不合格。在不合格区域按不同策略分别进行电压调节或无功调节或电压无功调节,使其迅速回到 0 区。

# 11.3　电压波动、闪变与抑制

电压波动和闪变也是电能质量的重要指标之一。随着工农业生产的自动化、智能化和人民生活水平的提高,电压波动和闪变已引起国内外的广泛关注和研究。我国于 2008 年修订颁布了 GB12326—2008《电能质量　电压波动和闪变》国家标准。

## 11.3.1　电压波动和闪变

### 1. 电压波动及危害

电压波动是指电压均方根值(有效值)一系列的变动或连续的变化。电压波动程度用电压变动 $d$ 和电压变动频度 $r$ 衡量。1.4.1 节已对电压波动的定义和限值做了详细叙述。

电压波动主要是大型用电设备负载快速变化引起冲击性负荷造成的,大型电动机的直接启停及加减载,比如轧钢机咬钢、起重机提升启动、电弧炉熔化期发生短路、电弧焊机引弧、电气机车启动或爬坡等都有冲击性负荷产生。负荷急剧变化,使电网的电压损耗相应变动。

电压波动会使用电设备的性能恶化,自动装置、远动装置、电子设备和计算机无法正常工作;影响电动机的正常启动,甚至使电动机无法启动;对同步电动机还可引起其转子震动;使照明灯发生明显的闪烁,严重时影响视觉,使人无法正常工作和学习。

### 2. 电压闪变及危害

电压闪变是电压波动在一段时间内的累计效果,它通过灯光照度不稳定造成的视觉感受来反映。闪变程度主要用短时间闪变值和长时间闪变值来衡量。1.4.1 节已对短时间闪变值和长时间闪变值的定义和限值做了详细叙述。

当冲击性负荷引起电网电压波动时,将使由该电网供电的照明灯发生闪烁。电压波动是否会引起闪变,主要决定于电压波动的频度、波动量和电光源的类型,以及工作场所对照明质量的要求等。偶然产生的电压波动,即使是较大的电压波动,如大容量电动机直接启动引起电压降落,对人们视觉影响也是不大的。但当电压波动的频度在 10～20Hz 时,即使是很小的电压波动,也会引起闪变。闪变会引起人们视觉不适和情绪烦躁,对电视机等电子设备产生有害影响,从而影响人们正常的生活和工作。

### 11.3.2　电压波动和闪变的测量及估算

**1. 电压波动的测量及估算**

当电压变动频度较低且具有周期性时,可通过电压均方根值曲线 $U(t)$ 的测量,对电压变动进行评估,单次电压变动可通过系统和负荷参数进行估算。

当已知三相负荷的有功功率和无功功率的变化量分别为 $\Delta P_i$ 和 $\Delta Q_i$ 时,可用下式计算电压变动

$$d = \frac{R_L \Delta P_i + X_L \Delta Q_i}{U_N^2} \tag{11-17}$$

式中,$R_L$、$X_L$ 分别为电网阻抗的电阻、电抗分量。

在高压电网中,一般 $X_L \gg R_L$,电压变动可近似为

$$d \approx \frac{\Delta Q_i}{S_K} \times 100\% \tag{11-18}$$

式中,$S_K$ 为考察点(一般为公共连接点)在正常较小方式下的短路容量。

在无功功率的变化量为主要成分时(如大容量电动机),电压变动采用式(11-17)或式(11-18)进行粗略估计。

对于三相平衡的负荷,电压变动为

$$d \approx \frac{\Delta S_i}{S_K} \times 100\% \tag{11-19}$$

式中,$\Delta S_i$ 为三相负荷的变化量。

对于相间单相负荷,电压变动为

$$d \approx \frac{\sqrt{3} \Delta S_i}{S_K} \times 100\% \tag{11-20}$$

式中,$\Delta S_i$ 为相间单相负荷的变化量(注:当缺正常较小方式的短路容量时,设计的系统短路容量可用投产时系统最大短路容量乘以系数 0.7 进行计算)。

**2. 电压闪变的测量及估算**

各种类型电压波动引起的闪变均可采用符合 IEC6100—4—15:1996 的闪变仪进行直接测量(闪变仪有模拟式和数字式两类),这是闪变值判定的基准方法。对于三相等概率的波动负荷,可任选一相测量。

当负荷为周期性等间隔矩形波(或阶跃波)时,闪变可通过其电压变动 $d$ 和电压变动频度 $r$ 进行估算。已知 $d$ 和 $r$ 时,可以利用图 11-5 所示的单位闪变曲线($P_{st} = 1$),由 $r$ 查出对应于 $P_{st} = 1$ 时的电压波动 $d_{lim}$,计算出其短时间闪变值,即

$$P_{st} = \frac{d}{d_{lim}} \tag{11-21}$$

**3. 大容量电动机启动时电压波动的估算**

大容量电动机启动时,会在配电母线上引起短时的电压波动,只要该波动不危及供电安全并能保证电动机正常启动,可以允许有比较大的电压波动值。

为了使计算过程简化,假设电动机绕组的电阻忽略不计,其他负荷用一个等值电抗来代替。电动机供电系统及其等效电路如图 11-6 所示,图中,$X_{LR}$ 为母线到电动机的线路和电抗器的等效电抗;$X_L$ 为该母线所接其他负荷的等效电抗;$X_T$ 为变压器的电抗;$X_S$ 为系统的电抗。

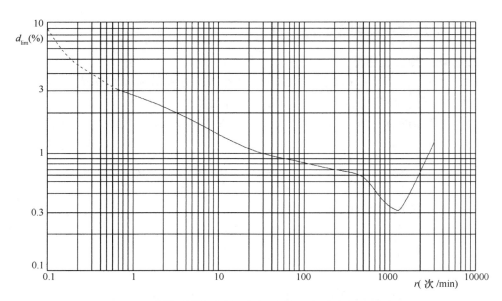

图 11-5　周期性等间隔矩形波（或阶跃波）单位闪变曲线

在电动机启动之前，电动机回路呈断开状态。以母线额定电压为基准电压，电动机启动前母线电压标幺值为 $U_{B0}^*$，则可得系统电压额定标幺值 $U_S^*$ 为

$$U_S^* = U_{B0}^* + \frac{Q_L X_{KB}}{U_N^2} = U_{B0}^* + \frac{Q_L}{S_{KB}} \tag{11-22}$$

式中，$U_N$ 为配电母线的额定电压（kV）；$X_{KB}$ 为从母线至电源处的总等值电抗（Ω），$X_{KB} = X_S + X_T$；$Q_L$ 为母线上其他负荷的无功功率（Mvar）；$S_{KB}$ 为母线三相短路容量（MVA）。

在电动机启动瞬间，电动机回路等值电抗为 $X_{st} = X_{LR} + X_{st.M}$，根据阻抗分压原理可得电动机启动时，母线电压的额定标幺值 $U_B^*$ 为

$$U_B^* = \frac{X_{st} /\!/ X_L}{X_{KB} + X_{st} /\!/ X_L} U_S^* = \frac{S_{KB}}{S_{KB} + S_{st} + Q_L} U_S^* \tag{11-23}$$

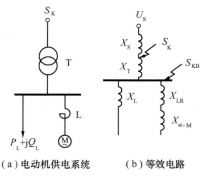

（a）电动机供电系统　　（b）等效电路

图 11-6　电动机供电系统及其等效电路

$$\begin{cases} S_{KB} = \dfrac{U_N^2}{X_{KB}} = \dfrac{1}{\dfrac{1}{S_K} + \dfrac{100}{\Delta U_K\%}\dfrac{1}{S_M}} \\[4mm] S_{st} = \dfrac{U_N^2}{X_{KB}} = \dfrac{1}{\dfrac{1}{S_{st.M}} + \dfrac{1}{S_{LR}}} \\[4mm] S_{LR} = \dfrac{U_N^2}{X_{LR}} \\[4mm] S_{st.M} = K_{st.M} \dfrac{P_{N.M}}{\eta_M \cos\varphi_M} \end{cases} \tag{11-24}$$

式中，$S_{st}$ 为电动机启动回路的额定输入容量；$S_{st.M}$ 为电动机的额定启动容量；$K_{st.M}$、$P_{N.M}$、$\eta_M$、$\cos\varphi_M$ 分别为电动机的启动电流倍数、额定功率、运行效率、功率因数。

电动机启动时，电动机端电压为

$$U_M^* = \frac{X_{st.M}}{X_{st.M} + X_{LR}} U_B^* = \frac{S_{st}}{S_{st.M}} U_B^* \tag{11-25}$$

电动机启动时,母线的电压波动为

$$d = (1 - U_B^*) \times 100 \tag{11-26}$$

可见,电抗 $X_{LR}$ 越大,则母线电压波动越小,电动机启动时电动机端电压越低。这表明,在电动机供电回路,串接电抗器可以抑制母线电压波动,但电动机启动转矩也相应降低。

**例 11-4** 一台 2500kW 同步电动机,用变压器—电动机组方式启动,接线及参数如图11-7所示。已知 10kV 母线短路容量为 81MVA,求电动机启动时电动机端电压及母线的电压变动。

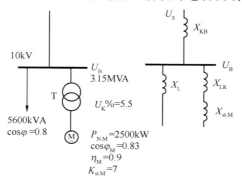

图 11-7 例 11-4 图

**解** 设电动机启动前 10kV 母线电压为额定值,即 $U_{B0}^* = 1$。根据已知条件,各参数分别计算如下

$$Q_L = S_L \sin\varphi = 5.6 \times 0.6 = 3.36 \text{Mvar}$$

$$S_{st.M} = K_{st.M} \frac{P_{NM}}{\eta_M \cos\varphi_M} = 7 \times \frac{2.5}{0.9 \times 0.83} = 23.43 \text{MVA}$$

$$X_{LR} = X_T = \frac{U_K\%}{100} \frac{U_N^2}{S_{N.T}}$$

$$S_{LR} = \frac{U_N^2}{X_{LR}} = U_N^2 / \left( \frac{U_K\%}{100} \cdot \frac{U_N^2}{S_{N.T}} \right) = \frac{100}{U_K\%} S_{N.T} = \frac{100}{5.5} \times 3.15 = 57.27 \text{MVA}$$

$$S_{st} = \frac{U_N^2}{X_{st}} = \frac{1}{\frac{1}{S_{st.M}} + \frac{1}{S_{LR}}} = \frac{1}{\frac{1}{23.43} + \frac{1}{57.27}} = 16.63 \text{MVA}$$

于是

$$U_S^* = U_{B0}^* + \frac{Q_L}{S_{KB}} = 1 + \frac{3.36}{81} = 1.041$$

$$U_B^* = \frac{S_B}{S_{KB} + S_{st} + Q_L} U_S^* = \frac{81}{81 + 16.63 + 3.36} \times 1.041 = 0.835$$

$$U_M^* = \frac{S_{st}}{S_{st.M}} U_B^* = \frac{16.63}{23.43} \times 0.835 = 0.593$$

电动机启动时,电动机端电压为

$$U_M = U_B^* U_N = 0.593 \times 10 = 5.93 \text{kV}$$

电动机启动时,母线的电压变动为

$$d=(1-U_B^*)\times100\%=(1-0.835)\times100\%=16.5\%$$

可见,电动机启动时其端电压下降以及母线的电压变动相当大,母线电压和电动机端电压分别为 $0.835U_N$ 和 $0.593U_N$。

**4. 电弧炉引起的电压波动和闪变的估算**

电弧炉在运行过程中,特别是在熔化期中,随机且大幅度波动的无功功率会引起供电母线电压的严重波动和闪变,在熔化期电弧炉的电极和炉料接触有开路和短路两种极端状态,当相继出现这两种状态时,其最大无功功率变化量 $\Delta Q_{max}$ 就等于短路容量 $S_K$。

电弧炉在公共连接点引起的最大电压变动 $d_{max}$,可通过其最大无功功率变化量 $\Delta Q_{max}$,由式(11-18)计算获得。电弧炉在公共连接点引起的电压闪变大小主要与 $d_{max}$ 有关,也与电弧炉的类型、炉变参数、冶炼工艺、炉料的状态等有关。电弧炉引起的长时间闪变值可用下式粗略估算

$$P_{lt}=K_{lt}\cdot d_{max} \tag{11-27}$$

式中,$K_{lt}$ 为长时间闪变值换算系数,交流电弧炉取 0.48,直流电弧炉取 0.30,精炼电弧炉取 0.20,康斯丁交流电弧炉取 0.25。

电弧炉引起的短时间闪变值可用电弧炉引起的电压变动 $d$ 按下式粗略估算

$$P_{st}=0.5d \tag{11-28}$$

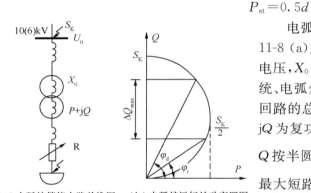

（a）电弧炉等值电路单线图　（b）电弧炉运行的功率圆图

图 11-8　电弧炉电压变动计算电路

电弧炉电压变动计算电路如图 11-8 所示。图 11-8(a)为电弧炉等值电路单线图,图中 $U_0$ 为供电电压,$X_0$ 为电弧炉供电回路的总电抗(包括供电系统、电弧炉变压器和内附电抗器、短网电抗),$R$ 为回路的总电阻(以可变的电弧电阻 $R_A$ 为主),$P+jQ$ 为复功率。当 $R$ 变化时,电弧炉运行的功率 $P$、$Q$ 按半圆轨迹移动,其直径 $S_K=\dfrac{U_0^2}{X_0}$,$S_K$ 为理想的最大短路容量($R=0$),如图 11-8(b)所示。

在电弧炉熔化期中,估算 10(6)kV 供电母线上的电压变动 $d$ 时,负荷容量的变化量 $\Delta S_i$ 可取最大无功功率变化量 $\Delta Q_{max}$,即

$$\Delta S_i=\Delta Q_{max}=S_d(\sin^2\varphi_d-\sin^2\varphi_r)=KS_N(\sin^2\varphi_d-\sin^2\varphi_r) \tag{11-29}$$

$$d=\frac{\Delta S_i}{S_K}\times100\%=\frac{\Delta Q_{max}}{S_K}\times100\% \tag{11-30}$$

式中,$S_N$ 为电弧炉变压器的额定容量(MVA);$K$ 为电弧炉工作短路电流倍数,按 GBJ56—1993《电热设备电力装置设计规范》规定不应大于 3.5;$KS_N$ 为电弧炉工作的短路容量;$\varphi_r$ 为熔化期额定运行点相应的回路阻抗角,$\cos\varphi_r=0.7\sim0.85$;$\varphi_d$ 为电极三相短路运行点相应的回路阻抗角;$S_K$ 为供电母线上的短路容量(MVA)。

若取 $\cos\varphi_r=0.7$,$\cos^2\varphi_r=0.49$;$\cos\varphi_d\approx0.2$,$\sin\varphi_d=0.98$,$\sin^2\varphi_d=0.96\approx1$,则式(11-29)为 $\Delta S_i=kS_N\cos^2\varphi_r\leqslant0.49KS_N$,从而式(11-30)为

$$d\leqslant\frac{0.49KS_N}{S_K}\times100\% \tag{11-31}$$

用式(11-30)求得的电压变动 $d$ 作为预测,与表 1-4 中的电压变动限值进行比较,不能超过表中标有"＊"的限值。

### 11.3.3 电压波动和闪变的抑制

要减少电压波动和闪变,主要从提高供电系统短路容量和减少冲击负荷无功功率变化量两个方面入手,目前抑制电压波动和闪变的主要措施有:

① 采用专用变压器或专用线路对负荷变动剧烈的大型电气设备单独供电;

② 设法增大供电容量,减少系统阻抗,使系统的电压损失减少,从而减少负荷变动时引起的电压波动;

③ 由大的电网来承担供电任务,提高供电电压等级;

④ 采用响应快、能"吸收"冲击无功功率的静止型无功功率补偿装置。静止型无功功率补偿装置通过改变它所吸收的无功功率以平衡电弧炉等设备所需无功功率的变化,使得电源发出的无功功率变化幅度变小,从而减少公共连接点的电压波动。该补偿装置的无功功率元件是电抗器和电容器,通过对它们的调节来改变它所吸收的无功功率;

⑤ 多台电弧焊机宜均匀地接在三相线路上,当容量较大时宜在线路上并联电容器。

# 11.4 谐波与抑制

谐波是电力系统的公害,随着电力电子技术的发展,电网的谐波污染日趋严重。世界各国投入大量力量对此进行研究,并采取对策加以控制。

## 11.4.1 谐波计算与标准

谐波是指对周期性非正弦交流量进行傅里叶级数分解,所得到的大于基波频率整数倍的各次分量,通常称为高次谐波。

#### 1. 谐波计算

供配电系统中高次谐波的严重程度,通常用单次谐波含有率和总谐波畸变率来表示。

第 $h$ 次谐波电压含有率($HRU_h$)按下式计算

$$\mathrm{HRU}_h = \frac{U_h}{U_1} \times 100(\%) \tag{11-32}$$

式中,$U_h$ 为第 $h$ 次谐波电压(均方根值);$U_1$ 为基波电压(均方根值)。

第 $h$ 次谐波电流含有率($HRI_h$)按下式计算

$$\mathrm{HRI}_h = \frac{I_h}{I_1} \times 100(\%) \tag{11-33}$$

式中,$I_h$ 为第 $h$ 次谐波电流(均方根值);$I_1$ 为基波电流(均方根值)。

谐波电压总含量($U_H$)按下式计算

$$U_H = \sqrt{\sum_{h=2}^{\infty} (U_h)^2} \tag{11-34}$$

谐波电流总含量($I_H$)按下式计算

$$I_H = \sqrt{\sum_{h=2}^{\infty} (I_h)^2} \tag{11-35}$$

电压总谐波畸变率($THD_u$)按下式计算

$$\mathrm{THD}_u = \frac{U_H}{U_1} \times 100(\%) \tag{11-36}$$

电流总谐波畸变率（$THD_i$）按下式计算

$$THD_i = \frac{I_H}{I_1} \times 100\,(\%) \tag{11-37}$$

### 2. 谐波电压限值和谐波电流允许值

（1）谐波电压限值

GB/T14549—1993《电能质量　公用电网谐波》规定了我国公用电网谐波电压含有率限值，见表1-7。GB/T24337—2009《电能质量　公共电网间谐波》规定了我国220kV及以下电力系统公共连接点各次间谐波电压含有率应不大于表1-8限值，接于电力系统公共连接点的单个用户引起的各次间谐波电压含有率一般不得超过表11-1限值，根据连接点的负荷状况，此值可做适当调整，但必须满足表1-7的规定。

表 11-1　单一用户间谐波电压含有率限值（%）（GB/T24337—2009）

| 电压等级 | 频率（Hz） | |
|---|---|---|
| | <100 | 100～800 |
| 1000V 及以下 | 0.16 | 0.4 |
| 1000V 以上 | 0.13 | 0.32 |

（2）谐波电流允许值

公共连接点的全部用户向该点注入的谐波电流分量（均方根值），不应超过表11-2规定的允许值。当公共连接点处的最小短路容量不同于表中基准短路容量时，应按下式修正表中的谐波电流允许值

$$I_h = \frac{S_{K1}}{S_{K2}} I_{hp} \tag{11-38}$$

式中，$S_{K1}$ 为公共连接点的最小短路容量（MVA）；$S_{K2}$ 为基准短路容量（MVA）；$I_{hp}$ 为表中第 $h$ 次谐波电流允许值（A）；$I_h$ 为短路容量为 $S_{K1}$ 时的第 $h$ 次谐波电流允许值（A）。

表 11-2　注入公共连接点的谐波电流允许值（据 GB/T14549—1993）

| 额定电压（kV） | 基准短路容量（MVA） | 谐波次数及谐波电流允许值（A） | | | | | | | | | | | | | | | | | | | | | | | |
|---|---|---|---|---|---|---|---|---|---|---|---|---|---|---|---|---|---|---|---|---|---|---|---|---|---|
| | | 2 | 3 | 4 | 5 | 6 | 7 | 8 | 9 | 10 | 11 | 12 | 13 | 14 | 15 | 16 | 17 | 18 | 19 | 20 | 21 | 22 | 23 | 24 | 25 |
| 0.38 | 10 | 78 | 62 | 39 | 62 | 26 | 44 | 19 | 21 | 16 | 28 | 13 | 24 | 11 | 12 | 9.7 | 18 | 8.6 | 16 | 7.8 | 8.9 | 7.1 | 14 | 6.5 | 12 |
| 6 | 100 | 43 | 34 | 21 | 34 | 14 | 24 | 11 | 11 | 8.5 | 16 | 7.1 | 13 | 6.1 | 6.8 | 5.3 | 10 | 4.7 | 9.0 | 4.3 | 4.9 | 3.9 | 7.4 | 3.6 | 6.8 |
| 10 | 100 | 26 | 20 | 13 | 20 | 8.5 | 15 | 6.4 | 6.8 | 5.1 | 9.3 | 4.3 | 7.9 | 3.7 | 4.1 | 3.2 | 6.0 | 2.8 | 5.4 | 2.6 | 2.9 | 2.3 | 4.5 | 2.1 | 4.1 |
| 35 | 250 | 15 | 12 | 7.7 | 12 | 5.1 | 8.8 | 3.8 | 4.1 | 3.1 | 5.6 | 2.6 | 4.7 | 2.2 | 2.5 | 1.9 | 3.6 | 1.7 | 3.2 | 1.5 | 1.8 | 1.4 | 2.7 | 1.3 | 2.5 |
| 66 | 500 | 16 | 13 | 8.1 | 13 | 5.4 | 9.3 | 4.1 | 4.3 | 3.3 | 5.9 | 2.7 | 5.0 | 2.3 | 2.6 | 2.0 | 3.8 | 1.8 | 3.4 | 1.6 | 1.9 | 1.5 | 2.8 | 1.4 | 2.6 |
| 110 | 750 | 12 | 9.6 | 6.0 | 9.6 | 4.0 | 6.8 | 3.0 | 3.2 | 2.4 | 4.3 | 2.0 | 3.7 | 1.7 | 1.9 | 1.5 | 2.8 | 1.3 | 2.5 | 1.2 | 1.4 | 1.1 | 2.1 | 1.0 | 1.9 |

## 11.4.2　谐波源

电力系统产生谐波，主要是由于电力系统中存在一些具有非线性伏安特性的输配电设备和用电设备。由于这些非线性元件存在，即使电力系统的电压为正弦波，但在电网中总有谐波电流或谐波电压存在。向公用电网注入谐波电流或在公用电网中产生谐波电压的电气设备，称为谐波源。配电系统中主要的谐波源是各种整流设备、电弧炉、感应炉，以及现代工业设备为节能和控制使用的各种电力电子设备、各种家用电器、照明设备和电力变压器等。

### 1. 整流设备

整流设备利用整流元件的导通、截止特性来强制接通和切断电流，产生谐波电流。谐波的频率、幅值与整流设备的类型、控制角 $\alpha$、换相重叠角 $\gamma$、控制形式、电网的电能质量和负载的特性有关。

当电源电压三相对称且不含有谐波，整流电路滤波电抗足够大，各整流相控制角相同，换相重叠角为零，负载对称，供电线路阻抗一致时，即理想条件下，谐波电流次数为

$$n = kp \pm 1 \tag{11-39}$$

式中，$k$ 为正整数 $1,2,3\cdots$；$p$ 为整流电路的相数或每相脉动数。

谐波电流的有效值为

$$I_n = \frac{I_1}{n} \tag{11-40}$$

## 2. 电弧炉

电弧炉利用电弧的热量熔化金属原料。由于电弧延时发弧、电弧电阻的非线性和电弧的游动等因素，使得电弧电流变化不规则，不仅数值大，而且三相不平衡、畸变和大幅度脉动。

虽然各种电弧炉的特性和运行方式不同，但在熔化初期电弧炉电流含有较多的奇次和偶次谐波，到熔化期电流中偶次谐波减少，以奇次谐波为主；到精炼期，由于负荷较平稳，电流中奇次谐波和偶次谐波都很小。电弧炉电流各次谐波分量见表 11-3。

表 11-3　电弧炉电流各次谐波含量（%）

| 冶炼阶段 | 谐波电流次数 | | | | | | |
|---|---|---|---|---|---|---|---|
| | 1 | 2 | 3 | 4 | 5 | 6 | 7 |
| 熔化初期 | 100 | 17 | 33 | 4 | 13 | 6 | 9 |
| 熔化期 | 100 | 3.2 | 4.0 | 0.1 | 3.2 | 0.6 | 1.3 |
| 精炼期 | 100 | 0.05 | 0.15 | 0.04 | 0.56 | 0.03 | 0.24 |

## 3. 电力变压器

电力变压器产生谐波电流的主要原因是变压器的励磁电流和励磁涌流。由于铁芯饱和，变压器的励磁电流及变压器投入或电压恢复时的励磁涌流，都是非正弦波，含有高次谐波，也是供电系统的谐波源。

### （1）励磁电流

电力变压器的铁芯具有非线性的磁化特性，正常运行时，铁芯处于磁饱和状态，即 $B\text{-}H$ 曲线的拐点附近，当外施电压是正弦波时，造成励磁电流波形畸变为尖顶波，含有大量的谐波电流。谐波电流的大小取决于铁芯的饱和程度。外施电压愈高，铁芯饱和程度愈高，变压器励磁电流的波形畸变就愈厉害。在通常磁通密度下运行时，变压器励磁电流谐波含量见表 11-4。

表 11-4　变压器励磁电流谐波含量（%）

| 铁芯材料 | 谐波电流次数 | | | | | |
|---|---|---|---|---|---|---|
| | 1 | 3 | 5 | 7 | 9 | 11 |
| 热轧硅钢片 | 100 | 15~55 | 3~25 | 2~10 | 0.5~2 | 1 以下 |
| 冷轧硅钢片 | 100 | 14~15 | 10~25 | 5~10 | 3~6 | 1~3 |

### （2）励磁涌流

当变压器投入运行或电压恢复时，由于磁通不能突变，变压器铁芯中产生周期分量和非周期分量磁通。在投入瞬间，两个磁通极性相反，合成磁通为零。但到第二个半周时，两个磁通极性相同，合成磁通相加，使铁芯大大饱和，励磁电流可达到变压器额定电流的 8~10 倍，称为励磁涌流。变压器在空载或轻载投入时，励磁涌流更为严重。励磁涌流中除基波外，还含有数值很大的直流分量、奇次谐波和偶次谐波。变压器励磁涌流中各次谐波含量见表 11-5。

表 11-5　变压器励磁涌流谐波含量（%）

| 谐波次数 | 0 | 1 | 2 | 3 | 4 | 5 |
|---|---|---|---|---|---|---|
| 谐波含量 | 58 | 100 | 65 | 30 | 7 | 3 |

#### 4. 气体放电光源

企业车间照明、办公室照明、道路照明、家庭照明都广泛采用金属卤化灯、高压钠灯和荧光灯等气体放电光源。气体放电光源的非线性，产生大量的谐波，也成为供电系统中不可忽视的谐波源。气体放电灯具有负阻特性，工作时需串联一电感作为镇流器，使其工作稳定，灯管电压和电流波形为一近似方波。气体放电光源的电流中含有 3、5、7 等奇次谐波。各种气体放电光源电流谐波含量见表 11-6。

表 11-6 气体放电光源电流谐波含量（%）

| 气体放电光源种类 | 谐波次数 | | | |
|---|---|---|---|---|
| | 1 | 3 | 5 | 7 |
| 荧 光 灯 | 100 | 14.1 | 2.9 | 1.8 |
| 高压汞灯 | 100 | 12.3 | 1.3 | 1.3 |
| 高压钠灯 | 100 | 13.8 | 2.3 | 2.3 |

除上述谐波源外，电磁炉、感应加热设备、旋转电机（槽形谐波）、电气机车、电焊机、输电线路电晕、家用电器（如电视机、洗衣机）、有磁饱和现象的用电设备，以及使用电力电子装置的用电设备，也都产生谐波。

### 11.4.3　谐波的危害

谐波对电力系统电磁环境的污染将危害系统本身及广大电力用户，危害面十分广泛。归纳起来其主要危害有：

① 产生附加损耗，增加设备温升。如谐波电流通过有铁芯启动的电气设备时，铁芯的磁滞损耗和涡流损耗将增大。这些附加损耗使设备温升增加，加速设备绝缘老化。

② 恶化绝缘条件，缩短设备寿命。如谐波电流通过变压器时，可使变压器的铁芯损耗明显增加，从而使变压器出现过热，缩短使用寿命。

③ 可能引起电动机的机械振动。由谐波电流和电动机旋转磁场相互作用产生的脉动转矩可能引起电动机的机械振动，从而严重影响机械加工的产品质量。

④ 无功功率补偿电容器组可能引起谐波电流的放大，甚至造成谐振，从而产生危险的过电流和过电压。

⑤ 工业电子设备的功能会由于谐波干扰而被破坏。

⑥ 对继电保护、自动控制装置和计算机产生干扰和造成误动作，感应式电能表计量不准确，造成电能计量的误差。

⑦ 谐波电流在高压架空线路上的流动除增加线损外，还将对相邻通信线路产生干扰。

### 11.4.4　电网谐波的抑制

对电网谐波的抑制就是如何减少或消除注入系统的谐波电流，以便把谐波电压控制在限值以内。抑制谐波电流主要有两个方面的措施，即降低谐波源的谐波电流含量和在谐波源处吸收谐波电流。

#### 1. 降低谐波源的谐波电流含量

（1）增加整流变压器的相数

由式（11-39）和式（11-40）可见，直流侧整流相数（整流波形的脉动数）增加，可消除较低次数的谐波。例如，三相全控桥整流电路，六脉动整流，即直流侧整流相数为 6 相（$k=6$）时，交流侧出现的谐波次数为 5,7,11,13,19,…,最低次谐波为 5 次谐波,其值为 $I_5 \approx \frac{I_1}{5} = 20\% I_1$。当采用两组三相全控桥并联或串联,整流变压器的两组二次绕组,一组采用星形连接,另一组采用三角形连接,相位相差 $30°$,获得 12 相整流,如图 11-9 所示,交流侧出现的最低次谐波为 11 次谐波,其值为 $I_{11} \approx \frac{I_1}{11} = 9\% I_1$。可见增加整流变压器的相数,可消除 $p-1$ 次以下的谐波,使谐波电流的幅值减少,可以很好地抑制电网高次谐波。

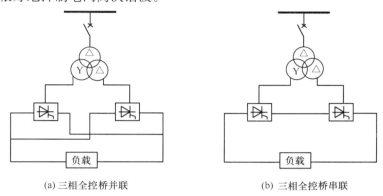

(a) 三相全控桥并联　　　　　　　　　(b) 三相全控桥串联

图 11-9　12 相整流接线示意图

（2）三相整流变压器采用 Yd 或 Dy 接线

由于 3 次及 3 的整数倍次谐波电流在三角形连接的绕组内形成环流,而星形连接的绕组内不可能产生 3 次及 3 的整数倍次谐波电流,因此,采用 Yd 或 Dy 接线的三相整流变压器,可消除 3 次及 3 的整数倍次谐波电流。这是抑制高次谐波的最基本方法。三相整流变压器目前均采用 Yd 或 Dy 接线。

变压器三相绕组为星形连接时,由于 3 个相内的所有 3 的倍数谐波电流幅值相等,相位相同,没有 3 的倍数谐波电流回路,3 的倍数谐波电流不能流通,因此,星形连接的三相绕组内不可能含有 3 的倍数谐波电流,从而抑制了所有 3 的倍数谐波电流。

变压器绕组为三角形连接时,由于 3 个相内的所有 3 的倍数谐波电流幅值相等,相位相同,它们在三角形的闭合回路内形成环流。线电流为相邻两相的相电流的相量差,所以,在 3 个线电流中没有 3 的倍数谐波电流,从而也抑制了所有 3 的倍数谐波电流。由于绕组中的 3 次谐波电流,变压器铁芯中的磁通基本保持正弦波形,从而电动势和电压基本保持正弦波形。

**2. 装设交流谐波滤波器**

（1）无源谐波滤波器

无源谐波滤波器安装在谐波源的交流侧,如图 11-10 所示。由 $L,C,R$ 元件构成谐振回路,当 LC 回路的谐振频率和某一高次谐波电流频率相同时,即可阻止该次谐波流入电网,即 $I_n = 0$。电阻用来调节滤波器的品质因数,使谐振电流不太大,防止电抗和电容因过压而损坏。电容对基波来说,还起到补偿无功功率、提高功率因数的作用。无源谐波滤波器具有投资高、效率高、结构简单、运行简单、维护方便等优点,是目前采用的抑制谐波的主要手段。作为吸收谐波用的交流谐波滤波器,有单调谐滤波器和高通滤波器两种基本形式。

① 单调谐滤波器电路如图 11-11（a）所示,针对某个特定次数的谐波而设计的滤波器称为单调谐滤波器。每相由电阻 R、电抗 L 和电容 C 串联构成。单调谐滤波器用作低通滤波器,主要作用是滤去频率较低的某次谐波(如 11 次以下)。它具有较大的共振系数 $K_r (K_r = \omega_k L/R)$,其

大小能够反映滤波器滤波性能的好坏,通常取 30～60。谐振频率为 $\omega_k = 1/\sqrt{LC}$。

② 高通滤波器电路如图 11-11(b)所示。所谓高通滤波器就是在高于某个频率之后很宽的频带范围内呈低阻抗特性,用以吸收若干较高次谐波的滤波器。每相由电阻 R、电抗 L 和电容 C 组合而成,主要作用是滤去频率较高的谐波(如 13 次及以上)。它具有较小的共振系数,一般为 0.5～5。

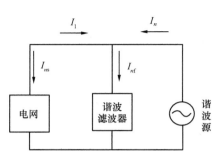

图 11-10　装设谐波滤波器示意图

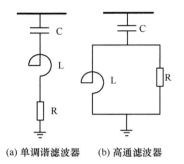

(a) 单调谐滤波器　　(b) 高通滤波器

图 11-11　交流滤波器电路

(2)有源滤波器

有源滤波器就是利用可控的功率半导体器件向电网注入与原有谐波电流幅值相等、相位相反的电流,使电源的总谐波电流为零,使电源侧的电流波形与电压波形一致(成比例),达到实时补偿谐波电流的目的。有源滤波器具有高度可控性和快速响应性、可补偿各次谐波、抑制闪变等优点,是电力电子技术在电力系统的又一应用,它的快速响应能满足对任意波形的补偿,是今后发展的方向。

### 3. 改善供电环境

选择合理的供电电压并尽可能保持三相电压平衡,可以有效地减少谐波对电网的影响。谐波源由较大容量的供电点或高一级电压的电网供电,承受谐波的能力将会增大。对谐波源负荷由专门的线路供电,减少谐波对其他负荷的影响,也有助于集中抑制和消除高次谐波。

# 11.5　变配电所的运行和维护

变配电所设备的正常运行,是保证变配电所安全、可靠和经济供配电的关键所在。电气设备的运行和维护工作,是电气工作人员日常最重要的工作,必须遵守相关规定。

## 11.5.1　变配电所的规章制度和值班制度

### 1. 变配电所的各项规章制度

为确保变配电所能够安全正常地运行,应建立必要的规章制度,主要包括电气安全工作规程(包括安全用具管理)、电气运行操作规程(包括停、限电操作程序)、电气事故处理规程、电气设备维护检修制度、岗位责任制度、电气设备巡视检查制度、电气设备缺陷制度、运行交接班制度、安全保卫及消防制度。

### 2. 变配电所值班制度

变配电所的值班制度有轮班制、在家值班制和无人值班制。如果变配电所的自动化程度高、信号监测系统完善,就可以采用在家值班制或无人值班制,采用无人值班制是一个发展方向。但根据我国的国情,目前一般变配电所仍以三班轮换的值班制度为主,有高压设备的变配电所,为确保安全,一般不少于两人值班。这种值班制度对于变配电所的安全运行有很大好处,但人力耗用较多。一些小型的变配电所大多采用无人值班制,由维修电工或高压变配电所值班人员每天定期巡视检查。

### 3. 变配电所值班人员职责

① 遵守变配电所值班制度,坚守工作岗位,做好安全保卫工作,确保变配电所的安全运行。

② 要掌握变配电所有关的运行知识与操作技能,熟悉变配电所的各项规程与制度,熟知常用操作术语;掌握本变配电所内各种运行方式的操作要求与步骤;懂得本变配电所内主要设备的基本构造与原理;掌握本变配电所内各种继电保护装置的整定值与保护范围;能独立进行有关操作,并能分析处理设备的异常情况与事故情况;能正确执行安全技术措施和安全组织措施。

③ 认真监视所内各种设备的运行情况,定期巡视检查,按照规定抄报各种运行数据,及时正确填写运行日志;发现设备缺陷和运行不正常时,要及时处理,并做好有关记录,以备查考。

④ 按上级部门的调度命令进行操作,发生事故时进行紧急处理,并及时向有关方面汇报联系。

⑤ 保管好各种安全用具、仪表工具、资料,做好设备清洁与环境卫生工作。

⑥ 认真执行交接班制度。值班人员未办好交接手续时,不得擅离岗位。交接班时间如遇事故,接班人员可在当班人员的要求和主持下,协助处理事故。若事故一时难以处理结束,在征得接班人员同意或上级同意后,可进行交接班。

## 11.5.2　变配电设备的巡视规定

(1) 巡视期限

① 有人值班的变配电所,应每日巡视一次,每昼夜巡视一次。35kV 及以上的变配电所,则要求每班(三班制)巡视一次。

② 无人值班的变配电所(其容量较小),应在每周高峰负荷时段巡视一次,夜间巡视一次。

③ 在打雷、刮风、雨雪、浓雾等恶劣天气里,应对室外装置进行白天或夜间的特殊巡视。

④ 新投运或出现异常的变配电设备,要加强巡视检查,密切监视其变化。

(2) 电力变压器的巡视检查项目

电力变压器是变配电所的核心设备,值班人员应定时进行巡视检查,以便了解和掌握变压器的运行情况,及时发现其存在的缺陷或出现的异常情况,从而采取相应措施,防止事故的发生或扩大,以保证供电的安全可靠。

① 检查变压器油枕内和充油套管内油面的高度,封闭处有无渗、漏油现象。如油面过高,可能是冷却装置运行不正常或变压器内部故障所致;油面过低,可能有渗漏油现象。变压器油正常时应为透明略带浅黄色。如油质变深变暗,说明油质变坏。

② 检查变压器的上层油温,一般不应超过 85℃。油温过高,可能是过负荷或内部故障引起的。

③ 检查变压器响声是否正常。正常响声应是均匀的嗡嗡声。如果声音变沉重,说明变压器过负荷。如果声音尖锐,说明电源电压过高。

④ 检查绝缘套管是否清洁,有无破损裂纹及放电烧伤痕迹;高低压接头的螺栓是否紧固,有无接触不良和发热现象。

⑤ 检查通风、冷却装置是否正常。

⑥ 检查防爆管上的隔膜是否完整无裂纹、无存油。

⑦ 检查吸湿器应畅通,硅胶吸潮不应到达饱和。

⑧ 瓦斯继电器无动作。

⑨ 检查外壳接地应良好。

⑩ 检查变压器周围有无影响其安全运行的异物(如易燃易爆品)和异常情况。

在巡视检查中发现的异常情况,应记入专用记录本内,重要情况应及时汇报上级,作出相应处理。

(3) 配电设备的巡视检查项目

配电设备也应定期巡视检查,以便发现运行中出现的设备缺陷和故障,及时采取措施予以消除。

① 由母线及接头的外观或温度指示装置(如变色漆、示温蜡)的指示,检查母线及导体连接部分的发热温度是否超过允许值。

② 绝缘瓷质部分有无油污、破损或闪络放电痕迹。油断路器内绝缘油的颜色、油位是否正常,有无漏油现象。

③ 电缆及其接头有无漏油及其他异常情况。

④ 熔断器的熔体是否熔断,熔断器有无破损或放电现象。二次回路中的设备如仪表、继电器等工作是否正常。

⑤ 接地装置与 PE 线、PEN 线的连接处有无松脱、断线的情况。

⑥ 各配电设备的状态是否符合当时的运行要求。停电检修部分是否已断开,所有可能来电的电源侧的开关是否悬挂了警示牌,临时接地线是否已按规定拆装。

⑦ 配电室通风、照明设备是否正常,安全防火装置是否可靠。

⑧ 配电设备本身和周围有无影响安全运行的异物(如易燃易爆品)和异常情况。

在巡视检查中发现的异常情况,应记入专用记录本内,重要情况应及时汇报上级,作出相应处理。

### 11.5.3 智能变电站的运行和维护

智能变电站的运行和维护人员应进行系统培训,熟悉智能变电站的新技术、新特点。宜充分利用智能装置自检验、自诊断功能,开展智能变电站二次设备状态检修工作。常规变电所的巡视方法和注意事项仍可用,但增加如下部分:

① 应加强智能装置的运行和专业巡视,侧重于网络运行状况、室外智能装置运行环境等巡检内容。

② 定期开展智能装置和站内通信网络的评价活动。对设备缺陷进行统计,对网络记录装置事项进行分析,掌握智能装置运行情况。

③ 可外观检查到的缺陷,风险评估后决定是否通知厂家处理。

④ 不可外观检查到的缺陷,功能上能反映出来,风险评估后决定是否通知厂家处理。

⑤ 不可外观检查到的缺陷,功能上也无反映,依靠定期检查发现缺陷。

⑥ 由外部信息量异常导致的装置报警,如 CT 断线、过负荷等,根据报警内容检查数据源,如确认无故报警,通知装置厂家分析处理。

⑦ 由装置内部器件或逻辑导致的装置异常,如 CPU 插件异常、CAN 插件丢失、内部电源偏低等,查看装置和后台上的异常报文,通知厂家分析处理。

⑧ 电子互感器、合并单元、智能终端等设备硬件缺陷或内部元器件损坏,建议联系生产厂家处理。

# 11.6 电力线路的运行和维护

## 11.6.1 架空线路的运行和维护

架空线路所经路线较长,环境复杂,设备不仅本身会自然老化,还要受空气腐蚀和各种气候及其他外界因素的影响,因此应加强运行和维护工作,发现缺陷及时处理,以保证供电。

（1）巡视期限

对厂区架空线路,一般要求每月进行一次巡视检查。如遇大风、大雨、大雪、浓雾或发生故障等特殊情况时,需临时增加巡视次数。

（2）巡视项目

① 检查线路负荷电流是否超过导线的允许电流。

② 检查导线的温度是否超过允许的工作温度,导线接头是否接触良好,有无过热、严重氧化、腐蚀或断落现象。

③ 检查绝缘子及瓷横担是否清洁,有否破损及放电现象。

④ 检查线路弧垂是否正常,三相是否保持一致,导线有无断股,上面是否有杂物。

⑤ 检查拉线有无松弛、锈蚀、断股现象;绝缘子是否拉紧,地锚有无变形。

⑥ 检查避雷装置及其接地是否完好,接地线有无断线、断股现象。

⑦ 检查电杆(铁塔)有无歪斜、变形、腐朽、损坏及下陷现象。

⑧ 检查沿线周围是否堆放了易燃、易爆、强腐蚀性物品,以及保证附近的危险建筑物距架空线路有足够的安全距离。

在巡视中发现的异常情况,应记入专用记录本,重要情况应及时汇报上级,请示处理。

## 11.6.2 电缆线路的运行和维护

电缆线路大多是埋地敷设的,为保证电缆线路的安全、可靠运行,就必须全面了解电缆的敷设方式、走线方向、结构布置及电缆中间接头的位置等。

（1）巡视期限

电缆线路一般要求每季进行一次巡视检查。对户外终端头,应每月检查一次。如遇大雨、洪水及地震等特殊情况或发生故障时,还需临时增加巡视次数。

（2）巡视项目

① 检查负荷电流是否超过电缆的允许电流。

② 检查电缆、中间接头盒及终端温度是否正常,不超过允许值。

③ 检查引线与电缆头是否接触良好,无过热现象。

④ 检查电缆和接线盒是否清洁、完整,不漏油,不流绝缘膏,无破损及放电现象。

⑤ 检查电缆钢铠是否正常,无腐蚀现象。

⑥ 检查电缆保护管是否正常。

⑦ 检查充油电缆的油压、油位是否正常,辅助油系统不漏油。

⑧ 检查电缆隧道、电缆沟、电缆夹层的通风、照明是否良好,无积水;电缆井盖是否齐全、完整、无损。

⑨ 检查电缆的带电显示器及护层过电压防护器是否均正常。

⑩ 检查电缆无鼠咬、白蚁蛀蚀的现象。

⑪ 检查接地线良好,外皮接地牢固。

⑫ 检查电缆无受热、受压、受挤现象;直埋电缆线路的路面上无堆积物和临时建筑,无挖掘取土现象。

在巡视中发现的异常情况,应记入专用记录本,重要情况应及时向上级反映,请示处理。

### 11.6.3　车间配电线路的运行和维护

要做好车间配电线路的运行和维护,就必须全面了解车间配电线路的走向、敷线方式、导线型号及规格以及配电箱和开关的位置等情况,还要了解车间负荷规律及车间变电所的相关情况。

（1）巡视期限

车间配电线路一般由车间维修电工每周巡视检查一次,对于多尘、潮湿、高温、有腐蚀性及易燃易爆等特殊场所,应增加巡视次数。线路停电超过一个月以上重新送电前,也应做一次全面检查。

（2）巡视项目

① 检查导线发热情况。裸母线正常运行时最高允许温度一般为 70℃,若过高,将使母线接头处氧化加剧,接触电阻增大,电压损耗加大,供电质量下降,最后可能引起接触不良或断线。

② 检查线路负荷是否在允许范围内。负荷电流不得超过导线的允许载流量,否则导线过热会使绝缘层老化加剧,严重时可能引起火灾。

③ 检查配电箱、开关电器、熔断器、二次回路仪表等的运行情况,着重检查导体连接处有无过热变色、氧化、腐蚀等情况,连线有无松脱、放电和烧毛现象。

④ 检查穿线铁管和封闭式母线槽的外壳接地是否良好。

⑤ 对于敷设在潮湿、有腐蚀性的场所的线路和设备,要定期检查绝缘电阻值不得低于 0.5MΩ。

在巡视中发现的异常情况,应记入专用记录本内,重要情况应向上级汇报请示。

### 11.6.4　线路运行中突遇停电的处理

电力线路在运行中,可能会突然停电,这时应按不同情况分别处理。

① 当进线电压突然降为零时,说明是电网暂时停电。这时总开关不必拉开,但各路出线开关应全部拉开,以免突然来电时用电设备同时启动,造成过负荷使电压骤降,影响供电系统的正常运行。

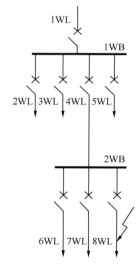

图 11-12　供配电系统分路合闸检查故障说明图

② 当双电源进线中的一路进线停电时,应立即进行切换操作(即倒闸操作),将负荷特别是重要负荷转移到另一路电源。若备用电源线路上装有备用电源自动投入装置,则切换操作自动完成。

③ 厂内架空线路发生故障使开关跳闸时,如开关的断流容量允许,可以试合一次。由于架空线路的多数故障是暂时性的,所以一次试合成功的可能性很大。但若试合失败,即开关再次跳闸,说明架空线路上故障还未消除,可能是永久性故障,应进行停电隔离检修。

④ 放射式线路发生故障,使开关跳闸时,应采用分路合闸检查方法找出故障线路,使其余线路恢复供电。如图 11-12 所示供配电系统,假设故障出现在 8WL 线路上,由于保护装置失灵或选择性不好,使 1WL 线路的开关越级跳闸。

分路合闸检查故障的具体步骤如下:

① 将出线 2WL～5WL 开关全部断开,然后合上 1WL 的开关,由于母线 1WB 正常,所以合闸成功。

② 依次试合 2WL～5WL 的开关,当合到 4WL 的开关时,因其分支线 8WL 存在故障而发生跳闸,其余出线开关均试合成功,恢复供电。

③ 将分支线 6WL～8WL 的开关全部断开,然后合上 4WL 的开关。

④ 依次试合 6WL～8WL 的开关,当合到 8WL 的开关时,因其线路上存在故障而自动跳闸,

其余线路均恢复供电。这种分路合闸检查故障的方法,可将故障范围逐步缩小,最终查出故障线路,恢复其他正常线路的供电。

# 11.7 供配电系统综合管理和智能化

供配电系统是电力系统中的一个重要组成部分,随着智能电网的实现,供配电系统综合管理和智能化技术也得到发展。

## 11.7.1 供配电监控管理系统

与常规供配电系统最大的区别是智能化供配电系统具有供配电监控管理系统。根据 GB/T50314—2006《智能建筑设计标准》规定:供配电系统的监视包括中压开关与主要低压开关的状态监视及故障报警;中压与低压主母排的电压、电流及功率因数测量;电能计量;干式变压器温度监测及超温报警;备用及应急电源的手动/自动状态、电压、电流及频率监测;主回路及重要回路的谐波监测与记录。

供配电系统综合管理就是利用计算机技术、通信技术等,把供配电系统的基础资料管理、停送电管理、线路设备巡视、缺陷管理等实现综合管理,进而实现供配电系统的自动化管理,建立智能电网。

供配电监控管理系统基于性能优异的微机保护装置、电力监控仪表和智能型电力专业组态软件,集监视、测量、计量、控制、保护、网络通信和综合管理等多种自动化功能于一体。它被广泛应用在 110kV 及以下电压等级的城乡变电所、发电厂、企业变配电室、智能大厦、学校、港口、机场、智能化小区等诸多领域,其满足中国电力行业规范及相关行业标准,是一种开放式、智能化、网络化、单元化、组态化的电力综合自动化系统。

供配电监控管理系统的特点:

① 全面促进变配电系统更安全、更可靠、更经济和更便捷地运行,满足未来电力工业自动化发展的需要,一次投资,终身受益;

② 实现各种规模的高、低压供配电系统一体化综合监控、管理,全面实现用电管理的无人值守或少人值班,节约运行及管理人力资源;

③ 完善企事业单位内部的用电成本考核,根据系统设备运行的记录数据和运行情况,制定临时或定期的设备维修计划,降低运营和维修成本;

④ 可以对潜在的事故进行预报警,同时实现各种电量的越限报警,便于及时处理,以避免事故或隐患的出现(如火灾等),减少损失;

⑤ 供配电系统出现异常时,可以及时了解到有关故障信息(故障原因、性质、地点及发生时间),来指导维修,减少故障的处理时间及停电时间;

⑥ 改善供配电系统管理,通过历史记录的电力参数,及时掌握每天或季节负载特性,在供配电系统内优化能耗的分配,均衡负载,减少潜在的停电事件;

⑦ 以快速、准确地掌握供配电设备的运行情况(含历史数据),并可以用报表方式或以图形方式进行显示、记录或打印出来,进行日报和月报,提高工作效率;

⑧ 供电质量的实时监测、分析,便于用户最大可能地平衡和改善负荷特性,提高用电效率(节约能源);

⑨ 实现系统数据资源共享、供配电设备综合档案管理等诸多优点,为现代化管理提供了坚实、可靠的基础。

### 11.7.2 供配电系统综合管理和智能化

近年来,供配电系统开始采用综合管理和智能化模式。实现供配电系统综合管理和智能化,需要具备地区调度自动化系统、变电集控系统、配网生产管理系统、配变一体化监测与综合分析系统。地区电网调度自动化系统要具有一定的开放性,满足与省调 SCADA 系统、负荷预测系统、省地一体化的调度管理系统、MIS 管理系统在实时数据方面实现共享。变电集控系统采用"数据集中,分片运行"的大集控模式,即以一套独立的集控中心自动化系统同时支持多个远程集控操作中心的方式,分片完成对所有变电站运行监控,包括数据采集与监控(SCADA)、区域电压无功优化系统(AVC)、Web 等功能。现在的配网生产管理系统(PMS)由国家电网公司统一设计、推广应用,该系统包括配电网的设备管理、运行管理、检修管理、计划任务管理等功能模块。地区配网生产管理系统主要开展生产管理系统设备台账以及运行中心、任务中心的各项功能应用,包括配网线路台账资料、巡视记录、故障记录、缺陷记录、月度检修计划、任务单等。配变一体化监测与综合分析系统对配电变压器电压、电流、功率因数等数据进行实时采集和监测,并具备过负荷、电流不平衡、功率不平衡报警等功能,且具有对外接口的能力,实现对公用变压器、专用变压器的数据采集和工况监测及通信。

通过建设完善的供配电 SCADA 系统,可以实现对供配电设备的远程监视;借助高效可靠的光纤通信网络,配电主站和配电终端相配合,实现供配电网故障区段的快速切除与隔离,提高故障处理速度;通过建设信息交互总线,实现配电自动化系统与 GIS、EMS、PMS 等其他应用系统的信息交互,从而实现供配电系统的智能化;通过地区配网生产管理系统,可以对供配电系统综合管理。随着供配电系统综合管理和智能化技术的不断发展和完善,可以实现供配电系统综合管理和智能化技术的标准化,从而大大提高供配电系统的安全性、可靠性、经济性,最终实现电力网的智能化。

# 小　结

本章介绍了节约电能的意义和措施,变配电所及电力线路的运行和维护,掌握电压偏差对用电设备的影响及电压调整的方法,讲述了电压波动、闪变与抑制以及谐波与抑制,重点讨论了变压器的经济运行和调压方法。

① 提高对节约电能的认识,通过组织管理和技术改造节约电能,认真做好电力变压器的经济运行。

② 电压偏差对用电设备的工作性能和寿命有很大影响。电压调节方法主要有:调整发电机端电压;调节变压器的变比;采用无功功率补偿装置;减少供配电系统的阻抗;及时改变系统的运行方式;使三相负荷平均分配,采用有载调压变压器。

③ 电网电压波动和闪变产生的原因、危害、估算方法和抑制的措施。

④ 电网谐波产生的原因,谐波的危害,谐波的标准和抑制的措施。

⑤ 变配电所和电力线路的运行和维护,对提高供电可靠性十分重要。

⑥ 变配电所是电力系统的枢纽,应加强运行和维护。变配电所应健全各项规章制度,值班人员必须具备一定的条件。

⑦ 电力线路担负着输送电能的任务,因其路线长,环境复杂,受外界因素影响多,所以应加强运行和维护。

⑧ 变配电设备(特别是电力变压器)、电力线路应定期巡视检查,并做好记录,如有重要情况,应及时向上级汇报。

# 思考题和习题

11-1　节约电能有何重要意义？

11-2　什么叫负荷调整？有哪些主要调整措施？

11-3　什么叫经济运行？什么叫变压器的经济负荷？

11-4　什么叫电压偏差？对电动机、电光源有什么影响？

11-5　各电压等级的电压偏差允许值分别是多少？各种用电设备的电压偏差允许值又是多少？

11-6　供配电系统中有哪些电压调节方法？

11-7　按调压要求确定无功功率补偿设备容量的计算方法，与提高功率因数所需无功功率补偿设备容量的计算方法有何不同？

11-8　电压/无功综合控制工作原理是什么？有何优点？

11-9　什么叫电压波动？电压波动程度用什么衡量？我国如何规定电压变动和电压变动频度的限值？

11-10　电压波动是如何产生的？有什么危害？

11-11　什么叫电压闪变？电压闪变程度用什么衡量？我国如何规定电压闪变的限值？电压闪变有何危害？

11-12　电压波动如何测量和估算？大容量电动机启动时的电压波动如何估算？

11-13　电压闪变如何测量和估算？电弧炉引起的电压波动和闪变如何估算？

11-14　抑制电压波动和电压闪变的措施有哪些？

11-15　什么叫谐波？什么叫间谐波？谐波有什么危害？

11-16　供配电系统有哪些主要的谐波源？

11-17　抑制电网谐波的措施有哪些？

11-18　变配电所有哪些规章制度？

11-19　变配电所值班人员应具备哪些条件？其职责是什么？

11-20　电力变压器、配电设备各应巡视哪些项目？周期多长？

11-21　架空线路和电缆线路怎样做好运行和维护？

11-22　如何做好车间配电线路的运行和维护？

11-23　线路运行中突然停电应如何处理？

11-24　简述智能变电站的运行和维护。

11-25　简述供配电系统综合管理和智能化。

11-26　试分别计算 S9-500/10 型、S9-800/10 型电力变压器的经济负荷率(取 $K_q=0.1$)。

11-27　某车间变电所有两台 S9-1000/10 型电力变压器并列运行，但变电所负荷只有 750kVA。采用一台还是两台运行较为经济合理(取 $K_q=0.1$)？

11-28　某企业变电所装设 10MVA 变压器，变压器电压为 $110\pm2\times2.5\%/6.6$kV。最大负荷时高压侧电压为 112kV，变压器中电压损失(归算到高压侧的值)为 5.61%；最小负荷时高压侧电压为 115kV，变压器中的电压损失(归算到高压侧的值)为 2.79%。按调压要求变压器低压母线的电压偏差为额定电压 6kV：最大负荷时不小于 0%；最小负荷时不大于 +7.5%，试选择分接头。

11-29　求图 11-13 所示系统中电动机启动时的母线电压。设启动前母线电压为额定值。

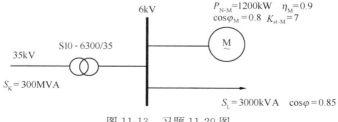

图 11-13　习题 11-29 图

# 附录 A 常用设备的主要技术数据

## 表 A-1 需要系数

表 A-1-1 用电设备组的需要系数及功率因数值

| 用电设备组名称 | 需要系数 $K_d$ | $\cos\varphi$ | $\tan\varphi$ |
|---|---|---|---|
| 小批生产的金属冷加工机床 | 0.12~0.16 | 0.5 | 1.73 |
| 大批生产的金属冷加工机床 | 0.17~0.2 | 0.5 | 1.73 |
| 小批生产的金属热加工机床 | 0.2~0.25 | 0.6 | 1.33 |
| 大批生产的金属热加工机床 | 0.25~0.28 | 0.65 | 1.17 |
| 锻锤、压床、剪床及其他锻工机械 | 0.25 | 0.60 | 1.33 |
| 木工机械 | 0.20~0.30 | 0.50~0.60 | 1.73~1.33 |
| 液压机 | 0.30 | 0.60 | 1.33 |
| 球磨机、破碎机、筛选机、搅拌机等 | 0.75~0.85 | 0.80~0.85 | 0.75~0.62 |
| 通风机、水泵、空压机及电动发电机组 | 0.7~0.8 | 0.8 | 0.75 |
| 非连锁的连续运输机械及铸造车间整砂机械 | 0.5~0.6 | 0.75 | 0.88 |
| 连锁的连续运输机械及铸造车间整砂机械 | 0.65~0.7 | 0.75 | 0.88 |
| 锅炉房和机加工、机修、装配等车间的起重机(ε=25%) | 0.1~0.15 | 0.5 | 1.73 |
| 铸造车间的起重机(ε=25%) | 0.15~0.25 | 0.5 | 1.73 |
| 自动连续装料的电阻炉设备 | 0.75~0.8 | 0.95 | 0.33 |
| 非自动连续装料的电阻炉设备 | 0.65~0.7 | 0.95 | 0.33 |
| 试验设备(电热为主) | 0.2~0.4 | 0.8 | 0.75 |
| 试验设备(仪表为主) | 0.15~0.2 | 0.7 | 1.02 |
| 工频感应电炉(未带无功功率补偿装置) | 0.8 | 0.35 | 2.68 |
| 高频感应电炉(未带无功功率补偿装置) | 0.8 | 0.6 | 1.33 |
| 炼钢电弧炉 | 0.9 | 0.87 | 0.57 |
| 电焊机、缝焊机 | 0.35 | 0.6 | 1.33 |
| 对焊机、铆钉加热机 | 0.35 | 0.7 | 1.02 |
| 自动弧焊变压器 | 0.5 | 0.4 | 2.29 |
| 单头手动弧焊变压器 | 0.35 | 0.35 | 2.68 |
| 多头手动弧焊变压器 | 0.4 | 0.35 | 2.68 |
| 单头弧焊电动发电机组 | 0.35 | 0.6 | 1.33 |
| 多头弧焊电动发电机组 | 0.7 | 0.75 | 0.88 |
| 各种风机、空调器 | 0.7~0.8 | 0.8 | 0.75 |
| 一般工业用硅整流装置 | 0.5 | 0.7 | 1.02 |
| 电解用硅整流装置 | 0.7 | 0.8 | 0.75 |
| 电火花加工装置 | 0.5 | 0.6 | 1.33 |
| 厨房食品加工设备 | 0.5~0.7 | 0.8 | 0.75 |
| 电子计算机 | 0.7~0.8 | 0.8 | 0.75 |
| 小型电热设备(电阻炉、干燥箱等) | 0.7 | 1.0 | 0 |

表 A-1-2　建筑照明用电设备的需要系数

| 建筑类别 | 需要系数 | 建筑类别 | 需要系数 | 建筑类别 | 需要系数 |
|---|---|---|---|---|---|
| 生产厂房(有天然采光) | 0.8～0.9 | 仓库 | 0.5～0.7 | 体育馆 | 0.7～0.8 |
| 生产厂房(无天然采光) | 0.9～1.0 | 锅炉房 | 0.9 | 医院 | 0.5 |
| 办公楼 | 0.7～0.8 | 集体宿舍 | 0.6～0.8 | 商店 | 0.85～0.9 |
| 设计室 | 0.9～0.95 | 托儿所、幼儿园 | 0.8～0.9 | 学校 | 0.6～0.7 |
| 科研楼 | 0.8～0.9 | 食堂、餐厅 | 0.8～0.9 | 展览馆 | 0.7～0.8 |
| 变配电所 | 0.5～0.7 | 室外照明、应急照明 | 1.0 | 综合商业服务楼 | 0.75～0.85 |

表 A-1-3　照明用电设备的功率因数及 $\tan\varphi$

| 光源类型 | $\cos\varphi$ | $\tan\varphi$ | 光源类型 | $\cos\varphi$ | $\tan\varphi$ |
|---|---|---|---|---|---|
| 白炽灯、卤钨灯 | 1.0 | 0.0 | 荧光灯 | | |
| 高压汞灯 | 0.4～0.55 | 2.29～1.52 | 电感镇流器(无补偿) | 0.5 | 1.73 |
| 高压钠灯 | 0.4～0.5 | 2.29～1.73 | 电感镇流器(有补偿) | 0.9 | 0.48 |
| 金属卤化物灯 | 0.4～0.5 | 2.29～1.52 | 电子镇流器 | 0.95～0.98 | 0.33～0.20 |
| 氙灯 | 0.9 | 0.48 | 霓虹灯 | 0.4～0.5 | 2.29～1.52 |

# 表 A-2　并联电容器的技术数据

| 型　号 | 额定容量(kvar) | 额定电容($\mu$F) | 型　号 | 额定容量(kvar) | 额定电容($\mu$F) |
|---|---|---|---|---|---|
| BZMJ0.4-10-3 | 10 | 199 | BFM6.6-50-1W | 50 | 2.2 |
| BZMJ0.4-12-3 | 12 | 239 | BFM6.6-80-1W | 80 | 3.6 |
| BZMJ0.4-14-3 | 14 | 279 | BFM6.6-100-1W | 100 | 7.3 |
| BZMJ0.4-16-3 | 16 | 318 | BFM6.6-150-1W | 150 | 10.9 |
| BZMJ0.4-20-3 | 20 | 398 | BFM6.6-200-1W | 200 | 14.6 |
| BZMJ0.4-30-3 | 30 | 597 | BFM11-50-1W | 50 | 1.32 |
| BZMJ0.4-40-3 | 40 | 796 | BFM11-100-1W | 100 | 2.63 |
| BZMJ0.4-50-3 | 50 | 995 | BFM11-200-1W | 200 | 5.26 |
| BAM6.6/$\sqrt{3}$-50-1W | 50 | 10.97 | BFM11-334-1W | 334 | 8.79 |
| BAM6.6/$\sqrt{3}$-80-1W | 80 | 17.55 | BFM11/$\sqrt{3}$-50-1W | 50 | 3.95 |
| BAM6.6/$\sqrt{3}$-100-1W | 100 | 21.94 | BFM11/$\sqrt{3}$-100-1W | 100 | 7.89 |
| BAM6.6/$\sqrt{3}$-150-1W | 150 | 32.91 | BFM11/$\sqrt{3}$-200-1W | 200 | 15.79 |
| BAM6.6/$\sqrt{3}$-200-1W | 200 | 43.88 | BFM1/$\sqrt{3}$-334-1W | 334 | 26.37 |

注:BZMJ0.4 为自愈式金属化全聚丙烯薄膜低压并联电容器。

## 表 A-3　低损耗电力变压器的技术数据

### 表 A-3-1　S11-M 系列 6～10kV 级铜绕组全密封低损耗电力变压器的技术数据

| 型　号 | 额定电压(kV) | | 连接组标号 | 空载损耗(kW) | 负载损耗(kW) | 短路阻抗(%) | 空载电流(%) |
|---|---|---|---|---|---|---|---|
| | 高压及分接范围 | 低　压 | | | | | |
| S11-M30 | | | | 0.1 | 0.60/0.63 | | 1.5 |
| S11-M50 | | | | 0.13 | 0.87/0.91 | | 1.4 |
| S11-M63 | | | | 0.15 | 1.04/0.109 | | 1.3 |
| S11-M80 | | | | 0.18 | 1.25/0.131 | | 1.2 |
| S11-M100 | | | | 0.20 | 1.50/1.58 | | 1.1 |
| S11-M125 | | | | 0.24 | 1.80/1.89 | | 1.0 |
| S11-M160 | | | | 0.28 | 2.20/2.31 | 4 | 1.0 |
| S11-M200 | 6 | | | 0.34 | 2.60/2.73 | | 0.9 |
| S11-M250 | 6.3 | | | 0.40 | 3.05/3.20 | | 0.8 |
| S11-M315 | 10.5 | 0.4 | Yyn0 Dyn11 | 0.48 | 3.65/3.83 | | 0.8 |
| S11-M400 | 11 | | | 0.57 | 4.30/4.52 | | 0.7 |
| S11-M500 | ±5% | | | 0.68 | 5.15/5.41 | | 0.7 |
| S11-M630 | 或 | | | 0.81 | 6.20 | | 0.6 |
| S11-M800 | ±2×2.5% | | | 0.98 | 7.50 | | 0.6 |
| S11-M1000 | | | | 1.15 | 10.30 | 4.5 | 0.5 |
| S11-M1250 | | | | 1.36 | 12.00 | | 0.4 |
| S11-M1600 | | | | 1.64 | 14.50 | | 0.4 |
| S11-M2000 | | | | 2.10 | 16.50 | | 0.32 |
| S11-M2500 | | | | 2.50 | 19.30 | 5.0 | 0.32 |

注:斜线下方的数据适用于 Dyn11 连接组。

### 表 A-3-2　S10 系列 35/0.4kV 铜绕组低损耗电力变压器的技术数据

| 型　号 | 额定电压(kV) | | 连接组标号 | 空载损耗(kW) | 负载损耗(kW) | 短路阻抗(%) | 空载电流(%) |
|---|---|---|---|---|---|---|---|
| | 高压及分接范围 | 低　压 | | | | | |
| S10-50/35 | | | | 0.19 | 1.15/1.21 | | 2.0 |
| S10-100/35 | | | | 0.26 | 1.92/2.02 | | 1.80 |
| S10-125/35 | | | | 0.31 | 2.26/2.38 | | 1.70 |
| S10-160/35 | | | | 0.32 | 2.69/2.83 | | 1.60 |
| S10-200/35 | | | | 0.39 | 3.16/3.33 | | 1.50 |
| S10-250/35 | | | | 0.46 | 3.76/3.96 | | 1.40 |
| S10-315/35 | 35～38.5 | | | 0.55 | 4.53/4.77 | | 1.40 |
| S10-400/35 | ±5% | 0.4 | Yyn0 Dyn11 | 0.66 | 5.47/5.76 | 6.5 | 1.30 |
| S10-500/35 | 或 | | | 0.77 | 6.58/6.93 | | 1.20 |
| S10-630/35 | ±2×2.5% | | | 0.94 | 7.87 | | 1.10 |
| S10-800/35 | | | | 1.11 | 9.40 | | 1.00 |
| S10-1000/35 | | | | 1.30 | 11.54 | | 1.00 |
| S10-1250/35 | | | | 1.58 | 13.94 | | 0.90 |
| S10-1600/35 | | | | 1.91 | 16.67 | | 0.80 |
| S10-2000/35 | | | | 2.30 | 19.6 | | 0.70 |
| S10-2500/35 | | | | 2.75 | 23.17 | | 0.60 |

注:斜线下方的数据适用于 Dyn11 连接组。

表 A-3-3　S(F)10 系列 35kV 级铜绕组低损耗电力变压器的技术数据

| 型　号 | 额定电压(kV) | | 连接组标号 | 空载损耗(kW) | 负载损耗(kW) | 短路阻抗(%) | 空载电流(%) |
|---|---|---|---|---|---|---|---|
| | 高压及分接范围 | 低　压 | | | | | |
| S10-630/35 | | | | 0.94 | 7.87 | | 1.1 |
| S10-800/35 | | | | 1.1 | 9.45 | | 1.0 |
| S10-1000/35 | | | | 1.3 | 11.54 | | 1.0 |
| S10-1250/35 | | | | 1.58 | 13.94 | 6.5 | 0.9 |
| S10-1600/35 | | | | 1.91 | 16.67 | | 0.8 |
| S10-2000/35 | | | Dyn11 | 2.45 | 18.38 | | 0.7 |
| S10-2500/35 | | | | 2.88 | 19.67 | | 0.6 |
| S10-3150/35 | 35～38.5 ±5% 或 ±2×2.5% | 6.3 6.6 10.5 11 | | 3.42 | 23.10 | | 0.56 |
| S10-4000/35 | | | | 4.07 | 27.36 | 7.0 | 0.56 |
| S10-5000/35 | | | | 4.86 | 31.38 | | 0.48 |
| S10-6300/35 | | | | 5.9 | 35.06 | | 0.48 |
| S10-8000/35 | | | | 8.1 | 38.50 | 7.5 | 0.42 |
| S10-10000/35 | | | | 9.79 | 45.30 | | 0.4 |
| S10-12500/35 | | | | 11.34 | 53.90 | | 0.4 |
| SF10-160000/35 | | | DNyn11 | 13.68 | 65.80 | | 0.4 |
| S10-20000/35 | | | | 16.2 | 79.50 | | 0.32 |
| SF10-25000/35 | | | | 19.15 | 94.00 | 8.0 | 0.32 |
| SF10-31500/35 | | | | 22.75 | 112.90 | | 0.32 |
| SF10-40000/35 | | | | 27.3 | 135.00 | | 0.3 |

## 表 A-4　常用高压断路器的技术数据

| 类　别 | 型　号 | 额定电压(kV) | 额定电流(A) | 额定短路分断电流(有效值)(kA) | 额定峰值耐受电流(kA) | 额定短时耐受电流(有效值)(kA) | 固有分闸时间(ms) | 合闸时间(ms) |
|---|---|---|---|---|---|---|---|---|
| 真空户内 | ZN12-40.5 | 40.5 | 1250、1600、2000 | 25 | 63 | 25(4s) | 70 | 85 |
| | ZN72-40.5 | | 1250、1600 | 25 | 63 | 25(4s) | 70 | 85 |
| | ZN40-12 | 12 | 630 | 16 | 50 | 16(4s) | 50 | 55 |
| | ZN41-12 | | 1250 | 20 | 50 | 20(4s) | | 55 |
| | ZN28-12 | | 630、1250 | 25 | 63 | 25(4s) | 60 | 120 |
| | | | 1250、1600、2000 | 31.5 | 80 | 31.5(4s) | | |
| | ZN48A-12 | | 630、1250 | 20 | 50 | 16(4s) | 50 | 55 |
| | | | 630、1250 | 25 | 63 | 20(4s) | | |
| | | | 1600、2000 | 31.5 | 80 | 31.5(4s) | | |
| | | | 1600、2000、2500 | 40 | 100 | 40(4s) | | |
| | ZN63A-12 Ⅰ | | 630 | 16 | 40 | 16(4s) | 50 | 55 |
| | ZN63A-12 Ⅱ | | 630、1250 | 25 | 63 | 25(4s) | | |
| | ZN63A-12 Ⅲ | | 1250 | 31.5 | 100 | 31.5(4s) | | |
| | HVA-12 | | 630、1250 | 25 | 50 | 25(4s) | 45 | 70 |
| | VS1-12 | | 630、1250 | 20 | 50 | 20(4s) | ≤50 | ≤100 |
| | VD4-12① | | 630、1250、1600 | 25 | 63 | 25(4s) | ≤60 | ≤80 |
| | | | 1600、2000、2500 | 31.5 | 80 | 31.5(4s) | | |
| | VB2-12② | | 630、1250 | 31.5 | 80 | 31.5(4s) | | |
| | | | 1250、2000、2500 | 40 | 100 | 40(4s) | | |
| 六氟化硫(SF₆)户内 | LN2-40.5 Ⅰ | 40.5 | 1250 | 16 | 40 | 16(4s) | ≤60 | ≤150 |
| | LN2-40.5 Ⅱ | | 1250 | 25 | 63 | 25(4s) | ≤60 | ≤150 |
| | LW36-40.5 | | 1600 | 25 | 31.5 | 25(4s) | 60 | 150 |
| | | | 3150 | 63 | 80 | 31.5(4s) | | |
| | HD4/Z-40.5① | | 1250、1600、2000 | 25 | 63 | 25(4s) | 45 | |
| | SF1-40.5② | | 630、1250 | 25 | 50 | 20(4s) | 65 | ≤0.15 |

311

| 类　别 | 型　号 | 额定电压（kV） | 额定电流（A） | 额定短路分断电流（有效值）（kA） | 额定峰值耐受电流（kA） | 额定短时耐受电流（有效值）（kA） | 固有分闸时间（ms） | 合闸时间（ms） |
|---|---|---|---|---|---|---|---|---|
| 少油户内 | SN10-35Ⅰ | 35 | 1000 | 16 | 45 | 16(4s) | ≤60 | ≤200 |
| | SN10-35Ⅱ | | 1250 | 20 | 50 | 20(4s) | ≤70 | ≤250 |
| | SN10-10Ⅰ | 10 | 630 | 16 | 40 | 16(4s) | ≤60 | ≤150 |
| | | | 1000 | 16 | 40 | 16(4s) | ≤60 | ≤200 |
| | SN10-10Ⅱ | | 1000 | 31.5 | 80 | 31.5(2s) | ≤60 | ≤200 |
| | SN10-10Ⅲ | | 1250 | 40 | 125 | 40(4s) | ≤70 | ≤200 |
| | | | 2000 | | | | | |
| | | | 3000 | | | | | |

注：① ABB 中国有限公司产品。

② 施耐德中国有限公司产品。

## 表 A-5　常用高压隔离开关的技术数据

| 型　号 | 额定电压（kA） | 额定电流（A） | 额定峰值耐受电流（kA） | 4s 额定短时耐受电流（有效值）（kA） | 操动机构型号 |
|---|---|---|---|---|---|
| GN27-40.5 | 40.5 | 630 | 50 | 20 | CS6-2T（CS6-2） |
| | | 1250 | 80 | 31.5 | |
| | | 2000 | 100 | 40 | |
| GW4-40.5 | | 630 | 50 | 20 | CS6-2T（CS6-2） |
| | | 1000 | 63 | 25 | |
| | | 1250 | 80 | 31.5 | |
| GN19-12 | 12 | 400 | 31.5 | 12.5 | CS6-1T（CS6-1） |
| | | 630 | 50 | 20 | |
| | | 1000 | 80 | 31.5 | |
| | | 1250 | 100 | 40 | |
| | | 2000 | 120 | 50 | |
| GN30-12 | | 400 | 31.5 | 12.5 | CS6-1T（CS6-1） |
| | | 630 | 50 | 20 | |
| | | 1000 | 80 | 31.5 | |
| | | 1250 | 80 | 31.5 | |

## 表 A-6　常用高压熔断器的技术数据

### 表 A-6-1　XRNT1 型变压器保护用户内高压限流插入式熔断器的技术数据

| 型　号 | 额定电压（kV） | 熔断器额定电流（A） | 熔体额定电流（A） | 最大分断电流有效值（kA） |
|---|---|---|---|---|
| XRNT1-12 | 12 | 63 | 6.3、10、16、20、25、31.5、40、50、63 | 50 |
| | | 125 | 50、63、80、100、125 | |
| | | 200 | 160、200 | |
| | | 315 | 250、315 | |

表 A-6-2　XRNP 型电压互感器保护用户内高压限流插入式熔断器的技术数据

| 型　号 | 额定电压<br>（kV） | 熔断器<br>额定电流（A） | 熔体额定电流（A） | 最大分断电流有效值<br>（kA） |
|---|---|---|---|---|
| XRNP1-7.2 | 7.2 | 4 | 0.2、0.3、0.5、1、2、3.15、4 | |
| XRNP1-12 | 12 | 4 | 0.2、0.3、0.5、1、2、3.15、4 | 50 |
| XRNP1-40.5 | 40.5 | 4 | 0.2、0.3、0.5、1、2、3.15、4 | |
| XRNP2-7.2 | 7.2 | 10 | 0.5、1、2、3.15、5、7.5、10 | |
| XRNP2-12 | 12 | 10 | 0.5、1、2、3.15、5、7.5、10 | 50 |
| XRNP2-40.5 | 40.5 | 5 | 0.5、1、2、3.15、5 | |

表 A-6-3　户外高压跌开式熔断器的技术数据

| 型　号 | 额定电压<br>（kV） | 额定电流<br>（A） | 分断电流（kA） | 分合负荷电流<br>（A） |
|---|---|---|---|---|
| RW3-12 | | 100 | 6.3 | — |
| | | 200 | 8.0 | |
| RW11-12 | | 100 | 6.3 | — |
| | | 200 | 12.5 | |
| RW12-12 | 12 | 100 | 6.3 | — |
| | | 200 | 12.5 | |
| RW20-12 | | 100 | 10 | — |
| | | 200 | 12 | |
| RW10-12（F） | | 100 | 6.3 | 100 |
| | | 200 | 10 | 200 |

## 表 A-7　常用电流互感器的技术数据

| 型　号 | 额定一次电流（A） | 级次<br>组合 | 额定二次负荷（VA） | | | 1s额定短时<br>耐受电流有效值<br>（kA） | 额定峰值<br>耐受电流<br>（kA） |
|---|---|---|---|---|---|---|---|
| | | | 0.2 级 | 0.5 级 | 10P 级 | | |
| LCZ-40.5（Q） | 200 | 0.2/0.5<br>0.2/10P<br>0.5/10P<br>10P/10P | 30 | 50 | 50 | 18 | 45 |
| | 300 | | | | | 24 | 60 |
| | 400 | | | | | 36 | 90 |
| | 600 | | | | | 48 | 120 |
| | 800 | | 50 | 50 | 50 | 48 | 120 |
| LZZB-40.5 | 150 | 0.2/0.5<br>0.2/3<br>0.2/10P<br>0.5/10P | 30 | 50 | 20 | 13 | 33.2 |
| | 200 | | | | | 19.5 | 49.7 |
| | 300 | | | | | 26 | 66.3 |
| | 400 | | | | | 39 | 99.5 |
| | 500 | | | | | 52 | 112 |
| LZZBJ9-12 | 30 | 0.2/10P<br>0.5/10P | 10 | 10 | 15 | 4.5 | 11.25 |
| | 40 | | | | | 6 | 15 |
| | 50 | | | | | 7.5 | 18.75 |
| | 75 | | | | | 11.25 | 28.125 |
| | 100 | | | | | 15 | 37.5 |
| | 150 | | | | | 22.5 | 56.25 |
| | 200 | | | | | 30 | 75 |
| | 300、400、600 | | | | | 45 | 112.5 |
| | 800、1000、1250 | | 15 | 15 | 20 | 100 | 250 |

| 型　号 | 额定一次电流（A） | 级次组合 | 额定二次负荷（VA） | | | 1s 额定短时耐受电流有效值（kA） | 额定峰值耐受电流（kA） |
|---|---|---|---|---|---|---|---|
| | | | 0.2 级 | 0.5 级 | 10P 级 | | |
| LMZB6-10 | 1500 | 0.5/10P | | 50 | 50 | 50 | 90 |
| | 2000 | | | 50 | 50 | | |
| | 3000 | | | 50 | 50 | | |
| | 4000 | | | 60 | 60 | | |

### 表 A-8　常用电压互感器的技术数据

| 型　号 | 额定电压(kV) | | | 准确级额定容量(kVA) $\cos\varphi = 0.8$ | | | | 热极限输出(VA) | 额定绝缘水平(kV) |
|---|---|---|---|---|---|---|---|---|---|
| | 一次线圈 | 二次线圈 | 剩余电压线圈 | 0.2 级 | 0.5 级 | 1.0 级 | 6P 级 | | |
| JDZ9-6Q | $6/\sqrt{3}$ | $0.1/\sqrt{3}$ | — | 40 | 120 | 240 | — | 600 | 7.2/32/60 |
| JDZ9-10Q | $10/\sqrt{3}$ | $0.1/\sqrt{3}$ | — | | | | | | 10/42/75 |
| JDZ9X-6Q | $6/\sqrt{3}$ | $0.1/\sqrt{3}$ | 100/3 | 25 | 90 | 180 | 100 | 500 | 7.2/32/60 |
| JDZ9X-10Q | $10/\sqrt{3}$ | $0.1/\sqrt{3}$ | 100/3 | | | | | | 10/42/75 |
| JDZ9-35 | $35/\sqrt{3}$ | $0.1/\sqrt{3}$ | 100/3 | 30 | 50 | 100 | — | 600 | 10/42/75 |
| JDZ9X-35 | $35/\sqrt{3}$ | $0.1/\sqrt{3}$ | 100/3 | 40 | 80 | 100 | 100 | 800 | 40/95/200 |

### 表 A-9　常用低压断路器的技术数据

#### 表 A-9-1　CM2 系列塑料外壳式低压断路器的技术数据

| 型　号 | 壳架等级额定电流 $I_{nm}$(A) | 断路器（脱扣器）额定电流 $I_n$(A) | 热脱扣器整定电流 $I_{r1}$调节范围(A) | 电磁脱扣器整定电流 $I_{r3}$调节范围(A) | | 额定短路分断能力 $I_{cs}$(kA) |
|---|---|---|---|---|---|---|
| | | | | 配电用 | 电动机保护用 | |
| CM2-63 L | 63 | 10 | $10I_n$ | $10I_n \pm 20\%$ | $12I_n \pm 20\%$ | 35 |
| CM2-63M | | 16、20、25、32 | $(0.8\text{-}0.9\text{-}1.0)I_n$ | | | 50 |
| CM2-63H | | 40、50、63 | | | | 70 |
| CM2-125L | 125 | 16、20、25 | $(0.8\text{-}0.9\text{-}1.0)I_n$ | | | 35 |
| CM2-125M | | 32、40、50 | | | | 50 |
| CM2-125H | | 63、80、100、125 | | | | 70 |
| CM2-225L | 225 | 125、140、160 | $(0.8\text{-}0.9\text{-}1.0)I_n$ | | | 35 |
| CM2-225M | | 180、200、225 | | | | 50 |
| CM2-225H | | | | | | 70 |
| CM2-400L | 400 | 225、250、315 | $(0.8\text{-}0.9\text{-}1.0)I_n$ | $(5\text{-}6\text{-}7\text{-}8\text{-}9\text{-}10)I_n$ $\pm 20\%$ | $(10\text{-}12\text{-}14)I_n$ $\pm 20\%$ | 50 |
| CM2-400M | | 350、400 | | | | 70 |
| CM2-400H | | | | | | 75 |
| CM2-630L | 630 | 400、500、630 | $(0.8\text{-}0.9\text{-}1.0)I_n$ | | | 50 |
| CM2-630M | | | | | | 70 |
| CM2-630H | | | | | | 75 |

注：① 按短路分断能力 CM2 系列断路器分三个级别：L 代表标准型，M 代表较高分断型，H 代表高分断型。

② CM2 系列断路器热脱扣器具有反时限特性；电磁脱扣器为瞬时动作。

| 壳架等级额定电流 $I_{nm}$(A) | 断路器(脱扣器)额定电流 $I_n$(A) | 热脱扣器 | | 电磁脱扣器动作电流 $I_{r3}$(A) |
|---|---|---|---|---|
| | | $1.05I_{r1}$(冷态)不动作时间(h) | $1.30I_{r1}$(热态)不动作时间(h) | |
| 63 | $10 \leqslant I_n \leqslant 63$ | 1 小时内不动作 | $\leqslant 1$ | $10 I_n \pm 20\%$ |
| 125 | $10 \leqslant I_n < 63$ | 1 小时内不动作 | $\leqslant 1$ | |
| | $I_n = 63$ | 1 小时内不动作 | $\leqslant 1$ | |
| | $63 < I_n \leqslant 125$ | 2 小时内不动作 | $\leqslant 2$ | $(5\text{-}6\text{-}7\text{-}8\text{-}9\text{-}10)I_n \pm 20\%$ |
| 225 | $125 \leqslant I_n \leqslant 225$ | 2 小时内不动作 | $\leqslant 2$ | |
| 400 | $225 \leqslant I_n \leqslant 400$ | 2 小时内不动作 | $\leqslant 2$ | |
| 630 | $400 \leqslant I_n \leqslant 630$ | 2 小时内不动作 | $\leqslant 2$ | |

表 A-9-3　电动机保护用 CM2 系列断路器保护特性数据

| 壳架等级额定电流 $I_{nm}$(A) | 断路器(脱扣器)额定电流 $I_n$(A) | 热脱扣器 | | | | | 电磁脱扣器动作电流 $I_{r3}$(A) |
|---|---|---|---|---|---|---|---|
| | | $1.0I_{r1}$不动作时间(冷态)(h) | $1.20I_{r1}$不动作时间(热态)(h) | $1.50I_{r1}$不动作时间(热态)(min) | $7.2I_{r1}$不动作时间(冷态)(s) | 脱扣级别 | |
| 63 | $10 \leqslant I_n \leqslant 63$ | 2 小时内不动作 | $\leqslant 2$ | $\leqslant 4$ | $4 < T_1 \leqslant 10$ | 10 | $10I_n \pm 20\%$ |
| 125 | $16 \leqslant I_n < 63$ | | | | | | |
| | $63 \leqslant I_n \leqslant 125$ | | | | | | $(10\text{-}12\text{-}14)I_n \pm 20\%$ |
| 225 | $125 \leqslant I_n \leqslant 225$ | | | | | | |
| 400 | $225 \leqslant I_n \leqslant 400$ | | | $\leqslant 8$ | $6 < T_1 \leqslant 20$ | 20 | |
| 630 | $400 \leqslant I_n \leqslant 630$ | | | | | | |

表 A-9-4　CM2 系列断路器脱扣器方式及内部附件代号

| 脱扣器方式及内部附件代号 | 附件名称 | 脱扣器方式及内部附件代号 | 附件名称 |
|---|---|---|---|
| 208、308 | 报警触头 | 270、370 | 欠电压脱扣器,辅助触头 |
| 210、310 | 分励脱扣器 | 218、318 | 分励脱扣器,报警触头 |
| 220、320 | 辅助触头 | 228、328 | 辅助触头,报警触头 |
| 230、330 | 欠电压脱扣器 | 238、338 | 欠电压脱扣器,报警触头 |
| 240、340 | 分励脱扣器,辅助触头 | 248、348 | 分励脱扣器,辅助触头,报警触头 |
| 250、350 | 分励脱扣器,欠电压脱扣器 | 268、368 | 两组辅助触头,报警触头 |
| 260、360 | 两组辅助触头 | 278、378 | 欠电压脱扣器,辅助触头,报警触头 |

注：① CM2 系列断路器脱扣器方式及内部附件代号用 3 位数字表示,第一位数字表示过电流脱扣器形式,后两位数字表示内部附件形式。200 表示 CM2 断路器仅有电磁脱扣器,300 表示 CM2 断路器带有热动—电磁脱扣器。

② 对 CM2-400 及 CM2-630,其中,248、348、278、378 规格中的辅助触头为一对触头(即一常开一常闭),268、368 规格中的辅助触头为三对触头(即三常开三常闭)。

③ 对 CM2-63、CM2-125 及 CM2-225,其中,220、320、240、340、270、370 规格中的辅助触头可供两对触头(即二常开二常闭),260、360 可供三对触头(即三常开三常闭)。

### 表 A-9-5　CW2 系列智能型万能式低压断路器的技术数据

| 型号 | 壳架等级额定电流 $I_{nm}$（A） | 断路器（脱扣器）额定电流 $I_n$（A） | 额定短路分断能力 $I_{cs}$（kA） | | 1s 额定短时耐受电流 $I_{cw}$（kA） | |
|---|---|---|---|---|---|---|
| | | | 400V | 690V | 400V | 690V |
| CW2-1600 | 1600 | 200、400、630、800、1000、1250、1600 | 50 | 25 | 42(0.5s) | 25(0.5s) |
| CW2-2000 | 2000 | 630、800、1000、1250、1600、2000 | 80 | 50 | 60 | 40 |
| CW2-2500 | 2500 | 1250、1600、2000、2500 | 85 | 50 | 65 | 50 |
| CW2-4000 | 4000 | 2000、2500、2900、3200、3600、4000 | 100 | 75 | 85 | 75 |
| CW2-6300 | 6300 | 4000、5000、6300 | 120 | 85 | 100 | 85 |

注：① CW2 系列智能型断路器智能控制器有 L25，M25，M26，H26，P25，P26 型，具有过电流保护、负荷监控、显示和测量、报警及指示、故障记忆、自诊断、谐波分析等功能。

② $I_n$＝200，400，630，800，1000A，断路器具有电动机保护型，$U_n$＝400V。

### 表 A-9-6　CW2 系列长延时反时限动作特性数据

| 整定电流 $I_{r1}$调整范围 | | L25 型 | | （0.65～1）$I_n$ 按每级 5% 递变调整 | | | |
|---|---|---|---|---|---|---|---|
| | | M25、M26、H26、P25、P26 型 | | （0.4～1）$I_n$ 按每级 10A 递变调整 | | | |
| 动作时间允差 ±15% | 电流 | 动作时间 | | | | | |
| | 1.05$I_{r1}$ | 2 小时内不动作 | | | | | |
| | 1.3$I_{r1}$ | <1h 动作 | | | | | |
| | 1.5$I_{r1}$ | 整定时间 $t_1$ | 15 | 30 | 60 | 120 | 240 | 480 |
| | 2.05$I_{r1}$ | 动作时间 | 8.4 | 16.9 | 33.7 | 67.5 | 135 | 270 |
| | 6.05$I_{r1}$ | 动作时间 | 0.94 | 1.88 | 3.75 | 7.5 | 15 | 30 |
| | 7.2$I_{r1}$ | 动作时间 | 0.65 | 1.3 | 2.6 | 5.2 | 10 | 21 |
| | 脱扣级别 | | | | 10 | 10 | 20 | 30 |
| 热模拟功能 | | ≤10min（断电可清除） | | | | | |

注：① 长延时反时限动作特性以 1.5$I_{r1}$ 的整定时间 $t_1$ 为基准。

② 脱扣级别对应于电动机保护型断路器。

### 表 A-9-7　CW2 系列短延时动作特性数据

| 整定电流 $I_{r2}$调整范围 | | L25 型 | | （1.5～10）$I_{r1}$＋OFF 按 1.5、2、3、4、5、6、8、10 倍 $I_{r1}$ 递变调整 | | | |
|---|---|---|---|---|---|---|---|
| | | M25、M26、H26、P25、P26 型 | | （0.4～15）$I_{r1}$＋OFF 按每级 20A 递变调整 | | | |
| 动作时间允差 ±10% | 电流 | 动作时间 | | | | | |
| | $I \geqslant I_{r2}$，$I \leqslant 8I_{r1}$ | 反时限 | $T_2＝(8I_{r1})^2 t_2/I^2$ | | | | |
| 动作时间允差 ±15% | $I \geqslant I_{r2}$，$I > 8I_{r1}$ 或 $I \geqslant I_{r2}$，$I \leqslant 8I_{r1}$ 反时限 OFF 时 | 定时限 | 整定时间 $t_2$（s） | 0.1 | 0.2 | 0.3 | 0.4 |
| | | | 可返回时间（s） | 0.06 | 0.14 | 0.23 | 0.35 |
| 热模拟功能 | | ≤5min（断电可清除） | | | | | |

注：在低倍数电流时为反时限特性；当过载电流大于 8$I_{r1}$ 时，自动转换为定时限特性；短延时特性可"OFF"，此时呈定时限特性。

表 A-9-8　CW2 系列瞬时动作特性数据

| 整定电流 $I_{r3}$ 调整范围（动作时间允差±15%） | L25 型 | (3～15)$I_{r1}$ 按 3、4、5、8、10、12、15 倍 $I_{r1}$ 递变调整 |
| --- | --- | --- |
| | M25、M26、H26、P25、P26 型 | 1.6～35kA(CW2-1600)＋OFF<br>2～50kA(CW2-2000)＋OFF<br>2.5～50kA(CW2-2500)＋OFF<br>4～65kA(CW2-4000)＋OFF<br>6.3～80kA(CW2-6300)＋OFF<br>按每级 100A 递变调整 |

## 表 A-10　常用低压熔断器的技术数据

| 型　号 | 额定电压（V） | 额定电流（A） | | 最大分断电流（kA） |
| --- | --- | --- | --- | --- |
| | | 熔断器 | 熔　体 | |
| RT14 | 交流 500 | 20 | 2、4、6、8、10、12、16、20 | 100 |
| | | 32 | 2、4、6、8、10、12、16、20、25、32 | |
| | | 63 | 16、20、25、32、40、50、63 | |
| RT16 | 交流 500、660 | 100 | 4、6、10、16、20、25、32、40、50、63、80、100 | 120(500V)<br>50(660V) |
| | | 160 | 4、6、10、16、20、25、32、40、50、63、80、100、125、160 | |
| | | 250 | 80、100、125、160、200、250 | |
| | | 400 | 125、160、200、250、315、400 | |
| | | 630 | 315、400、500、630 | |
| RT18 | 交流 500 | 32 | 2、4、6、10、16、20、25、32 | 50 |
| | | 63 | 2、4、6、10、16、20、25、32、40、50、63 | |
| RT19 | | 16 | 2、4、6、8、10、16 | 50 |
| | | 63 | 10、16、20、25、32、40、63 | |
| | | 125 | 25、32、40、50、63、80、100、125 | |
| RT20 | | 160 | 4、6、10、16、20、25、32、40、50、63、80、100、125、160 | 120 |
| | | 250 | 80、100、125、160、200、250 | |
| | | 400 | 125、160、200、250、315、400 | |
| | | 630 | 315、400、500、630 | |
| RL6 | 交流 500 | 16 | 2、6、10、16 | 50 |
| | | 25 | 2、6、10、16、20、25 | |
| | | 63 | 20、25、32、40、50、63 | |
| | | 100 | 50、63、80、100 | |

## 表 A-11　常用裸导体和矩形导体允许载流量

### 表 A-11-1　铜、铝及钢芯铝导体的允许载流量(环境温度＋25℃,最高允许温度＋70℃)

| 铜　导　体 | | | 铝　导　体 | | | 钢芯铝导体 | |
| --- | --- | --- | --- | --- | --- | --- | --- |
| 导线型号 | 载流量(A) | | 导线型号 | 载流量(A) | | 导线型号 | 载流量(A) |
| | 屋　外 | 屋　内 | | 屋　外 | 屋　内 | | 屋　外 |
| TJ-16 | 130 | 100 | LJ-16 | 105 | 80 | LGJ-16 | 105 |
| TJ-25 | 180 | 140 | LJ-25 | 135 | 110 | LGJ-25 | 135 |
| TJ-35 | 220 | 175 | LJ-35 | 170 | 135 | LGJ-35 | 170 |
| TJ-50 | 270 | 220 | LJ-50 | 215 | 170 | LGJ-50 | 220 |
| TJ-70 | 340 | 280 | LJ-70 | 265 | 215 | LGJ-70 | 275 |
| TJ-95 | 415 | 340 | LJ-95 | 325 | 260 | LGJ-95 | 335 |
| TJ-120 | 485 | 405 | LJ-120 | 375 | 310 | LGJ-120 | 380 |
| TJ-150 | 570 | 480 | LJ-150 | 440 | 370 | LGJ-150 | 445 |
| TJ-185 | 645 | 550 | LJ-185 | 500 | 425 | LGJ-185 | 515 |
| TJ-240 | 770 | 650 | LJ-240 | 610 | — | LGJ-240 | 610 |

### 表 A-11-2　单片涂漆矩形导体立放时允许载流量(最高允许温度＋70℃)

| 矩形导体尺寸 (宽×厚) (mm×mm) | 铝导体(LMY)载流量(A) 环境温度 | | | | 铜导体(TMY)载流量(A) 环境温度 | | | |
|---|---|---|---|---|---|---|---|---|
| | 25℃ | 30℃ | 35℃ | 40℃ | 25℃ | 30℃ | 35℃ | 40℃ |
| 40×4 | 480 | 451 | 422 | 389 | 625 | 587 | 550 | 506 |
| 40×5 | 540 | 507 | 475 | 483 | 700 | 659 | 615 | 567 |
| 50×5 | 665 | 625 | 585 | 593 | 860 | 809 | 756 | 697 |
| 50×6.3 | 740 | 695 | 651 | 600 | 955 | 898 | 840 | 774 |
| 63×6.3 | 870 | 818 | 765 | 705 | 1125 | 1056 | 990 | 912 |
| 63×8 | 1025 | 965 | 902 | 831 | 1320 | 1240 | 1160 | 1070 |
| 63×10 | 1155 | 1085 | 1016 | 936 | 1475 | 1388 | 1300 | 1195 |
| 80×6.3 | 1150 | 1080 | 1010 | 932 | 1480 | 1390 | 1300 | 1200 |
| 80×8 | 1320 | 1240 | 1160 | 1070 | 1690 | 1590 | 1490 | 1370 |
| 80×10 | 1480 | 1390 | 1300 | 1200 | 1900 | 1786 | 1670 | 1540 |
| 100×6.3 | 1425 | 1340 | 1155 | 1455 | 1810 | 1700 | 1590 | 1470 |
| 100×8 | 1625 | 1530 | 1430 | 1315 | 2080 | 1955 | 1830 | 1685 |
| 100×10 | 1820 | 1710 | 1600 | 1475 | 2310 | 2170 | 2030 | 1870 |
| 125×8 | 1900 | 1785 | 1670 | 1540 | 2400 | 2255 | 2110 | 1945 |
| 125×10 | 2070 | 1945 | 1820 | 1680 | 2650 | 2490 | 2330 | 2150 |

注:矩形导体平放时,宽为63mm以下时,载流量应乘95%,当宽为63mm以上时,应乘92%。

## 表 A-12　绝缘导体的允许载流量

### 表 A-12-1　聚氯乙烯绝缘铜导体明敷允许载流量及管径(A)(最高允许温度＋70℃)

| 导体截面 (mm²) | 环境温度 | | | 导体截面 (mm²) | 环境温度 | | |
|---|---|---|---|---|---|---|---|
| | 25℃ | 30℃ | 35℃ | | 25℃ | 30℃ | 35℃ |
| 1 | | | | 35 | 192 | 181 | 170 |
| 1.5 | 25 | 24 | 23 | 50 | 232 | 219 | 206 |
| 2.5 | 34 | 32 | 30 | 70 | 298 | 281 | 264 |
| 4 | 45 | 42 | 40 | 95 | 361 | 341 | 321 |
| 6 | 58 | 55 | 52 | 120 | 420 | 396 | 372 |
| 10 | 80 | 75 | 71 | 150 | 483 | 456 | 429 |
| 16 | 111 | 105 | 99 | 185 | 552 | 521 | 490 |
| 25 | 155 | 146 | 137 | 240 | 652 | 615 | 578 |

### 表 A-12-2　聚氯乙烯绝缘导体穿管允许载流量及管径(A)(最高允许温度＋70℃)

| 导体截面 (mm²) | 两根导体 环境温度 | | | 管径(mm) | | | 三根导体 环境温度 | | | 管径(mm) | | | 四根导体 环境温度 | | | 管径(mm) | | |
|---|---|---|---|---|---|---|---|---|---|---|---|---|---|---|---|---|---|---|
| | 25℃ | 30℃ | 35℃ | SC | MT | PC | 25℃ | 30℃ | 35℃ | SC | MT | PC | 25℃ | 30℃ | 35℃ | SC | MT | PC |
| | 铝　导　体 | | | | | | | | | | | | | | | | | |
| 2.5 | 20 | 19 | 17 | 15 | 16 | 16 | 17 | 17 | 16 | 15 | 16 | 16 | 15 | 15 | 14 | 15 | 19 | 20 |
| 4 | 27 | 25 | 24 | 15 | 19 | 16 | 23 | 22 | 21 | 15 | 19 | 20 | 21 | 20 | 19 | 20 | 25 | 20 |

| 导体截面(mm²) | 两根导体 环境温度 | | | 管径(mm) | | | 三根导体 环境温度 | | | 管径(mm) | | | 四根导体 环境温度 | | | 管径(mm) | | |
|---|---|---|---|---|---|---|---|---|---|---|---|---|---|---|---|---|---|---|
| | 25℃ | 30℃ | 35℃ | SC | MT | PC | 25℃ | 30℃ | 35℃ | SC | MT | PC | 25℃ | 30℃ | 35℃ | SC | MT | PC |
| 铝 导 体 | | | | | | | | | | | | | | | | | | |
| 6 | 34 | 32 | 30 | 20 | 25 | 20 | 30 | 28 | 26 | 20 | 25 | 20 | 27 | 25 | 24 | 20 | 25 | 25 |
| 10 | 47 | 44 | 41 | 20 | 25 | 20 | 41 | 39 | 37 | 25 | 32 | 25 | 37 | 35 | 33 | 25 | 32 | 32 |
| 16 | 60 | 56 | 52 | 25 | 32 | 25 | 56 | 53 | 50 | 25 | 32 | 32 | 51 | 48 | 45 | 32 | 38 | 32 |
| 25 | 84 | 79 | 74 | 32 | 38 | 32 | 74 | 70 | 66 | 32 | 38 | 40 | 67 | 63 | 59 | 32 | 51 | 40 |
| 35 | 103 | 97 | 91 | 32 | 38 | 40 | 91 | 86 | 81 | 32 | 51 | 40 | 82 | 77 | 72 | 50 | 51 | 50 |
| 50 | 125 | 118 | 103 | 40 | 51 | 50 | 110 | 104 | 98 | 40 | 51 | 50 | 100 | 94 | 88 | 50 | 51 | 63 |
| 70 | 159 | 141 | 131 | 50 | 51 | 50 | 141 | 133 | 125 | 50 | 51 | 63 | 125 | 118 | 111 | 65 | | 63 |
| 95 | 192 | 181 | 170 | 50 | | 63 | 171 | 161 | 151 | 65 | | 63 | 154 | 145 | 136 | 65 | | 63 |
| 120 | 223 | 210 | 197 | 65 | | 63 | 197 | 186 | 175 | 65 | | 80 | 177 | 167 | 157 | 65 | | |
| 铜 导 体 | | | | | | | | | | | | | | | | | | |
| 1.5 | 19 | 18 | 17 | 15 | 16 | 16 | 17 | 16 | 15 | 15 | 16 | 16 | 15 | 14 | 13 | 15 | 16 | 16 |
| 2.5 | 25 | 24 | 23 | 15 | 16 | 16 | 22 | 21 | 20 | 15 | 16 | 16 | 20 | 19 | 18 | 15 | 19 | 20 |
| 4 | 34 | 32 | 30 | 15 | 19 | 16 | 30 | 28 | 26 | 15 | 19 | 20 | 27 | 25 | 24 | 20 | 25 | 20 |
| 6 | 43 | 41 | 39 | 20 | 25 | 20 | 38 | 36 | 34 | 20 | 25 | 20 | 34 | 32 | 30 | 20 | 25 | 25 |
| 10 | 60 | 57 | 54 | 20 | 25 | 20 | 53 | 50 | 47 | 25 | 32 | 25 | 48 | 45 | 42 | 25 | 32 | 32 |
| 16 | 81 | 76 | 71 | 25 | 32 | 25 | 72 | 68 | 64 | 25 | 32 | 32 | 65 | 61 | 57 | 32 | 38 | 32 |
| 25 | 107 | 101 | 95 | 32 | 38 | 32 | 94 | 89 | 84 | 32 | 38 | 40 | 85 | 80 | 75 | 32 | 51 | 40 |
| 35 | 133 | 125 | 118 | 32 | 38 | 40 | 117 | 100 | 103 | 32 | 51 | 40 | 105 | 99 | 93 | 50 | 51 | 50 |
| 50 | 160 | 151 | 142 | 40 | 51 | 50 | 142 | 134 | 126 | 40 | 51 | 50 | 128 | 121 | 114 | 50 | 51 | 63 |
| 70 | 204 | 192 | 180 | 50 | 51 | 50 | 181 | 171 | 161 | 50 | 51 | 63 | 163 | 154 | 145 | 65 | | 63 |
| 95 | 246 | 232 | 218 | 50 | | 63 | 219 | 207 | 195 | 65 | | 63 | 197 | 186 | 175 | 65 | | 63 |
| 120 | 285 | 269 | 253 | 65 | | 63 | 253 | 239 | 225 | 65 | | 80 | 228 | 215 | 202 | 65 | | |

注：① 管径根据 GB50303—2002《建筑电气安装工程施工质量验收规范》，按导体总面积≤保护管内孔面积的40%计。规定直管长度≤30m，一个弯管长度≤20m，两个弯管长度≤15m，三个弯管长度≤8m。超长应设拉线盒或放大一级管径。

② 表中的 SC—焊接钢管，管径按内径计；MT—电线管，管径按外径计；PC—硬塑料管，管径按内径计。

### 表 A-12-3　交联聚氯乙烯及乙丙橡胶绝缘导体穿管允许载流量及管径(A)(最高允许温度+90℃)

| 导体截面(mm²) | 两根导体 环境温度 | | | 管径(mm) | | | 三根导体 环境温度 | | | 管径(mm) | | | 四根导体 环境温度 | | | 管径(mm) | | |
|---|---|---|---|---|---|---|---|---|---|---|---|---|---|---|---|---|---|---|
| | 25℃ | 30℃ | 35℃ | SC | MT | PC | 25℃ | 30℃ | 35℃ | SC | MT | PC | 25℃ | 30℃ | 35℃ | SC | MT | PC |
| 铝 导 体 | | | | | | | | | | | | | | | | | | |
| 2.5 | 20 | 19 | 17 | 15 | 16 | 16 | 17 | 17 | 16 | 15 | 16 | 16 | 16 | 15 | 14 | 15 | 19 | 20 |
| 4 | 27 | 25 | 24 | 15 | 19 | 16 | 23 | 22 | 21 | 15 | 19 | 20 | 21 | 20 | 19 | 20 | 25 | 20 |
| 6 | 34 | 32 | 30 | 20 | 25 | 20 | 30 | 28 | 26 | 20 | 25 | 20 | 27 | 25 | 24 | 20 | 25 | 25 |
| 10 | 47 | 44 | 41 | 20 | 25 | 20 | 41 | 39 | 37 | 25 | 32 | 25 | 37 | 35 | 33 | 25 | 32 | 32 |
| 16 | 64 | 60 | 56 | 25 | 32 | 25 | 56 | 53 | 50 | 25 | 32 | 32 | 51 | 48 | 45 | 32 | 38 | 32 |

| 导体截面(mm²) | 两根导体 环境温度 | | | 管径(mm) | | | 三根导体 环境温度 | | | 管径(mm) | | | 四根导体 环境温度 | | | 管径(mm) | | |
|---|---|---|---|---|---|---|---|---|---|---|---|---|---|---|---|---|---|---|
| | 25℃ | 30℃ | 35℃ | SC | MT | PC | 25℃ | 30℃ | 35℃ | SC | MT | PC | 25℃ | 30℃ | 35℃ | SC | MT | PC |
| 铝 导 体 | | | | | | | | | | | | | | | | | | |
| 25 | 84 | 79 | 74 | 32 | 38 | 32 | 74 | 70 | 66 | 32 | 38 | 40 | 67 | 63 | 59 | 32 | | 40 |
| 35 | 103 | 97 | 91 | 32 | 38 | 40 | 91 | 86 | 81 | 32 | | 40 | 82 | 77 | 72 | 50 | | 50 |
| 50 | 125 | 118 | 111 | 40 | 51 | 50 | 110 | 104 | 98 | 40 | | 50 | 100 | 94 | 88 | 50 | | 63 |
| 70 | 159 | 150 | 141 | 50 | 51 | 50 | 141 | 133 | 125 | 50 | | 63 | 125 | 118 | 111 | 65 | | 63 |
| 95 | 192 | 181 | 170 | 50 | | 63 | 171 | 161 | 151 | 65 | | 63 | 154 | 145 | 136 | 65 | | 63 |
| 120 | 223 | 210 | 197 | 65 | | 63 | 197 | 186 | 175 | 65 | | 80 | 177 | 167 | 157 | 65 | | |
| 铜 导 体 | | | | | | | | | | | | | | | | | | |
| 1.5 | 24 | 23 | 22 | 15 | 16 | 16 | 21 | 20 | 19 | 15 | 16 | 16 | 19 | 18 | 17 | 15 | 16 | 16 |
| 2.5 | 32 | 31 | 30 | 15 | 16 | 16 | 29 | 28 | 27 | 15 | 16 | 16 | 26 | 25 | 24 | 15 | 19 | 20 |
| 4 | 44 | 42 | 40 | 15 | 19 | 16 | 38 | 37 | 36 | 15 | 19 | 20 | 34 | 33 | 32 | 20 | 25 | 20 |
| 6 | 56 | 54 | 52 | 20 | 25 | 20 | 50 | 48 | 46 | 20 | 25 | 20 | 45 | 43 | 41 | 20 | 25 | 25 |
| 10 | 78 | 75 | 72 | 25 | 25 | 20 | 69 | 66 | 63 | 25 | 32 | 25 | 61 | 59 | 57 | 25 | 32 | 32 |
| 16 | 104 | 100 | 96 | 25 | 32 | 25 | 92 | 88 | 84 | 25 | 32 | 32 | 82 | 79 | 76 | 32 | 38 | 32 |
| 25 | 138 | 133 | 128 | 32 | 38 | 32 | 122 | 117 | 112 | 32 | 38 | 40 | 109 | 105 | 101 | 32 | | 40 |
| 35 | 171 | 164 | 157 | 32 | 38 | 40 | 150 | 144 | 138 | 32 | | 40 | 135 | 130 | 125 | 50 | | 50 |
| 50 | 206 | 198 | 190 | 40 | | 50 | 182 | 175 | 168 | 40 | | 50 | 164 | 158 | 152 | 50 | | 63 |
| 70 | 263 | 253 | 242 | 50 | | 50 | 231 | 222 | 213 | 50 | | 63 | 208 | 200 | 192 | 65 | | 63 |
| 95 | 318 | 306 | 294 | 50 | | 63 | 280 | 269 | 258 | 65 | | 63 | 252 | 242 | 232 | 65 | | 63 |
| 120 | 368 | 354 | 340 | 65 | | 63 | 324 | 312 | 300 | 65 | | 80 | 292 | 281 | 270 | 65 | | |

注：① 管径根据 GB50303—2002《建筑电气安装工程施工质量验收规范》,按导体总面积≤保护管内孔面积的 40% 计。规定直管长度≤30m,一个弯管长度≤20m,两个弯管长度≤15m,三个弯管长度≤8m。超长应设拉线盒或放大一级管径。

② 表中的 SC—焊接钢管,管径按内径计;MT—电线管,管径按外径计;PC—硬塑料管,管径按内径计。

## 表 A-13　电力电缆的允许载流量

### 表 A-13-1　0.6/1kV 聚氯乙烯绝缘及护套电力电缆允许载流量(A)(最高允许温度＋70℃)

| 导体数×截面(mm²) | | 电缆埋地 | | | 电缆明敷 | | |
|---|---|---|---|---|---|---|---|
| | | 20℃ | 25℃ | 30℃ | 25℃ | 30℃ | 35℃ |
| 铝导体 | 3×2.5+2.5 | 18 | 17 | 16 | 20 | 19 | 18 |
| | 3×4+4 | 24 | 23 | 19 | 28 | 26 | 24 |
| | 3×6+6 | 30 | 29 | 27 | 35 | 33 | 31 |
| | 3×10+10 | 40 | 38 | 36 | 49 | 46 | 43 |
| | 3×16+16 | 52 | 49 | 46 | 65 | 61 | 57 |
| | 3×25+16 | 66 | 63 | 59 | 83 | 78 | 73 |
| | 3×35+16 | 80 | 76 | 71 | 102 | 96 | 90 |
| | 3×50+25 | 94 | 89 | 84 | 124 | 117 | 110 |
| | 3×70+35 | 117 | 111 | 104 | 159 | 150 | 141 |
| | 3×95+50 | 138 | 131 | 123 | 194 | 183 | 172 |
| | 3×120+70 | 157 | 149 | 140 | 225 | 212 | 199 |
| | 3×150+70 | 178 | 169 | 158 | 260 | 245 | 230 |
| | 3×180+95 | 200 | 190 | 178 | 297 | 280 | 263 |
| | 3×240+120 | 230 | 219 | 205 | 350 | 330 | 310 |

| 导体数×截面(mm²) | | 电缆埋地 | | | 电缆明敷 | | |
|---|---|---|---|---|---|---|---|
| | | 20℃ | 25℃ | 30℃ | 25℃ | 30℃ | 35℃ |
| 铜导体 | 3×2.5+2.5 | 24 | 23 | 21 | 27 | 25 | 24 |
| | 3×4+4 | 31 | 29 | 28 | 36 | 34 | 32 |
| | 3×6+6 | 39 | 37 | 35 | 46 | 43 | 40 |
| | 3×10+10 | 52 | 49 | 46 | 64 | 60 | 56 |
| | 3×16+16 | 67 | 64 | 60 | 85 | 80 | 75 |
| | 3×25+16 | 86 | 82 | 77 | 107 | 101 | 95 |
| | 3×35+16 | 103 | 98 | 92 | 134 | 126 | 118 |
| | 3×50+25 | 122 | 116 | 109 | 162 | 153 | 144 |
| | 3×70+35 | 151 | 143 | 134 | 208 | 196 | 184 |
| | 3×95+50 | 179 | 170 | 159 | 252 | 238 | 224 |
| | 3×120+70 | 203 | 193 | 181 | 293 | 276 | 259 |
| | 3×150+70 | 230 | 219 | 205 | 338 | 319 | 300 |
| | 3×180+95 | 258 | 245 | 230 | 386 | 364 | 342 |
| | 3×240+120 | 298 | 283 | 265 | 456 | 430 | 404 |

注：① 电缆埋地载流量，适用于电缆直接埋地或敷设在地下的管道内。

② 电缆明敷载流量为多芯电缆敷设在自由空气中或在有孔托盘、梯架上；当电缆靠墙敷设时，载流量×0.94。

表 A-13-2　交联聚乙烯绝缘聚氯乙烯护套电力电缆允许载流量(A)(最高允许温度＋90℃)

| 电缆额定电压 | 0.6/1kV　3～4 导体 | | | | 6、10kV　3 导体 | | | | 35kV　3 导体 | | | |
|---|---|---|---|---|---|---|---|---|---|---|---|---|
| 敷设方式 | 地中直埋 20℃ | | 空气中敷设 25℃ | | 地中直埋 20℃ | | 空气中敷设 25℃ | | 地中直埋 25℃ | | 空气中敷设 30℃ | |
| 导体数×截面(mm²) | 铝 | 铜 | 铝 | 铜 | 铝 | 铜 | 铝 | 铜 | 铝 | 铜 | 铝 | 铜 |
| 3×4 | 29 | 37 | 33 | 44 | | | | | | | | |
| 3×6 | 36 | 46 | 43 | 56 | | | | | | | | |
| 3×10 | 47 | 61 | 60 | 78 | | | | | | | | |
| 3×16 | 61 | 79 | 80 | 104 | | | | | | | | |
| 3×25 | 78 | 101 | 101 | 132 | | | | | | | | |
| 3×35 | 94 | 122 | 125 | 164 | 100 | 129 | 131 | 173 | | | | |
| 3×50 | 112 | 144 | 152 | 210 | 120 | 153 | 159 | 210 | 100 | 128 | 136 | 179 |
| 3×70 | 138 | 178 | 194 | 269 | 148 | 190 | 204 | 265 | 123 | 159 | 174 | 229 |
| 3×95 | 164 | 211 | 236 | 326 | 177 | 224 | 248 | 322 | 146 | 189 | 211 | 277 |
| 3×120 | 186 | 240 | 274 | 378 | 202 | 255 | 287 | 369 | 166 | 214 | 245 | 322 |
| 3×150 | 210 | 271 | 316 | 436 | 227 | 289 | 322 | 422 | 188 | 242 | 283 | 371 |
| 3×180 | 236 | 304 | 361 | 498 | 255 | 323 | 370 | 480 | 211 | 272 | 323 | 424 |
| 3×240 | 272 | 351 | 425 | 588 | 294 | 375 | 436 | 567 | 243 | 314 | 380 | 500 |
| 3×300 | 308 | 396 | 490 | 678 | 331 | 425 | 499 | 660 | 275 | 353 | 438 | 577 |
| 3×400 | | | | | 354 | 463 | 558 | 742 | 314 | 397 | 494 | 651 |

**表 A-13-3　不同环境温度时的导体、电缆载流量校正系数**

| 敷设方式 | 明　　敷 | | | | | 埋　　地 | | | | |
|---|---|---|---|---|---|---|---|---|---|---|
| 环境温度 | 20℃ | 25℃ | 30℃ | 35℃ | 40℃ | 10℃ | 15℃ | 20℃ | 25℃ | 30℃ |
| PVC | 1.12 | 1.06 | 1.0 | 0.94 | 0.87 | 1.10 | 1.05 | 1.0 | 0.95 | 0.84 |
| XLEP/EPR | 1.08 | 1.04 | 1.0 | 0.96 | 0.91 | 1.07 | 1.04 | 1.0 | 0.96 | 0.93 |

注：PVC 为聚氯乙烯绝缘导体、聚氯乙烯绝缘及护套电缆；XLEP 为交联聚氯乙烯绝缘导体、交联聚乙烯绝缘电缆 EPR 为乙丙橡胶绝缘导体、乙丙橡胶绝缘电缆。

**表 A-13-4　不同土壤热阻系数**

| 分　类　特　征 （土壤特性和雨量） | 土壤热阻系数（℃·m/W） |
|---|---|
| 土壤很潮湿，经常下雨。如湿度大于9%的沙土、湿度大于14%的沙泥土等 | 0.8 |
| 土壤潮湿，规律性下雨。如湿度为7%～9%的沙土、湿度为12%～14%的沙泥土等 | 1.2 |
| 土壤较干燥，雨量不大。如湿度为8%～12%的沙泥土等 | 1.6 |
| 土壤干燥，少雨。如湿度大于4%但小于7%的沙土、湿度为4%～8%的沙泥土等 | 2.0 |
| 多石地层，非常干燥。如湿度小于4%的沙土、湿度小于1%的黏土等 | 3.0 |

**表 A-13-5　不同土壤热阻系数时的电缆载流量校正系数**

| 土壤热阻系数（℃·m/W） | 1.00 | 1.20 | 1.50 | 2.00 | 2.50 | 3.00 |
|---|---|---|---|---|---|---|
| 电缆穿管埋地 | 1.18 | 1.15 | 1.1 | 1.05 | 1.00 | 0.96 |
| 电缆直接埋地 | 1.30 | 1.23 | 1.16 | 1.06 | 1.00 | 0.93 |

**表 A-13-6　电缆埋地多根并列时的载流量校正系数**

| 电缆根数 / 电缆外皮间距 | 1 | 2 | 3 | 4 | 5 | 6 |
|---|---|---|---|---|---|---|
| 无间隙 | 1 | 0.75 | 0.65 | 0.60 | 0.55 | 0.50 |
| 一根电缆外径 | 1 | 0.80 | 0.70 | 0.60 | 0.55 | 0.55 |
| 125mm | 1 | 0.85 | 0.75 | 0.70 | 0.65 | 0.60 |
| 250mm | 1 | 0.90 | 0.80 | 0.75 | 0.70 | 0.70 |
| 500mm | 1 | 0.95 | 0.85 | 0.80 | 0.80 | 0.80 |

**表 A-13-7　电缆空气中单层多根并行敷设时的载流量校正系数**

| 并列根数 | | 1 | 2 | 3 | 4 | 5 | 6 |
|---|---|---|---|---|---|---|---|
| 电缆中心距 | $S=d$ | 1.00 | 0.90 | 0.85 | 0.82 | 0.81 | 0.80 |
| | $S=2d$ | 1.00 | 1.00 | 0.98 | 0.95 | 0.93 | 0.90 |
| | $S=3d$ | 1.00 | 1.00 | 1.00 | 0.98 | 0.97 | 0.96 |

**表 A-13-8　电缆桥架上无间距配置多层并列电缆载流量的校正系数**

| 叠置电缆层数 | | 1 | 2 | 3 | 4 |
|---|---|---|---|---|---|
| 桥架类别 | 梯架 | 0.8 | 0.65 | 0.55 | 0.5 |
| | 托盘 | 0.7 | 0.55 | 0.5 | 0.45 |

## 表 A-14  导体机械强度最小截面

### 表 A-14-1  架空裸导体的最小截面

| 线 路 类 别 | | 导体最小截面（mm²） | | |
|---|---|---|---|---|
| | | 铝及铝合金导体 | 钢芯铝导体 | 铜 导 体 |
| 35kV 及以上线路 | | 35 | 35 | 35 |
| 3～10kV 线路 | 居 民 区 | 35 | 25 | 25 |
| | 非居民区 | 25 | 16 | 16 |
| 低 压 线 路 | 一 般 | 16 | 16 | 16 |
| | 与铁路交叉跨越处 | 35 | 16 | 16 |

### 表 A-14-2  绝缘导体的最小截面

| 线 路 类 别 | | | 导体最小截面（mm²） | | |
|---|---|---|---|---|---|
| | | | 铜导体软线 | 铜 导 体 | 铝 导 体 |
| 照明用灯头引下导体 | 室 内 | | 0.5 | 1.0 | 2.5 |
| | 室 外 | | 1.0 | 1.0 | 2.5 |
| 移动式设备线路 | 生活用 | | 0.75 | — | — |
| | 生产用 | | 1.0 | — | — |
| 敷设在绝缘支持件上的绝缘导体（L 为支持点间距） | 室内 | L≤2m | — | 1.0 | 2.5 |
| | 室外 | L≤2m | — | 1.5 | 10 |
| | | 2m＜L≤6m | — | 2.5 | 10 |
| | | 6m＜L≤15m | — | 4 | 10 |
| | | 15m＜L≤25m | — | 6 | 10 |
| 穿管敷设的绝缘导体 | | | 1.0 | 1.0 | 2.5 |
| 沿墙明敷的塑料护套导体 | | | — | 1.0 | 2.5 |
| 板孔穿线敷设的绝缘导体 | | | — | 1.0(0.75) | 2.5 |
| PE 导体和 PEN 导体 | 有机械保护时 | | — | 1.5 | 2.5 |
| | 无机械保护时 | 多导体 | — | 2.5 | 4 |
| | | 单导体 | — | 10 | 16 |

## 表 A-15  导体和电缆的电阻和电抗

### 表 A-15-1  LJ 型铝导体的电阻和电抗

| 铝导体型号 | LJ-16 | LJ-25 | LJ-35 | LJ-50 | LJ-70 | LJ-95 | LJ-120 | LJ-150 | LJ-185 | LJ-240 |
|---|---|---|---|---|---|---|---|---|---|---|
| 电阻（Ω/km） | 1.98 | 1.28 | 0.92 | 0.64 | 0.46 | 0.34 | 0.27 | 0.21 | 0.17 | 0.132 |
| 线间几何均距（m） | 电 抗（Ω/km） | | | | | | | | | |
| 0.6 | 0.358 | 0.344 | 0.334 | 0.323 | 0.312 | 0.303 | 0.295 | 0.287 | 0.281 | 0.273 |
| 0.8 | 0.377 | 0.362 | 0.352 | 0.341 | 0.330 | 0.321 | 0.313 | 0.305 | 0.299 | 0.291 |
| 1.0 | 0.390 | 0.376 | 0.366 | 0.355 | 0.344 | 0.335 | 0.327 | 0.319 | 0.313 | 0.305 |
| 1.25 | 0.404 | 0.390 | 0.380 | 0.369 | 0.358 | 0.349 | 0.341 | 0.333 | 0.327 | 0.319 |
| 1.5 | 0.416 | 0.402 | 0.390 | 0.380 | 0.369 | 0.360 | 0.353 | 0.345 | 0.339 | 0.330 |
| 2.0 | 0.434 | 0.420 | 0.410 | 0.398 | 0.387 | 0.378 | 0.371 | 0.363 | 0.356 | 0.348 |

## 表 A-15-2 室内明敷及穿管的绝缘铝、铜导体的电阻和电抗

| 导体截面 (mm²) | 铝导体(Ω/km) | | | 铜导体(Ω/km) | | |
|---|---|---|---|---|---|---|
| | 电阻 $R_0$(65℃) | 电抗 $X_0$ | | 电阻 $R_0$(65℃) | 电抗 $X_0$ | |
| | | 导体间距 100mm | 穿 管 | | 导体间距 100mm | 穿 管 |
| 1.5 | 24.39 | 0.342 | 0.14 | 14.48 | 0.342 | 0.14 |
| 2.5 | 14.63 | 0.327 | 0.13 | 8.69 | 0.327 | 0.13 |
| 4 | 9.15 | 0.312 | 0.12 | 5.43 | 0.312 | 0.12 |
| 6 | 6.10 | 0.300 | 0.11 | 3.62 | 0.300 | 0.11 |
| 10 | 3.66 | 0.280 | 0.11 | 2.19 | 0.280 | 0.11 |
| 16 | 2.29 | 0.265 | 0.10 | 1.37 | 0.265 | 0.10 |
| 25 | 1.48 | 0.251 | 0.10 | 0.88 | 0.251 | 0.10 |
| 35 | 1.06 | 0.241 | 0.10 | 0.63 | 0.241 | 0.10 |
| 50 | 0.75 | 0.229 | 0.09 | 0.44 | 0.229 | 0.09 |
| 70 | 0.53 | 0.219 | 0.09 | 0.32 | 0.219 | 0.09 |
| 95 | 0.39 | 0.206 | 0.09 | 0.23 | 0.206 | 0.09 |
| 120 | 0.31 | 0.199 | 0.08 | 0.19 | 0.199 | 0.08 |
| 150 | 0.25 | 0.191 | 0.15 | 0.15 | 0.191 | 0.08 |
| 185 | 0.20 | 0.184 | 0.07 | 0.13 | 0.184 | 0.07 |

## 表 A-15-3 电力电缆的电阻和电抗

| 额定截面 (mm²) | 电 阻(Ω/km) | | | | | | 电 抗(Ω/km) | | | | | |
|---|---|---|---|---|---|---|---|---|---|---|---|---|
| | 铝导体电缆 | | | 铜导体电缆 | | | 纸绝缘三导体电缆 | | | 塑料三导体电缆 | | |
| | 导体工作温度 | | | | | | 额定电压等级 | | | | | |
| | 60℃ | 75℃ | 80℃ | 60℃ | 75℃ | 80℃ | 1kV | 6kV | 10kV | 1kV | 6kV | 10kV |
| 2.5 | 14.38 | 15.13 | — | 8.54 | 8.98 | — | 0.098 | — | — | 0.100 | — | — |
| 4 | 8.99 | 9.45 | — | 5.34 | 5.61 | — | 0.091 | — | — | 0.093 | — | — |
| 6 | 6.00 | 6.31 | — | 3.56 | 3.75 | — | 0.087 | — | — | 0.091 | — | — |
| 10 | 3.60 | 3.78 | — | 2.13 | 2.25 | — | 0.081 | — | — | 0.087 | — | — |
| 16 | 2.25 | 2.36 | 2.40 | 1.33 | 1.40 | 1.43 | 0.077 | 0.099 | 0.110 | 0.082 | 0.124 | 0.133 |
| 25 | 1.44 | 1.51 | 1.54 | 0.85 | 0.90 | 0.91 | 0.067 | 0.088 | 0.098 | 0.075 | 0.111 | 0.120 |
| 35 | 1.03 | 1.08 | 1.10 | 0.61 | 0.64 | 0.65 | 0.065 | 0.083 | 0.092 | 0.073 | 0.105 | 0.113 |
| 50 | 0.72 | 0.76 | 0.77 | 0.43 | 0.45 | 0.46 | 0.063 | 0.079 | 0.087 | 0.071 | 0.099 | 0.107 |
| 70 | 0.51 | 0.54 | 0.56 | 0.31 | 0.32 | 0.33 | 0.062 | 0.076 | 0.083 | 0.070 | 0.093 | 0.101 |
| 95 | 0.38 | 0.40 | 0.41 | 0.23 | 0.24 | 0.24 | 0.062 | 0.074 | 0.080 | 0.070 | 0.089 | 0.096 |
| 120 | 0.30 | 0.31 | 0.32 | 0.18 | 0.19 | 0.19 | 0.062 | 0.072 | 0.078 | 0.070 | 0.087 | 0.095 |
| 150 | 0.24 | 0.25 | 0.26 | 0.14 | 0.15 | 0.15 | 0.062 | 0.071 | 0.077 | 0.070 | 0.085 | 0.093 |
| 185 | 0.20 | 0.21 | 0.21 | 0.12 | 0.12 | 0.13 | 0.062 | 0.070 | 0.075 | 0.070 | 0.082 | 0.090 |
| 240 | 0.16 | 0.16 | 0.17 | 0.09 | 0.10 | 0.10 | 0.062 | 0.069 | 0.073 | 0.070 | 0.080 | 0.087 |

## 表 A-16　电流继电器的技术数据

### 表 A-16-1　DL 型电磁式电流继电器的技术数据

| 型　　号 | 最大整定电流（A） | 长期允许电流（A） | | 动作电流（A） | | 最小整定值时功率消耗（W） | 返回系数 |
|---|---|---|---|---|---|---|---|
| | | 线圈串联 | 线圈并联 | 线圈串联 | 线圈并联 | | |
| DL-11/0.6，DL-31/0.6 | 0.6 | 1 | 2 | 0.15～0.3 | 0.3～0.6 | 20 | ≥0.8 |
| DL-11/2，DL31/2 | 2 | 4 | 8 | 0.5～1 | 1～2 | | |
| DL-11/6，DL-31/6 | 6 | 10 | 20 | 1.5～3 | 3～6 | | |
| DL-11/10，DL-31/10 | 10 | 10 | 20 | 2.5～5 | 5～10 | | |
| DL-11/20，DL-31/20 | 20 | 15 | 30 | 5～10 | 10～20 | | |
| DL-11/50，DL-31/50 | 50 | 20 | 40 | 12.5～25 | 25～50 | | |
| DL-11/100，DL-31/100 | 100 | 20 | 40 | 25～50 | 50～100 | | |
| DL-11/200，DL-31/200 | 200 | 20 | 40 | 50～100 | 100～200 | | |

### 表 A-16-2　GL 型感应式电流继电器的技术数据和动作特性曲线

| 型　　号 | 额定电流（A） | 整　定　值 | | 速断电流倍数 | 返回系数 |
|---|---|---|---|---|---|
| | | 动作电流（A） | 10 倍动作电流的动作时间(s) | | |
| GL-11/10,GL-21/10 | 10 | 4,5,6,7,8,9,10 | 0.5,1,2,3,4 | 2～8 | ≥0.80 |
| GL-11/5,GL-21/5 | 5 | 2,2.5,3,3.5,4,4.5,5 | | | |
| GL-15/10,GL-25/10 | 10 | 4,5,6,7,8,9,10 | 0.5,1,2,3,4 | | ≥0.8 |
| GL-15/5,GL-25/5 | 5 | 2,2.5,3,3.5,4,4.5,5 | | | |

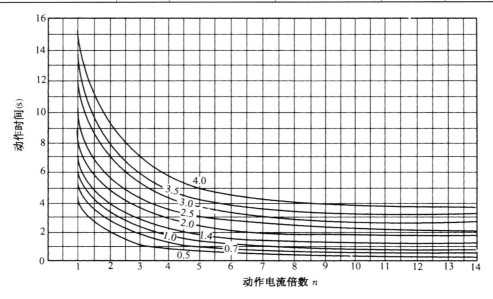

图 A-16-1　动作特性曲线

表 A-16-3　DS 型电磁式时间继电器的技术数据

| 型　号 | 额定电压(V) | 动作电压(V) | 返回电压(V) | 延时整定范围（s） | 功率消耗(W) |
|---|---|---|---|---|---|
| DS-111C | DC<br>24、48、<br>110、220 | ≤70％<br>额定电压 | ≥5％<br>额定电压 | 0.1～1.3 | 12 |
| DS-112C | | | | 0.25～3.5 | |
| DS-113C | | | | 0.5～9 | |
| DS-111，DS-114 | | | | 0.1～1.3 | 36 |
| DS-112，DS-115 | | | | 0.25～3.5 | |
| DS-113，DS-116 | | | | 0.5～9 | |
| DS-121，DS-124 | AC<br>110、127、<br>220、380 | ≤85％<br>额定电压 | | 0.1～1.3 | 75 |
| DS-122，DS-125 | | | | 0.25～3.5 | |
| DS-123，DS-126 | | | | 0.5～9 | |

# 表 A-17　接地和防雷技术数据

## 表 A-17-1　电力装置工作接地电阻要求

| 序号 | 电力装置名称 | 接地的电力装置特点 | | 接地电阻值 |
|---|---|---|---|---|
| 1 | 1kV 以上大电流接地系统 | 仅用于该系统的接地装置 | | $R_E \leqslant \dfrac{2000}{I_R^{(1)}}$<br>当 $I_K^{(1)} > 4000A$ 时<br>$R_E \leqslant 0.5\Omega$ |
| 2 | 1kV 以上小电流接地系统 | 仅用于该系统的接地装置 | | $R_E \leqslant \dfrac{250}{I_E}$<br>且 $R_E \leqslant 10\Omega$ |
| 3 | | 与 1kV 以下系统公用的接地装置 | | $R_E \leqslant \dfrac{120}{I_E}$<br>且 $R_E \leqslant 10\Omega$ |
| 4 | 1kV 以下系统 | 与总容量在 100kVA 以上的发电机或变压器相连的接地装置 | | $R_E \leqslant 4\Omega$ |
| 5 | | 与总容量在 100kVA 及以下的发电机或变压器相连的接地装置 | | $R_E \leqslant 10\Omega$ |
| 6 | | 本表序号 4 装置的重复接地 | | $R_E \leqslant 10\Omega$ |
| 7 | | 本表序号 5 装置的重复接地 | | $R_E \leqslant 30\Omega$ |
| 8 | 避雷装置 | 独立避雷针和避雷线 | | $R_E \leqslant 10\Omega$ |
| 9 | | 变配电所装设的避雷器 | 与序号 4 装置公用 | $R_E \leqslant 4\Omega$ |
| 10 | | | 与序号 5 装置公用 | $R_E \leqslant 10\Omega$ |
| 11 | | 线路上装设的避雷器或保护间隙 | 与电机无电气联系 | $R_E \leqslant 10\Omega$ |
| 12 | | | 与电机有电气联系 | $R_E \leqslant 5\Omega$ |
| 13 | 防雷建筑物 | 第一类防雷建筑物 | | $R_{sh} \leqslant 10\Omega$ |
| 14 | | 第二类防雷建筑物 | | $R_{sh} \leqslant 10\Omega$ |
| 15 | | 第三类防雷建筑物 | | $R_{sh} \leqslant 30\Omega$ |

注：$R_E$ 为工频接地电阻；$R_{sh}$ 为冲击接地电阻；$I_K^{(1)}$ 为流经接地装置的单相短路电流；$I_E$ 为单相接地电容电流，按式(1-3)计算。

## 表 A-17-2　土壤电阻度参考值

| 土　壤　名　称 | 电阻率(Ω·m) | 土　壤　名　称 | 电阻率(Ω·m) |
|---|---|---|---|
| 陶黏土 | 10 | 砂质黏土、可耕地 | 100 |
| 泥炭、泥灰岩、沼泽地 | 20 | 黄土 | 200 |
| 捣碎的木炭 | 40 | 含砂黏土、砂土 | 300 |
| 黑土、田园土、陶土 | 50 | 多石土壤 | 400 |
| 黏土 | 60 | 砂、沙砾 | 1000 |

表 A-17-3　垂直管形接地体单排敷设时的利用系数(未计入连接扁钢的影响)

| 管间距离与管子长度之比 a/l | 管 子 根 数 n | 利 用 系 数 ηE | 管间距离与管子长度之比 a/l | 管 子 根 数 n | 利 用 系 数 ηE |
|---|---|---|---|---|---|
| 1 | | 0.84～0.87 | 1 | | 0.67～0.72 |
| 2 | 2 | 0.90～0.92 | 2 | 5 | 0.79～0.83 |
| 3 | | 0.93～0.95 | 3 | | 0.85～0.88 |
| 1 | | 0.76～0.80 | 1 | | 0.56～0.62 |
| 2 | 3 | 0.85～0.88 | 2 | 10 | 0.72～0.77 |
| 3 | | 0.90～0.92 | 3 | | 0.79～0.83 |

表 A-17-4　垂直管形接地体环形敷设时的利用系数(未计入连接扁钢的影响)

| 管间距离与管子长度之比 a/l | 管 子 根 数 n | 利用系数 ηE | 管间距离与管子长度之比 a/l | 管 子 根 数 n | 利用系数 ηE |
|---|---|---|---|---|---|
| 1 | | 0.66～0.72 | 1 | | 0.44～0.50 |
| 2 | 4 | 0.76～0.80 | 2 | 20 | 0.61～0.66 |
| 3 | | 0.84～0.86 | 3 | | 0.68～0.73 |
| 1 | | 0.58～0.65 | 1 | | 0.41～0.47 |
| 2 | 6 | 0.71～0.75 | 2 | 30 | 0.58～0.63 |
| 3 | | 0.78～0.82 | 3 | | 0.66～0.71 |
| 1 | | 0.52～0.58 | 1 | | 0.38～0.44 |
| 2 | 10 | 0.66～0.71 | 2 | 40 | 0.56～0.61 |
| 3 | | 0.74～0.78 | 3 | | 0.64～0.69 |

表 A-17-5　爆炸性粉尘环境区域的划分和代号

| 代 号 | 爆炸性粉尘环境特征 |
|---|---|
| 0 区 | 正常情况下能形成爆炸性混合物(气体或蒸气爆炸性)的爆炸危险场所 |
| 1 区 | 在不正常情况下能形成爆炸性混合物的爆炸危险场所 |
| 2 区 | 在不正常情况下能形成爆炸性混合物不可能性较小的爆炸危险场所 |
| 10 区 | 在正常情况下能形成粉尘或纤维爆炸性混合物的爆炸危险场所 |
| 11 区 | 在不正常情况下能形成粉尘和纤维爆炸性混合物的爆炸危险场所 |
| 21 区 | 在生产(使用、加工贮存、转运)过程中,闪点高于环境温度的可燃液体,易引起火灾的场所 |
| 22 区 | 在生产过程中,粉尘或纤维可燃物不可能爆炸但能引起火灾危险的场所 |

# 表 A-18　照明技术数据

## 表 A-18-1　工业建筑一般照明标准

| 房间或场所 | | 参考平面及其高度 | 照度标准值(lx) | 统一眩光值 UGR | 照度均匀度 Uo | 显色指数 Ra | 照明功率密度(W/m²) | |
|---|---|---|---|---|---|---|---|---|
| | | | | | | | 现 行 值 | 目 标 值 |
| 变、配电站 | 配电装置室 | 0.75m 水平面 | 200 | — | 0.6 | 80 | ≤7.0 | ≤6.0 |
| | 变压器室 | 地面 | 100 | — | 0.6 | 60 | ≤4.0 | ≤3.5 |
| 试验室 | 一般* | 0.75m 水平面 | 300 | 22 | 0.6 | 80 | ≤9.5 | ≤8.0 |
| | 精细* | 0.75m 水平面 | 500 | 19 | 0.6 | 80 | ≤16.0 | ≤14.0 |
| 检验 | 一般* | 0.75m 水平面 | 300 | 22 | 0.6 | 80 | ≤9.5 | ≤8.0 |
| | 精细,有颜色要求* | 0.75m 水平面 | 750 | 19 | 0.6 | 80 | ≤23.0 | ≤21.0 |

| 房间或场所 | | 参考平面及其高度 | 照度标准值（lx） | 统一眩光值 UGR | 照度均匀度 Uo | 显色指数 Ra | 照明功率密度（W/m²） | |
|---|---|---|---|---|---|---|---|---|
| | | | | | | | 现行值 | 目标值 |
| 计量室,测量室* | | 0.75m 水平面 | 500 | 19 | 0.7 | 80 | ≤15.0 | ≤13.5 |
| 电源设备室,发电机室 | | 地面 | 200 | 25 | 0.6 | 80 | ≤7.0 | ≤6.0 |
| 控制室 | 一般控制室 | 0.75m 水平面 | 300 | 22 | 0.6 | 80 | ≤9.5 | ≤8.0 |
| | 主控制室 | 0.75m 水平面 | 500 | 19 | 0.6 | 80 | ≤15.0 | ≤13.5 |
| 电话站,网络中心 | | 0.75m 水平面 | 500 | 19 | — | 80 | ≤15.0 | ≤13.5 |
| 计算机站** | | 0.75m 水平面 | 500 | 19 | — | 80 | ≤15.0 | ≤13.5 |
| 动力站 | 风机房,空调机房 | 地面 | 100 | | 0.6 | 60 | ≤4.0 | ≤3.5 |
| | 泵站 | 地面 | 100 | | 0.6 | 60 | ≤4.0 | ≤3.5 |
| | 压缩空气站 | 地面 | 150 | | 0.6 | 60 | ≤6.0 | ≤5.0 |
| | 锅炉房*** | 地面 | 100 | | 0.6 | 60 | ≤5.0 | ≤4.5 |
| 仓库 | 大件库 | 1.0m 水平面 | 50 | — | 0.4 | 20 | ≤2.5 | ≤2.0 |
| | 一般件库 | 1.0m 水平面 | 100 | | 0.6 | 60 | ≤4.0 | ≤3.5 |
| | 精细件库**** | 1.0m 水平面 | 200 | | 0.6 | 60 | ≤7.0 | ≤6.0 |
| 机械加工 | 粗加工* | 0.75m 水平面 | 200 | 22 | 0.4 | 60 | ≤7.5 | ≤6.5 |
| | 一般加工公差≥0.1mm* | 0.75m 水平面 | 300 | 22 | 0.6 | 60 | ≤11.0 | ≤10.0 |
| | 精密加工公差<0.1mm* | 0.75m 水平面 | 500 | 19 | 0.7 | 60 | ≤17.0 | ≤15.0 |
| 冲压,剪切,钣金 | | 0.75m 水平面 | 300 | — | 0.6 | 60 | ≤11.0 | ≤10.0 |
| 热处理 | | 地面至 0.5m 水平面 | 200 | | 0.6 | 60 | ≤7.5 | ≤6.5 |
| 锻工 | | 地面至 0.5m 水平面 | 200 | | 0.6 | 60 | ≤8.0 | ≤7.0 |
| 精密铸造的制模、脱壳 | | 地面至 0.5m 水平面 | 500 | 25 | 0.6 | 60 | ≤17.0 | ≤15.0 |
| 铸造 | 熔化、浇铸 | 地面至 0.5m 水平面 | 200 | — | 0.6 | 60 | ≤9.0 | ≤8.0 |
| | 造型 | 地面至 0.5m 水平面 | 300 | 25 | 0.6 | 60 | ≤13.0 | ≤12.0 |
| 焊接 | 一般 | 0.75m 水平面 | 200 | — | 0.6 | 60 | ≤7.5 | ≤6.5 |
| | 精密 | 0.75m 水平面 | 300 | | 0.7 | 60 | ≤11.0 | ≤10.0 |
| 电线、电缆制造 | | 0.75m 水平面 | 300 | 25 | 0.6 | 60 | ≤11.0 | ≤10.0 |
| 机电修理 | 一般* | 0.75m 水平面 | 200 | — | 0.6 | 60 | ≤7.5 | ≤6.5 |
| | 精密* | 0.75m 水平面 | 300 | 22 | 0.7 | 60 | ≤11.0 | ≤10.0 |
| 仪表装配 | 一般* | 0.75m 水平面 | 300 | 25 | — | 80 | ≤11.0 | ≤10.0 |
| | 精密* | 0.75m 水平面 | 500 | 22 | — | 80 | ≤17.0 | ≤15.0 |

注：* 可加装局部照明；** 防光幕反射；*** 锅炉水位表照度≥50lx；**** 货架垂直≥50lx。

## 表 A-18-2　公共建筑、公共场所及居住建筑照度标准

| 房间或场所 | | 参考平面及其高度 | 照度标准值（lx） | 统一眩光值 UGR | 照度均匀度 Uo | 显色指数 Ra | 照明功率密度（W/m²） | |
|---|---|---|---|---|---|---|---|---|
| | | | | | | | 现行值 | 目标值 |
| 公共建筑 | 普通办公室 | 0.75m 水平面 | 300 | 19 | 0.6 | 80 | ≤15.0 | ≤13.5 |
| | 高档办公室 | 0.75m 水平面 | 500 | 19 | 0.6 | 60 | ≤15.0 | ≤13.5 |
| | 会议室 | 0.75m 水平面 | 300 | 19 | 0.6 | 80 | ≤9.0 | ≤8.0 |
| | 设计室 | 实际工作面 | 500 | 19 | 0.6 | 80 | ≤15.0 | ≤13.5 |
| | 资料、档案室 | 0.75m 水平面 | 200 | — | 0.4 | 80 | ≤7.0 | ≤6.0 |
| 教育建筑 | 教室*、阅览室 | 课桌面 | 300 | 19 | 0.6 | 80 | ≤9.0 | ≤8.0 |
| | 实验室 | 实验桌面 | 300 | 19 | 0.6 | 80 | ≤9.0 | ≤8.0 |
| | 多媒体教室 | 0.75m 水平面 | 300 | 19 | 0.6 | 80 | ≤9.0 | ≤8.0 |
| | 教室黑板 | 黑板面 | 500** | — | 0.7 | 80 | — | — |
| 图书馆建筑 | 一般阅览室、多媒体阅览室 | 0.75m 水平面 | 300 | 19 | 0.6 | 80 | ≤9.0 | ≤8.0 |
| | 老年阅览室、珍善本阅览室 | 0.75m 水平面 | 500 | 19 | 0.6 | 80 | ≤15.0 | ≤13.5 |
| | 陈列室、目录室 | 0.75m 水平面 | 300 | 19 | 0.6 | 80 | ≤11.0 | ≤10.0 |
| | 书库 | 0.75m 水平面 | 50 | 0.4 | 0.4 | 80 | ≤6.0 | ≤5.0 |
| 公共场所 | 门厅　普通 | 地面 | 100 | — | 0.4 | 60 | ≤6.0 | ≤5.0 |
| | 门厅　高档 | 地面 | 200 | — | 0.6 | 80 | ≤11.0 | ≤10.0 |
| | 走廊、流动区域、楼梯间　普通 | 地面 | 50 | 25 | 0.4 | 60 | ≤2.5 | ≤2.0 |
| | 走廊、流动区域、楼梯间　高档 | 地面 | 100 | 25 | 0.6 | 80 | ≤4.0 | ≤3.5 |
| | 自动扶梯 | 地面 | 150 | — | 0.6 | 60 | ≤3.5 | ≤3.0 |
| | 厕所、洗手间、浴室　普通 | 地面 | 75 | — | 0.4 | 60 | ≤3.5 | ≤3.0 |
| | 厕所、洗手间、浴室　高档 | 地面 | 150 | — | 0.6 | 80 | ≤7.5 | ≤6.5 |
| | 休息室 | 地面 | 100 | 22 | 0.4 | 80 | ≤11.0 | ≤10.0 |
| | 车库　停车间 | 地面 | 50 | — | — | 60 | ≤3.5 | ≤3.0 |
| | 车库　检修间 | 地面 | 200 | 25 | — | 80 | ≤7.5 | ≤6.5 |
| 居住建筑 | 起居室　一般活动 | 0.75m 水平面 | 100 | | — | 80 | ≤6.0 | ≤5.0 |
| | 起居室　书写、阅读 | 0.75m 水平面 | 300* | | — | 80 | ≤6.0 | ≤5.0 |
| | 卧室　一般活动 | 0.75m 水平面 | 75 | | — | 80 | ≤6.0 | ≤5.0 |
| | 卧室　床头、阅读 | 0.75m 水平面 | 150* | | — | 80 | ≤6.0 | ≤5.0 |
| | 餐厅 | 0.75m 水平面 | 150 | | — | 80 | 6.0 | ≤5.0 |
| | 厨房　一般活动 | 0.75m 水平面 | 100 | | — | 80 | 6.0 | ≤5.0 |
| | 厨房　操作台 | 台面 | 150* | | — | 80 | 6.0 | ≤5.0 |
| | 卫生间 | 0.75m 水平面 | 100 | | — | 80 | 6.0 | ≤5.0 |
| | 电梯前厅 | 地面 | 75 | | — | 60 | 3.5 | ≤3.0 |
| | 走道、楼梯间 | 地面 | 75 | | — | 60 | 2.5 | ≤2.0 |
| | 车库 | 地面 | 30 | | — | 60 | 2.0 | ≤1.5 |

注：* 不包括教室黑板专用灯功率；** 混合功率。

表 A-18-3　T8 三基色高效节能直管荧光灯技术数据

| 型　号 | 功率<br>(W) | 光通量<br>(lm) | 显色指数<br>Ra | 色温<br>(K) | 管径<br>(mm) | 管长<br>(mm) | 平均寿命<br>(h) | 灯头 |
|---|---|---|---|---|---|---|---|---|
| F15T8/865 | 15 | 950 | 82 | 6500 | 26 | 437.4 | 10000 | G3 |
| F15T8/840 | 15 | 950 | 82 | 4000 | 26 | 437.4 | 10000 | G3 |
| F15T8/827 | 15 | 950 | 82 | 2700 | 26 | 437.4 | 10000 | G3 |
| F18T8/865 | 18 | 1300 | 82 | 6500 | 26 | 589.8 | 10000 | G3 |
| F18T8/840 | 18 | 1350 | 82 | 4000 | 26 | 589.8 | 10000 | G3 |
| F18T8/827 | 18 | 1350 | 82 | 2700 | 26 | 589.8 | 10000 | G3 |
| F30T8/865 | 30 | 2265 | 82 | 6500 | 26 | 894.6 | 12000 | G3 |
| F30T8/840 | 30 | 2450 | 82 | 4000 | 26 | 894.6 | 12000 | G3 |
| F30T8/827 | 30 | 2550 | 82 | 2700 | 26 | 894.6 | 12000 | G3 |
| F36T8/865 | 36 | 3150 | 82 | 6500 | 26 | 1199.4 | 12000 | G3 |
| F36T8/840 | 36 | 3150 | 82 | 4000 | 26 | 1199.4 | 12000 | G3 |
| F36T8/827 | 36 | 3250 | 82 | 2700 | 26 | 1199.4 | 12000 | G3 |
| F58T8/865 | 58 | 5100 | 82 | 6500 | 26 | 1500 | 12000 | G3 |
| F58T8/840 | 58 | 5100 | 82 | 4000 | 26 | 1500 | 12000 | G3 |
| F58T8/827 | 58 | 5450 | 82 | 2700 | 26 | 1500 | 12000 | G3 |

注:表中为佛山照明公司产品数据。

表 A-18-4　蝠翼式 36W 荧光灯的利用系数表(最大距高比 $l/h = 1.8$,效率 82%)

| 顶棚反射比 | | 0.7 | | | | 0.5 | | | | 0.3 | | | 0 |
|---|---|---|---|---|---|---|---|---|---|---|---|---|---|
| 墙壁反射比 | | 0.7 | 0.5 | 0.3 | 0.1 | 0.7 | 0.5 | 0.3 | 0.1 | 0.7 | 0.5 | 0.3 | 0.1 | 0 |
| 室空间系数 $K_{RC}$ | 1 | 0.89 | 0.86 | 0.83 | 0.81 | 0.85 | 0.82 | 0.80 | 0.78 | 0.81 | 0.79 | 0.78 | 0.76 | 0.72 |
| | 2 | 0.82 | 0.77 | 0.73 | 0.70 | 0.79 | 0.75 | 0.71 | 0.68 | 0.75 | 0.72 | 0.69 | 0.66 | 0.63 |
| | 3 | 0.76 | 0.69 | 0.64 | 0.60 | 0.72 | 0.67 | 0.62 | 0.59 | 0.69 | 0.65 | 0.61 | 0.58 | 0.55 |
| | 4 | 0.70 | 0.62 | 0.57 | 0.52 | 0.67 | 0.60 | 0.55 | 0.51 | 0.64 | 0.59 | 0.54 | 0.51 | 0.48 |
| | 5 | 0.65 | 0.56 | 0.50 | 0.45 | 0.62 | 0.54 | 0.49 | 0.45 | 0.59 | 0.53 | 0.48 | 0.44 | 0.42 |
| | 6 | 0.59 | 0.50 | 0.44 | 0.39 | 0.57 | 0.49 | 0.43 | 0.39 | 0.54 | 0.47 | 0.42 | 0.38 | 0.36 |
| | 7 | 0.56 | 0.45 | 0.38 | 0.33 | 0.52 | 0.43 | 0.37 | 0.33 | 0.50 | 0.42 | 0.37 | 0.33 | 0.31 |
| | 8 | 0.50 | 0.40 | 0.33 | 0.29 | 0.48 | 0.39 | 0.33 | 0.29 | 0.46 | 0.38 | 0.33 | 0.29 | 0.27 |
| | 9 | 0.46 | 0.36 | 0.30 | 0.25 | 0.42 | 0.35 | 0.29 | 0.25 | 0.42 | 0.34 | 0.29 | 0.25 | 0.23 |
| | 10 | 0.43 | 0.32 | 0.26 | 0.22 | 0.41 | 0.32 | 0.26 | 0.22 | 0.39 | 0.31 | 0.26 | 0.22 | 0.20 |

**表 A-18-5　FAC42601P 型嵌入式下开放式 (2×36W)荧光灯具的利用系数表(最大距高比 $l/h=1.29$,效率 76%)**

| 顶棚反射比 | | 0.7 | | | | 0.5 | | | | 0.3 | | | 0 |
|---|---|---|---|---|---|---|---|---|---|---|---|---|---|
| 墙壁反射比 | 0.7 | 0.5 | 0.3 | 0.1 | 0.7 | 0.5 | 0.3 | 0.1 | 0.7 | 0.5 | 0.3 | 0.1 | 0 |
| 地面反射比 | | 0.1 | | | | 0.1 | | | | 0.1 | | | 0 |
| 室空间系数 $K_{RC}$　1 | 0.77 | 0.75 | 0.73 | 0.71 | 0.75 | 0.73 | 0.72 | 0.70 | 0.73 | 0.72 | 0.70 | 0.69 | 0.67 |
| 1.25 | 0.76 | 0.73 | 0.71 | 0.69 | 0.74 | 0.72 | 0.70 | 0.68 | 0.72 | 0.70 | 0.68 | 0.67 | 0.65 |
| 1.67 | 0.74 | 0.70 | 0.68 | 0.65 | 0.71 | 0.69 | 0.66 | 0.64 | 0.70 | 0.67 | 0.65 | 0.63 | 0.62 |
| 2 | 0.72 | 0.68 | 0.65 | 0.62 | 0.70 | 0.67 | 0.64 | 0.62 | 0.68 | 0.65 | 0.63 | 0.61 | 0.59 |
| 2.5 | 0.69 | 0.65 | 0.62 | 0.58 | 0.67 | 0.64 | 0.61 | 0.58 | 0.65 | 0.62 | 0.60 | 0.57 | 0.56 |
| 3.3 | 0.66 | 0.60 | 0.56 | 0.53 | 0.63 | 0.59 | 0.55 | 0.52 | 0.61 | 0.58 | 0.54 | 0.52 | 0.50 |
| 4 | 0.63 | 0.57 | 0.52 | 0.48 | 0.61 | 0.55 | 0.51 | 0.48 | 0.59 | 0.54 | 0.51 | 0.48 | 0.46 |
| 5 | 0.58 | 0.51 | 0.46 | 0.43 | 0.56 | 0.50 | 0.46 | 0.42 | 0.54 | 0.49 | 0.45 | 0.42 | 0.41 |
| 6.25 | 0.53 | 0.46 | 0.40 | 0.37 | 0.51 | 0.45 | 0.40 | 0.36 | 0.49 | 0.44 | 0.39 | 0.36 | 0.35 |
| 8.33 | 0.45 | 0.37 | 0.32 | 0.28 | 0.43 | 0.36 | 0.31 | 0.28 | 0.42 | 0.35 | 0.31 | 0.28 | 0.26 |

**表 A-18-6　BGK288/250+ZG 型中天棚悬挂式 (250W 钠灯)中配光工矿灯具的利用系数表(效率 66.9%)**

| 顶棚反射比 | | 0.7 | | | 0.5 | | | 0.3 | | | 0.1 | | 0 |
|---|---|---|---|---|---|---|---|---|---|---|---|---|---|
| 墙壁反射比 | 0.5 | 0.3 | 0.1 | 0.5 | 0.3 | 0.1 | 0.5 | 0.3 | 0.1 | 0.5 | 0.3 | 0.1 | 0.1 |
| 地面反射比 | | 0.2 | | | 0.2 | | | 0.2 | | | 0.2 | | 0.2 |
| 室空间系数 $K_{RC}$　0 | 0.77 | 0.77 | 0.77 | 0.73 | 0.73 | 0.73 | 0.70 | 0.70 | 0.70 | 0.67 | 0.67 | 0.67 | 0.66 |
| 1 | 0.69 | 0.67 | 0.66 | 0.67 | 0.65 | 0.64 | 0.64 | 0.63 | 0.62 | 0.62 | 0.61 | 0.60 | 0.59 |
| 2 | 0.62 | 0.59 | 0.58 | 0.60 | 0.57 | 0.56 | 0.58 | 0.56 | 0.55 | 0.56 | 0.54 | 0.53 | 0.51 |
| 3 | 0.56 | 0.52 | 0.50 | 0.54 | 0.51 | 0.49 | 0.53 | 0.50 | 0.48 | 0.51 | 0.49 | 0.47 | 0.45 |
| 4 | 0.51 | 0.46 | 0.44 | 0.49 | 0.45 | 0.44 | 0.48 | 0.44 | 0.43 | 0.46 | 0.44 | 0.42 | 0.40 |
| 5 | 0.46 | 0.41 | 0.39 | 0.45 | 0.41 | 0.39 | 0.44 | 0.40 | 0.38 | 0.42 | 0.39 | 0.38 | 0.35 |
| 6 | 0.42 | 0.37 | 0.35 | 0.41 | 0.37 | 0.35 | 0.40 | 0.36 | 0.35 | 0.39 | 0.36 | 0.34 | 0.32 |
| 7 | 0.39 | 0.34 | 0.32 | 0.38 | 0.33 | 0.32 | 0.37 | 0.33 | 0.31 | 0.36 | 0.32 | 0.31 | 0.28 |
| 8 | 0.36 | 0.31 | 0.29 | 0.35 | 0.30 | 0.29 | 0.34 | 0.30 | 0.28 | 0.33 | 0.30 | 0.28 | 0.26 |
| 9 | 0.33 | 0.28 | 0.26 | 0.32 | 0.28 | 0.26 | 0.31 | 0.28 | 0.26 | 0.31 | 0.27 | 0.26 | 0.23 |
| 10 | 0.30 | 0.26 | 0.24 | 0.30 | 0.26 | 0.24 | 0.29 | 0.25 | 0.24 | 0.29 | 0.25 | 0.24 | 0.21 |

# 参 考 文 献

[1] 唐志平. 供配电技术. 3 版. 北京:电子工业出版社,2013.

[2] 刘介才. 工厂供电. 4 版. 北京:机械工业出版社,2004.

[3] 余健明,同向前,苏文成. 供电技术. 3 版. 北京:机械工业出版社,1998.

[4] 刘思亮. 建筑供配电. 北京:中国建筑工业出版社,1998.

[5] 陈珩. 电力系统稳态分析. 北京:北京水利电力出版社,1985.

[6] 陈怡,蒋平,万秋兰,高山. 电力系统分析. 北京:中国电力出版社,2005.

[7] 张保会,尹项根. 电力系统继电保护. 北京:中国电力出版社,2005.

[8] 杨奇逊,黄少锋. 微机型继电保护基础. 2 版. 北京:中国电力出版社,2005.

[9] 俞丽华. 电气照明. 2 版. 上海:同济大学出版社,2001.

[10] 中国航空工业规划设计研究院有限公司组编. 工业与民用配电设计手册. 4 版. 北京:中国电力出版社,2016.

[11] 北京照明学会照明设计专业委员会. 照明设计手册. 2 版. 北京:中国电力出版社,2006.

[12] 中华人民共和国国家标准. 北京:中国标准出版社,1998~2017.

[13] 中华人民共和国国家标准. 北京:中国计划出版社,2003~2017.

[14] 陈一才. 现代建筑电气设计与禁忌手册. 北京:机械工业出版社,2001.

[15] 王建华. 电气工程师手册. 3 版. 北京:机械工业出版社,2006.

[16] 徐云. 节能照明系统工程设计. 北京:中国电力出版社,2009.

[17] 覃剑. 智能变电站技术与实践. 北京:中国电力出版社,2012.

[18] 唐志平. 配电系统微机反时限过电流保护研究. 水利水电技术,Vol. 29,No. 8,1998.